XGI PLC 프로그래밍 및 실습

XGI PLC programming and experiments

엄기찬 · 이호현 공저

머리말

오늘날 산업체에서는 작업의 능률화, 극대화, 정확도를 위해 생산 시스템을 자동화 시스템으로 발전시켜왔으며, PLC를 이용한 FA의 진전에 의해 생산설비의 다양한 변화, 정보의 모니터링 기술도 함께 진보하고 있다.

(주)LS산전에서는 근래에 차세대 기술을 이용한 XGT의 PLC를 개발하여 보급하고 있으며, 교육기관이나 산업체에서는 이 PLC의 이용기술을 통해 산업적 응용이 필요한 시점이다. 따라서 본서는 그중 XGI PLC에 관한 기초적인 실습지침서로서 다음의 내용을 담았다.

1장에서는 자동제어의 개념과 XGI PLC의 구조 및 수치체계에 대하여 서술하였으며, 2장에서는 XGI PLC의 편집 TOOL인 XG5000의 내용과 사용방법에 대하여 기술하였다. 3장에서는 PLC의 프로그래밍을 위한 연산자, 펑션, 펑션블록의 종류와 그 기능에 대하여 설명하였으며, 4장에서는 프로그램을 이용하여 제어 실습을 수행할 수 있는 실습장치의 구성과 각 요소들을 소개하였다. 그리고 5장에서는 PLC 실습을 (1)과 (2)로 나누어 기초 및 응용 프로그램을 수록하고, 각 실습 프로그램에는 제어조건, 구성요소, 입출력 변수목록, 프로그램, 작동원리, 결선도, 시뮬레이션 결과 등을 제시함으로써 시뮬레이션 및 실습을 통해 PLC 프로그래밍 기술과 제어기술을 익힐 수 있게 하였다. 그리고 부록에는 사용자 플래그, 펑션 및 펑션블록의 일람표를 수록하였다.

본서는 (주)LS산전의 제품인 XGI PLC에 관해 다루었으므로 (주)LS산전에서 제시하는 설명서, 팜플릿, 카탈로그 등을 참고 또는 인용하였다. 본서에서 설명이 충분치 않은 경우는 (주)LS산전의 자료들을 이용하길 바란다. 이 외에도 여러 문헌을 참고하였으며 오류나 미비한 점들에 대해서는 앞으로 수정하여 보완해나갈 예정이다.

이 책의 출간을 위해 도와주신 북스힐의 조승식 사장님, 임종우 부장님을 비롯한 편집 관계자 여러분께 감사드린다.

2016년 12월, 저자 씀

차 례

Chapter 01

제어와 PLC제어

1.1 자동제어의 개요

제어(制御, Control)는 임의의 주어진 동작을 원하는 대로 수행하도록 물리계(물체, 기계, 전기, 전자, 공업 프로세스 등)가 제어대상에 필요한 조작을 하는 것을 일컫는다.

그 제어방법에는 **수동제어**(Manual Control)와 **자동제어**(Automatic Control)가 있으며, 수동제어는 인간의 판단과 조작에 의해 사람이 주체가 되어 행해지며, 자동제어는 제어장치에 의해 자동적으로 행해진다. 여기서 제어대상과 제어장치의 조합을 **제어계**(制御系, Control System)라 한다.

제어계는 개회로 제어계와 폐회로 제어계로 분류되며, 개회로 제어계는 미리 정해 놓은 순서에 따라 각 단계의 제어가 순차적으로 수행되며, 따라서 **시퀀스 제어**(Sequence Control)가 이루어진다. 그러나 폐회로 제어계는 제어계 자신이 제어의 필요에 따라 수정동작을 행하여 최종 목표치를 이루는 것으로 **피드백 제어**(Feedback Control)가 바로 그것이다.

1.1.1 개회로 제어계

개회로 제어계는 미리 설정해놓은 순서에 따라 순차적으로 동작시키며(그림 1.1), 따라서 조건의 변화가 발생하면 목적과 다르게 동작할 수 있다. 개회로 제어는 다음과 같이 분류할 수 있다.

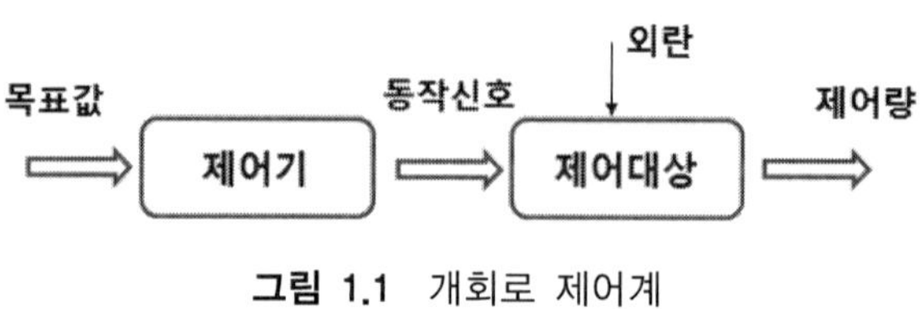

그림 1.1 개회로 제어계

① 순서제어

순서제어(Sequence Control)는 제어의 각 단계를 순차적으로 수행하며, 이때 각 단계의 동작이 완료되었을 때 센서(검출기)에 의해 다음 단계의 신호로서 동작시키는 제어이다. 예로서 자동조립 장비, 컨베이어 장치, 전용 공작기계 등을 들 수 있다.

② 조건제어

조건제어(Conditional Control)는 제어대상으로부터 상태신호와 완료신호를 조합하여 정해진 조건이 성립하면 소정의 동작을 실행시킨다. 따라서 입력조건에 따라 출력이 정해지며, 그것에 의해 제어대상이 동작하고 그에 따라 다음의 입력조건이 정해진다. 예로서 불량품 처리, 엘리베이터 제어 등을 들 수 있다.

③ 시한제어

시한제어(Timing Control)는 제어대상으로부터 신호를 받아 실행시키는 제어가 아니고, 시각이나 경과시간에 의해 제어대상을 제어한다. 예로서 세탁기, 교통신호 제어, 네온사인 등이 있다.

1.1.2 폐회로 제어계

폐회로 제어는 제어량을 측정하여 목표값과 비교하고, 그 편차를 적절한 정정신호로 교환하여 제어요소로 되돌리며, 목표값과 일치할 때까지 수정동작을 하는 제어이다. 제어장치는 기준입력 요소, 피드백 요소, 제어요소 등으로 구성된다(그림 1.2).

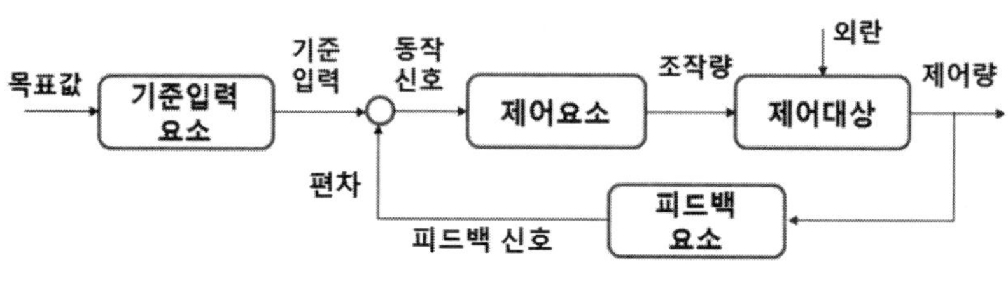

그림 1.2 폐회로 제어계

1.2 PLC의 정의와 특징

PLC(Programmable Logic Controller)란, 종래에 사용하던 제어반 내의 릴레이, 타이머, 카운터 등의 기능을 LSI, 트랜지스터 등의 반도체 소자로 대체시켜, 기본적인 시퀀스 제어 기능에 수치연산 기능을 추가하여 프로그램 제어가 가능하도록 한 자율성이 높은 제어장치이다.

미국 전기 공업회 규격(NEMA: National Electrical Manufactrurers Association)에서는 '디지털 또는 아날로그 입출력 모듈을 통하여 로직, 시퀀싱, 타이밍, 카운팅, 연산과 같은 특수한 기능을 수행하기 위하여 프로그램이 가능한 메모리를 사용하고 여러 종류의 기계나 프로세서를 제어하는 디지털 동작의 전자장치'로 정의하고 있다.

현재 PLC는 마이크로 프로세서를 사용하여 소프트웨어에 의해 제어장치를 동작시키고 있으며, 이것은 A/D변환, D/A변환, 아날로그 처리, PID제어, 네트워크 시스템까지 가능하게 되었다. 이러한 PLC의 기능은 다음과 같이 기술할 수 있다.

① 시퀀스 제어 기능

릴레이 제어방식은 사양서를 회로도로 구성하여 필요한 하드웨어(Relay) 등을 설치하고 결선작업을 하여 필요로 하는 제어동작을 구현하는데, 이와 같이 릴레이나 타이머 등을 조합하여 시퀀스를 실행한다.

그러나 PLC는 소프트웨어적으로 디지털 신호에 의해 연산수행 후 출력할 수 있는 기능을 갖는다.

② 연산기능

4칙연산(가감승제), 논리연산(AND, OR 등) 기능을 갖는다.

③ 아날로그 데이터의 입력과 출력 기능

아날로그량을 전압이나 전류로 출력할 수 있다.

④ 고속 펄스입력 기능

펄스열을 입력받아 계수하는 기능을 갖는다.

⑤ 위치제어 기능

펄스열을 출력하여 서보모터 또는 스테핑 모터에 의해 위치를 제어할 수 있다.

⑥ 통신 기능

통신모듈을 이용하여 외부 장비와 데이터를 교환할 수 있다.

⑦ 자기진단 기능

제어의 에러를 진단할 수 있는 기능을 갖는다.

⑧ 시뮬레이션 기능

프로그램의 가상운전 및 디버깅 기능을 갖는다.

⑨ 프로그램의 보존 기능

IC 메모리를 이용하여 프로그램을 보존할 수 있다.

1.3 PLC의 기본 구성

1.3.1 시스템의 구성

XGI PLC의 시스템 구성도를 그림 1.3에 나타내었다.

기본 베이스와 필요 시 증설베이스를 설치할 수 있으며(증설 케이블에 의함), 기본 베이스에는 전원모듈, CPU모듈, 입력모듈, 출력모듈, 특수모듈, 통신모듈을 장착할 수 있다. 프로그램의 작성과 프로그래밍 툴을 운용할 수 있는 컴퓨터, 프로그램 툴(XG5000)과 배터리, 종단저항 등으로 구성된다.

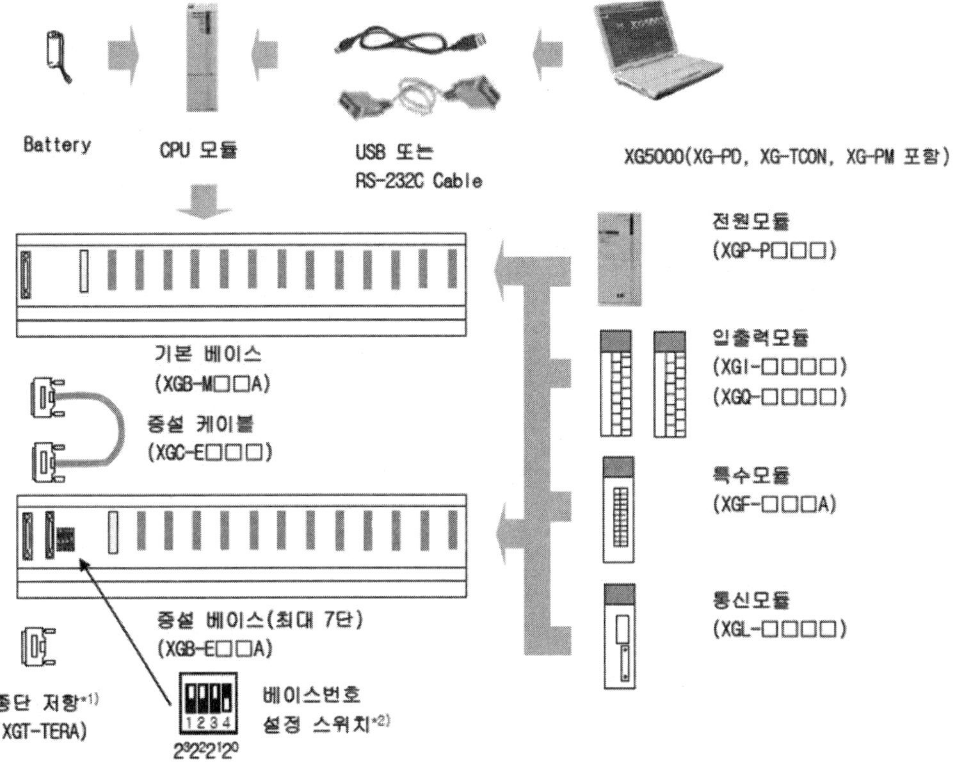

*1) 증설 베이스 사용 시 종단저항을 반드시 연결해야 한다(기본 베이스에는 종단저항 내장 되어 있음).
*2) 증설 베이스를 2개 이상 사용할 경우 반드시 베이스 번호 설정 스위치를 조정해주어야 한다.

그림 1.3 XGI PLC의 시스템 구성도

1.3.2 증설 시스템

XGI PLC에 사용하는 베이스는 **기본 베이스**(XGB-M□□A)와 **증설 베이스**(XGB-E□□A)가 있으며(그림 1.4 참조), 한 베이스에는 전원 및 CPU를 제외하고 4/6/8/12개의 모듈을 장착할 수 있다. 베이스를 증설할 때 증설 단자보호 커버를 열면 베이스 번호 설정용 딥 스위치 4개가 있으며, 이 스위치를 이용하여 베이스 번호를 설정해야 한다. 최대 증설 거리(증설 케이블 길이의 합)는 15m이다.

- 증설 케이블 길이의 총합은 15m 이하로 제한된다.
- CPU 모듈의 종류에 따라 증설할 수 있는 베이스 수는 다르다(CPUU, CPUH: 7단, CPUA, CPUS: 3단, CPUE: 1단).

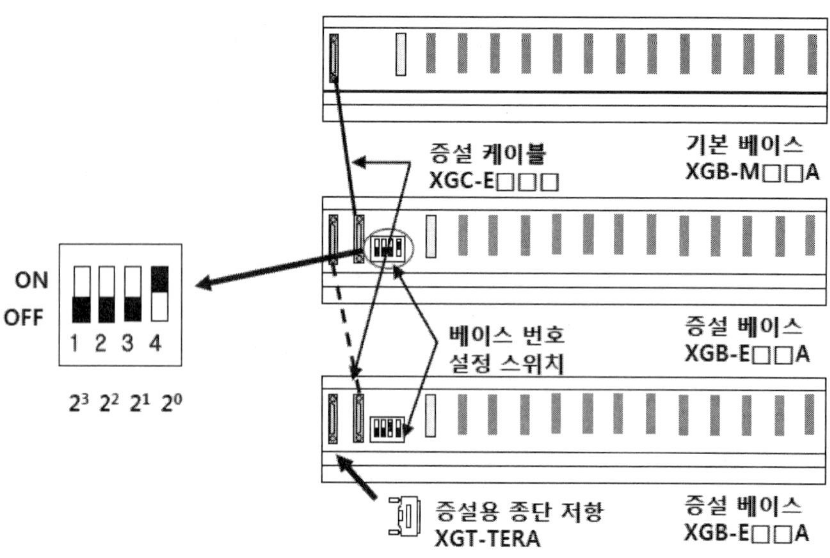

그림 1.4 베이스의 증설 시스템

1.3.3 XGI CPU의 각 부 명칭과 기능

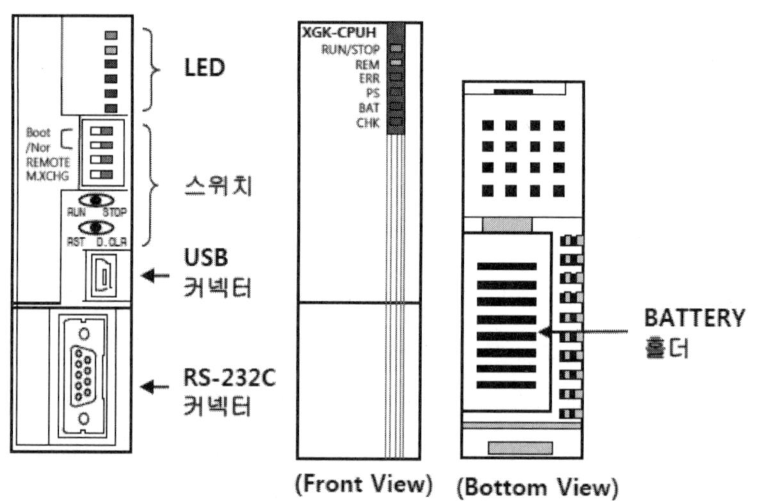

그림 1.5 CPU부의 명칭 및 기능

표 1.1에는 그림 1.5에 표시한 LED부분에 대한 표시와 기능을 나타내었으며, 표 1.2에는 스위치의 각 부에 대한 기능을 설명하였다.

표 1.1 LED표시와 기능

LED	상 태
RUN/STOP	■ 녹색점등: RUN상태(RUN/STOP모드 스위치에 의해 'RUN'운전 중, RUN/STOP모드 스위치가 stop인 상태에서 '리모트RUN'운전 중) ■ 적색점등: STOP상태(RUN/STOP모드 스위치에 의해 'STOP'운전 중, RUN/STOP모드 스위치가 stop인 상태에서 '리모트STOP'운전 중) ■ 적색점멸: 에러상태
REMOTE	■ 황색점등: 리모트 허용(REMOTE 스위치 ON인 경우) ■ 소등: 리모트 금지(REMOTE 스위치 OFF인 경우)
ERR	■ 적색 점등: 운전 불가능한 에러상태 ■ 소등: 이상 없음
PS (Programmable Status)	■ 적색 점등 시 * 사용자 플래그가 ON인 경우 * 에러 시 운전 속행설정으로 에러상태에서 운전 중인 경우 * M.XCHG스위치가 ON상태에서 모듈을 빼거나 다른 모듈을 장착한 경우 ■ 소등: 이상 없음
BAT	■ 적색 점등: 배터리 전압이 규정 전압 미만인 경우 ■ 소등: 이상 없음
CHK	■ 적색 점등: 표준설정과 다른 애용이 설정된 경우에 표시 * M.XCHG스위치가 ON된 경우(모듈교체로 설정된 경우) * 디버그 모드에서 운전 중인 경우 * 강제 I/O설정상태 * 고장 마스크, SKIP플래그가 설정된 경우 * 운전 중 경고장이 발생된 경우 * 증설 베이스 전원 이상인 경우 ■ 적색점멸: 연산 에러 시 운전속행 설정이 되어 있는 상태에서 에러가 발생 ■ 소등: 표준설정으로 운전 중에 표시

표 1.2 스위치와 그 기능

스위치	용 도
Boot/Nor	■ 항상 ON(우측)상태로 해야 됨(사용자 조작 시 CPU 소손 또는 오동작의 원인이 됨)
REMOTE	■ ON(우측): 리모트 허용(모든 기능 허용) ■ OFF(좌측): 리모트 금지(○프로그램의 D/L, 운전모드 조작제한, ○모니터, 데이터 변경 등은 조작허용) 리모트 제어를 하기 위해서는 ON
M.XCHG	■ ON(우측): 런 중 모듈교체 허용 ■ OFF(좌측): 런 중 모듈교체 금지 런 중 모듈 교체 완료 후 반드시 OFF
RUN/STOP	■ RUN: Local RUN ■ STOP: Local STOP 또는 리모트 모드 리모트 제어를 하기 위해서는 STOP
RST	■ 3초 미만 RST: PLC 리셋 ■ 3초 이상 RST: PLC Overall 리셋
D.CLR	■ 3초 미만 D.CLR: 래치 1 클리어 ■ 3초 이상 D.CLR: 래치 2 클리어 PLC가 STOP 상태인 경우에만 동작

1.3.4 베이스와 모듈

(1) 기본 베이스의 구조

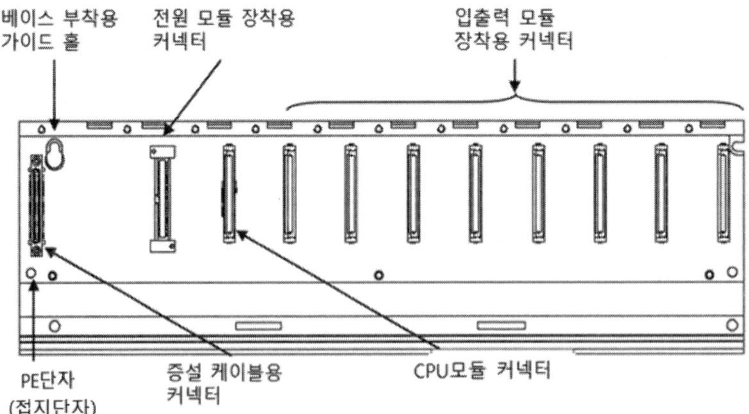

그림 1.6 기본 베이스의 커넥터

(2) 증설 베이스의 구조

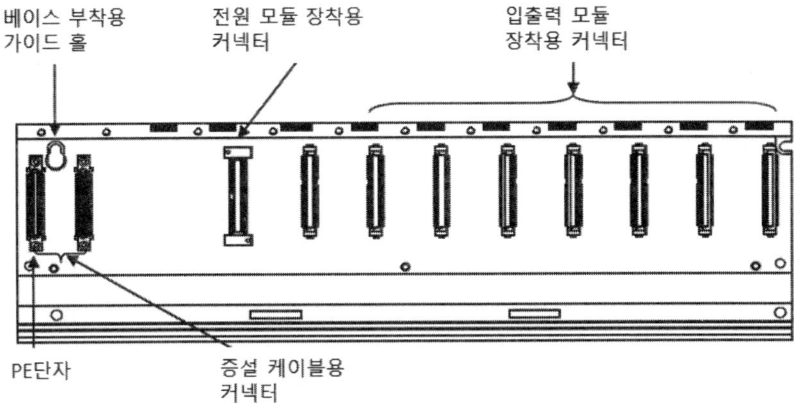

그림 1.7 증설베이스의 커넥터

표 1.3 베이스 및 전원모듈의 종류

품 명	형 명	내 용		비 고
기본 베이스	XGB-M04A	4모듈 장착용		-
	XGB-M06A	6모듈 장착용		-
	XGB-M08A	8모듈 장착용		-
	XGB-M12A	12모듈 장착용		-
증설 베이스	XGB-E04A	4모듈 장착용		-
	XGB-E06A	6모듈 장착용		-
	XGB-E08A	8모듈 장착용		-
	XGB-E12A	12모듈 장착용		-
전원모듈	XGP-ACF1	AC100V-240V 입력	DC5V: 3A, DC24V: 0.6A 출력	-
	XGP-ACF2	AC100V-240V 입력	DC5V: 6A 출력	-
	XGP-AC23	AC200V-240V 입력	DC5V: 8.5A 출력	-
	XGP-DC42	DC24V 입력	DC5V: 6A 출력	-
증설 케이블	XGC-E041	길이: 0.4m		총 연장 거리는 15m를 넘지 말것
	XGC-E061	길이: 0.6m		
	XGC-E121	길이: 1.2m		
	XGC-E301	길이: 3.0m		
	XGC-E501	길이: 5.0m		
	XGC-E102	길이: 10m		
	XGC-E152	길이: 15m		
종단저항	XGT-TERA	증설 베이스 연결 시 종단 저항 반드시 적용		-
방진용 모듈	XGT-DMMA	미사용 슬롯의 방진용 모듈		-
배터리	XGT-BAT	XGT용 배터리(DC3.0V/1,800mAh)		-

표 1.3에는 베이스 및 전원모듈이 종류에 대해 나타내었으며 그림 1.5에는 전원과 전원모듈에 관한 배치도이다.

표 1.4 및 표 1.5에는 모듈의 종류, 표 1.6에는 CPU의 종류와 성능규격을 나타낸다.

(3) 전원모듈과 전원

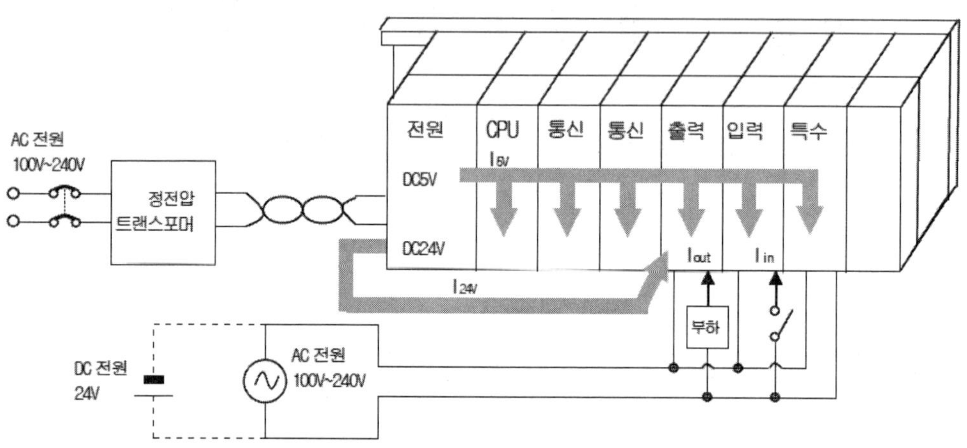

I_{5V} : 각 모듈 DC5V 회로의 소비 전류 (내부 소비 전류)
I_{24V}: 출력 모듈 내부 사용 DC24V 의 평균 소비 전류

그림 1.8 전원모듈과 전원

표 1.4 XGI PLC의 모듈 종류

품 명	형 명	내 용	비고
CPU모듈	XGI-CPUUN	CPU모듈(최대 입출력 점수: 6144점, 프로그램 용량: 2MB)	-
	XGI-CPUU/D	CPU모듈(최대 입출력 점수: 6144점, 프로그램 용량: 1MB)	-
	XGI-CPUU	CPU모듈(최대 입출력 점수: 6144점, 프로그램 용량: 1MB)	-
	XGI-CPUH	CPU모듈(최대 입출력 점수: 6144점, 프로그램 용량: 512KB)	-
	XGI-CPUS	CPU모듈(최대 입출력 점수: 3072점, 프로그램 용량: 128KB)	-
	XGI-CPUE	CPU모듈(최대 입출력 점수: 1536점, 프로그램 용량: 64KB)	-
디지털 입력모듈	XGI-D21A	DC24V 입력, 8점(전류 소스 / 싱크 입력)	-
	XGI-D21D	DC24V 진단 입력, 8점(전류 소스 / 싱크 입력)	-
	XGI-D22A	DC24V 입력, 16점(전류 소스 / 싱크 입력)	-
	XGI-D24A	DC24V 입력, 32점(전류 소스 / 싱크 입력)	-
	XGI-D28A	DC24V 입력, 64점(전류 소스 / 싱크 입력)	-
	XGI-D22B	DC24V 입력, 16점(전류 소스 입력)	-
	XGI-D24B	DC24V 입력, 32점(전류 소스 입력)	-
	XGI-D28B	DC24V 입력, 64점(전류 소스 입력)	-
	XGI-A12A	AC110V 입력, 16점	-
	XGI-A21A	AC220V 입력, 8점	-
	XGI-A21C	AC220V 절연 입력, 8점	-
디지털 출력모듈	XGQ-RY1A	릴레이 출력, 8점(2A용, 단독 COM.)	-
	XGQ-RY1D	릴레이 진단 출력, 8점(2A용)	-
	XGQ-RY2A	릴레이 출력, 16점(2A용)	-
	XGQ-RY2B	릴레이 출력, 16점(2A용), Varistor 부착	-
	XGQ-TR2A	트랜지스터 출력, 16점(0.5A용, 싱크 출력)	-
	XGQ-TR4A	트랜지스터 출력, 32점(0.1A용, 싱크 출력)	-
	XGQ-TR8A	트랜지스터 출력, 64점(0.1A용, 싱크 출력)	-
	XGQ-TR2B	트랜지스터 출력, 16점(0.5A용, 소스 출력)	-
	XGQ-TR4B	트랜지스터 출력, 32점(0.1A용, 소스 출력)	-
	XGQ-TR8B	트랜지스터 출력, 64점(0.1A용, 소스 출력)	-
	XGQ-SS2A	트라이액 출력, 16점(0.6A용)	-
	XGQ-TRIC	트랜지스터 절연 출력, 8점(2A용, 싱크 출력)	-
디지털 입출력 혼합모듈	XGH-DT4A	DC 24V입력, 16점(소스/싱크), 트랜지스터 출력, 16점(0.1A, 싱크)	-

표 1.5 XGI PLC의 모듈 종류(연속)

품 명		형 명	내 용	비고
특수모듈	아날로그 입력모듈	XGF-AV8A	전압 입력: 8채널(DC1~5V/0~5V/0~10V/-10~+10V)	-
		XGF-AC8A	전류 입력: 8채널(DC 4~20mA / 0~20mA)	-
		XGF-AD8A	전압/전류 입력: 8채널	-
		XGF-AD4S	전압/전류 입력: 4채널, 채널간 절연	-
		XGF-AD16A	전압/전류 입력: 16채널	-
		XGF-AW4S	2선 전압/전류 입력: 4채널, 채널간 절연 2선식 트랜스미터 구동전원 공급	-
	아날로그 출력모듈	XGF-DV4A	전압 출력: 4채널 DC1~5V/0~5V/0~10V/-10~+10V	-
		XGF-DC4A	전류 출력: 4채널(DC 4~20mA / 0~20mA)	-
		XGF-DV4S	전압 출력: 4채널, 채널간 절연	-
		XGF-DC4S	전류 출력: 4채널, 채널간 절연	-
		XGF-DV8A	전압 출력: 8채널(DC 1~5V/0~5V/0~10V/-10~+10V)	-
		XGF-DC8A	전류 출력: 8채널(DC 4~20mA / 0~20mA)	-
	아날로그 입출력 혼합모듈	XGF-AH6A	전압/전류 입력 4채널 전압/전류 출력 2채널	-
	HART I/F 아날로그 입력모듈	XGF-AC4H	전류 입력 4채널, HART I/F, DC 4~20mA	-
	HART I/F 아날로그 출력모듈	XGF-DC4H	전류 출력 4채널, HART I/F, DC 4~20mA	-
	열전대 입력모듈	XGF-TC4S	온도(T/C) 입력, 4채널, 채널간 절연	-
	측온저항체 입력모듈	XGF-RD4A	온도(RTD) 입력, 4채널	-
		XGF-RD4S	온도(RTD) 입력, 4채널, 채널간 절연	-
		XGF-RD8A	온도(RTD) 입력, 8채널	-
	온도제어 모듈	XGF-TC4UD	제어루프: 4루프 입력(4채널, TC/RTD/전압/전류), 출력(8채널, TR/전류)	-
		XGF-TC4RT	제어루프: 4루프 입력(4채널, RTD), 출력(4채널, TR)	-
	고속카운터 모듈	XGF-HO2A	전압 입력형(Open Collector형), 200KHz, 2채널	-
		XGF-HD2A	차동 입력형(Line Driver형), 500KHz, 2채널	-
		XGF-HO8A	전압 입력형(Open Collector형), 200KHz, 8채널	-

표 1.6 XGI PLC의 CPU 성능 규격

항 목			XGI-CPUE	XGI-CPUS	XGI-CPUH	XGI-CPUU	XGI-CPUU/D	비 고
연산방식			반복 연산, 정주기 연산, 고정주기 스캔					
입·출력 제어방식			스캔동기 일괄처리 방식(리프레시 방식), 명령어에 의한 다이렉트 방식					
프로그램 언어			래더 다이어그램(Ladder Diagram), SFC(Sequential Function Chart), ST(Structured Text)					
명령어 수	연산자		18개					
	기본 펑션		136종+실수연산 펑션					
	기본 펑션블록		43개					
	전용 펑션블록		특수기능 모듈별 전용 펑션블록, 통신전용 펑션블록(p2p)					
연산처리 속도	기 본		0.084 μs / 명령어	0.028 μs / 명령어				
(기본 명령)	MOVE		0.252 μs / 명령어	0.084 μs / 명령어				
	실수연산		± : 1.142 μs(S), 2.87 μs(D) × : 1.948 μs(S), 4.186 μs(D) ÷ : 1.442 μs(S), 4.2 μs(D)	± : 0.392 μs(S), 0.924 μs(D) × : 0.86 μs(S), 2.240 μs(D) ÷ : 0.924 μs(S), 2.254 μs(D)				S : 단장 D : 배장
프로그램 메모리 용량			64 KB	128 KB	512 KB	1 KB		
입·출력 점수(설치 가능)			1,536점	3,072점	6,144점			
최대 입·출력 메모리 점수			32,768점		131,072점			
데이터 메모리	자동변수영역 (A)		64 KB (최대 32 KB 리테인 설정가능)	128 KB (최대 64 KB 리테인 설정가능)	512 KB (최대 256 KB 리테인 설정가능)			
	입력변수(I)		4 KB		16 KB			
데이터 메모리	출력변수(Q)		4 KB		16 KB			
	직접 변수	M	32 KB (최대 16 KB 리테인 설정가능)	128 KB (최대 64 KB 리테인 설정가능)	256 KB (최대 128 KB 리테인 설정가능)			
		R	32 KB×1블록	64 KB ×1블록	64 KB×2블록		64 KB ×16블록	
		W	32 KB	64 KB	128 KB		1,024 KB	R과 동일영역
	플래그 변수	F	4 KB					시스템 플래그
		K	4 KB		16 KB			PID 운전영역
		L	22 KB					고속링크 플래그
		N	42 KB					p2p 파라미터 설정
		U	2 KB	4 KB	8 KB			아날로그데이터 리플레시영역

항목		XGI-CPUE	XGI-CPUS	XGI-CPUH	XGI-CPUU	XGI-CPUU/D	비고
타이머		점수제한 없음 시간범위 : 0.001초~4,294,967,294초(1,193시간)					1점당 자동변수 영역의 8바이트 점유
카운터		점수제한 없음 계수범위 : 64비트 표현 범위					1점당 자동변수 영역의 8바이트 점유
프로그램 구성	총프로그램수	256개					
	초기화 태스크	1개					
	정주기 태스크	32개					
	내부 디바이스 태스크	32개					
운전 모드		RUN, STOP, DEEUG					
리스타트 모드		콜드, 웜					
자기진단 기능		연산지연감시, 메모리 이상, 입·출력 이상, 배터리 이상, 전원 이상 등					
정전 시 데이터 보존 방법		기본 파라미터에서 리테인 영역 설정					
최대 증설 베이스		1단	3단	7단			총연장 15 m
내부 소비전류		940 mA		960 mA			
중량		0.12 kg					

1.3.5 PLC의 선정 및 접속

다음은 어떤 제어를 하기 위해 적절한 PLC의 사양과, 입력 및 출력의 타입을 선택하고, 배선 및 접속과 프로그램의 작성까지의 순서와 그 내용을 기술한다.

(1) PLC의 사양확인

1) 연산방식

① 프로그램 내장방식

프로그램 내장(stored program)방식이란 명령(프로그램)을 메모리에 기억시켜 놓고 CPU가 그 명령을 순차적으로 읽으면서 실행하는 방식이다.

② 반복 연산방식

반복 연산방식은 사이클릭(cyclic) 연산방식이라고도 하며, 메모리에 저장된 명령(프로그램)을 순서대로 실행하여, 프로그램의 최후 명령인 END명령까지 가면 다시 처음의 명령을 실행하는 방식이다.

현재의 PLC는 프로그램 내장방식과 사이클릭 연산방식을 조합시킨 stored program cyclic 연산방식으로 되어 있다.

③ 정주기 연산방식

연산이 반복적으로 수행되지 않고 설정된 시간간격마다 해당되는 프로그램을 수행하는 방식을 **정주기 연산방식**이라 한다.

④ 인터럽트(interrupt) 연산방식

PLC 프로그램의 실행 중에 긴급하게 우선적으로 처리해야 할 상황이 발생한 경우에 지금까지의 프로그램 연산을 중지하고 즉시 인터럽트 프로그램에 해당하는 연산을 처리하는 방식이다. 긴급상황을 CPU 모듈에 알려주는 신호를 인터럽트 신호라 하며 내부 및 외부접점 인터럽트 신호방식 등 2종류의 **인터럽트 연산방식**이 있다.

⑤ 고정주기 스캔(Constant Scan)

고정주기 스캔은 스캔 프로그램을 정해진 시간마다 실행하는 연산방식이다. 스캔 프로그램을 모두 실행한 후 잠시 대기하였다가 지정된 시간이 되면 프로그램 스캔을 재개한다. 정주기 프로그램과의 차이는 입출력의 갱신과 동기를 맞추어 실행하는 것이다.

고정주기 운전에서 스캔타임은 대기시간을 뺀 순수 프로그램 처리시간을 표시한다. 스캔타임이 설정된 '고정주기'보다 큰 경우는 '_CONSTANT_ER' 플래그가 'On' 된다.

2) 입출력 제어방식

PLC의 입력과 출력의 처리방식에는 리프레시(refresh)방식과 다이렉트(direct)방식이 있다. **리프레시 방식**은 입출력의 ON/OFF를 스캔하기 전에 받은 프로그램의 스캔을 하고, 프로그램의 연산 도중에 입출력이 변화해도 받아들이지 않고, END명령을 실시한 후에 전체의 입출력을 한 번에 전환시키는 방식이다. **다이렉트 방식**은 순차입출력 방식이라고도 불리며, 수시로 입출력의 동작을 받아 처리하는 방식이다.

3) 입출력 점수

입출력 점수는 입력부에 푸시버튼 스위치나 리밋 스위치를 몇 개까지 접속할 수 있는가와 출력부에는 램프나 솔레노이드 등을 몇 개나 접속하여 작동시킬 수 있는지를 나타낸다.

표 1.6의 XGI-CPUE는 최대 1536점으로 표기되어 있으며, 이 숫자는 최대로 증설한 경우의 점수이다.

4) 프로그램 메모리 및 데이터 메모리 용량

프로그램 용량은 프로그램이 프로그램 메모리에 저장될 수 있는 최대용량이다. 데이터 메모리 용량은 자동변수 영역과 입출력 변수영역으로 구분할 수 있다.

5) 연산 처리속도

연산 처리속도란 하나의 명령을 실행 처리하는 데 필요한 시간이다. 가장 처리시간이 빠른 “AND”나 “OR”와 같은 명령을 기준으로 나타내는 경우가 많다. 응용명령의 경우에는 명령의 종류나 연산하는 데이터의 크기에 따라서 실행 처리시간이 다르다.

6) 스캔타임

스캔타임은 PLC가 전 명령을 실행 처리하는 데 요하는 시간이다. 스캔타임은 프로그램의 길이나 데이터의 크기에 따라 변화하므로 처리시간에 차이가 있다.

(2) 입출력 할당

PLC에 접속하는 스위치나 센서 등의 입력기기, 모터나 릴레이 등의 출력기기의 신호를 프로그램에서 취급하도록 하는 데는, 미리 PLC의 어느 입출력 단자에 입출력 기기를 접속하는가를 결정할 필요가 있다. 이와 같은 작업을 PLC의 **입출력 할당(I/O할당)**이라 하며, PLC로 입출력기기를 접속하는 단자의 위치를 요소번호(BOOL변수, 디바이스 번호, **I/O No**라고도 불림)라 한다.

(3) PLC입출력 타입의 확인

PLC의 입력부에는 DC(직류) 입력타입과 AC(교류) 입력타입이 있으며(표 1.4 참조),

DC 입력타입에는 **싱크(Sink)타입**과 **소스(Source)타입**이 있다(그림 1.9).

싱크타입과 소스타입의 차이는, 커먼단자(COM단자)에 접속하는 직류전원의 방향이 다르다. 싱크타입에서는 동작전류가 스위치로부터 PLC의 입력단자로 흐르며, 소스타입에서는 동작전류가 PLC의 입력단자 쪽으로부터 스위치로 흐른다.

PLC의 출력부에는 트랜지스터 출력타입, 릴레이 출력타입, 트라이악 출력타입이 있다.

트랜지스터 출력타입은 스위칭을 트랜지스터에 의해서 행한다. 반도체 소자인 트랜지스터는 무접점 출력이므로 수명이 길며, 접속 가능한 출력기기는 DC전원에서 구동하는 기기만으로 되어 있다. 트랜지스터 출력타입에는 소스타입과 싱크타입이 있으며(그림 1.9), 싱크타입에서는 동작전류가 부하로부터 PLC의 출력단자로 흐르고, 소스타입에서는 동작전류가 PLC의 출력단자로부터 부하쪽으로 흐른다.

릴레이 접점 출력타입은, 릴레이에 의한 유접점 출력이며, 전류의 방향에 제한이 없으므로 교류나 직류전원을 사용할 수 있다. 이 타입은 기계적인 접점 출력이므로 기계적 수명이 있으며, 트랜지스터 출력과 비교하여 출력 응답시간이 길다. 일반적으로 PLC내부에 조립되어 있는 릴레이는 소형이어서 전자코일이나 표시등의 전구 등, 비교적 소용량의 부하를 동작시킬 수 있지만 고전압·대전류(高電壓·大電流)의 부하를 제어하는 경우에는 개폐시에 아-크에 의해 릴레이 접점의 수명이 극히 짧아질 우려가 있다.

트라이악 출력타입은 AC사양의 기기를 접속한다. 이것은 트랜지스터 출력타입과 마찬가지로 외부전원과 직렬로 부하를 접속하여 사용한다.

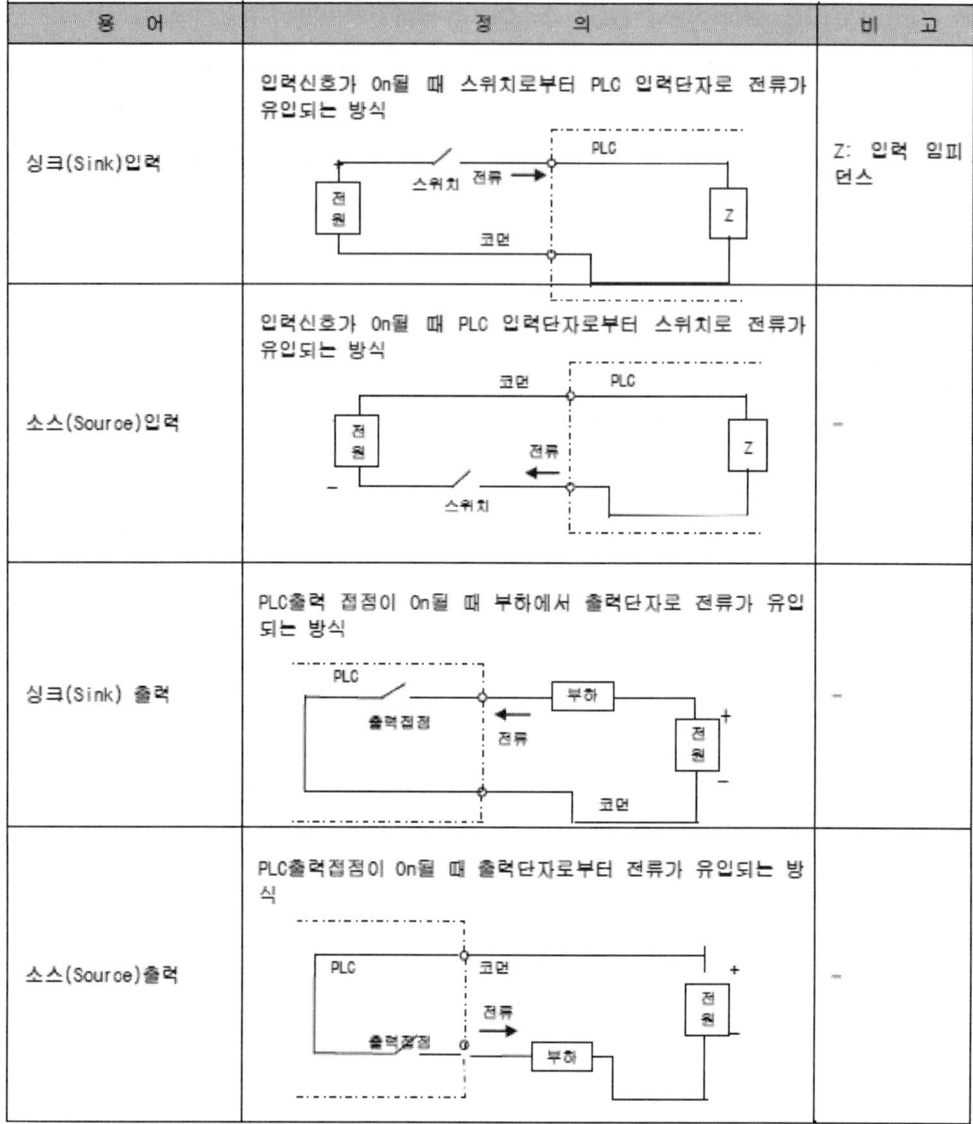

용 어	정 의	비 고
싱크(Sink)입력	입력신호가 On될 때 스위치로부터 PLC 입력단자로 전류가 유입되는 방식	Z: 입력 임피던스
소스(Souroe)입력	입력신호가 On될 때 PLC 입력단자로부터 스위치로 전류가 유입되는 방식	-
싱크(Sink) 출력	PLC출력 접점이 On될 때 부하에서 출력단자로 전류가 유입되는 방식	-
소스(Souroe)출력	PLC출력접점이 On될 때 출력단자로부터 전류가 유입되는 방식	-

그림 1.9 싱크, 소스 입출력의 개념도

(4) 배선작업

입출력 할당표에 따라 PLC와 입출력기기를 배선하여 접속한다. 이때 다음 사항을 체크한다.

① 전선이 단선되지 않았는지를 테스터기에서 확인한다.

② 배선의 수를 적게, 짧게 하고 여분의 배선은 하지 않는다.

③ 배선의 길이는 적절하게 하고 묶어서 보기 좋게 한다.

④ 부품이나 기기 등의 위를 횡단하는 배선을 하지 않아야 한다.

⑤ 압착단자는 적절하게 체결한다.

⑥ 동일한 단자에 두 개의 전선을 연결하는 경우, 압착단자의 뒷면을 합쳐서 체결한다. 동일한 단자에 3개의 전선을 연결해서는 안 된다.

⑦ 배선 후에는 주요부에 대하여 배선의 이상 유무를 확인한다.

(5) 전원 투입과 프로그램 메모리의 클리어

PLC에 전원을 투입할 때는 입출력기기가 올바로 접속되어 있는가와 출력기기가 동작하지 않도록 안전확보가 되었는가를 확인하고 나서 투입한다. PLC나 각 유니트에 전원이 올바로 공급되면 전원 램프가 점등한다. 만일 PLC나 각 유니트에 이상 또는 에러가 있다면 이상·에러 램프가 점등한다. 이상·에러 램프가 점등하는 경우에는 PLC의 매뉴얼을 참조하여 에러를 해결해야 한다.

전원 투입 후, 푸시버튼 스위치나 검출용 센서를 동작시켜서는 안 된다. PLC에 이미 프로그램이 입력되어 있는 경우, PLC가 실행 모드(RUN)로 되어 있으면 입력기기에 의해서 출력기기가 동작하는 경우가 있다. 따라서 PLC의 프로그램이 입력되어 있는 메모리를 일단 강제로 클리어 하고 나서 프로그래밍을 한다.

(6) 입출력기기의 접속 체크

입력기기의 접속체크는 푸시버튼 스위치나 검출용 센서 등의 입력기기를 ON/OFF시켜 할당표에 대응하는 PLC의 인디케이터 램프(표시기 램프)의 점등 및 소등을 확인한다. 출력기기의 접속체크는 컴퓨터의 전용 소프트웨어를 이용하여, 강제로 PLC의 출력단자에 출력신호를 보내 출력기기가 동작하는지를 확인한다. PLC에 의해 강제로 셋시킨 출력은 반드시 강제로 리셋해두어야 한다.

(7) 프로그램의 작성과 쓰기

PLC에 프로그램을 작성하는 방법에는, 컴퓨터를 이용하여 PLC 프로그래밍 전용의 소프트웨어(프로그램 툴: XG5000)에 의해 작성한다. 프로그램 작성을 종료하고 나면 시스템 전체의 안전을 확보한 후에 실행한다. 대규모의 프로그램인 경우에는 기능마다 프로그램의 확인과 수정을 행한다. 이와 같이 작성한 프로그램 중에 버그를 없애는 작업을 **디버깅**이라 한다.

1.4 XGI PLC의 하드웨어 구조

PLC는 마이크로 프로세서와 메모리로 구성되는 중앙연산처리 장치(CPU)와 입력요소와의 신호를 연결시키는 입력부, 출력요소와의 신호를 연결시키는 출력부, 전원을 공급하는 전원부와 PLC에 프로그램을 기록하는 컴퓨터 등의 주변기기로 구성된다(그림 1.10).

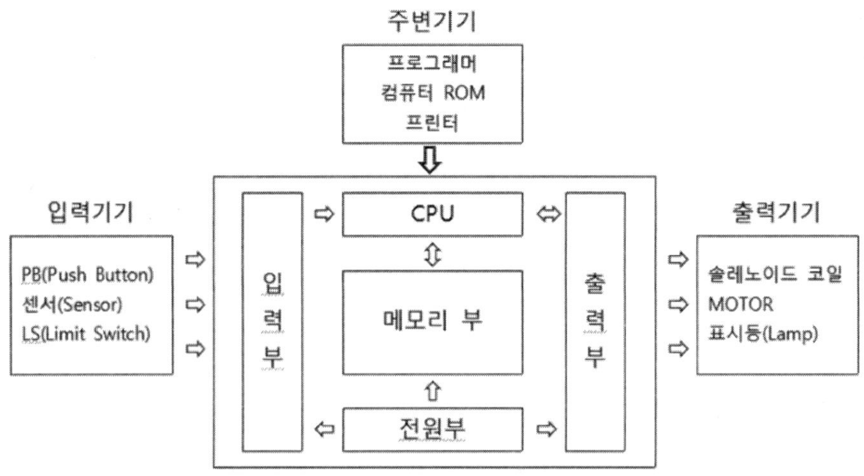

그림 1.10 PLC의 하드웨어 구조

1.4.1 중앙연산 처리 장치(CPU, Central Processing Unit)

CPU는 메모리에 저장되어 있는 프로그램을 해독하여 반복연산처리를 실행하며, 2진수로 연산처리 한다. XGI PLC에서 **CPU의 기능**을 열거하면 다음과 같다.

① 자기 진단기능

자기 진단기능이란 CPU모듈이 PLC 시스템 자체의 이상 유무를 진단하는 기능이다. PLC시스템의 전원을 투입하거나 동작 중 이상이 발생한 경우에 이상을 검출하여 시스템의 오동작 방지 및 예방 보전 기능을 수행한다.

② 시계기능

CPU모듈에는 시계 소자(RTC)가 내장되어 있으며, RTC는 전원 Off 또는 순시 정전 시에도 배터리 백업에 의해 시계 동작을 한다. RTC의 시계 데이터를 이용하여 시스템의 운전이력이나 고장이력 등의 시각관리에 사용할 수 있다.

③ 리모트 기능

CPU모듈은 모듈에 장착된 키 스위치 외에 통신에 의한 운전변경이 가능하다. 리모트로 조작을 하고자 하는 경우에는 CPU모듈의 'REM허용' 스위치(4 Pin 딥 스위치의 2번 딥 스위치)를 On 위치로, 'RUN/STOP' 스위치를 STOP 위치로 설정해주어야 한다.

④ 입출력 강제 ON/OFF 기능

강제 입출력 I/O기능은 프로그램 실행결과와는 관계없이 입출력 영역을 강제로 On/Off 할 경우 사용하는 기능이다.

⑤ 즉시 입출력 연산기능

'DIREC_IN, DIREC_OUT'펑션을 사용하여 입출력 접점을 리프레시 함으로써 프로그램 수행 도중에 입력접점의 상태를 즉시 읽어 들여 연산에 사용하거나, 연산결과를 즉시 출력접점에 출력하려고 할 때 유용하게 사용될 수 있다.

⑥ 운전이력 저장 기능

운전이력에는 에러이력, 모드변환 이력, 전원차단 이력 및 시스템 이력 등 4종류가 있다.

각 이벤트가 발생한 시각, 횟수, 동작내용 등을 메모리에 저장하며 XG5000(XGT PLC의 프로그램 툴)을 통하여 편리하게 모니터 할 수 있다. 운전이력은 XG5000 등으로 지우지 않는 한 PLC 내에 저장되어 있다.

⑦ 외부기기 고장진단 기능

사용자가 외부기기의 고장을 검출하여, 시스템의 정지 및 경고를 쉽게 구현하도록 제공되는 플래그이다. 이 플래그를 사용하면 복잡한 프로그램을 작성하지 않고 외부기기의 고장을 표시할 수 있으며, XG5000과 소스 프로그램 없이 고장위치를 모니터링 할 수 있다.

⑧ 고장 마스크 기능

- 고장 마스크는 운전 중 모듈의 고장이 발생하여도 프로그램을 계속 수행하도록 하는 기능이다. 고장 마스크로 지정된 모듈은 고장 발생 전까지 정상적으로 동작한다.
- 고장 마스크가 설정된 모듈에 에러가 발생하면 해당 모듈은 동작을 정지하지만 전체 시스템은 계속 동작을 한다.
- 운전 중 모듈의 고장이 발생하면 CPU모듈은 에러 플래그를 셋하고 전면의 “PS LED” 가 “On” 된다. XG5000을 접속하면 에러 상태를 볼 수 있다.

⑨ 입출력 모듈 스킵기능

입출력 모듈 스킵기능은 운전 중 지정된 모듈을 운전에서 배제하는 기능이다. 지정된 모듈에 대해서는 지정된 순간부터 입출력 데이터의 갱신 및 고장 진단이 중지된다. 고장부분을 배제하고 임시 운전을 하는 경우 등에 사용할 수 있다.

⑩ 운전 중 모듈교체 기능

XGT 시스템에서는 운전 중 모듈의 교체가 가능하다. 그러나 운전 중 모듈의 교체는 전체 시스템의 오동작을 발생시킬 우려가 있으므로 사용 시 각별한 주의가 필요하다. 반드시 사용 설명서에 지정된 순서에 따라 실시해야 한다.

⑪ 운전 중 프로그램 수정 기능

PLC의 운전 중 제어동작을 중지하지 않고 프로그램 및 일부 파라미터의 수정이 가능하다.

운전 중 수정이 가능한 항목은 프로그램의 수정, 통신 파라미터의 수정이다.

1.4.2 전원부

전원모듈의 선정(표 1.7)은 입력전원의 전압과 전원모듈이 시스템에 공급해야 할 전류, 즉 전원모듈과 동일베이스 상에 설치되는 디지털 입출력 모듈, 특수 모듈 및 통신모듈 등의 소비전류의 합계에 의해 정한다. 전원모듈의 정격 출력 용량을 초과하여 사용하면 시스템이 정상동작 하지 않으므로 시스템 구성 시 각 모듈의 소비전류를 고려하여 전원모듈을 선정해야 한다. 전원모듈의 각 부 명칭은 그림 1.11에 표시하였다.

각 모듈의 소비전류는 제품의 사용설명서 또는 데이터시트의 제품 규격에서 확인할 수 있다(표 1.8참조).

표 1.7 전원모듈의 종류 및 규격

항 목		XGP-ACF1	XGP-ACF2	XGP-AC23	XGP-DC42
입력	정격입력전압	AC110/220V		AC220V	DC24V
	입력전압범위	AC85V~AC264V		AC170V~AC264V	–
	입력주파수	50/60Hz (47~63Hz)			–
	돌입전류	20APEAK 이하			80APEAK 이하
	효율	65% 이상			60% 이상
	입력퓨즈	내장(사용자 교체 불가), UL규격품(Slow Blow Type)			
	허용순시정전	10ms 이내			
출력1	출력전압	DC5V(±2%)			DC5V(±2%)
	출력전류	3A	6A	8.5A	6A
	과전류보호	3.2A 이상	6.6A 이상	9A 이상	6.6A 이상
	과전압보호	5.5V ~ 6.5V			
출력2	출력전압	DC24V(±10%)	–		–
	출력전류	0.6A			
	과전류보호	0.7A 이상			
	과전압보호	없음			
Relay 출력부	용도	RUN 접점			
	정격개폐 전압/전류	DC24V, 0.5A			
	최소개폐부하	DC5V, 1mA			
	응답시간	Off→On/ On→Off: 10ms 이하/12ms 이하			
	수명	기계적 수명: 2000만 회, 전기적 수명: 정격개폐전압·전류 10만 회 이상			
전압상태 표시		출력전압 정상 시 LED On			
사용전선 규격		0.75 ~ 2mm2			
사용압착 단자		RAV1.25-3.5, RAV2-3.5			
중량		0.4kg		0.6kg	0.5kg

표 1.8 모듈별 소비전류(DC 5V)

(단위: mA)

품 명	형 명	소비전류	품 명	형 명	소비전류
CPU모듈	XGI-CPUUN	960	아날로그 입력모듈	XGF-AV8A	380
	XGI-CPUH,U,U/D	960		XGF-AC8A	380
	XGI-CPUS/E	940		XGF-AD4S	580
DC12/24V 입력모듈	XGI-D21A	20		XGF-AD8A	380
	XGI-D22A	30		XGF-AD16A	580
	XGI-D22B	30	아날로그 출력모듈	XGF-DV4A	190(250)
	XGI-D24A	50		XGF-DC4A	190(400)
	XGI-D24B	50		XGF-DV8A	190(250)
	XGI-D28A	60		XGF-DC8A	243(400)
	XGI-D28B	60		XGF-DV4S	200(500)
AC110V입력모듈	XGI-A12A	30		XGF-DC4S	200(200)
AC220V입력모듈	XGI-A21A	20	고속카운터 모듈	XGF-HO2A	270
릴레이 출력모듈	XGQ-RY1A	250		XGF-HD2A	330
	XGQ-RY2A	500	위치결정 모듈	XGF-PO3A	400
	XGQ-RY2B	500		XGF-PO2A	360
트랜지스터 출력모듈	XGQ-TR2A	70		XGF-PO1A	340
	XGQ-TR2B	70		XGF-PD3A	820
	XGQ-TR4A	130		XGF-PD2A	750
	XGQ-TR4B	130		XGF-PD1A	510
	XGQ-TR8A	230	열전대 입력모듈	XGF-TC4S	610
	XGQ-TR8B	230	측온저항체 입력모듈	XGF-RD4A	490
트라이액 출력모듈	XGQ-SS2A	300		XGF-RD4S	490
입출력 혼합모듈	XGH-DT4A	110	모션제어 모듈	XGF-M16M	640
Cnet I/F모듈	XGL-C22A	330	FEnet I/F모듈 (광/전기)	XGL-EFMF	650
	XGL-C42A	300		XGL-EFMT	420
	XGL-CH2A	340	FDEnet I/F모듈 (Master)	XGL-EDMF	650
Pnet I/F모듈	XGL-PMEA	560		XGL-EDMT	420
Dnet I/F모듈	XGL-DMEA	440	RAPIEnet I/F모듈	XGL-EIMF	670
Rnet I/F모듈	XGL-RMEA	410		XGL-EIMT	330
온도 컨트롤러 모듈	XGF-TC4UD	770		XGL-EIMH	510
광링 스위치 모듈	XGL-ESHF	1200	-	-	-

( )의 값은 외부 DC24V에 대한 소비전류 값임.

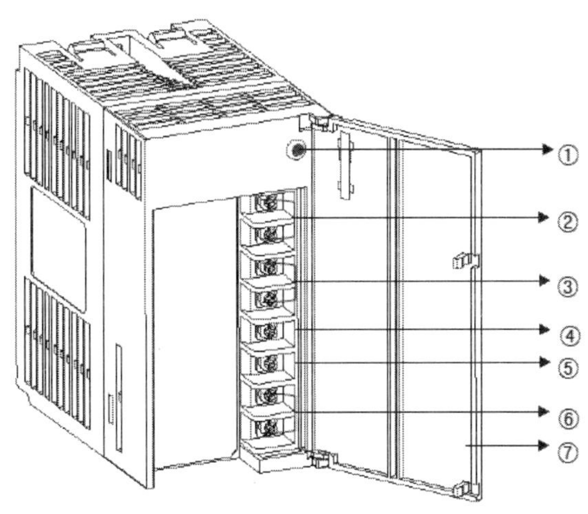

NO.	명 칭	용 도
1	전원LED	DC5V 전원 표시용 LED
2	DC24V, 24G단자	출력모듈 내부에 DC24V가 필요한 모듈에 전원 공급용 ■ XGP-ACF2, XGP-AC23은 DC24V가 출력되지 않는다.
3	RUN단자	시스템의 RUN상태를 표시 ■ CPU의 정지Error발생시 Off됨. ■ CPU의 모드가 STOP으로 바뀌면 Off됨.
4	PE단자	감전방지를 위한 접지단자
5	LG단자	전원필터의 접지용 단자
6	전원 입력단자	전원입력 단자 ■ XGP-4CF1, XGP-ACF2: AC100-240V접속 ■ XGP-AC23: AC200-240V접속 ■ XGP-DC42: DC24V접속
7	단자커버	단자대 보호커버

그림 1.11 전원모듈의 명칭과 용도

예) 소비전류와 전력 계산 및 전원모듈의 선택

XGI PLC시스템에서 다음 표와 같이 모듈을 장착하는 경우, 전원 모듈을 선택하는 방법을 설명한다.

종류	형명	장착 대수	전압계통	
			5V	24V
CPU모듈	XGI-CPUH	1	0.96A	-
12 Slot 기본 베이스	XGB-B12M	-	-	-
입력모듈	XGI-D24A	4	0.2A	-
출력모듈	XGQ-RY2A	4	2.0A	-
FDEnet모듈	XGL-EDMF	2	1.3A	-
Profibus-DP	XGL-PMEA	2	1.12A	-
소비전류	계산		0.96+0.2+2 +1.3+1.12	-
	결과		5.58A	-
소비전력	계산		5.58×5V	-
	결과		27.9W	-

선택: 5V의 소비 전류 계산 값이 5.58A로 계산되었다. 따라서 표 1.7로부터 XGP-ACF2(5V: 6A용) 또는 XGP-AC23(5V: 8.5A용)를 선택하면 된다. 만일 XGP-ACF1(5V: 3A용)을 사용하게 되면 시스템이 정상 동작하지 않는다.

1.4.3 입출력부

표 1.9 입력모듈

<table>
<tr><th colspan="2">규격</th><th colspan="7">DC입력</th><th colspan="3">AC입력</th></tr>
<tr><td colspan="2">형명</td><td>XGI
-D21A</td><td>XGI
-D22A</td><td>XGI
-D22B</td><td>XBI
-D24A</td><td>XGI
-D24B</td><td>XGI
-D28A</td><td>XGI
-D28B</td><td>XGI
-A12A</td><td>XGI
-A21A</td><td>XGI
-A21C</td></tr>
<tr><td colspan="2">입력점수</td><td>8점</td><td colspan="2">16점</td><td colspan="2">32점</td><td colspan="2">64점</td><td>16점</td><td>8점</td><td>8점</td></tr>
<tr><td colspan="2">정격입력전압</td><td colspan="7">DC24 V</td><td>AC100
~120 V</td><td>AC100
~240 V</td><td>AC100
~240 V</td></tr>
<tr><td colspan="2">정격입력전류</td><td colspan="7">4 mA</td><td>8 mA</td><td>17 mA</td><td>17 mA</td></tr>
<tr><td colspan="2">On전압/전류</td><td colspan="7">DC19 V이상 / 3 mA이상</td><td>AC80 V
이상
/5 mA이상</td><td>AC80 V
이상
/5 mA이상</td><td>AC80 V
이상
/5 mA이하</td></tr>
<tr><td colspan="2">Off전압/전류</td><td colspan="7">DC11 V이하 / 1.7 mA이하</td><td>AC30 V
이하
/1 mA이하</td><td>AC30 V
이하
/2 mA이하</td><td>AC30 V
이상
/1 mA이하</td></tr>
<tr><td rowspan="2">응답
시간</td><td>Off→On</td><td colspan="7">1 ms/3 ms/5 ms/10 ms/20 ms/70 ms/100 ms
(I/O 파라미터에서 설정, 초기값 : 3 ms)</td><td colspan="3">15 ms이하</td></tr>
<tr><td>On→Off</td><td colspan="7">1 ms/3 ms/5 ms/10 ms/20 ms/70 ms/100 ms
(I/O 파라미터에서 설정, 초기값 : 3 ms)</td><td colspan="3">25 ms이하</td></tr>
<tr><td colspan="2">공통(COM)방식</td><td>8점/
1COM</td><td colspan="2">16점/1COM</td><td colspan="4">32점/1COM</td><td>16점/
1COM</td><td>8점/
1COM</td><td>1점/
1COM</td></tr>
<tr><td colspan="2">절연방식</td><td colspan="7">포토커플러</td><td colspan="3">포토커플러</td></tr>
<tr><td colspan="2">소비전류(mA)</td><td>20</td><td colspan="2">30</td><td colspan="2">50</td><td colspan="2">60</td><td>30</td><td>20</td><td>20</td></tr>
<tr><td colspan="2">중량(kg)</td><td>0.1</td><td colspan="2">0.12</td><td colspan="2">0.1</td><td colspan="2">0.15</td><td>0.13</td><td>0.13</td><td>0.13</td></tr>
</table>

[주] XGI－xxxA : 소스/싱크타입, XGI－xxxB : 소스타입

표 1.10 출력모듈

규격		릴레이			트랜지스터							트라이액
형명		XGQ-RY14	XGQ-RY2A	XGQ-RY2B	XGQ-TR1C	XGQ-TR2A	XGQ-TR2B	XGQ-TR4A	XGQ-TR4B	XGQ-TR8A	XGQ-TR8B	XGQ-SS2A
출력점수		8점	16점		8점	16점		32점		64점		16점
정격부하전압		DC12/24 V, AC100/220 V			DC12/24 V							AC110/220 V
정격입력전류	1점	2 A			2 A	0.5 A		0.1 A				0.6 A
	공통	5 A			–	4 A		2 A				4 A
응답시간	Off→On	10 ms이하			3 ms 이하	1 ms이하						1 ms이하
	On→Off	12 ms이하			10 ms 이하	1 ms이하						0.5Cycle+1 ms이하
공통(COM)방식		1점/1COM	16점/1COM		1점/1COM	16점/1COM		32점/1COM				16점/1COM
절연방식		릴레이			포토커플러							포토커플러
소비전류(mA)		260	500		100	70		130		230		300
중량(kg)		0.13	0.17	0.19	0.11	0.11		0.1		0.15		0.2
서지킬러		–		바리스터	제너다이오드							바리스터
외부공급전원		–			–	DC 12/24 V						–

[주] 1. XGQ–RY2A : 서지킬러 미장착, XGQ–RY2B : 서지킬러 내장
2. XGQ–TRxA : 싱크타입, XGQ–TRxB : 소스타입

입력모듈 및 출력모듈의 종류와 규격은 각각 표 1.9 및 표 1.10에 표시하였으며, 입력모듈 및 출력모듈을 선정할 때 고려해야 할 사항은 다음과 같다.

① 디지털 입력의 형식에는 표 1.9에서 보는 바와 같이 직류(DC)입력과 교류(AC)입력의 종류가 있으며, 전류 싱크입력 및 전류 소스입력이 있다(그림 1.9 참조).

② 최대 동시 입력점수는 모듈의 종류에 따라 다르다.

③ 고속입력의 응답이 요구되는 경우는 인터럽트 모듈을 사용한다. 단, 인터럽트 모듈은 CPU모듈당 1대만 장착하여 사용할 수 있다.

④ 개폐빈도가 높거나 유도성 부하 개폐용으로 사용하는 경우, 릴레이 출력모듈은 수명이 단축되므로 트랜지스터 출력모듈이나 트라이액 출력모듈을 사용하는 것이 좋다.

특수모듈은 표 1.5에 제시한 바와 같이 아날로그 입력모듈, 아날로그 출력모듈, 고속 카운터모듈 등이 있으며, 위치제어모듈(표 1.11)이 있다.

표 1.11 위치제어모듈

내용	
XGF-PO1A~PO3A	오픈 컬렉터(전압), 1~3축
XGF-PO1A~PO3A	라인 드라이버, 1~3축
XGF-PO1H~PO4H	오픈 컬렉터(전압), 1~4축
XGF-PD1H~PD4H	라인 드라이버, 1~4축

1.4.4 메모리부

CPU모듈에는 사용자가 사용할 수 있는 두 가지 종류의 메모리가 내장되어 있으며, 그중 하나는 사용자가 작성한 프로그램을 저장하는 프로그램 메모리이고, 다른 하나는 운전 중 데이터를 저장하는 데이터 메모리이다.

(1) 프로그램 메모리

프로그램 메모리의 저장 내용 및 크기는 표 1.12와 같다.

표 1.12 프로그램 메모리

항 목	용 량					
	XGI-CPUUN	XGI-CPUU/D	XGI-CPUU	XGI-CPUH	XGI-CPUS	XGI-CPUE
프로그램 메모리 전체영역	19MB	10MB			2MB	2MB
시스템 영역 ■ 시스템 프로그램 영역 ■ 백업영역	2MB	1MB			1MB	512KB
파라미터 영역 ■ 기본 파라미터 영역 ■ I/O파라미터 영역 ■ 고속링크 파라미터 영역 ■ P2P 파라미터 영역 ■ 인터럽트 설정정보 영역 ■ Reserved영역	1MB	1MB			512KB	512KB
실행 프로그램 영역 ■ 스캔 프로그램 영역 ■ 태스크 프로그램 영역	4MB	2MB			256KB	128KB
프로그램 보존영역 ■ 스캔 프로그램 백업영역 ■ 태스크 프로그램 영역 ■ 업로드 영역 ■ 사용자 정의펑션/펑션블록 영역 ■ 변수 초기화 정보영역 ■ 보존 변수지정 정보영역 ■ Reserved영역	12MB	6MB			768KB	384KB

(2) 데이터 메모리

데이터 메모리의 저장내용 및 크기는 표 1.13과 같다.

표 1.13 데이터 메모리

<table>
<tr><th colspan="2" rowspan="2">항 목</th><th colspan="6">용 량</th></tr>
<tr><th>XGI-CPUUN</th><th>XGI-CPUU/D</th><th>XGI-CPUU</th><th>XGI-CPUH</th><th>XGI-CPUS</th><th>XGI-CPUE</th></tr>
<tr><td colspan="2">데이터 메모리 전체영역</td><td>4MB</td><td>3MB</td><td colspan="2">2MB</td><td>1MB</td><td>512KB</td></tr>
<tr><td colspan="2">시스템 영역
■ I/O정보 테이블
■ 강제 입출력 테이블
■ Reserved영역</td><td colspan="4">770KB</td><td>556KB</td><td>238KB</td></tr>
<tr><td rowspan="5">플래그 영역</td><td>시스템 플래그</td><td colspan="2">8KB</td><td colspan="4">4KB</td></tr>
<tr><td>아날로그 이미지 플래그</td><td colspan="4">8KB</td><td>4KB</td><td>2KB</td></tr>
<tr><td>PID플래그</td><td colspan="4">16KB</td><td colspan="2">4KB</td></tr>
<tr><td>고속링크 플래그</td><td colspan="6">22KB</td></tr>
<tr><td>P2P플래그</td><td colspan="6">42KB</td></tr>
<tr><td colspan="2">입력 이미지 영역(%I)</td><td colspan="4">16KB</td><td colspan="2">4KB</td></tr>
<tr><td colspan="2">출력 이미지 영역(%Q)</td><td colspan="4">16KB</td><td colspan="2">4KB</td></tr>
<tr><td colspan="2">R/W영역(%R/%W)</td><td colspan="2">1024KB</td><td colspan="2">128KB</td><td>64KB</td><td>32KB</td></tr>
<tr><td colspan="2">직접변수 영역(%M)</td><td>512KB</td><td colspan="3">256KB</td><td>64KB</td><td>32KB</td></tr>
<tr><td colspan="2">심볼릭 변수 영역(최대)</td><td>1024KB</td><td colspan="3">512KB</td><td>128KB</td><td>64KB</td></tr>
<tr><td colspan="2">스택 영역</td><td>256KB</td><td colspan="3">256KB</td><td>64KB</td><td>64KB</td></tr>
</table>

1.5 XGI PLC의 소프트웨어 구조

1.5.1 연산처리 과정

PLC의 연산처리 과정은 입력 리프레시 과정 → 프로그램의 수행 → 출력 리프레시 과정 → END처리 과정으로 이루어진다. PLC에 입력되는 정보를 CPU가 인식하고, 그것을 조건 또는 데이터로 이용하여 스캔 프로그램을 처음부터 순차적으로 끝까지 수행한다. 도중에 특정조건을 만나면 태스크 프로그램을 수행한 후 원래의 스캔 프로그램으로 돌아가 나머지 부분을 수행하며, 출력 리프레시를 하고 자기진단을 거쳐 출력을 내보내고 END처리 한다. 그 과정을 그림 1.12에 표시했으며, 각 과정에 대하여 약술한다.

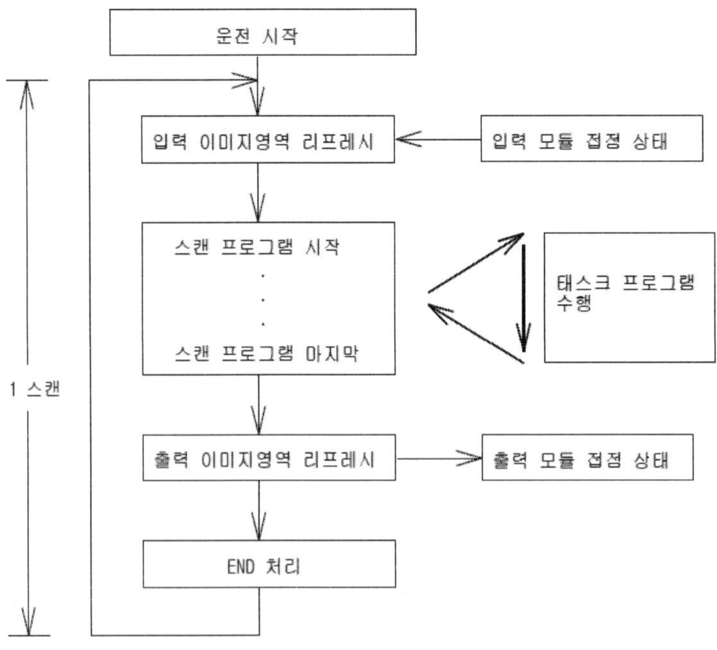

그림 1.12 PLC의 연산처리 과정

(1) 입력 이미지 리프레시

PLC가 운전을 시작할 때 입력모듈을 통해 정보들이 메모리의 입력영역으로 입력되고, 이 정보들은 다시 입력 이미지 영역으로 복사되며 입력 데이터로 이용되어 연산이 수행된다. 이와 같이 입력영역의 데이터를 입력 이미지 영역으로 복사하는 것을 **입력 리프레시**(Input Refresh)라고 한다.

입력 리프레시는 운전이 시작될 때와 매 스캔의 END처리 후에 그 순간의 입력정보를 입력 이미지 영역으로 복사하여 연산의 기본 데이터나 연산의 조건으로 이용된다.

(2) 프로그램 연산

입력 리프레시 과정에서 입력받은 입력접점의 정보를 데이터로서 또는 연산조건으로 이용하여 프로그램에 따라 연산을 수행하고 그 결과를 내부 메모리 또는 출력 메모리에 저장하게 된다.

프로그램은 스캔 프로그램과 태스크 프로그램으로 나눌 수 있는데, **스캔 프로그램**이란 PLC의 CPU가 RUN상태이면 무조건 수행하는 프로그램이고, **태스크 프로그램**은 특정조건을 만족하는 경우에 동작하는 프로그램이다.

스캔 프로그램이 수행되는 도중에 태스크 프로그램의 실행조건이 만족되면 일단 스캔 프로그램의 연산을 정지하고, 태스크 프로그램을 수행한 후 태스크 프로그램으로 전이하기 직전에 연산이 수행되던 스캔 프로그램의 위치로 복귀하여 스캔 프로그램의 연산을 계속한다.

(3) 출력 리프레시

스캔 프로그램 및 태스크 프로그램의 연산에서 처리된 결과는 바로 출력으로 보내어지지 않고 출력 이미지 영역에 저장되게 된다. 이 과정을 **출력 리프레시**(output refresh)라고 한다.

이렇게 저장된 결과는 시스템에 대한 자기진단의 결과, 이상이 없는 경우에 출력으로 내보낸다.

(4) 자기 진단

연산의 과정에서 처리된 결과는 바로 출력으로 내보내지 않고 일단 출력 이미지 영역에 저장된다. 그렇게 저장된 결과는 프로그램의 마지막 스텝 연산이 끝난 후 PLC의 CPU가 시스템 상에 오류가 있는지를 검사하여 오류가 없는 것이 확인되면 출력을 내보낸다.

만일 연산이 성공적으로 끝나서 그 결과가 출력 이미지 영역에 저장되었다고 해도 PLC의 CPU가 자기 시스템을 진단하여 시스템 상에 오류가 있는 경우에는 출력을 내보내지 않고 에러 메시지를 발생시킨다. 이것을 **자기 진단**이라고 한다.

(5) END처리

연산이 성공적으로 수행되고 자기 진단 결과 시스템에 오류가 없으면 출력 이미지 영역에 저장된 데이터를 출력영역으로 복사함으로써 실질적인 출력을 내보내게 된다. 이 과정을 **END처리**라 하며, END처리가 끝나면 다시 입력 리프레시가 수행되어 PLC가 반복적인 연산을 수행하게 된다.

1.5.2 변수의 종류와 정의

PLC 프로그램 내에서 사용하는 데이터는 프로그램 실행 중 값이 변화하지 않는 상수와 그 값이 변화하는 변수가 있으며, 변수는 **직접 변수**와 **심볼릭 변수(네임드 변수)**의 두 가지의 표현방법이 있다. 이 절에서는 변수의 표현방법에 대하여 기술한다.

(1) 직접변수

1) 입·출력 변수

직접 변수에는 입·출력 변수(%I, %Q), 내부 메모리 변수(%M, %R, %W)가 있으며, 입·출력 변수와 내부 메모리 변수의 크기는 PLC의 종류에 따라 차이가 있다.

XGI PLC에서는 입·출력 변수를 베이스 유닛에 장착한 입·출력 모듈의 비트열에 어드레스를 부여하여, 다음 그림 1.13에 표시하는 바와 같이 퍼센트 문자(%)로 시작하고, 다음에 위치 접두어와 크기 접두어를 붙이며, 마침표로 분리되는 하나 이상의 부호 없는 정수의 순으로 나타낸다.

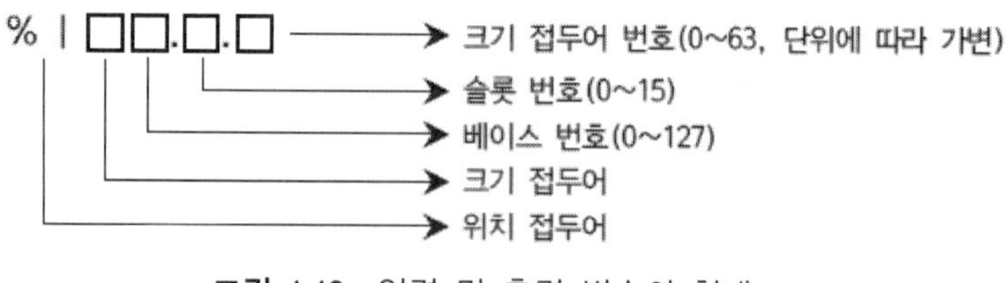

그림 1.13 입력 및 출력 변수의 형태

◆ 위치 접두어

변수의 종류를 나타내며, 전술한 바와 같이 입력, 출력, 내부 메모리 변수로 크게 분류된다(표 1.14).

표 1.14 위치 접두어

위치 접두어	의 미
I	입력 위치(Input Location)
Q	출력 위치(Output Location)
M	내부 메모리 중 M영역 위치 (Memory Location)
R	내부 메모리 중 R영역 위치 (Memory Location)
W	내부 메모리 중 W영역 위치 (Memory Location)

◆ 크기 접두어

크기 접두어는 변수가 차지하는 메모리 공간의 크기를 나타내며, 표 1.15와 같이 여섯 종류가 있다.

표 1.15 크기 접두어

크기 접두어	의 미
X	1비트(bit)의 크기
None	1비트(bit)의 크기
B	1바이트(Byte, 8 bit)의 크기
W	1워드(Word, 16 bit)의 크기
D	1더블 워드(Double Word, 32 bit)의 크기
L	1롱 워드(Long Word, 64 bit)의 크기

◆ 베이스 번호

CPU가 장착되어 있는 베이스(기본 베이스)를 0번 베이스라 하며, 증설 시스템을 구성했을 때 기본 베이스에 접속된 순서에 따라 베이스 번호가 1, 2, 3…번으로 표시된다.

◆ 슬롯 번호

슬롯 번호는 기본 베이스의 경우 CPU의 우측이 0번이 되며, 그 우측으로 갈수록 번호가 1씩 증가한다. 증설 베이스(CPU가 없음)의 경우에는 전원부의 우측이 0번이 되며, 그 우측으로 갈수록 번호가 1씩 증가한다.

◆ 크기 접두어 번호

슬롯에 장착되어 있는 접점들을 0번 비트부터 크기 접두어 단위로 나누었을 때 몇 번째 크기 접두어 단위가 되는지를 나타낸다.

예를 들면, 0번 슬롯에 32점의 입력모듈이 장착되어 있을 때, 비트 단위로 표현하는 경우는 %IX0.0.0~%IX0.0.31과 같이 각 비트마다 크기 접두어 번호가 배정되며, 이것을 바이트 단위로 나누어 사용한다면 처음의 8점(%IX0.0.0~%IX0.0.7)은 %IB0.0.0이 되고, 그 다음 8점(%IX0.0.8~%IX0.0.15)은 %IB0.0.1이 되며, 그 다음 8점(%IX0.0.16~%IX0.0.23)은 %IB0.0.2가 된다. 그리고 마지막 8점(%IX0.0.24~%IX0.0.31)은 %IB0.0.3이 된다.

그리고 1번 슬롯에 32점 출력모듈이 장착되어 있을 때, 이것을 워드단위로 나누어 사용한다면 처음의 16점(%QX0.1.0~%QX0.1.15)은 %QW0.1.0이 되며, 그 다음의 16점(%QX0.1.16~%QX0.1.31)은 %QW0.1.1이 된다.

접두어는 소문자가 올 수 없으며, 크기 접두어를 붙이지 않으면 그 변수는 1비트로 처리된다. 크기 접두어의 배열에 의한 메모리 어드레스를 그림 1.14에 나타내었다.

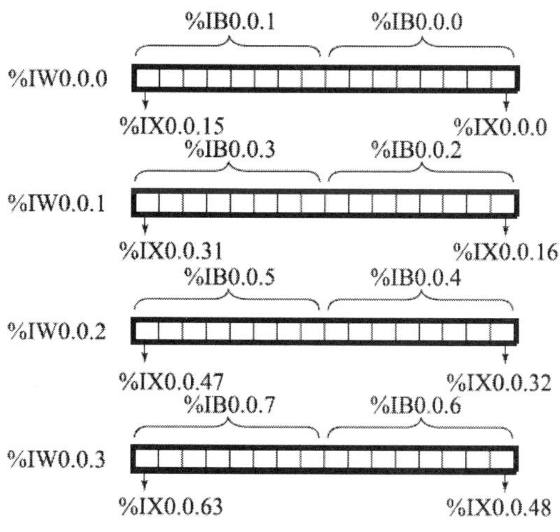

(a) 크기 접두어의 정의

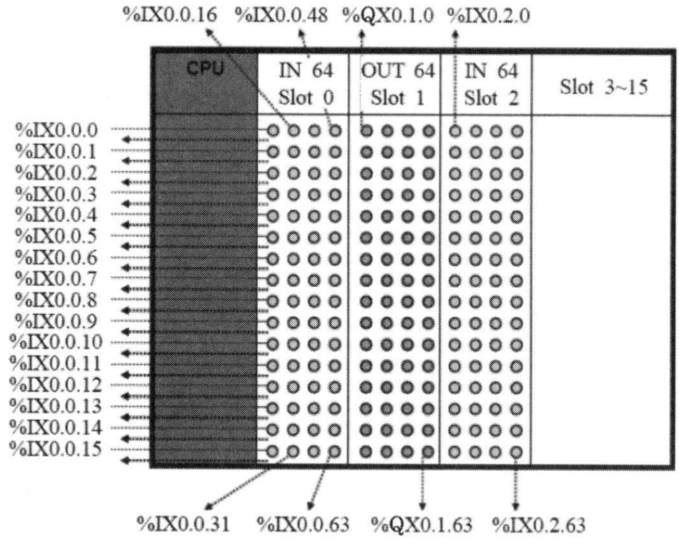

(b) 크기 접두어의 배열

그림 1.14 크기 접두어의 정의와 배열

2) 내부 메모리 변수

내부 메모리 변수의 경우, 할당은 위에서 설명한 입·출력 메모리의 할당과 기본적인 방법은 동일하나 PLC내부에 있는 메모리 내의 영역에 어드레스를 부여하므로 베이스 번호와 슬롯 번호를 지정하지 않는다.

내부 메모리 변수를 표시하는 방법은 다음과 같이 두 가지가 있다.

◆ 크기 접두어 단위의 표시방법

% M X N1 (N1은 숫자)
① ② ③

①번 항목인 %M은 내부 메모리를 나타내는 위치 접두어이다.

②번 항목은 크기 접두어로서 입·출력 메모리와 동일하다.

③번 항목은 비트 번호이다.

예를 들어, %MX0은 0의 위치에 있는 비트단위의 접점 번호이며, 베이스 번호 및 슬롯번호는 없다.

◆ 크기 접두어를 이용한 비트 표시방법

% M B N1 . N2 (N1, N2는 숫자)
① ② ③ ④

①번 항목인 %M은 내부 메모리를 나타내는 위치 접두어이다.

②번 항목은 크기 접두어로서 X를 제외한 B, W, D, L을 사용할 수 있다.

③번 항목은 크기 접두어 번호를 나타낸다.

④번 항목은 비트 번호이다.

예를 들어, %MW100.3이라고 하면 100워드의 3번 비트를 의미한다. 역시 베이스 번호 및 슬롯 번호는 없다. 이 경우의 내부 메모리에 대하여 크기 접두어의 비트, 바이트, 워드 표시영역을 그림 1.15에 나타내었다.

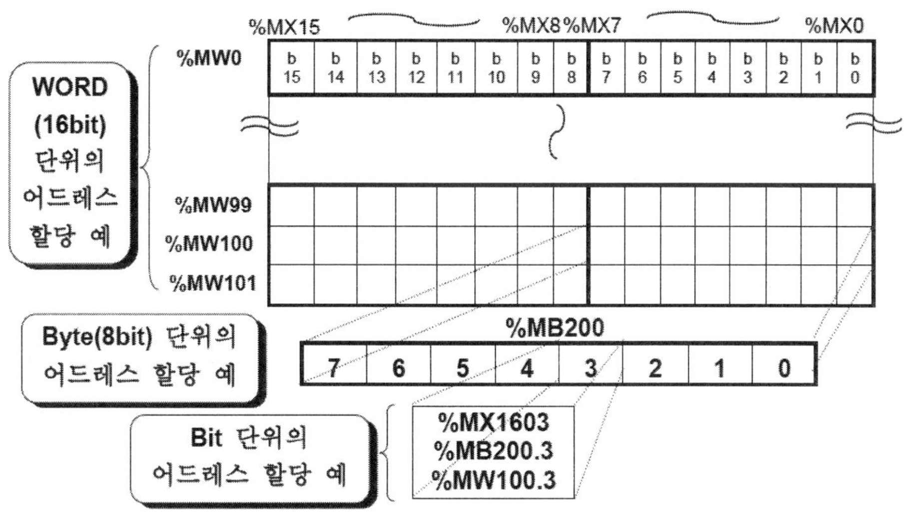

그림 1.15 내부 메모리 변수의 크기 접두어의 표시방법

(2) 심볼릭 변수(네임드 변수)

프로그램을 구성하는 요소에서 사용되는 변수는 (1)항에서 기술한 직접 변수(메모리 할당에 의한 어드레스)가 있으며, 사용자가 변수이름과 데이터 타입 등을 선언하고 메모리 할당(자동할당 또는 사용자가 직접 할당)을 하여 사용하는 **심볼릭 변수**(Symbolic variable)가 있으며, 이것을 **네임드 변수**(Named variable)라고도 한다.

심볼릭 변수는 사용자가 변수명과 데이터 타입 등을 선언하고 사용하며, 변수명은 일반적으로 글자 수의 제한이 없고 한글, 영문, 한자, 숫자 및 밑줄문자(_)를 조합하여 사용할 수 있다. 영문자의 경우 대·소문자 모두 입력이 가능하며, 이때 동일한 문자는 모두 같은 변수로 인식한다. 그러나 변수이름에 빈칸을 포함해서는 안 된다. 심볼릭 변수의 변수선언 절차는 다음과 같으며, 각 내용에 대하여 약술한다.

① 데이터 타입(Type) 지정 → ② 변수속성의 설정 → ③ 메모리 할당

1) 심볼릭 변수의 데이터 타입

데이터 타입은 데이터의 고유한 성질을 나타내며, 수치(ANY_NUM)와 비트 상태(ANY_BIT), 문자열(ANY_STRING), 날짜(ANY_DATE) 및 시간(TIME)으로 구분할 수 있다.

수치의 대표적인 경우는 정수(INT, Integer)이며, 셀 수 있고 산술 연산을 할 수 있다. 비트 상태는 BOOL(Boolean, 1비트), BYTE(8개의 비트열), WOTD(16개의 비트열) 등이 있는데, 비트열의 On/Off 상태를 나타내며 논리연산을 할 수 있다. 또 비트 상태는 산술연산이 불가능하지만 형(Type)변환 펑션(후술)을 사용하여 수치로 변환하면 산술연산이 가능하다. 비트 상태의 예로서는 입력 스위치의 On/Off 상태, 출력 램프의 소등/점등 상태 등이 있다.

** BCD는 10진수를 4비트의 2진 코드로 나타낸 것이므로 비트 상태(ANY_BIT)에 해당된다.

그림 1.16은 심볼릭 변수의 데이터 타입을 나타내며, 그 크기 및 범위는 표 1.16에 표시하였다.

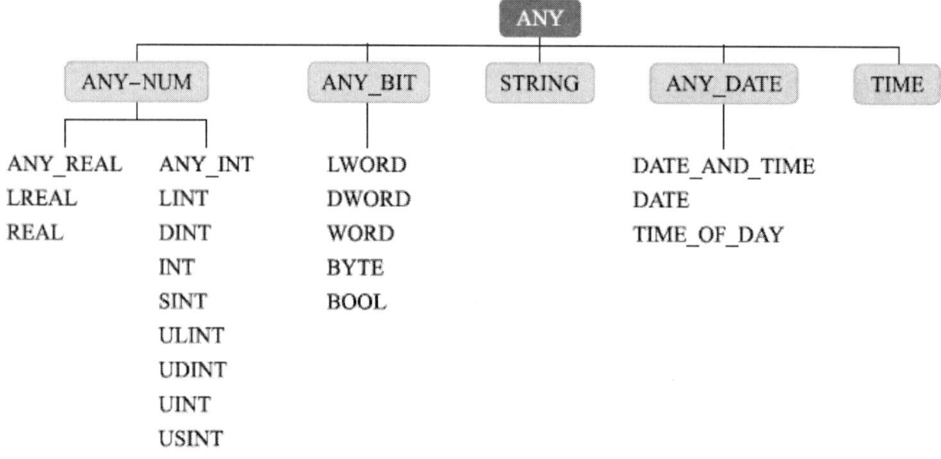

그림 1.16 데이터 타입

표 1.16 기본 데이터 타입

구 분	예 약 어	데이터 형	크기 (비트)	범 위
수치 (ANY_NUM)	SINT	Short Integer	8	−128 ~ 127
	INT	Integer	16	−32768 ~ 32767
	DINT	Double Integer	32	−2147483648 ~ 2147483647
	LINT	Long Integer	64	-2^{63} ~ $2^{63}-1$
	USINT	Unsigned Short Integer	8	0 ~ 255
	UINT	Unsigned Integer	16	0 ~ 65535
	UDINT	Unsigned Double Integer	32	0 ~ 4294967295
	ULINT	Unsigned Long Integer	64	0 ~ $2^{64}-1$
	REAL	Real Numbers	32	−3.402823466e+038~ −1.175494351e−038 or 0 or 1.175494351e−038 ~ 3.402823466e+038
	LREAL	Long Reals	64	−1.7976931348623157e+308 ~ −2.2250738585072014e−308 or 0 or 2.2250738585072014e−308 ~ 1.7976931348623157e+308
시간	TIME	Duration	32	T#0S ~ T#49D17H2M47S295MS
날짜	DATE	Date	16	D#1984-01-01 ~ D#2163-6-6
	TIME_OF_DAY	Time Of Day	32	TOD#00:00:00 ~ TOD#23:59:59.999
	DATE_AND_TIME	Date And Time Of Day	64	DT#1984-01-01-00:00:00 ~ DT#2163-12-31-23:59:59.999
문자열	STRING	Character String	30*8	−
비트 상태 (ANY_BIT)	BOOL	Boolean	1	0, 1
	BYTE	Bit String Of Length 8	8	16#0 ~ 16#FF
	WORD	Bit String Of Length 16	16	16#0 ~ 16#FFFF
	DWORD	Bit String Of Length 32	32	16#0 ~ 16#FFFFFFFF
	LWORD	Bit String Of Length 64	64	16#0 ~ 16#FFFFFFFFFFFFFFFF

2) 심볼릭 변수의 속성 설정

변수의 용도에 따라 표 1.17과 같이 **변수의 속성**(종류)을 정한다.

표 1.17 변수의 속성

변수 종류	내 용
VAR	읽고 쓸 수 있는 일반적인 변수
VAR_CONSTANT	항상 고정된 값을 가지고 있는 읽기만 할 수 있는 변수(상수)
VAR_EXTERNAL	VAR_GLOBAL로 선언된 변수를 사용하기 위한 선언
VAR_EXTERNAL_CONSTANT	VAR_GLOBAL로 선언된 상수를 사용하기 위한 선언

*정전유지 설정은 XG5000 변수 편집창의 하단에 있는 "리테인 설정"을 체크한다.

3) 심볼릭 변수의 메모리 할당

심볼릭 변수의 **메모리 할당**에는 자동할당과 사용자 정의가 있다.

◆ **자동할당**은 컴파일러가 변수의 위치를 내부 메모리 영역에 자동으로 지정한다. 예를 들어, "밸브"란 변수를 자동 메모리 할당으로 지정할 경우, 변수의 내부 위치는 프로그램이 작성된 후 **컴파일(Compile)**(LD프로그램을 기계어로 바꾸어 줌)과정에서 정해진다.
선언된 변수는 외부의 입·출력과 관계없이 내부 연산 도중에 신호의 중계, 신호상태(내부 정보)의 일시 저장, 타이머나 카운터의 접점이름(펑션블록의 인스턴스명) 지정 등에 사용된다. 자동할당 지정은 XG5000의 변수 편집창에서 메모리 할당란을 블랭크로 하면 된다.

◆ **사용자 정의**(사용자 메모리 할당 지정)는 사용자가 직접 변수(%I, %Q 및 %M, %R 등)를 사용하여 강제로 위치를 지정한다. 선언된 변수는 입·출력용(%I, %Q) 변수와 내부 메모리 영역(%M)에 사용한다. 이것은 XG5000의 변수 편집창에서 메모리 할당란에 입·출력 주소를 직접 입력한다.

1.5.3 프로그램(래더도)의 구성

래더도 언어로 프로그래밍을 할 때 다음과 같은 몇 가지 원칙이 있다.

① 회로는 가로로 작성한다.

릴레이 시퀀스도를 그리는 경우에는 세로쓰기와 가로쓰기 방식이 있지만, PLC프로그램(래더도)는 가로쓰기 방식을 사용한다.

② 신호는 왼쪽으로부터 오른쪽으로 전달된다.

양쪽 수직모선 사이에 접점기호와 코일기호 및 펑션, 펑션블록을 사용하여 회로를 작성하며, 신호는 왼쪽으로부터 오른쪽으로 전달된다.

③ 프로그램은 위로부터 아래쪽으로 순번으로 작성한다.

프로그램은 동작 순으로 위로부터 아래쪽으로 작성한다. 출력내용은 아래쪽에 배치하고 관련되는 내용은 분산시키지 않는 것이 편리하다.

④ 접점과 코일에는 요소번호(BOOL변수, 디바이스 번호, I/O No.라고 불림) 또는 변수명을 표시하며, 요소번호와 변수명을 함께 표시할 수도 있다(그림 1.17 참조). PLC 프로그램 내부에 있는 타이머, 카운터 등의 펑션블록에는 임시 변수명(instance name)을 부여한다.

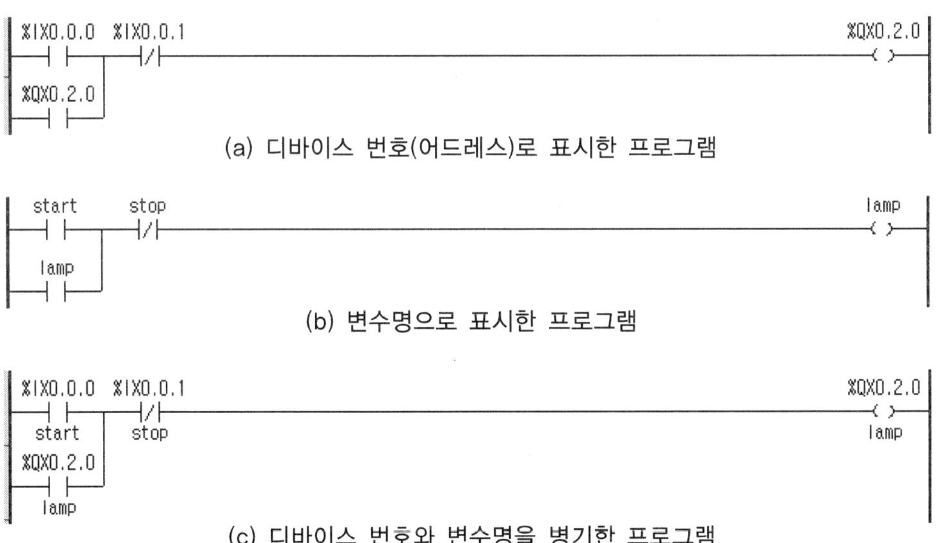

그림 1.17 PLC 프로그램의 표기방법

⑤ 시퀀스 제어의 프로그램은 기능별로 나누어 작성하면 프로그램 전체를 이해하기 쉽다. 또 프로그램 내에 신호이름이나 설명문(코멘트)을 삽입하면 프로그램의 이해가 쉽다.

⑥ 입력측 모선(왼쪽 모선)에 출력코일을 직접 접속해서는 안 되며(그림 1.18(b)), 상시 출력을 On하고자 하는 경우에는 그림 1.18(c)와 같이 상시 ON접점(_ON)을 사용한다.

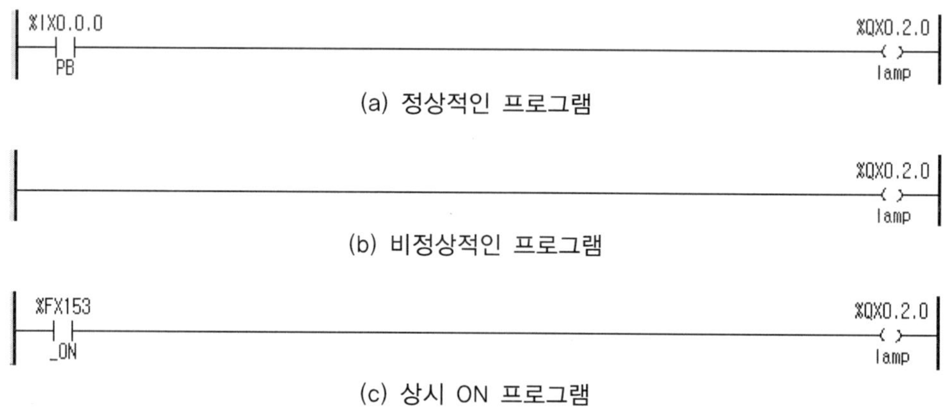

(a) 정상적인 프로그램

(b) 비정상적인 프로그램

(c) 상시 ON 프로그램

그림 1.18 출력코일과 상시 ON 프로그램

⑦ 출력측 모선(오른쪽 모선)에 입력 접점을 직접 접속해서는 안 되며(그림 1.19(a)), 출력측 모선 쪽에는 출력코일이나 응용명령(타이머, 카운터 등)을 접속한다(그림 1.19(b)).

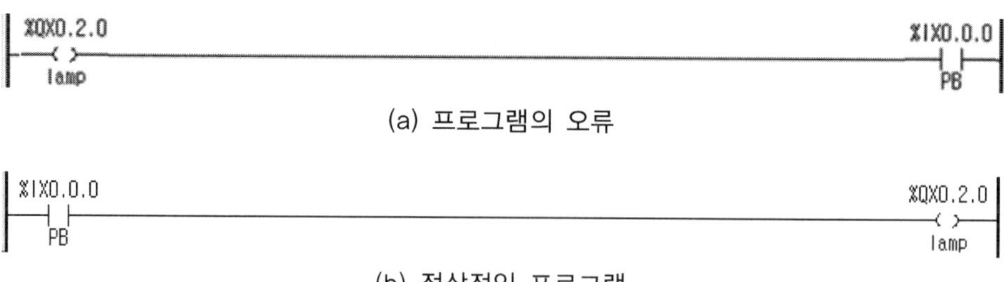

(a) 프로그램의 오류

(b) 정상적인 프로그램

그림 1.19 프로그램의 오류

⑧ 동일한 출력코일을 여러 개 중복하여 사용해서는 안 된다(그림 1.20(a)).

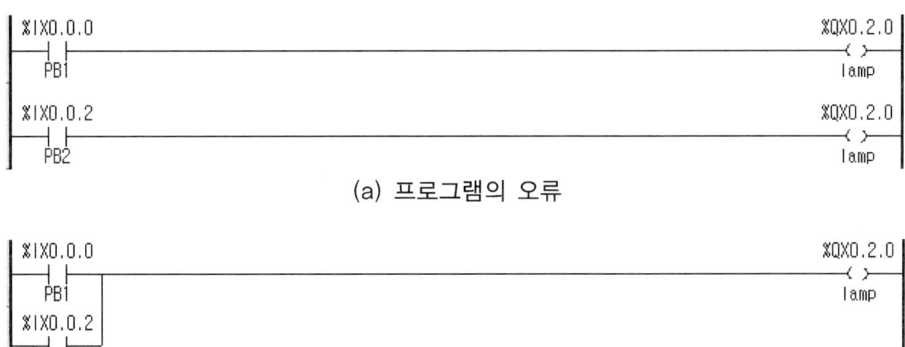

(a) 프로그램의 오류

(b) 정상적인 프로그램

그림 1.20 프로그램의 오류

⑨ 출력코일이나 타이머 명령 등의 응용명령은 연속하여 출력할 수 없다. 단 출력코일은 병렬로 접속할 수 있지만 직렬로 접속해서는 안 된다(그림 1.21(a)).

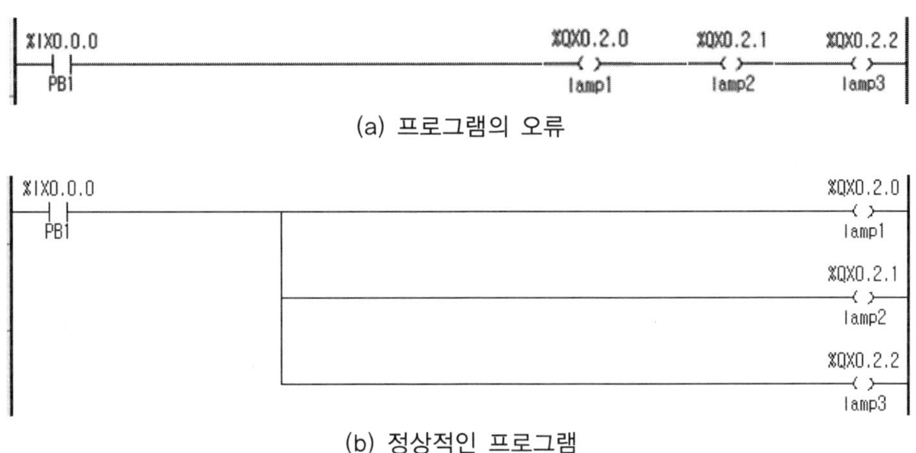

(a) 프로그램의 오류

(b) 정상적인 프로그램

그림 1.21 프로그램의 오류

⑩ PLC 프로그램은 메모리에 있는 프로그램을 순차적으로 연산하는 직렬처리 방식이다.

⑪ 동일 접점의 사용횟수에 거의 제한을 받지 않는다.

1.5.4 사용자 플래그

XGI PLC에서는 **예약변수**로서 주로 사용되는 것으로 시간 주기 Clock, 상시 ON, 상시 OFF, 스캔반전 등이 있으며, 표 1.18에 나타내었다(부록 1 참조).

표 1.18 사용자 플래그

예약변수	데이터 타입	내 용
_T20MS	BOOL	20ms 주기의 CLOCK
_T100MS	BOOL	100ms 주기의 CLOCK
_T200MS	BOOL	200ms 주기의 CLOCK
_T1S	BOOL	1s 주기의 CLOCK
_T2S	BOOL	2s 주기의 CLOCK
_T10S	BOOL	10s 주기의 CLOCK
_T20S	BOOL	20s 주기의 CLOCK
_T60S	BOOL	60s 주기의 CLOCK
_ON	BOOL	항상 on 상태인 비트임.
_OFF	BOOL	항상 off 상태인 비트임.
_1ON	BOOL	첫 스캔만 on 상태인 비트임.
_1OFF	BOOL	첫 스캔만 off 상태인 비트임.
_STOG	BOOL	매 스캔 반전됨.

1.5.5 운전모드

CPU모듈의 동작 상태에는 RUN 모드, STOP 모드, DEBUG 모드 등 3종류가 있다. 각 동작 모드 시 연산처리에 대해 기술한다.

(1) RUN 모드

프로그램 연산을 정상적으로 수행하는 모드이며, 그림 1.22와 같은 과정으로 연산이 수행된다.

① 모드 변경 시의 처리

시작 시에 데이터 영역이 초기화되며, 프로그램의 유효성을 검사하여 수행 가능 여부를 판단한다.

② 연산처리 내용

입출력 리프레시와 프로그램의 연산을 수행한다.

(가) 인터럽트 프로그램의 기동조건이 감지되면 인터럽트 프로그램을 수행한다.

(나) 장착된 모듈의 정상동작 및 탈락여부를 검사한다.

(다) 통신서비스 및 기타 내부처리를 한다.

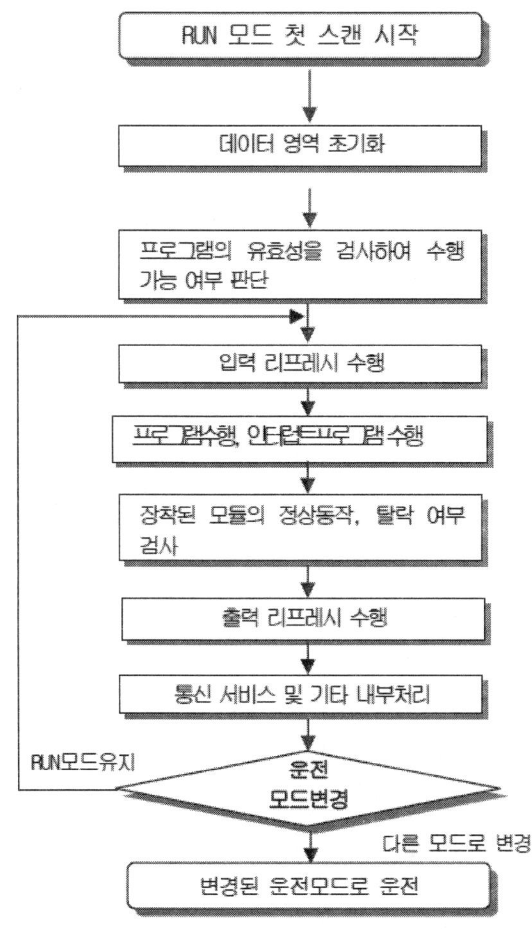

그림 1.22 런 모드의 수행과정

(2) STOP 모드

프로그램 연산을 하지 않고 정지상태인 모드이다. 리모트 STOP 모드에서만 XG5000을 통한 프로그램의 전송이 가능하다.

① 모드 변경 시의 처리

출력 이미지 영역을 소거하고 출력 리프레시를 수행한다. 따라서 모든 출력 데이터는 Off 상태로 변경된다.

② 연산처리 내용

(가) 입출력 리프레시를 수행한다.
(나) 장착된 모듈의 정상동작, 탈락여부를 검사한다.
(다) 통신서비스 및 기타 내부처리를 한다.

(3) DEBUG 모드

프로그램의 오류를 찾거나, 연산 과정을 추적하기 위한 모드로 이 모드로의 전환은 STOP 모드에서만 가능하다. 프로그램의 수행상태와 각 데이터의 내용을 확인해보며 프로그램을 검증할 수 있는 모드이다.

① 모드 변경시의 처리

(가) 모드 변경 초기에 데이터 영역을 초기화한다.
(나) 출력 이미지 영역을 클리어 하고, 입력 리프레시를 수행한다.

② 연산처리 내용

(가) 입출력 리프레시를 수행한다.
(나) 설정상태에 따른 디버그 운전을 한다.
(다) 프로그램의 마지막까지 디버그 운전을 한 후, 출력 리프레시를 수행한다.
(라) 장착된 모듈의 정상동작, 탈락여부를 검사한다.
(마) 통신 등 기타 서비스를 수행한다.

(4) 디버그 운전조건

디버그 운전조건은 표 1.19와 같이 4가지가 있고, 브레이크 포인터에 도달한 경우 다른 종류의 브레이크 포인터의 설정이 가능하다.

표 1.19 디버그 운전조건

운전조건	동작설명
한 연산 단위씩 실행(Step Over)	운전 지령을 하면 하나의 연산단위를 실행 후 정지한다.
브레이크 포인트(Break Point) 조건에 따라 실행	프로그램에 브레이크 포인트를 지정하면 지정한 포인트에서 정지한다.
접점의 상태에 따라 실행	감시하고자 하는 접점영역과 정지하고자 하는 상태지정(Read, Write, Value)을 하면 설정한 접점에서 지정한 동작이 발생할 때 정지한다.
스캔 횟수의 지정에 따라 실행	운전할 스캔 횟수를 지정하면 지정한 스캔 수만큼 운전하고 정지한다.

1.6 수치체계

일반적으로 수치는 10진법으로 계산을 하지만 PLC의 내부(마이크로 프로세서)에서는 2진법으로 산술연산을 처리한다. 그러나 2진법에 의한 수치는 0과 1로 이루어지며, 0과 1의 수가 많아져 복잡하므로 10진수의 표현 외에 2진수 표현뿐 아니라, 16진수 표현이나 BCD 표현이 많이 사용되고 있다.

따라서 데이터의 전송, 수치연산, 데이터 비교 등을 수행할 경우 2진수, 16진수, BCD코드 등의 데이터 표현방법을 이해할 필요가 있으며, 표 1.20에 10진수에 대응되는 2진수, 16진수, BCD 표현의 수치를 나타내었다.

1.6.1 10진수

10진수는 일상생활에서 사용하고 있는 수치의 표기법이다. 예를 들면, 10진수의 1234는

$$1234 = 1 \times 10^3 + 2 \times 10^2 + 3 \times 10^1 + 4 \times 10^0$$

가 되며, 각 항은 0~9의 수치에 10의 가중치를 곱하여 합계한 값이다.

1.6.2 2진수

수치를 **2진수**의 형식으로 표현하면 1개의 신호선(信號線)에서 2개의 상태를 표현할 수 있다. 컴퓨터는 전자회로로 구성되므로 모든 수치가 0, 1의 두 종류로 표현하는 2진수로 치환된다.

예를 들면, 2진수 1001은

$$1001 = 1 \times 2^3 + 0 \times 2^2 + 0 \times 2^1 + 1 \times 2^0 \rightarrow 9$$

이며, 10진수로 표현하면 각 항의 0 또는 1의 수치에 1항에는 2의 가중치 2^0을, 2항에는 2^1, 3항에는 2^2, 4항에는 2의 가중치 2^3을 곱한 합계치 9로 된다.

2진수로 표현한 각 항은 0과 1밖에 없으므로 비트**(bit)**라 하며, 더욱이 8항의 2진수인 8비트를 1바이트**(1Byte)**라 한다.

1.6.3 16진수

큰 수치를 2진수로 표현하면 항의 수가 많아져 복잡하고 취급이 어렵다.

16진수의 표현에서는 4개의 신호선을 사용하여 16종류의 상태(수치로는 0~15까지)를 표현한다. 즉, 2진수 표현의 항을 하위로부터 4항씩 구분하여, 구분한 4비트에서 0~15의 수를 표현한다.

16진수 표현에서 한 개의 항에서는 10 이상의 수를 표현할 수 없으므로 0~9까지는 숫자인 0~9를 사용하고, 10~15에는 알파벳의 A~F를 사용한다. 16진수 표현의 각 항은 16을 기수로 하는 가중치를 갖는다. 2진수를 4비트씩 나누어 그룹화한 것이 16진수에 의한 표현이다.

10진수와 16진수를 구별하기 위해 16진수에서는 앞에 H를 붙인다. 예를 들면, H123은

$$H123 = 1 \times 16^2 + 2 \times 16^1 + 3 \times 16^0 \rightarrow 291$$

이며, 10진수로 나타내면 각 항의 0~F의 수치에 16의 가중치를 곱한 합계치 291이다.

PLC프로그램에서는 데이터의 비교 등을 10진수나 16진수 형식으로 하는 경우가 많다.

1.6.4 2진화 10진수(BCD)

BCD(2진화 10진수) 표현은 16진수 표현과 마찬가지로 2진수 표현의 항을 하위로부터 4비트씩 구분하고, 4비트에서 10진수의 0~9를 표현한다. 디지털 스위치에서 0~9의 수(설정치)를 PLC로 입력하는 경우에는 BCD코드(형식)가 이용된다. 즉, 2진화 10진수는 컴퓨터에 있어서 수치표현 방법의 하나이며, 10진수 각 항의 0~9의 수치를 4비트의 2진수로 표시한 것이다.

BCD형식의 입출력기기를 사용하는 경우 PLC 내부에서 행하는 연산처리는 2진수 형식이므로 PLC의 프로그램에서는 BCD형식으로 입력한 2진수 형식의 데이터로 변환하는 명령(BIN)이나, 2진수로 가감산 등의 연산처리한 데이터를 BCD형식으로 변환하여 출력하는 명령(BCD)이 이용되고 있다.

예를 들면, 10진수의 157은 다음과 같이 나타낼 수 있으며, 2진화 10진수는 10진수의 0~9999(4행의 최대치)를 16비트로 나타낸다.

각 비트의 가중치는 그림 1.23과 같다.

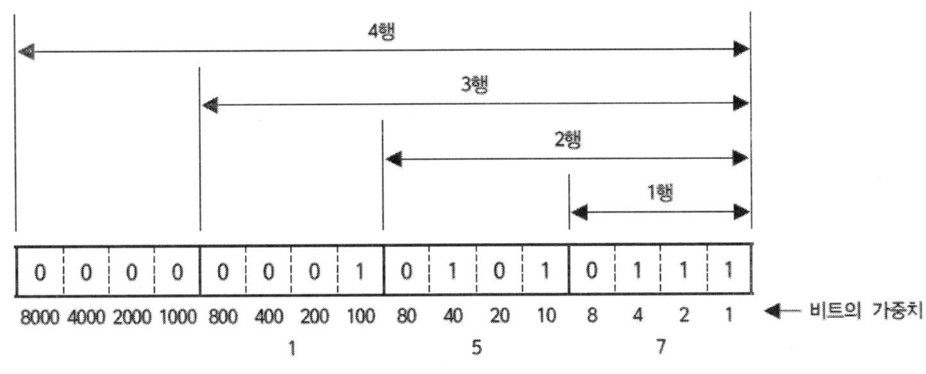

그림 1.23 BCD의 수치 체계

표 1.20 수치 체계표

2진화 10진수 (Binary coded Decimal) BCD		2진수 (Binary) BIN		10진수 (Decimal)	16진수 (Hexadecimal) H
00000000	00000000	00000000	00000000	0	0000
00000000	00000001	00000000	00000001	1	0001
00000000	00000010	00000000	00000010	2	0002
00000000	00000011	00000000	00000011	3	0003
00000000	00000100	00000000	00000100	4	0004
00000000	00000101	00000000	00000101	5	0005
00000000	00000110	00000000	00000110	6	0006
00000000	00000111	00000000	00000111	7	0007
00000000	00001000	00000000	00001000	8	0008
00000000	00001001	00000000	00001001	9	0009
00000000	00010110	00000000	00001010	10	000A
00000000	00010111	00000000	00001011	11	000B
00000000	00011000	00000000	00001100	12	000C
00000000	00011001	00000000	00001101	13	000D
00000000	00010100	00000000	00001110	14	000E
00000000	00010101	00000000	00001111	15	000F
00000000	00000110	00000000	00010000	16	0010
00000000	00000111	00000000	00010001	17	0011
00000000	00001000	00000000	00010010	18	0012
00000000	00001001	00000000	00010011	19	0013
00000000	00100000	00000000	00010100	20	0014
00000000	00100001	00000000	00010101	21	0015
00000000	00100010	00000000	00010110	22	0016
00000000	00100011	00000000	00010111	23	0017
00000001	00000000	00000000	01100100	100	0064
00000001	00100111	00000000	01111111	127	007F
00000010	01010101	00000000	11111111	255	00FF
00010000	00000000	00000011	11101000	1000	03E8
00100000	01000111	00000111	11111111	2047	07FF
01000000	10010101	00001111	11111111	4095	0FFF
10011001	10011001	00100111	00001111	9999	270F
		00100111	00010000	10000	2710
		01111111	11111111	32767	7FFF

Chapter 02

프로그램 편집 TOOL_XG5000

XG5000은 ㈜ LS산전에서 개발한 XGT PLC 시리즈에 대해서 프로그램을 작성하고 디버깅 하는 소프트웨어 툴(software tool)이다. 이 장에서는 XG5000의 사용방법에 대하여 약술한다.

2.1 화면구성과 기본 옵션

2.1.1 화면의 구성

XG5000의 화면은 그림 2.1과 같이 구성되어 있다.

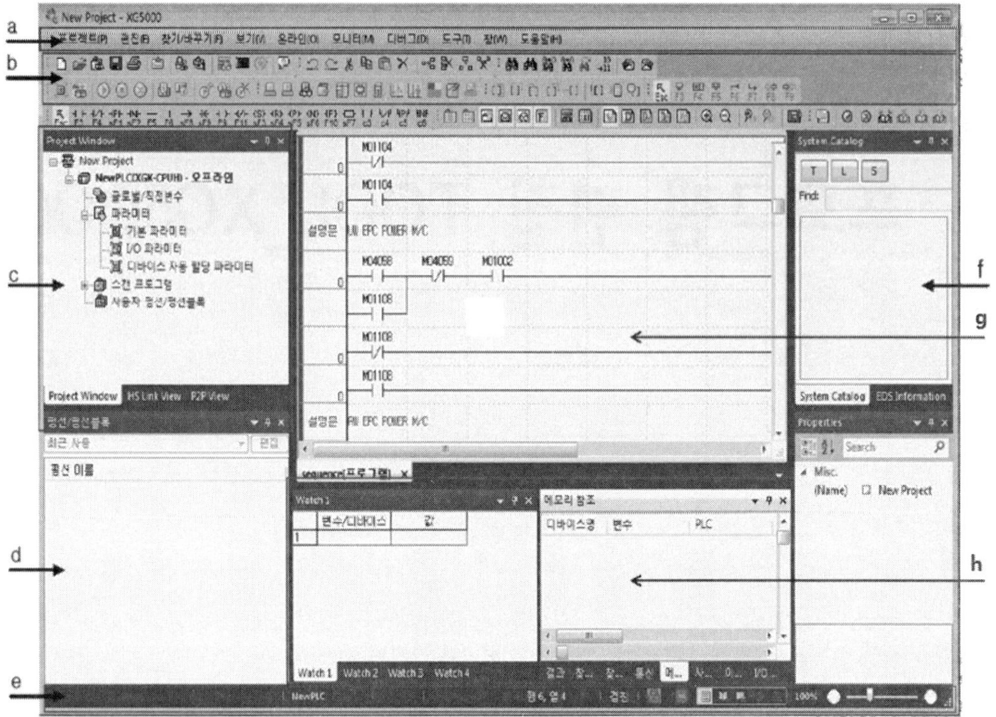

그림 2.1 XG5000화면

a. 메뉴: 프로그램을 위한 기본 메뉴이다.

b. 도구모음: 메뉴를 간편하게 실행할 수 있는 메인 메뉴 또는 부 메뉴의 아이콘이다.

c. 프로젝트 창: 현재 열려 있는 프로젝트의 구성요소를 나타낸다.

d. 펑션/펑션블록 창: 최근에 사용된 펑션/펑션블록을 나타낸다.

e. 상태 바: XG5000의 상태, 접속된 PLC의 정보 등을 나타낸다.

f. 시스템 카탈로그 창: 시스템 카탈로그 및 EDS정보 등을 나타낸다.

g. 편집창: 프로그램을 설계 또는 편집할 수 있다.

h. 메시지 창: 결과, 프로그램 검사, 메모리 참조, 모니터 등을 나타낸다.

(1) 메뉴구성

메뉴를 선택하면 명령어들이 나타나고, 원하는 명령을 마우스 또는 키로 선택하면 명령을 실행할 수 있다. 단축키(예: Ctrl+X, Ctrl+C 등)가 있는 메뉴인 경우에는 단축키를 눌러서 직접 명령을 선택할 수 있다. 메인 메뉴는 다음과 같으며, 각 메인 메뉴의 항목(부 메뉴)을 각각 표(표 2.1~표 2.10)로서 나타내었다.

① 프로젝트, ② 편집, ③ 찾기/바꾸기, ④ 보기, ⑤ 온라인, ⑥ 모니터, ⑦ 디버그, ⑧ 도구, ⑨ 창, ⑩ 도움말

① 프로젝트

표 2.1 프로젝트

<table>
<tr><th colspan="2">명 령</th><th>설 명</th></tr>
<tr><td colspan="2">새 프로젝트</td><td>프로젝트를 처음 생성한다.</td></tr>
<tr><td colspan="2">프로젝트 열기</td><td>기존의 프로젝트를 연다.</td></tr>
<tr><td colspan="2">PLC로부터 열기</td><td>PLC에 있는 프로젝트 및 프로그램을 업로드 한다.</td></tr>
<tr><td colspan="2">KGLWIN 파일 열기</td><td>KGLWIN용 프로젝트 파일을 연다.</td></tr>
<tr><td colspan="2">GMWIN 파일 열기</td><td>GMWIN용 프로젝트 파일을 연다.</td></tr>
<tr><td colspan="2">프로젝트 저장</td><td>프로젝트를 저장한다.</td></tr>
<tr><td colspan="2">다른 이름으로 저장</td><td>프로젝트를 다른 이름으로 저장한다.</td></tr>
<tr><td colspan="2">프로젝트 닫기</td><td>프로젝트를 닫는다.</td></tr>
<tr><td colspan="2">이진 파일로 저장</td><td>프로젝트 내용을 볼 수 없는 이진 파일로 저장한다.</td></tr>
<tr><td colspan="2">이진 파일을 PLC로 쓰기</td><td>이진 파일을 PLC로 쓴다. 프로젝트 내용은 볼 수 없다.</td></tr>
<tr><td colspan="2">메모리 모듈로부터 열기</td><td>메모리 모듈로부터 프로젝트를 연다.</td></tr>
<tr><td colspan="2">메모리 모듈로 쓰기</td><td>메모리 모듈에 프로젝트를 쓴다.</td></tr>
<tr><td rowspan="12">항목 추가</td><td>PLC</td><td>새로운 PLC를 프로젝트에 추가한다.</td></tr>
<tr><td>태스크</td><td>새로운 태스크를 PLC에 추가한다.</td></tr>
<tr><td>프로그램</td><td>새로운 프로그램을 PLC에 추가한다.</td></tr>
<tr><td>펑션</td><td>새로운 사용자 펑션을 PLC에 추가한다.</td></tr>
<tr><td>펑션블록</td><td>새로운 사용자 펑션블록을 PLC에 추가한다.</td></tr>
<tr><td>데이터 타입</td><td>새로운 사용자 데이터 타입을 PLC에 추가한다.</td></tr>
<tr><td>네트워크</td><td>새로운 네트워크를 프로젝트에 추가한다.</td></tr>
<tr><td>통신모듈</td><td>새로운 통신모듈을 네트워크에 추가한다.</td></tr>
<tr><td>P2P 통신</td><td>새로운 P2P 항목을 통신모듈에 추가한다.</td></tr>
<tr><td>고속링크 통신</td><td>새로운 고속링크 항목을 통신모듈에 추가한다.</td></tr>
<tr><td>사용자 프레임</td><td>새로운 사용자 프레임을 P2P 항목에 추가한다.</td></tr>
<tr><td>그룹 추가</td><td>새로운 그룹을 P2P 항목에 추가한다.</td></tr>
<tr><td rowspan="2">파일로부터 항목 읽기</td><td>PLC</td><td>파일로부터 PLC 프로그램을 읽어온다.</td></tr>
<tr><td>글로벌/직접변수</td><td>파일로부터 글로벌/직접변수를 읽어온다.</td></tr>
</table>

파일로부터 항목 읽기	기본 파라미터	파일로부터 기본 파라미터를 읽어온다.
	I/O 파라미터	파일로부터 I/O파라미터를 읽어온다.
	프로그램	파일로부터 프로그램을 읽어온다.
	펑션/펑션블록	파일로부터 펑션/펑션블록을 읽어온다.
	데이터 타입	파일로부터 데이터 타입을 읽어온다.
파일로 항목 저장		프로젝트 창에서 선택된 항목을 파일로 저장한다.
변수/설명 파일로 저장		변수/설명문을 파일로 저장하여 타 어플리케이션에서 사용한다.
EtherNet/IP 태그 내보내기		EtherNet/IP 태그를 등록하고, 설정된 EtherNet/IP 태그 목록을 파일로 저장한다.
프로젝트 비교		두 개의 프로젝트를 비교하여 결과를 보여준다.
인쇄		활성화 되어있는 창의 내용을 인쇄한다.
미리 보기		인쇄될 화면을 미리 보여준다.
프로젝트 인쇄		프로젝트의 항목을 선택하여 인쇄한다.
프린터 설정		프린터 옵션을 설정한다.
종료		XG5000을 종료한다.

② 편집

표 2.2 편집

명 령	설 명
편집 취소	프로그램 편집창에서 편집을 취소하고 바로 이전 상태로 되돌린다.
재실행	편집 취소된 동작을 다시 복구한다.
잘라내기	블록을 잡아 삭제하면서 클립보드에 복사한다.
복사	블록을 잡아 클립보드에 복사한다.
붙여넣기	클립보드로부터 편집 창에 복사한다.
삭제	블록을 잡아 삭제하거나 선택된 항목을 삭제한다.
모두 선택	현재 활성화 된 창의 모든 내용을 블록으로 표시한다.
삽입 모드/겹침 모드	접점 입력 시, 삽입 모드인지 겹침 모드인지 표시한다.
라인 삽입	커서 위치에 새로운 라인을 추가한다.
라인 삭제	커서 위치에 있는 라인을 삭제한다.
셀 삽입	커서 위치에 입력 가능한 셀을 추가한다.
셀 삭제	커서 위치에서 하나의 셀을 삭제한다.
모듈 변수 자동 등록	I/O파라미터에 설정된 모듈과 관련된 변수들을 변수/설명에 자동으로 추가한다.
네트워크 변수 자동등록	통신모듈에 할당된 변수들을 변수/설명에 자동으로 추가한다.

프로그램 최적화		프로그램을 자동으로 최적화 시켜준다.
설명문/레이블 입력		커서 위치에 설명문 또는 레이블을 입력한다.
비 실행문 설정		커서가 있는 렁 또는 블록 설정된 영역을 렁 단위로 비 실행문을 설정한다.
비 실행문 해제		커서가 있는 렁 또는 블록 설정된 영역의 비 실행문을 해제한다.
북 마크	설정/해제	북마크를 설정 또는 해제한다.
	모두 해제	모든 북마크 설정을 해제한다.
	이전 북마크	이전 북마크로 이동한다.
	다음 북마크	다음 북마크로 이동한다.
편집 도구		각 프로그램에 사용되는 편집 도구들이 있다.
읽기 모드로 전환		읽기 모드 및 편집 모드로 변환시켜준다.

③ 찾기/바꾸기

표 2.3 찾기/바꾸기

명 령		설 명
디바이스 찾기		디바이스를 종류별로 찾는다.
문자열 찾기		원하는 문자를 찾는다.
디바이스 바꾸기		원하는 디바이스를 찾아 새로운 디바이스로 바꾼다.
문자열 바꾸기		원하는 문자를 찾아 새로운 문자로 바꾼다.
다시 찾기		이전에 실행한 찾기 또는 바꾸기를 반복 실행한다.
찾아가기	스텝/라인	원하는 스텝 위치로 커서를 이동한다.
	렁 설명문	원하는 렁 설명문 위치로 커서를 이동한다.
	레이블	원하는 레이블 위치로 커서를 이동한다.
	END명령어	END명령어 위치로 커서를 이동한다.

④ 보기

표 2.4 보기

명 령		설 명
IL		LD 편집 중 IL 보기로 전환한다.
LD		IL 편집 중 LD 보기로 전환한다.
프로젝트 창		프로젝트 창을 보이거나 숨긴다.
P2P 창		P2P 창을 보이거나 숨긴다.
고속링크 창		고속링크 보기 창을 보이거나 숨긴다.
메시지 창		메시지 창을 보이거나 숨긴다.
변수 모니터 창		변수 모니터 창을 보이거나 숨긴다.
명령어 창		명령어 창을 보이거나 숨긴다.
EDS 정보 창		EDS 정보 창을 보이거나 숨긴다.
카탈로그 창		카탈로그 창을 보이거나 숨긴다.
메모리 참조		메모리 사용 정보를 메시지 창의 메모리 참조 탭에 나타낸다.
선택된 변수 메모리 참조		선택된 변수 메모리 사용 정보를 메시지 창의 메모리 참조 탭에 나타낸다.
사용된 디바이스		사용된 디바이스 정보를 메시지 창의 사용된 디바이스 탭에 나타낸다.
IO 매트릭스		IO 사용 정보를 IO 매트릭스 탭에 나타낸다.
프로그램 검사		프로그램을 검사하여 결과를 메시지 창의 프로그램 검사 탭에 나타낸다.
변수 보기		프로그램에 변수 이름을 나타낸다.
디바이스 보기		프로그램에 디바이스 이름을 나타낸다.
디바이스/변수 보기		프로그램에 디바이스와 변수를 나타낸다.
디바이스/설명문 보기		프로그램에 디바이스와 설명문을 나타낸다.
변수/설명문 보기		프로그램에 변수와 설명문을 나타낸다.
화면 확대		화면을 확대하여 보여준다.
화면 축소		화면을 축소하여 보여준다.
너비 자동 맞춤		변수/설명 창에서 셀의 너비를 문자열의 너비에 자동으로 맞춘다.
높이 자동 맞춤		LD 또는 변수/설명 창에서 셀의 높이를 문자열의 높이에 자동으로 맞춘다.
전체화면		프로그램 창 또는 변수/설명 창을 화면 전체로 확대한다.
등록 정보		프로젝트 창에 선택된 항목의 등록정보를 보여준다.
LD 화면 속성		LD 화면 속성을 보여준다.
접점수 변경	접점수 증가	접점의 수를 증가시켜준다.
	접점수 감소	접점의 수를 감소시켜준다.

⑤ 온라인

표 2.5 온라인

명 령		설 명
접속/접속 끊기		PLC와 접속하거나 접속을 해제한다.
접속 설정		접속 방법을 설정한다.
모드 전환	런	PLC 모드를 전환한다.
	스톱	
	디버그	
읽기		파라미터/프로그램/설명문 등을 PLC로부터 읽어온다.
쓰기		파라미터/프로그램/설명문 등을 PLC에 쓴다.
PLC와 비교		프로젝트를 PLC에 저장된 프로젝트와 비교한다.
플래시 메모리 설정		플래시 메모리 설정 창을 보여준다.
이중화 제어		이중화 제어 창을 보여준다.
통신 모듈 설정	링크 인에이블	고속링크와 P2P의 링크 인에이블을 설정한다.
	다운로드/업로드(파일)	모듈의 OS 또는 BBM 파일을 다운로드 또는 업로드 한다.
	EIP 태그 다운로드	EIP 모듈에 EIP 태그 목록을 다운로드 한다.
	EIP 태그 업로드	EIP 모듈에 EIP 태그 목록을 업로드 한다.
	config. 업로드	Dnet와 Pnet의 컨피규레이션 정보를 업로드 한다.
	시스템 진단	시스템 진단 창을 표시한다.
리셋/클리어	PLC 리셋	PLC를 리셋 한다.
	개별통신 모듈 리셋	개별로 통신 모듈을 리셋 한다.
	PLC 지우기	PLC에 있는 파라미터/프로그램/설명문 등을 지운다.
	PLC 모두 지우기	PLC에 있는 프로그램, 비밀번호, 데이터를 모두 지운다.
	SD 메모리 포맷	SD 메모리 카드를 포맷한다.
	파라미터 지우기	통신 모듈의 파라미터를 지운다.
진단	PLC 정보	PLC 정보 창이 뜬다.
	PLC 이력	PLC 이력 창이 뜬다.
	PLC 에러/경고	PLC 에러 이력/경고 창이 뜬다.
	I/O 정보	I/O 정보 창이 뜬다.
	PLC 이력 저장	PLC의 이력을 저장한다.
강제 I/O 설정		강제 I/O 설정 창을 보여준다.
I/O 스킵 설정		I/O 스킵 설정 창을 보여준다.
고장 마스크 설정		고장 마스크를 설정할 수 있는 창을 보여준다.
모듈 교환 마법사		모듈 교환을 위한 대화식 창을 나타낸다.
베이스 교환 마법사		베이스 교환을 위한 대화식 창을 나타낸다(XGR 전용).
런 중 수정 시작		런 중 수정을 시작한다.
런 중 수정 쓰기		런 중 수정된 프로그램 및 정보를 PLC에 쓴다.
런 중 수정 종료		런 중 수정을 종료한다.

⑥ 모니터

표 2.6 모니터

명 령	설 명
모니터 시작/끝	모니터를 시작/종료한다.
모니터 일시 정지	모니터를 일시 정지한다.
모니터 다시 시작	일시 정지된 모니터를 다시 시작한다.
모니터 일시 정지 설정	모니터 일시 정지 조건을 설정한다.
현재 값 변경	모니터중인 디바이스의 값을 설정한다.
시스템 모니터	시스템 모니터를 실행한다.
디바이스 모니터	디바이스 모니터를 실행한다.
특수모듈 모니터	특수 모듈 모니터를 실행한다.
트렌드 모니터	트렌드 모니터를 실행한다.
PID 모니터	PID 모니터를 실행한다.
SOE 모니터	SOE 모니터를 실행한다.
사용자 이벤트	사용자 이벤트를 설정한다.
데이터 트레이스	디바이스를 지정하여 데이터 변화를 모니터 한다.

⑦ 디버그

표 2.7 디버그

명 령	설 명
디버그 시작/끝	디버그 모드로 전환하여 디버그를 시작/종료한다.
런	브레이크 포인트까지 런 시킨다.
스텝 오버	한 스텝씩 런 시킨다.
스텝 인	서브루틴을 디버깅 한다.
스텝 아웃	서브루틴으로부터 빠져 나간다.
일시 정지	런을 중지시킨다.
커서 위치까지 런	커서 위치까지 런 시킨다.
브레이크 포인트 설정/해제	브레이크 포인트를 설정 또는 해제한다.
브레이크 포인트 목록	설정된 브레이크 포인트의 목록을 보여준다.
브레이크 조건	브레이크 조건을 설정한다.

⑧ 도구

표 2.8 도구

명 령		설 명
네트워크 관리자		PLC 네트워크를 보여주고 파라미터를 설정한다.
온도 제어		XG-TCON 툴을 실행한다.
위치 제어		XG-PM 툴을 실행한다.
주소 계산기		주소 계산기를 실행한다.
시뮬레이터 시작		시뮬레이터를 시작한다.
아스키 테이블 표		아스키 테이블 표를 표시한다.
사용자 정의		도구, 명령어를 사용자가 정의한다.
옵션		XG5000 환경을 사용자에 맞게 변경할 수 있다.
EDS	EDS 파일 등록	EtherNet/IP 모듈에 사용하는 EDS 파일을 등록한다.
	EDS 파일 삭제	EtherNet/IP 모듈에 사용하는 EDS 파일을 삭제한다.
	EDS 파일 보기	EtherNet/IP 모듈에 사용하는 EDS 파일을 표시한다.
PROFICON		PROFICON 툴을 실행한다.

⑨ 창

표 2.9 창

명 령	설 명
새 창	활성화 된 창에 대해 새 창을 연다.
분할	활성화 된 창을 분할한다.
모두 자동 숨기기	XG5000에 속해 있는 여러 창들을 자동 숨기기 한다.
새 가로 탭 그룹	XG5000에 속해 있는 여러 창들을 가로 탭으로 배열한다.
새 세로 탭 그룹	XG5000에 속해 있는 여러 창들을 세로 탭으로 배열한다.
다음 탭 그룹으로 이동	다음 탭 그룹으로 이동한다.
이전 탭 그룹으로 이동	이전 탭 그룹으로 이동한다.
모두 닫기	XG5000에 속해 있는 여러 창들을 모두 닫는다.
창 레이아웃 다시 설정	프로젝트의 디폴트 레이아웃을 설정한다.

⑩ 도움말

표 2.10 도움말

명　령	설　명
XG5000 사용 도움말	XG5000 사용 도움말을 연다.
XGK/XGB 명령어 도움말	XGK/XGB PLC 명령어 도움말을 연다.
XGI/XGR 명령어 도움말	XGI/XGR PLC 명령어 도움말을 연다.
LS 산전 홈페이지	LS 산전 홈페이지 인터넷 접속한다.
XG5000 정보	XG5000의 정보를 나타낸다.

(2) 도구모음

XG5000에서는 자주 사용되는 메뉴들을 그림 2.2와 같이 단축 아이콘 형태로 나타내고 있다.

그림 2.2 도구모음

(3) 상태 표시줄

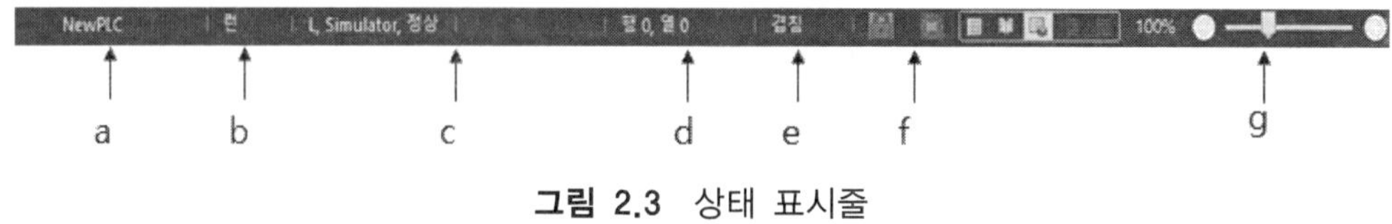

그림 2.3 상태 표시줄

a. 컨피그레이션: 활성 컨피그레이션의 이름을 표시한다.

b. PLC의 상태: 현재 PLC의 운전 상태를 나타낸다.

c. 접속 상태: 활성 PLC와의 접속 상태를 나타낸다.

d. 커서위치 표시: 프로그램을 편집할 때 커서의 위치를 표시한다.

e. 모드: 현재 편집모드를 표시한다.

f. 안전 서명 상태: 안전 서명 상태를 표시한다.

g. 확대/축소: 프로그램의 화면을 확대 및 축소한다.

(4) 보기 창 바꾸기

[보기] 메뉴에서 볼 수 있는 창은 모두 도킹(docking) 가능한 창으로 되어 있다. 마우스를 이용해 창의 위치와 크기를 조절할 수 있으며, 어떤 위치로든 도킹이 될 수 있다. 또한 도킹 창을 플로팅(floating) 상태로 유지시키거나 자동으로 창을 숨기는 기능이 있다.

① 도킹 창 위치 이동

그림 2.4는 도구 창을 이동할 때 나타나는 도킹위치 안내선의 모습이다. 여기서 도구 창을 움직이면 도킹 안내자가 화면에 나타난다. 도킹 안내자 안에 창을 가까이 가져가면 원하는 위치에 손쉽게 도킹시킬 수 있다.

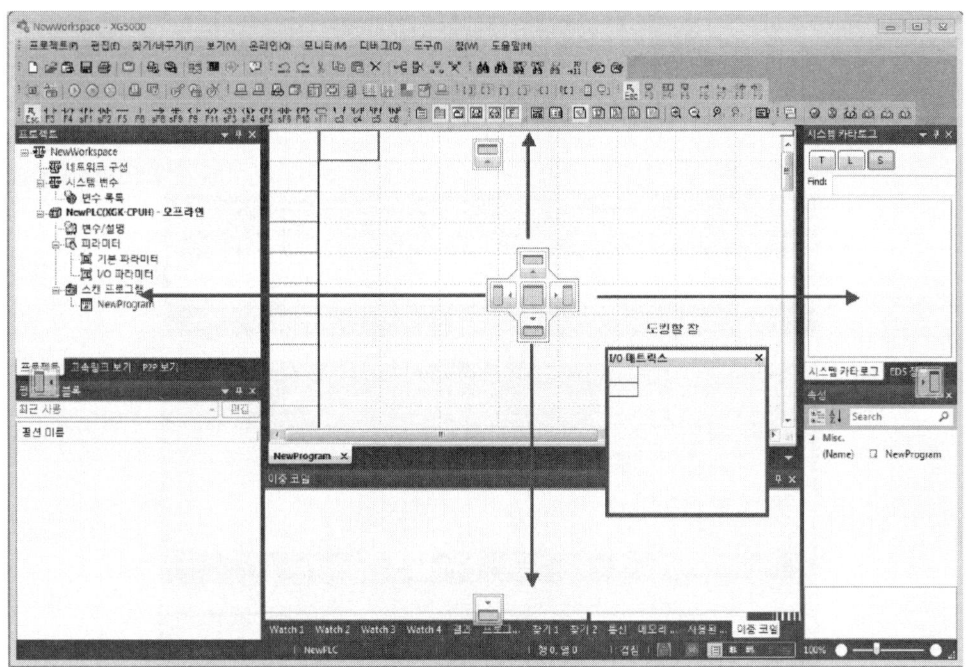

그림 2.4 창의 이동

■ 메모리 참조 창

메뉴 [보기]-[메모리 참조]를 선택하면 그림 2.5와 같이 **메모리 참조 창**이 나타나며, 현재 PLC에서 사용 중인 모든 디바이스, 변수, PLC, 프로그램, 정보 등을 표시한다.

메모리 참조

디바이스명	변수	PLC	프로그램	위치	설명문	정보
%IX0.0.0	start	NewPLC	NewProgram[...	행 0, 열 0		-| |-
%IX0.0.1	S1	NewPLC	NewProgram[...	행 2, 열 1		-| |-
%IX0.0.1	S1	NewPLC	NewProgram[...	행 6, 열 0		-| |-
%IX0.0.2	S2	NewPLC	NewProgram[...	행 4, 열 0		-| |-
%IX0.0.3	S3	NewPLC	NewProgram[...	행 2, 열 2		-| |-
%IX0.0.3	S3	NewPLC	NewProgram[...	행 9, 열 1		-|/|-
%IX0.0.4	S4	NewPLC	NewProgram[...	행 8, 열 0		-| |-
%IX0.0.8	stop	NewPLC	NewProgram[...	행 0, 열 1		-|/|-
%MX0		NewPLC	NewProgram[...	행 0, 열 31		-( )-
%MX0		NewPLC	NewProgram[...	행 1, 열 0		-| |-

그림 2.5 메모리 참조 창

■ 메시지 창

메뉴 [보기]-[메시지 창]을 선택하면 그림 2.6과 같이 **메시지 창**이 나타나며, XG5000 사용 중에 발생하는 각종 결과, 이중코일, 프로그램 검사 등의 메시지를 볼 수 있다.

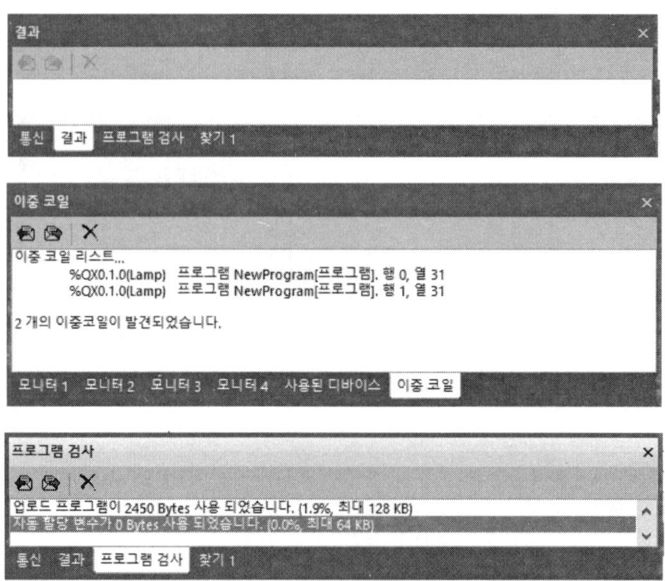

그림 2.6 메시지 창

■ 변수 모니터 창

메뉴 [보기]-[변수 모니터 창]을 선택하면 그림 2.7과 같이 **변수 모니터 창**이 나타나며, 프로그램에서 사용되고 있는 변수의 목록이 모니터링 된다.

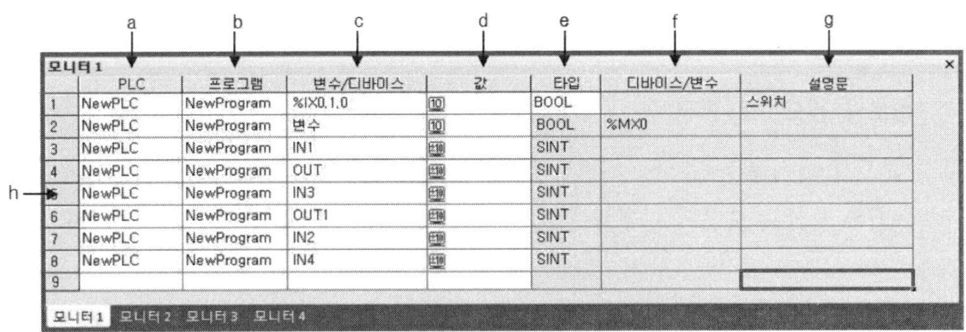

	PLC	프로그램	변수/디바이스	값	타입	디바이스/변수	설명문
1	NewPLC	NewProgram	%IX0.1.0		BOOL		스위치
2	NewPLC	NewProgram	변수		BOOL	%MX0	
3	NewPLC	NewProgram	IN1		SINT		
4	NewPLC	NewProgram	OUT		SINT		
5	NewPLC	NewProgram	IN3		SINT		
6	NewPLC	NewProgram	OUT1		SINT		
7	NewPLC	NewProgram	IN2		SINT		
8	NewPLC	NewProgram	IN4		SINT		
9							

그림 2.7 변수 모니터 창

a. PLC: 등록 가능한 PLC의 이름을 보여준다. XG5000은 멀티 PLC 구성이 가능하다. 그러므로 변수 모니터 창에서도 구별해준다.

b. 프로그램: 등록 변수가 존재할 프로그램의 이름을 선택한다.

c. 변수/디바이스: 변수 또는 디바이스 이름을 입력한다.

d. 값: 모니터 시 해당 디바이스의 값을 표시한다. 모니터 현재 값 변경을 통해 값을 변경할 수 있다.

e. 타입: 변수의 타입을 표시한다.

f. 디바이스/변수: 메모리 할당이 되어 있으면 할당된 주소나 변수 이름을 보여준다. Enter 키 또는 마우스를 더블 클릭하면 로컬변수 목록에서 변수를 선택할 수 있다.

g. 설명문: 변수 설명문을 표시한다.

h. 에러 표시: 붉게 표시된다.

■ 사용된 디바이스 창

메뉴 [보기]-[사용된 디바이스]를 선택하면 그림 2.8과 같이 **사용된 디바이스 창**이 나타나며, 프로그램에서 사용되고 있는 디바이스의 목록이 나타난다.

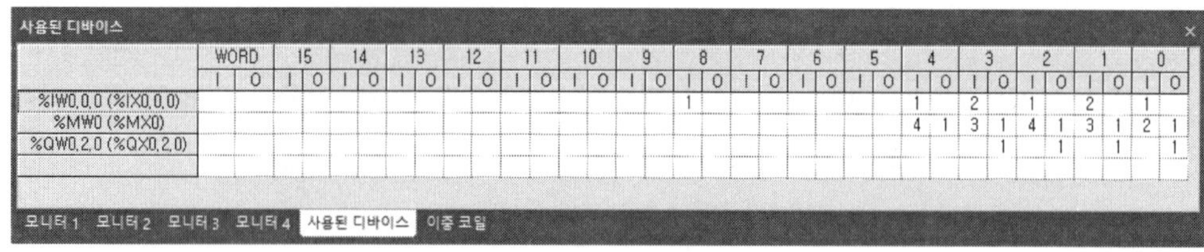

그림 2.8 사용된 디바이스 창

② 플로팅 윈도우로 변경

플로팅(floating)을 원하는 도킹 윈도우 타이틀을 마우스 오른쪽 단추를 클릭하거나 아래쪽 화살표 모양의 단추를 눌러 [떠있는 윈도우로] 메뉴를 선택한다(그림 2.9).

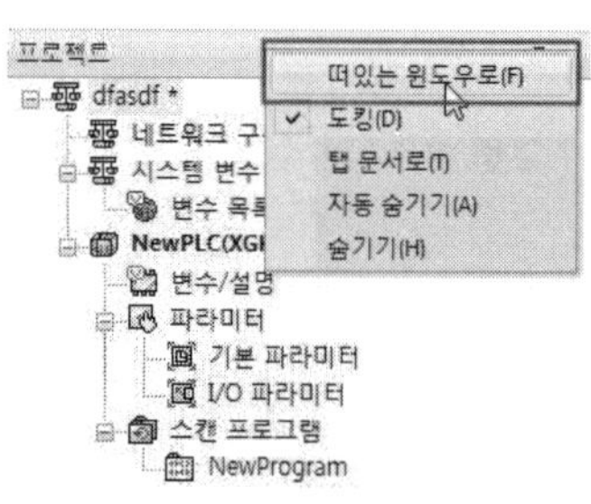

그림 2.9

③ 자동숨기기 모드

자동숨기기를 원하는 도킹 윈도우 창 타이틀 위에서 마우스의 오른쪽 단추를 눌러 메뉴 [자동숨기기]를 선택하거나 아래와 같은 도킹 창 내의 압정 모양의 단추를 눌러 숨김 모드가 되면 자동으로 윈도우가 사라진다(그림 2.10).

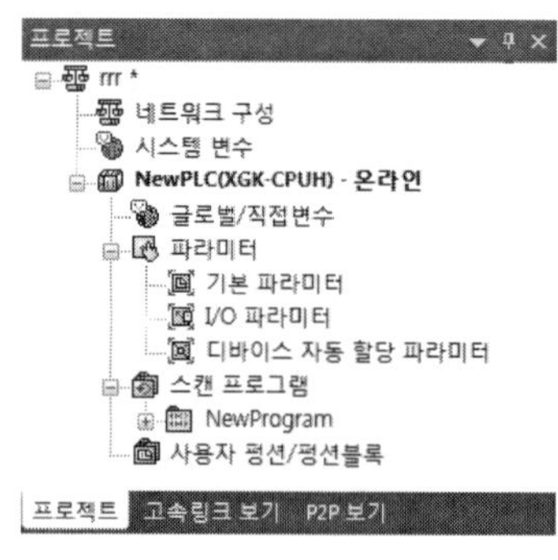

그림 2.10

2.1.2 프로젝트 열기/닫기/저장

(1) 프로젝트 열기

① 메뉴 [프로젝트]-[프로젝트 열기]를 선택한다.

② 프로젝트 파일을 선택한 후 열기 버튼을 누른다.

- 통합형 프로젝트 파일의 확장자는 ".xgwx"
- PLC 프로그래밍 프로젝트 파일의 확장자는 ".xgpx"
- 네트워크 설정 프로젝트 파일의 확장자는 ".xfgx"

(2) 프로젝트 닫기

메뉴 [프로젝트]-[프로젝트 닫기]를 선택한다.

(3) 프로젝트 저장

메뉴 [프로젝트]-[프로젝트 저장]을 선택한다.

※ 프로젝트 창의 프로젝트 이름 오른쪽에 "*"표시가 나타나면 현재 프로젝트는 편집이 되었음을 나타낸다. 편집된 내용을 저장하면 "*"표시가 없어지며 현 상태의 내용이 저장된다.

2.1.3 옵션

XG5000의 **옵션**은 메뉴 [도구]-[옵션]을 선택하며, [옵션]의 대화상자는 그림 2.11과 같이 구성되어 있다.

- ▸ 카테고리: XG5000 전체 프로그램에 적용되는 XG5000 옵션과 언어별로 적용될 수 있는 옵션을 트리형태로 분류해 놓은 것이다(그림 2.11의 좌측 영역).
- ▸ 설정 내용: 카테고리를 선택하면 각 카테고리에 해당되는 내용을 보여준다(그림 2.11의 우측 영역).
- ▸ 전체 버튼: 선택되어 있는 카테고리에 관계없이 모든 카테고리에 해당되는 공통버튼들이다(그림 2.11의 하부 영역: 확인, 취소, 적용 버튼 등).
- ▸ "전체 기본값 복원" 버튼은 모든 옵션들의 기본값을 복원시키고자 할 때 사용한다.

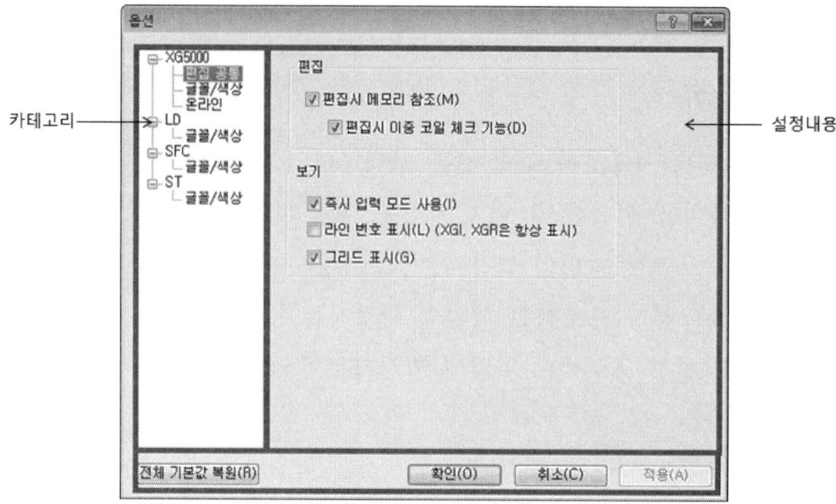

그림 2.11 옵션

(1) "XG5000" 옵션

프로젝트 관련사항을 설정한다.

메뉴 [도구]-[옵션]을 선택한 후 옵션 대화 상자(그림 2.11)에서 "XG5000"을 선택한다(그림 2.12).

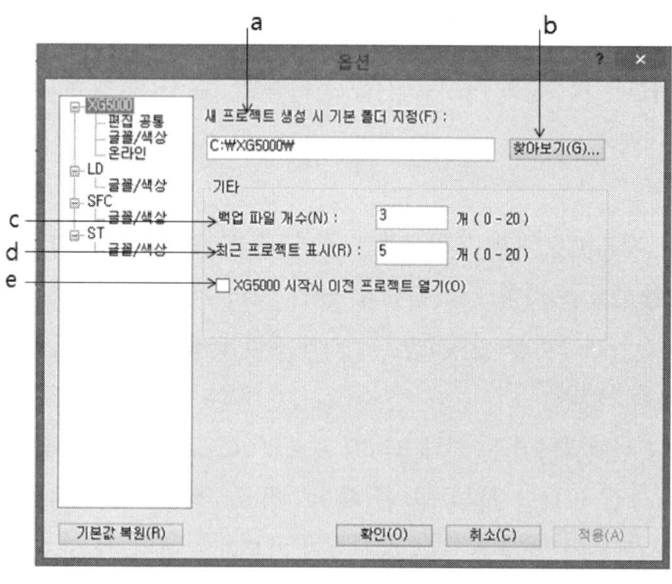

그림 2.12

a. 새 프로젝트 생성 시 기본 폴더 지정: 새 프로젝트를 만들 때 생성되는 위치이다.

b. 찾아보기: 폴더를 검색한다.

c. 프로젝트 파일을 복구하기 위한 백업 파일 개수를 설정한다. 최대 20개까지 설정할 수 있다.

d. 메뉴 [프로젝트]-[최근 프로젝트] 목록에 표시될 최근에 열었던 프로젝트 목록의 개수를 설정한다. 최대 20개까지 설정할 수 있다.

e. 체크하면 XG5000을 시작할 때 가장 최근에 작업했던 프로젝트를 자동으로 연다.

(2) XG5000-"편집 공통" 옵션

메뉴 [도구]-[옵션]을 선택한 후 XG5000 카테고리에서 "편집 공통"을 선택하여 편집 탭에서 원하는 옵션을 선택한다(그림 2.13).

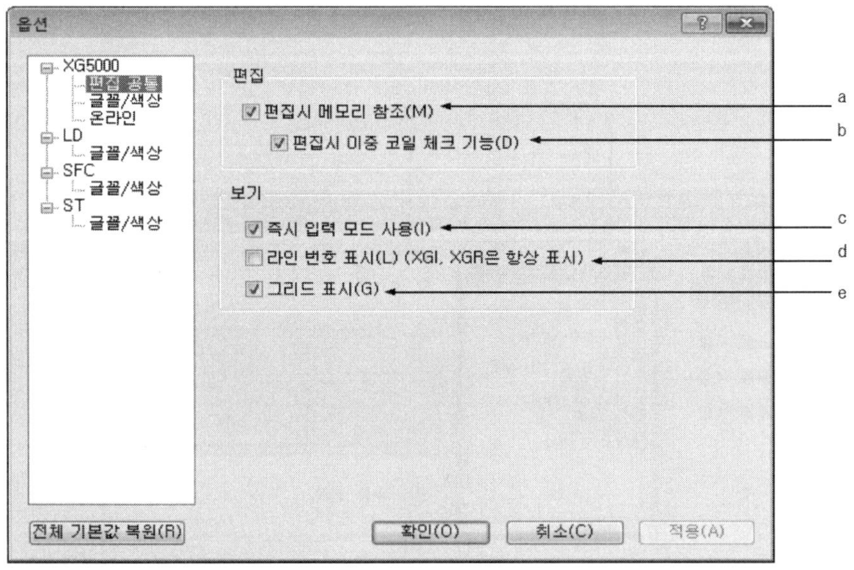

그림 2.13

a. 편집 시 메모리 참조: LD 편집 중에 선택된 디바이스에 대해서 메모리 참조 내용을 자동으로 보여준다. 이 옵션이 선택되지 않았을 때는 메뉴 [보기]-[메모리 참조]를 선택하여 메모리 사용결과를 확인할 수 있다.

b. 편집 시 이중코일 체크기능: 편집 중에 이중코일을 검사하여 이중코일 창에서 결과를 확인할 수 있다.

c. 즉시 입력모드 사용: 임의의 접점을 입력했을 때 사용자가 디바이스를 바로 입력할 수 있도록 디바이스 입력 창을 띄운다. 즉시 입력모드 사용이 선택되지 않았을 때는 사용자가 접점에 커서를 옮긴 후 더블클릭 또는 Enter를 입력하여 편집할 수 있다.

d. 라인번호 표시: 편집 창에서 라인번호를 표시한다.

e. 그리드 표시: 편집 창 화면에 그리드를 표시한다.

(3) XG5000-"글꼴/색상" 옵션

편집 창에 공통으로 사용되는 글꼴/색상을 변경할 수 있다.

메뉴 [도구]-[옵션]을 선택한 후 XG5000 카테고리에서 "글꼴/색상"을 선택하고, 변경할 글꼴/색상 항목을 지정한다(그림 2.14).

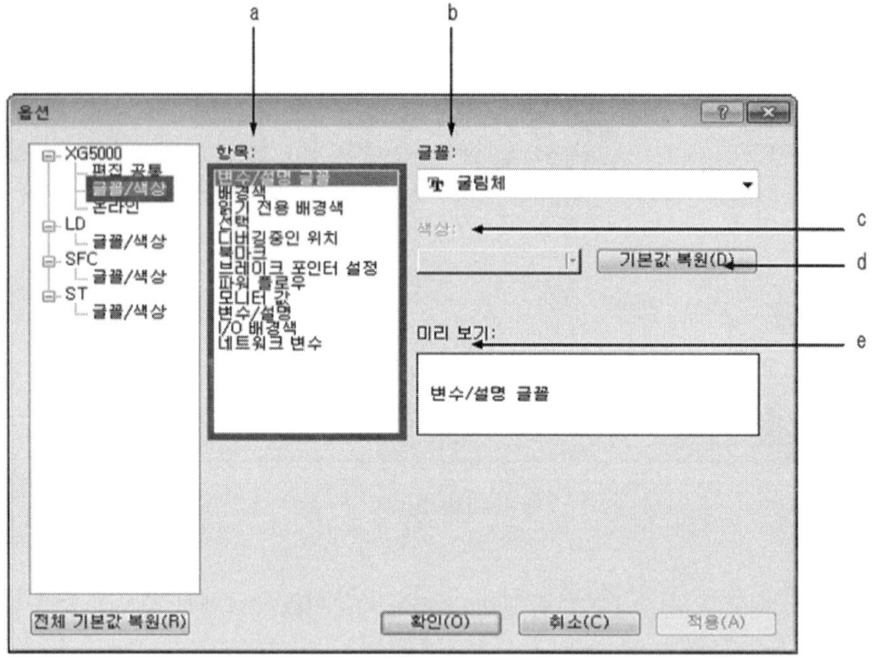

그림 2.14

a. 항목: 글꼴 혹은 색상의 설정할 항목을 선택한다.

b. 글꼴: 항목이 "변수/설명 글꼴"인 경우 활성화되며, 변수/설명의 글꼴을 지정한다.

c. 색상: "변수/설명 글꼴"의 항목 이외의 경우 활성화되며, 버튼을 선택해서 그 항목의 색상을 지정한다.

d. 기본값 복원: 선택된 항목에 대한 글꼴 혹은 색상의 기본 값을 복원한다.

e. 미리 보기: 선택된 항목의 현재 설정 값을 표시한다.

(4) XG5000-"온라인" 옵션

XG5000 온라인 관련 옵션을 설정할 수 있다.

메뉴 [도구]-[옵션]을 선택한 후 XG5000 카테고리에서 "온라인"을 선택한다(그림 2.15).

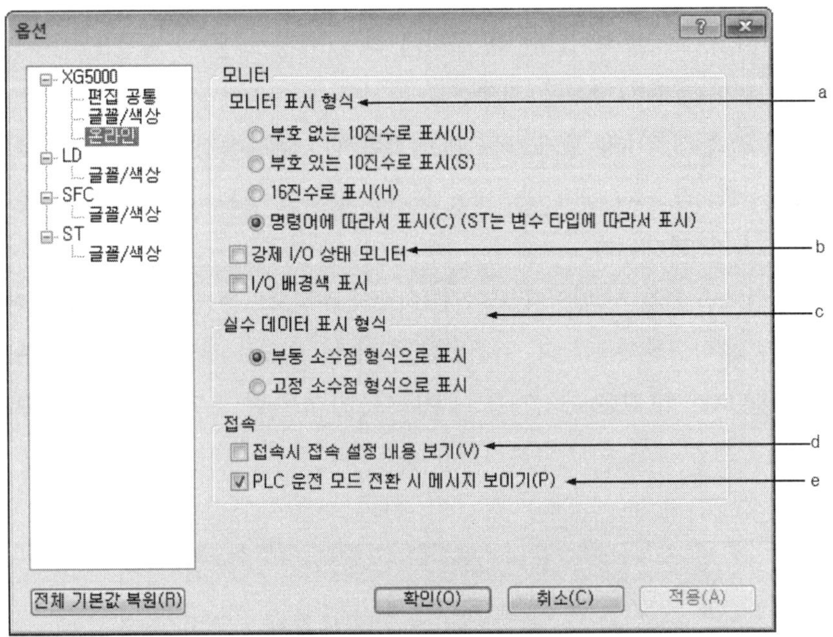

그림 2.15

a. 모니터 표시 형식: 데이터 값의 모니터 표시형식을 설정한다(그림 2.16).

모니터 표시 형식	예) 응용 명령어 ADD			
부호 없는 10진수 표시		65504	22	65526
	ADD	M0022	D00000	M0024
부호 있는 10진수 표시		-32	22	-10
	ADD	M0022	D00000	M0024
16진수로 표시		hFFE0	h0016	hFFF6
	ADD	M0022	D00000	M0024
명령어에 따라서 표시		-32	22	-10
	ADD	M0022	D00000	M0024

그림 2.16

b. 강제 I/O 상태 모니터: 입/출력 데이터 영역에 대한 강제 I/O 상태를 모니터링 한다.

c. 실수 데이터 표시형식: 실수 형 데이터 타입(단정도 실수, 배정도 실수)에 대한 모니터 데이터 표시형식을 지정한다.

d. 접속 시 접속 설정내용 보기: PLC와 접속할 때, 접속 설정내용을 자동으로 보이도록 선택한다. 접속 시 접속 설정내용 보기를 선택한 경우, 접속 시마다 그림 2.17의 대화 상자가 표시된다.

e. PLC 운전모드 전환 시 메시지 보이기: PLC의 운전모드를 전환할 때, 전환 메시지를 자동으로 보이도록 선택한다. 스톱 모드에서 런 모드로 전환할 때 "런 모드로 전환하시겠습니까?"와 같은 메시지가 나타나며, 반대로 런 모드에서 스톱 모드로 전환할 때는 "스톱 모드로 전환하시겠습니까?"와 같은 메시지가 나타난다.

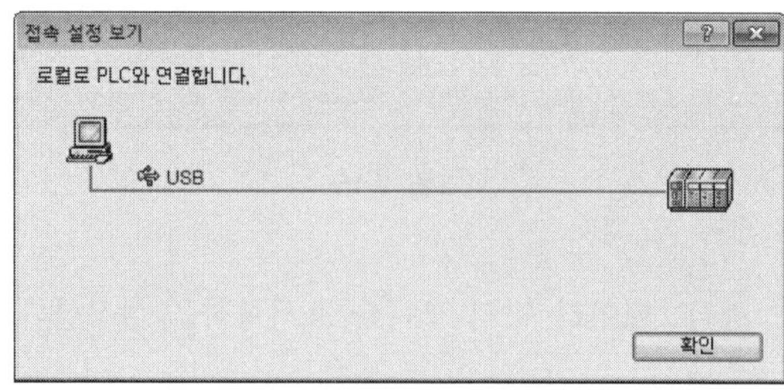

그림 2.17

(5) "LD" 옵션

LD 편집기의 텍스트 표시 및 컬럼의 너비를 변경할 수 있다.

메뉴 [도구]-[옵션]을 선택한 후 "LD" 카테고리를 선택하고, 변경할 항목을 지정한다(그림 2.18).

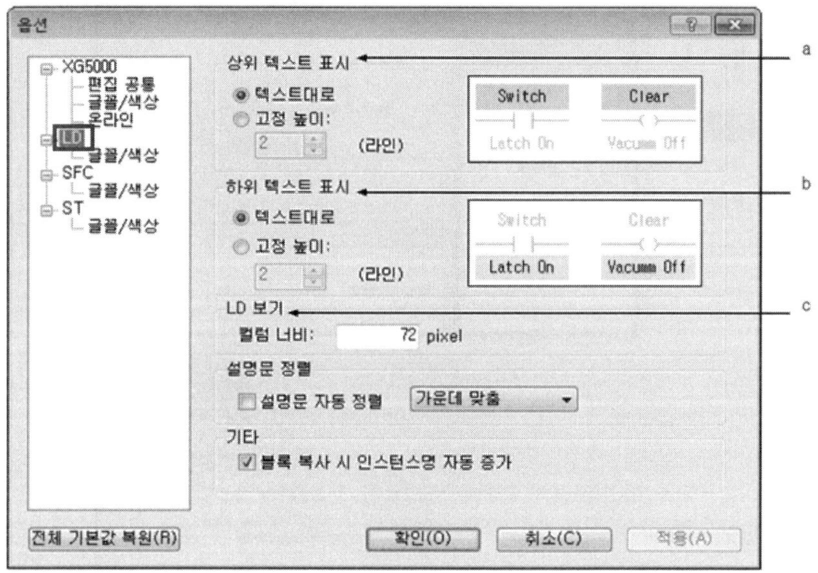

그림 2.18

a. 상위 텍스트 표시: 다이어그램 위에 오는 텍스트를 표시할 때 텍스트의 높이를 텍스트 글자 수만큼 가변적으로 표시할 것인지 설정한 높이만큼 고정적으로 표시할 것인지 선택한다.

b. 하위 텍스트 표시: 다이어그램 밑에 오는 텍스트를 표시할 때 텍스트의 높이를 텍스트 글자 수만큼 가변적으로 표시할 것인지 설정한 높이만큼 고정적으로 표시할 것인지 선택한다.

c. LD 보기: LD 다이어그램의 컬럼의 너비를 지정한다(최소 60pixel).

(6) LD-"글꼴/색상" 옵션

LD 편집기에 사용되는 글꼴/색상을 변경할 수 있다.

메뉴 [도구]-[옵션]을 선택한 후, LD 카테고리에서 “글꼴/색상”을 선택하고, 변경할 글꼴/색상 항목을 지정한다(그림 2.19).

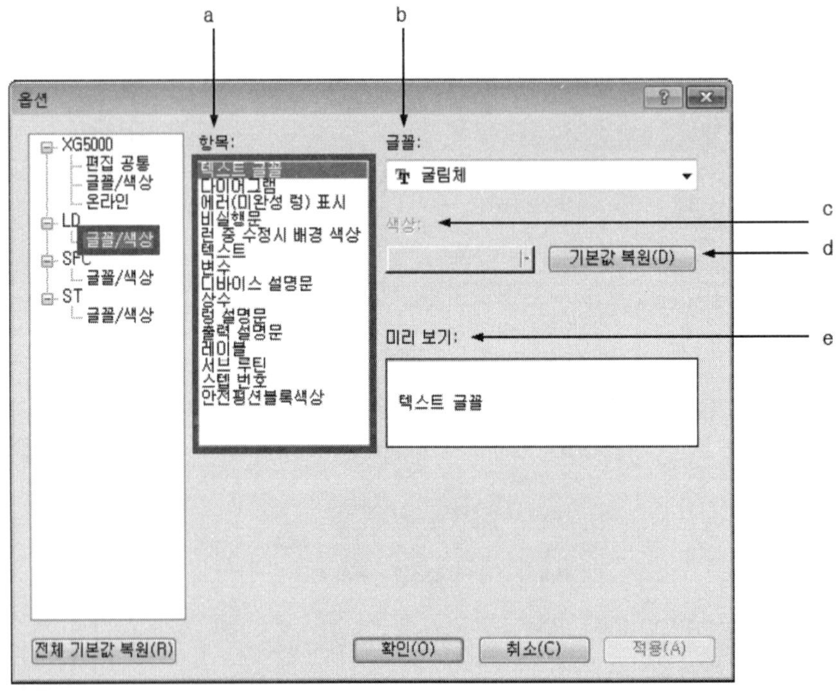

그림 2.19

a. 항목: 글꼴 혹은 색상을 설정할 항목을 선택한다.

b. 글꼴: 항목이 “텍스트 글꼴”인 경우 활성화되며, 변수/설명의 글꼴을 지정한다.

c. 색상: 항목이 “텍스트 글꼴”이 아닌 경우 활성화되며, 버튼을 선택해서 색상을 지정한다.

d. 기본값 복원: 선택된 항목에 대한 글꼴 혹은 색상의 기본 값을 복원한다.

e. 미리 보기: 선택된 항목의 현재 설정 값을 표시한다.

2.2 프로젝트

2.2.1 통합 형 프로젝트

통합 형 프로젝트의 구성 항목은 그림 2.20과 같다.

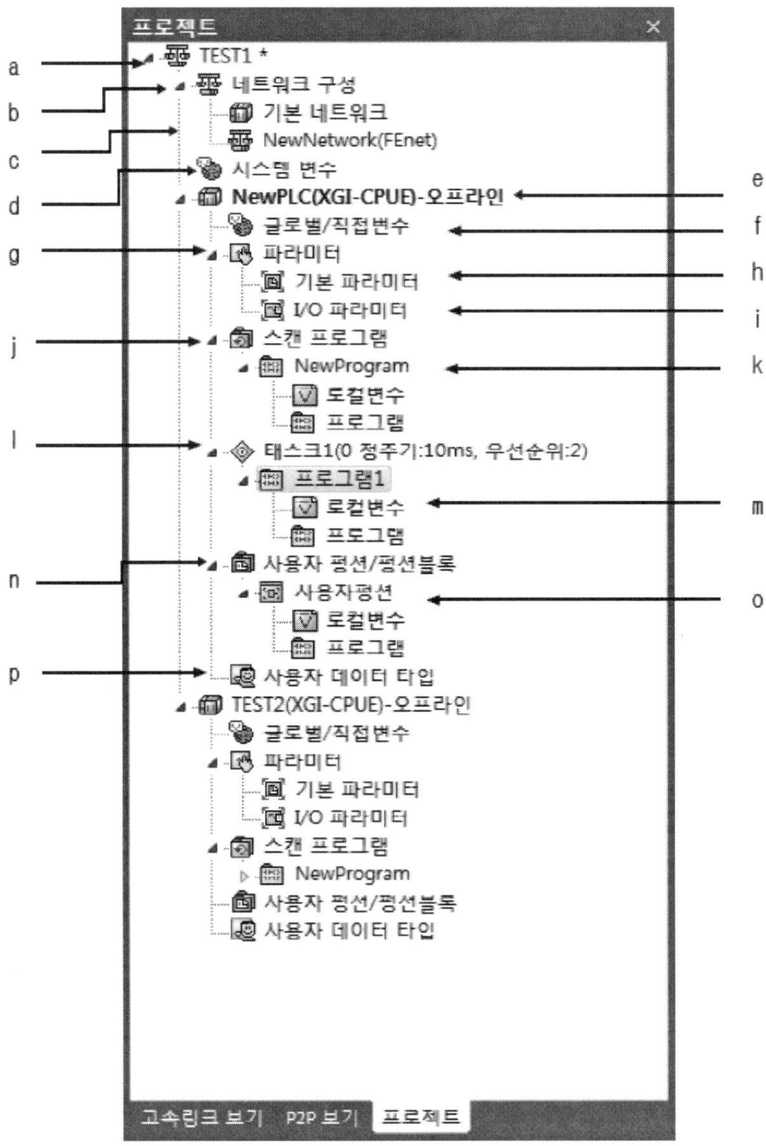

그림 2.20 프로젝트 창

a. 프로젝트: 시스템 전체를 정의한다. 하나의 프로젝트에 여러 개의 관련된 PLC를 포함시킬 수 있다.
b. 네트워크 구성: 이 프로젝트에 속해 있는 네트워크들을 정의한다.
c. 추가된 네트워크: 네트워크 종류별로 추가할 수 있다.
d. 시스템 변수: 네트워크를 통해서 PLC간에 공유되는 변수들을 나타낸다.
e. PLC: CPU모듈 하나에 해당되는 시스템을 나타낸다.
f. 글로벌/직접변수: 글로벌 변수 선언과 직접변수 설명문을 편집하고 볼 수 있다(여러 프로그램의 공통 변수 설정시).
g. 파라미터: PLC 시스템의 동작 및 구성에 대한 내용을 정의한다.
h. 기본 파라미터: 기본적인 동작에 대하여 정의한다.
i. I/O 파라미터: 입출력 모듈 구성에 대하여 정의한다.
j. 스캔 프로그램: 항시 실행되는 프로그램을 하위 항목에 정의한다.
k. New Program: 사용자가 정의한 항시 실행되는 프로그램이다.
l. 태스크1: 사용자가 정의한 정주기 태스크이다.
m. 프로그램1: 태스크1 조건에 따라 실행되는 프로그램이다.
n. 사용자 펑션/펑션블록: 하위 항목에 사용자가 펑션/펑션블록을 작성한다.
o. 사용자 펑션: 사용자가 작성한 펑션이다.
p. 사용자 데이터 타입: 구조체(Structure) 타입을 정의한다.

2.2.2 프로젝트 파일관리

(1) 새 프로젝트 만들기

프로젝트를 새로 만든다. 이때 프로젝트 이름과 동일한 폴더도 같이 만들어지고 그 안에 프로젝트 파일이 생성된다.

메뉴 [프로젝트]-[새 프로젝트]를 선택하면 그림 2.21의 대화상자가 나타난다.

그림 2.21

a. 프로젝트 이름: 원하는 프로젝트 이름을 입력한다. 이 이름이 프로젝트 파일 이름이 되며, 프로젝트 파일의 확장자는 "xgwx"이다.

b. 파일 위치: 사용자가 입력한 프로젝트 이름으로 폴더가 만들어지고 그 폴더에 프로젝트 파일이 생성된다.

c. [···]: 기존 폴더를 볼 수 있으며, 프로젝트 파일 위치를 지정해준다.

d. CPU 시리즈: PLC 시리즈를 선택한다.

e. CPU 종류: CPU 기종을 선택한다.

f. 프로그램 이름: 프로젝트에 기본으로 포함되는 프로그램의 이름을 입력한다.

g. 프로젝트 설명문: 프로젝트 설명문을 입력한다.

h. 프로그램 언어: 언어 선택을 한다.

** XGT PLC의 시리즈별 CPU종류는 다음과 같다.

표 2.11 CPU 종류

PLC시리즈	CPU종류	제품명
XGI	XGI-CPUE	XGI-CPUE
	XGI-CPUS	XGI-CPUS
	XGI-CPUH	XGI-CPUH
	XGI-CPUU	XGI-CPUU
	XGI-CPUU/D	XGI-CPUU/D
	XGI-CPUUN	XGI-CPUUN
XGR	XGR-CPUH	XGR-CPUH/F
		XGR-CPUH/T
		XGR-CPUH/S
	XGR-INC	XGR-INCT
		XGR-INCF
XGK	XGK-CPUE	XGK-CPUE
	XGK-CPUS	XGK-CPUS
	XGK-CPUA	XGK-CPUA
	XGK-CPUH	XGK-CPUH
	XGK-CPUU	XGK-CPUU
	XGK-CPUSN	XGK-CPUSN
	XGK-CPUHN	XGK-CPUHN
	XGK-CPUUN	XGK-CPUUN

(2) 프로젝트 열기

① 메뉴 [프로젝트]-[프로젝트 열기]를 선택한다.

② 프로젝트 파일을 선택했으면 "열기" 버튼을 누른다.

(3) PLC로부터 열기

PLC에 저장된 내용을 읽어와 프로젝트를 새로 만들어준다. XG5000에 이미 프로젝트가 열려 있다면 그 프로젝트는 닫고 프로젝트를 새로 만들어준다.

① 메뉴 [프로젝트]-[PLC로부터 열기]를 선택한다.

② 대화상자에서 접속할 대상을 선택하고 확인을 누른다. 통신 설정의 자세한 내용은

온라인의 접속옵션을 참조한다.

③ 새로운 프로젝트가 생성된다.

** 현재 열려 있는 프로젝트에 PLC의 내용을 읽어오기 위해서는 메뉴 [온라인]-[읽기]를 선택해야 한다.

(4) 프로젝트 저장

변경된 프로젝트를 저장한다.

① 메뉴 [프로젝트]-[프로젝트 저장]을 선택한다.

(5) 다른 이름으로 저장

프로젝트를 다른 이름의 파일로 저장한다.

① 메뉴 [프로젝트]-[다른 이름으로 저장]을 선택한다.

② 그림 2.22의 대화상자가 나타나면 파일이름을 입력하고 "확인" 버튼을 누른다.

그림 2.22

a. 파일 이름: 원하는 프로젝트 이름을 입력한다. 이 이름이 프로젝트 파일이름이 되며, 프로젝트 파일의 확장자는 "xgwx"이다.

b. 파일 위치: 사용자가 입력한 프로젝트 이름과 같은 이름의 폴더에 프로젝트 파일이 생성되며, 폴더는 자동으로 만들어 준다.

c. 찾아보기: 기존 폴더를 보고 프로젝트 파일위치를 지정해줄 수 있다.

(6) GMWIN파일 불러오기

XG5000에서는 GMWIN 프로젝트 파일을 읽어 XG5000 프로젝트로 변환할 수 있다. 프로젝트를 변환하는 내용은 다음과 같다.

◇ 프로그램(LD), ◇ 직접변수 설명문, ◇ 글로벌 변수

GMWIN 프로젝트 파일에서 변경에 제외된 목록은 다음과 같다.

◇ 기본 파라미터, ◇ I/O 파라미터, ◇ 고속 링크

[순서]

① 메뉴 [프로젝트]-[GMWIN 파일 열기]를 선택한다.

② 파일 열기 창(그림 2.23)이 나타나면 GMWIN 프로젝트가 있는 폴더로 이동하여 파일을 선택한다.

그림 2.23

③ “열기” 버튼을 누르면 새 프로젝트 대화 상자(그림 2.24)가 나온다.

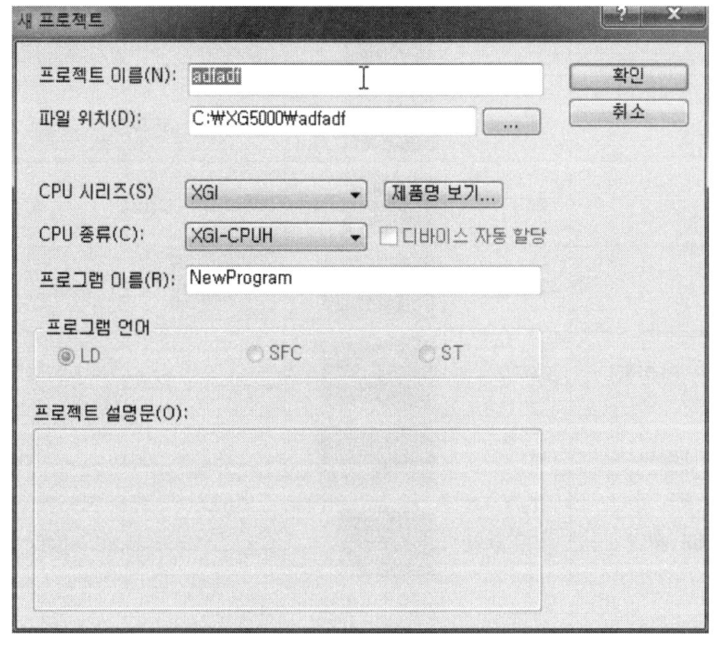

그림 2.24

④ 프로젝트 이름, PLC 종류 등을 입력하고 “확인” 버튼을 누른다. 이때 GMWIN 파일을 변환하여 XG5000 프로젝트를 생성한다.

※ GMWIN 프로젝트 변환 규칙

GMWIN으로 작성된 프로그램이 XG5000으로 변환되는 항목은 접점(류), 코일(류), 가로선, 세로선, 렁 설명문, 펑션/펑션블록, JMP(분기명령), SCAL(서브루틴 콜)과 같은 확장기능이다.

(a) 기본 변환

접점(류), 코일(류), 가로선, 세로선 항목은 GMWIN에서와 동일하게 변환되어 표시되지만 접점, 코일에 사용된 변수의 경우 XG5000 표시 규격에 따라 다른 형태로 변경되어 표시될 수 있다.

(b) 확장 펑션의 변환

레이블, 점프 등 기본 항목 이외의 기능은 확장 펑션으로 변경된다. 변경되는 확장 펑션은 다음 표 2.12와 같다.

표 2.12 GMWIN→XG5000의 표시 변경 명령

항목	변경 항목	GMWIN	XG5000
RET	RET	RETURN	RET
JMP	JMP	C_LBL	JMP C_LBL
SCAL	CALL	S_LBL SCAL	CALL S_LBL
레이블	레이블	C_LBL	레이블 C_LBL:
서브루틴 레이블	SBRT	S_LBL	SBRT S_LBL
주 프로그램의 끝	END	{ END }	END
INIT_DONE 출력	INIT_DONE	INIT_DONE	INIT_DONE

(c) 펑션/펑션블록의 변환

펑션/펑션블록의 경우 GMWIN의 표준 펑션/펑션블록 및 APP 라이브러리(그림 2.25)에 대해서만 변환한다. 해당 라이브러리에 포함되지 않는 펑션/펑션블록을 사용한 프로그램은 정상적으로 변환되지 않는다.

그림 2.25

2.2.3 프로젝트 항목

프로젝트에 PLC, 태스크, 프로그램을 추가로 삽입할 수 있다.

(1) PLC 추가

① 프로젝트 창(그림 2.26)에서 프로젝트 항목을 선택하여 마우스 오른쪽을 누르면 팝업메뉴가 나타나고, 항목추가에서 프로그램을 선택한다. 그러면 그림 2.27의 대화상자가 나타난다.

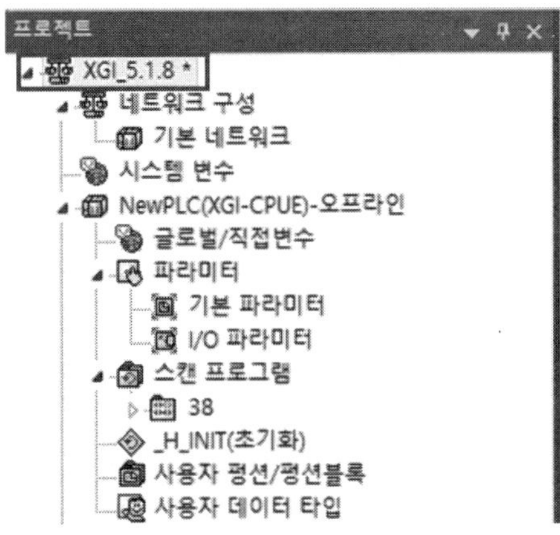

그림 2.26

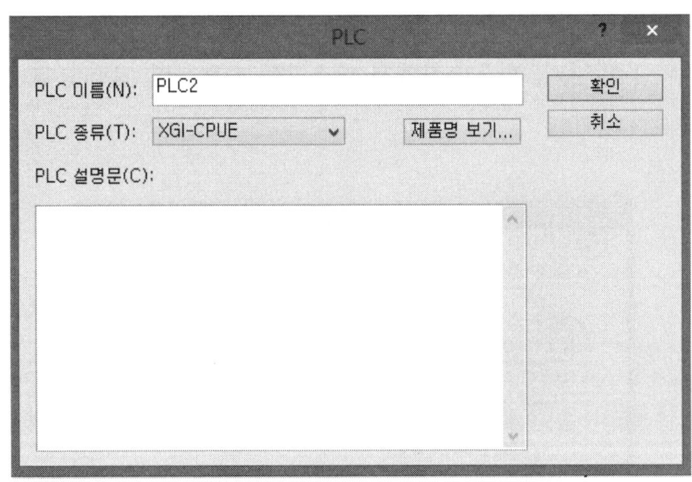

그림 2.27

② PLC 이름, PLC 종류, PLC 설명문을 입력하고 "확인"을 누르면 그림 2.28에서 보듯이 새로운 PLC(PLC2)가 만들어진다.

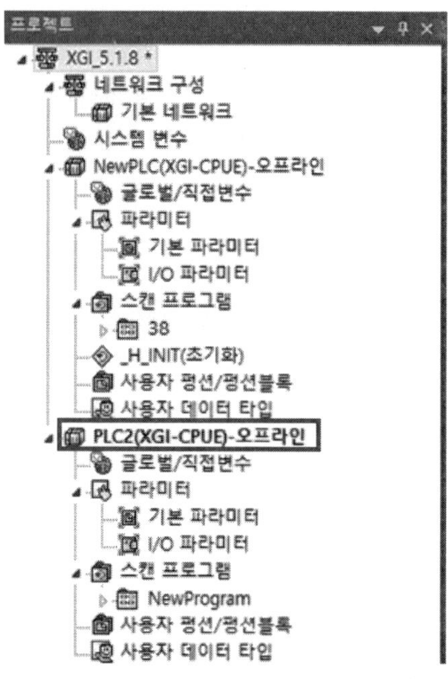

그림 2.28

(2) 태스크 추가

① 그림 2.29의 프로젝트 창에서 PLC 항목을 선택하고, 마우스 오른쪽을 누르면 팝업메뉴가 나타나며, 항목추가에서 태스크를 선택하면 그림 2.30의 대화상자가 나타난다.

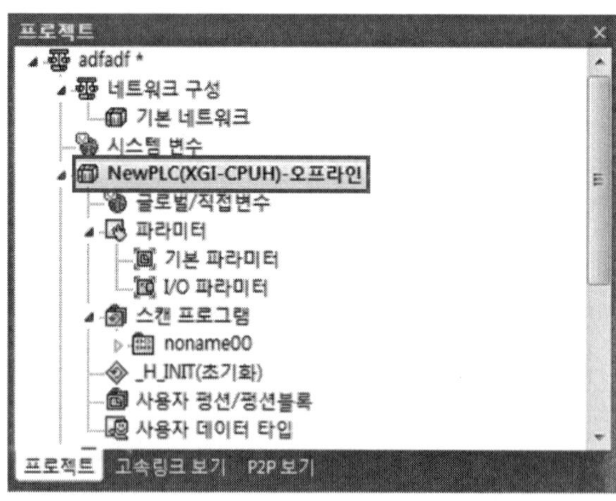

그림 2.29

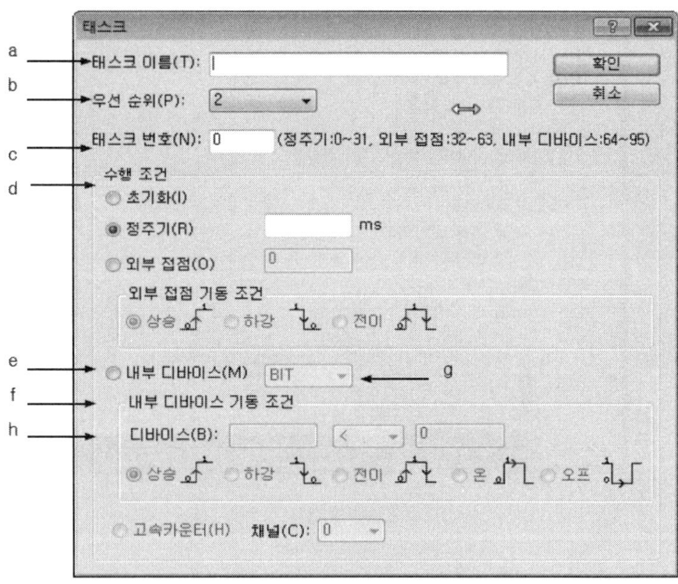

그림 2.30

a. 태스크 이름: 원하는 태스크 이름을 입력한다. 특수문자를 제외하고 한글, 영문, 숫자를 사용할 수 있다.

b. 우선순위: 태스크의 우선순위를 설정한다. 숫자가 작을수록 우선순위가 높다.

c. 태스크 번호: PLC에서 태스크를 관리하는 용도로 사용된다. 수행조건에 따라 오른쪽에 지정된 번호를 사용해야 한다(예: 정주기 - 0 ~ 31).

d. 수행조건: 태스크가 수행되는 조건을 설정한다.

e. 내부 디바이스: 기동조건을 내부 디바이스로 했을 경우, 디바이스 이름을 입력한다. 즉, 내부 디바이스 기동조건에 따라 BIT 또는 WORD 디바이스를 입력한다.

f. 내부 디바이스 기동조건: 내부 디바이스의 타입에 따라 설정해야 할 내용이 다르다.

g. 워드 디바이스 기동조건: 내부 디바이스 기동조건을 WORD 타입으로 선택했을 경우 기동조건을 설정한다.

h. 비트 디바이스 기동조건: 내부 디바이스 기동조건을 BIT 타입으로 선택했을 경우 기동조건을 설정한다.

태스크 이름, 우선순위, 태스크 번호, 수행 조건 등을 입력하고 “확인”을 누르면 그림 2.31과 같이 새로운 태스크(태스크1)가 만들어진다.

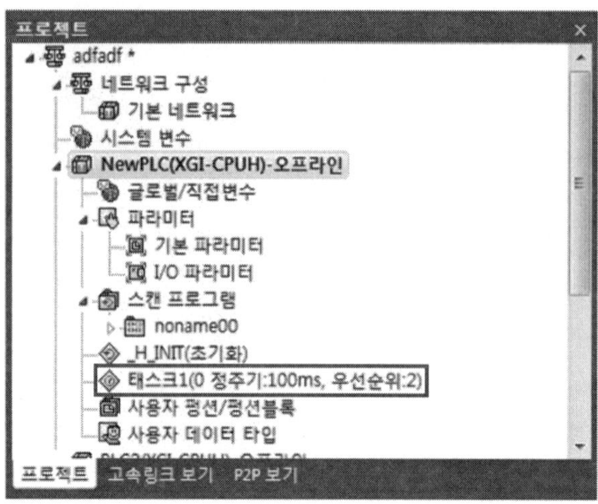

그림 2.31

(3) 프로그램 추가

① 프로젝트 창에서 추가될 프로그램의 위치를 선택한다. 프로그램은 스캔 프로그램 또는 태스크 항목에 추가될 수 있다.

② 메뉴 [프로젝트]-[항목 추가]-[프로그램]을 선택하면 그림 2.32의 대화상자가 나타난다.

③ 프로그램 이름, 언어, 프로그램 설명문을 입력하고 "확인"을 누르면 그림 2.33에서 보듯이 프로그램(프로그램1)이 추가된다.

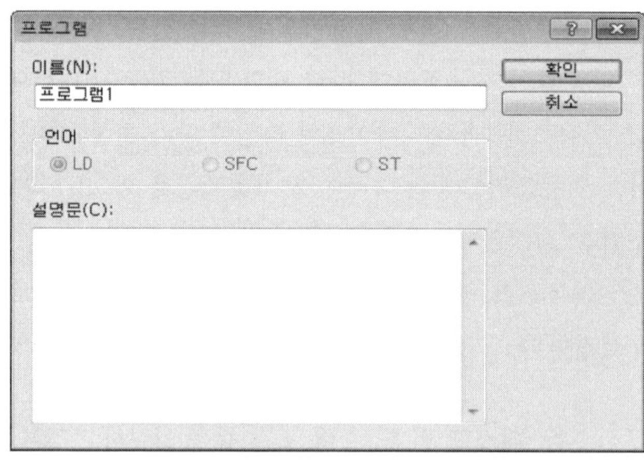

그림 2.32

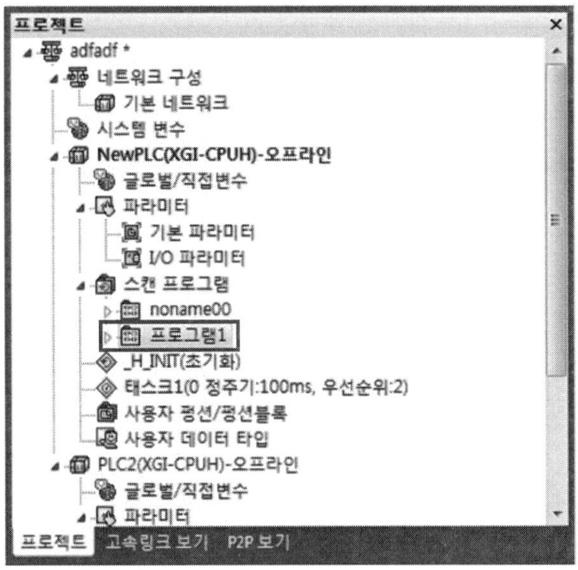

그림 2.33

2.3 변수

사용자들은 프로그램에 따라 **변수**를 사용한다. 일반적으로, **글로벌 변수**는 모든 프로그램에서 사용 가능한 변수이며, 글로벌 변수를 로컬변수에서 사용하려면 EXTERNAL로 선언하고 사용하여야 한다.

로컬변수는 해당 프로그램에서만 사용이 가능한 변수이며, 프로그램에서 직접변수를 사용할 수 있다. 또한 해당 직접변수에 설명문을 입력할 수 있다.

2.3.1 글로벌/직접변수

(1) 글로벌/직접변수의 구성

프로젝트 창의 "글로벌/직접변수"를 클릭하면 그림 2.34와 같은 "글로벌/직접변수" 창이 나타나며, "글로벌/직접변수"는 "글로벌 변수", "직접변수 설명문", "플래그"로 구성되어 있다.

① "글로벌 변수"는 프로그램에서 사용될 변수를 선언하거나, 선언된 변수 목록 전체를 변수 위주로 보여준다(그림 2.34).

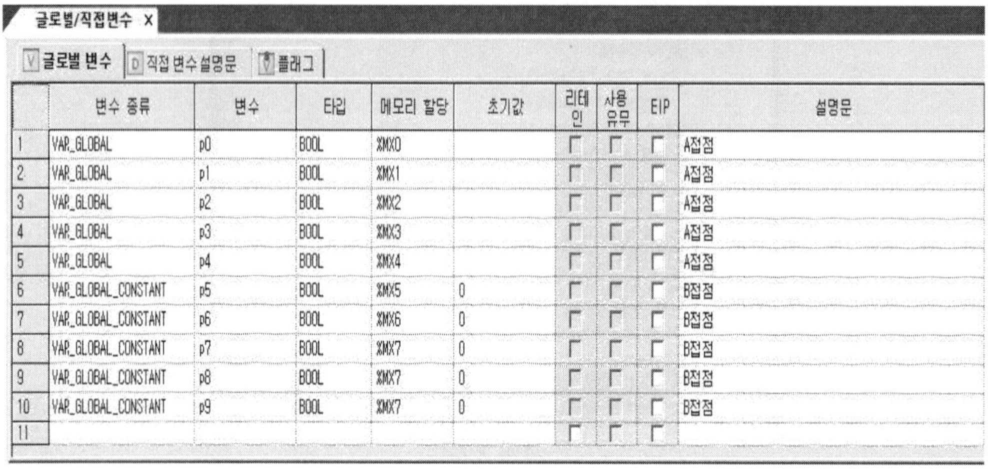

글로벌/직접변수 ×

글로벌 변수 | 직접 변수설명문 | 플래그

	변수 종류	변수	타입	메모리 할당	초기값	리테인	사용 유무	EIP	설명문
1	VAR_GLOBAL	p0	BOOL	%MX0		☐	☐	☐	A접점
2	VAR_GLOBAL	p1	BOOL	%MX1		☐	☐	☐	A접점
3	VAR_GLOBAL	p2	BOOL	%MX2		☐	☐	☐	A접점
4	VAR_GLOBAL	p3	BOOL	%MX3		☐	☐	☐	A접점
5	VAR_GLOBAL	p4	BOOL	%MX4		☐	☐	☐	A접점
6	VAR_GLOBAL_CONSTANT	p5	BOOL	%MX5	0	☐	☐	☐	B접점
7	VAR_GLOBAL_CONSTANT	p6	BOOL	%MX6	0	☐	☐	☐	B접점
8	VAR_GLOBAL_CONSTANT	p7	BOOL	%MX7	0	☐	☐	☐	B접점
9	VAR_GLOBAL_CONSTANT	p8	BOOL	%MX7	0	☐	☐	☐	B접점
10	VAR_GLOBAL_CONSTANT	p9	BOOL	%MX7	0	☐	☐	☐	B접점
11						☐	☐	☐	

그림 2.34

② "직접변수 설명문"은 프로그램에서 사용될 **직접변수 설명문**을 선언하거나, 설명문을 보여준다(그림 2.35).

NewProgram[프로그램] × 글로벌/직접변수 ×

글로벌 변수 | 직접 변수 설명문 | 플래그

직접 변수(D) : %MX0 ☑ 선언된 목록 보기

비트 보기

☑ X0 ☐ B0.0 ☑ W0.0 ☐ D0.0 ☐ L0.0

	직접 변수	직접 변수	사용	설명문
1	%MX0	%MW0.0	☑	접점0
2	%MX1	%MW0.1	☑	접점1
3	%MX10	%MW0.10	☐	접점10
4	%MX2	%MW0.2	☑	접점2
5	%MX3	%MW0.3	☑	접점3
6	%MX4	%MW0.4	☑	접점4
7	%MX5	%MW0.5	☑	접점5
8	%MX6	%MW0.6	☑	접점6
9	%MX7	%MW0.7	☑	접점7
10	%MX8	%MW0.8	☑	접점8
11	%MX9	%MW0.9	☑	접점9

그림 2.35

③ “플래그”는 선언해서 제공해주는 **플래그** 목록을 보여준다. 플래그 종류는 시스템 플래그, 고속링크 플래그, P2P플래그, PID플래그로 분류할 수 있다(그림 2.36).

	변수	타입	메모리 할당	설명문
1	_HS1_RLINK	BOOL	%LX0	고속 링크 1번의 모든 국 정상 동작
2	_HS2_RLINK	BOOL	%LX800	고속 링크 2번의 모든 국 정상 동작
3	_HS3_RLINK	BOOL	%LX1600	고속 링크 3번의 모든 국 정상 동작
4	_HS4_RLINK	BOOL	%LX2400	고속 링크 4번의 모든 국 정상 동작
5	_HS5_RLINK	BOOL	%LX3200	고속 링크 5번의 모든 국 정상 동작
6	_HS6_RLINK	BOOL	%LX4000	고속 링크 6번의 모든 국 정상 동작
7	_HS7_RLINK	BOOL	%LX4800	고속 링크 7번의 모든 국 정상 동작
8	_HS8_RLINK	BOOL	%LX5600	고속 링크 8번의 모든 국 정상 동작
9	_HS9_RLINK	BOOL	%LX6400	고속 링크 9번의 모든 국 정상 동작
10	_HS10_RLINK	BOOL	%LX7200	고속 링크 10번의 모든 국 정상 동작
11	_HS11_RLINK	BOOL	%LX8000	고속 링크 11번의 모든 국 정상 동작
12	_HS12_RLINK	BOOL	%LX8800	고속 링크 12번의 모든 국 정상 동작
13	_HS1_LTRBL	BOOL	%LX1	_HS1RLINK ON 이후 비정상 상태 표시
14	_HS2_LTRBL	BOOL	%LX801	_HS2RLINK ON 이후 비정상 상태 표시
15	_HS3_LTRBL	BOOL	%LX1601	_HS3RLINK ON 이후 비정상 상태 표시
16	_HS4_LTRBL	BOOL	%LX2401	_HS4RLINK ON 이후 비정상 상태 표시

그림 2.36

a. 플래그 종류: 플래그 종류(시스템, 고속링크, P2P, PID) 중 하나를 선택한다.

b. 전체: [플래그 종류]에서 선택된 플래그 목록 전체를 표시한다. 시스템 플래그인 경우에는 전체 내용만 화면에 표시한다. “전체” 항목이 체크되지 않은 경우는 [파라미터 번호]와 [블록 인덱스]에 맞는 플래그 항목만 표시한다.

c. 파라미터 번호: 고속링크, P2P, PID 플래그인 경우에만 활성화된다. 입력된 파라미터 번호의 플래그 항목만 보여준다.

(2) 글로벌/직접변수 등록

프로그램에서 사용할 글로벌/직접변수를 등록한다. “글로벌/직접변수” 창의 목록에 등록하기 위해서는 “글로벌 변수”에서 등록할 수 있다. 즉, 글로벌 변수 목록에 변수를 추가하거나, 수정 또는 삭제할 수 있다(그림 2.37).

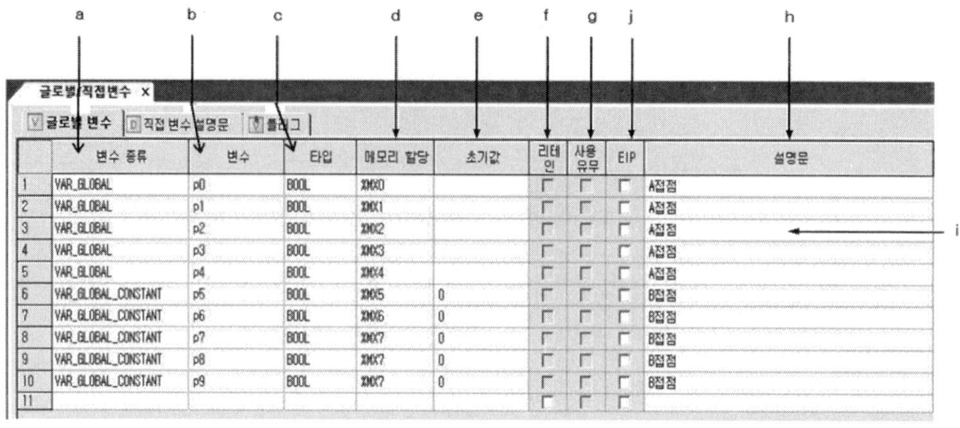

	변수 종류	변수	타입	메모리 할당	초기값	리테인	사용 유무	EIP	설명문
1	VAR_GLOBAL	p0	BOOL	%MX0					A접점
2	VAR_GLOBAL	p1	BOOL	%MX1					A접점
3	VAR_GLOBAL	p2	BOOL	%MX2					A접점
4	VAR_GLOBAL	p3	BOOL	%MX3					A접점
5	VAR_GLOBAL	p4	BOOL	%MX4					A접점
6	VAR_GLOBAL_CONSTANT	p5	BOOL	%MX5	0				B접점
7	VAR_GLOBAL_CONSTANT	p6	BOOL	%MX6	0				B접점
8	VAR_GLOBAL_CONSTANT	p7	BOOL	%MX7	0				B접점
9	VAR_GLOBAL_CONSTANT	p8	BOOL	%MX7	0				B접점
10	VAR_GLOBAL_CONSTANT	p9	BOOL	%MX7	0				B접점
11									

그림 2.37

a. 변수 종류: 변수 종류에는 VAR_GLOBAL, VAR_GLOBAL_CONSTANT만 올 수 있다.

b. 변수: 선언된 변수는 같은 이름으로 중복하여 선언할 수 없다.
   - 첫 번째 문자로 숫자를 사용할 수 없다.
   - 특수 문자를 사용할 수 없다(단, '_'는 사용 가능하다.).
   - 빈 문자를 사용할 수 없다.
   - 직접 변수와 같은 이름으로 사용할 수 없다(예: MX0, WB0, …).
   - 라인이 모두 비어 있는 경우, 변수를 입력하면 타입이 디폴트로 BOOL이 표시된다.

c. 타입: 입력되는 타입은 총 23개로, 기본 타입 20개와 유도된 타입 3개로 설정되어 있다.
   - 기본 타입(20개): BOOL, BYTE, WORD, DWORD, LWORD, SINT, INT, DINT, LINT, USINT, UINT, UDINT, ULINT, REAL, LREAL, TIME, DATE, TIME_OF_DAY, DATE_AND_TIME, STRING
   - 유도된 타입(3개): ARRAY(예: ARRAY[0..6,0..2,0..4] OF BOOL) ⇒ 인자 제한(3차까지), STRUCT(예: STRUCT명 표시) ⇒ STRUCT 안에 STRUCT형태 못함, FB_INST(예: FB명 표시)

d. 메모리 할당: 직접변수(I, Q, M, R, W)를 사용하여 입력한다.

e. 초기값: 초기값을 설정할 수 있다.

f. 리테인: 메모리 할당을 설정한 경우 리테인 열은 비활성화된다.

- R, W: 항상 리테인 영역이다.
- M: 기본 파라미터 정보를 얻어 체크한다.
- I, Q: 항상 비 리테인 영역이다.

g. 사용유무: 선언한 변수의 사용 유무를 표시한다.

h. 설명문: 모든 문자의 입력이 가능하다.

- Ctrl + Enter 키를 사용하여 멀티 라인 입력이 가능하다.

i. 라인 유효성: 글로벌 변수 창에 등록하려면 변수종류, 변수타입이 있어야 한다.

- 글로벌 변수에 등록되지 않는 경우 분홍색으로 표시한다.

j. EIP: Ethernet/IP 통신모듈에서 사용하는 태그를 등록하거나 표시한다.

2.3.2 특수모듈 변수 자동 등록

I/O 파라미터에 설정된 특수모듈의 정보를 참조하여 각각의 모듈에 대한 변수를 자동으로 등록한다. 사용자는 변수 및 설명문을 수정할 수 있다.

[순서]

① I/O 파라미터에서 슬롯에 특수모듈을 설정한다(그림 2.38).

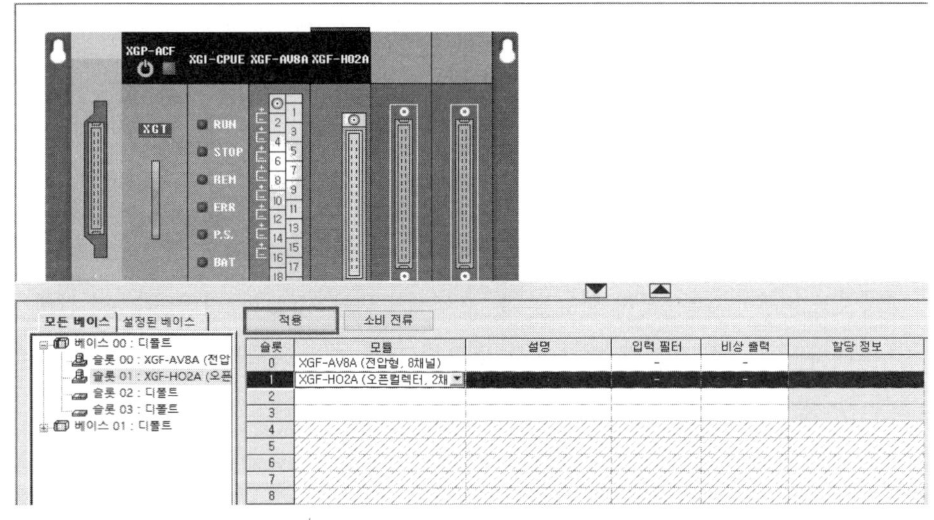

그림 2.38

② I/O 파라미터 창에서 이미지 하단에 위치한 "적용" 버튼을 클릭한다. 그림 2.39의 창이 나타날 때 "예"를 클릭하면 그림 2.40의 "변수 자동등록" 창이 나타나며 "확인"을 클릭한다.

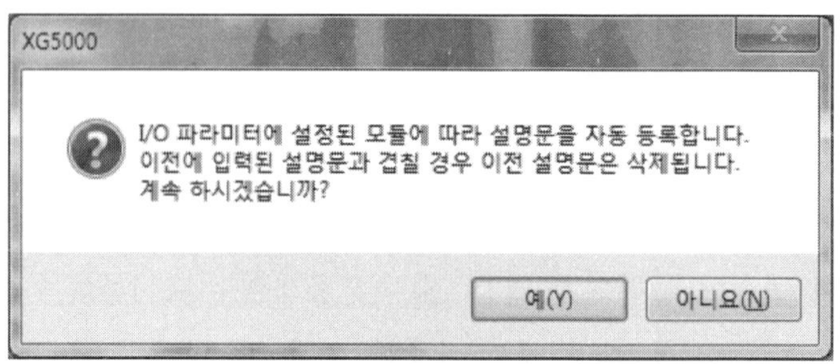

그림 2.39

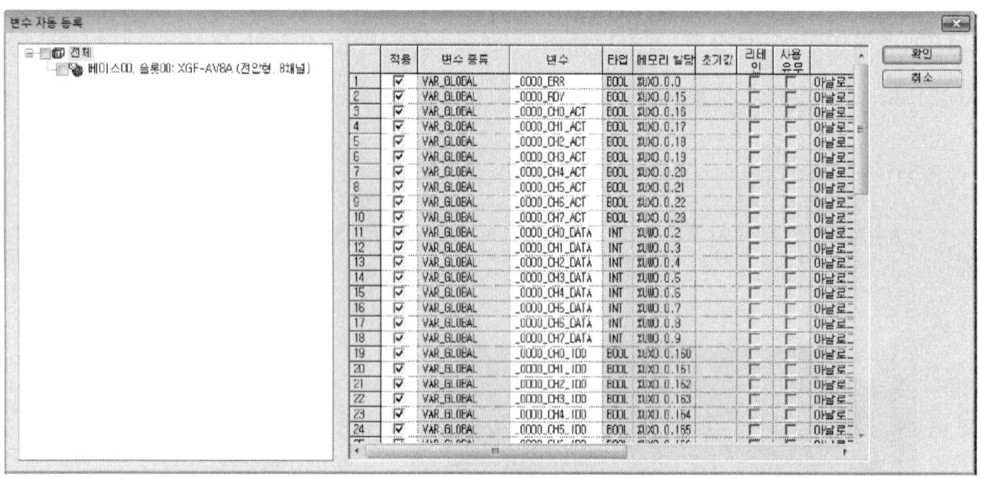

그림 2.40

③ **특수모듈 변수의 자동등록**이 완료된 후 프로젝트창의 "글로벌/직접변수"를 선택하여 나타나는 글로벌/직접변수 창에서 글로벌 변수 탭을 선택하여 특수모듈 변수를 볼 수 있다(그림 2.41).

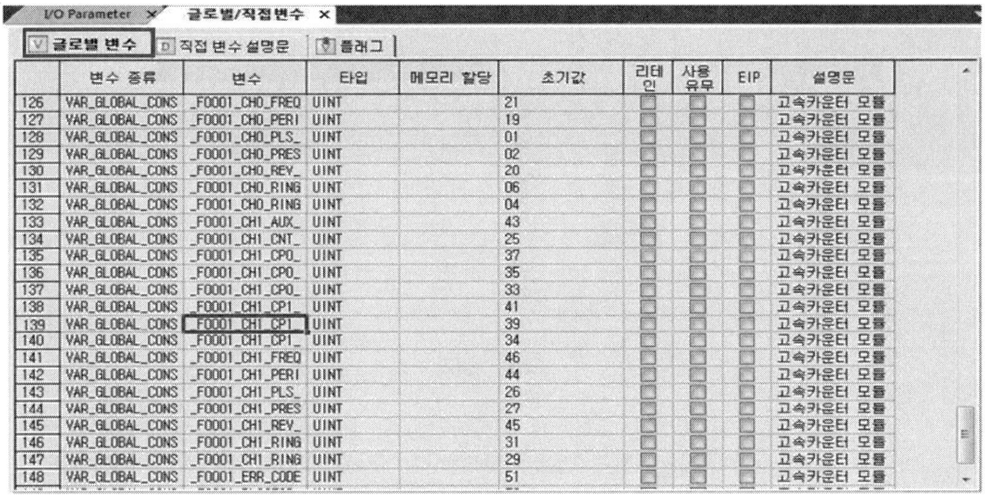

I/O Parameter | 글로벌/직접변수

글로벌 변수 | 직접 변수 설명문 | 플래그

	변수 종류	변수	타입	메모리 할당	초기값	리테인	사용유무	EIP	설명문
126	VAR_GLOBAL_CONS	_F0001_CH0_FREQ	UINT		21				고속카운터 모듈
127	VAR_GLOBAL_CONS	_F0001_CH0_PERI	UINT		19				고속카운터 모듈
128	VAR_GLOBAL_CONS	_F0001_CH0_PLS_	UINT		01				고속카운터 모듈
129	VAR_GLOBAL_CONS	_F0001_CH0_PRES	UINT		02				고속카운터 모듈
130	VAR_GLOBAL_CONS	_F0001_CH0_REV_	UINT		20				고속카운터 모듈
131	VAR_GLOBAL_CONS	_F0001_CH0_RING	UINT		06				고속카운터 모듈
132	VAR_GLOBAL_CONS	_F0001_CH0_RING	UINT		04				고속카운터 모듈
133	VAR_GLOBAL_CONS	_F0001_CH1_AUX_	UINT		43				고속카운터 모듈
134	VAR_GLOBAL_CONS	_F0001_CH1_CNT_	UINT		25				고속카운터 모듈
135	VAR_GLOBAL_CONS	_F0001_CH1_CP0_	UINT		37				고속카운터 모듈
136	VAR_GLOBAL_CONS	_F0001_CH1_CP0_	UINT		35				고속카운터 모듈
137	VAR_GLOBAL_CONS	_F0001_CH1_CP0_	UINT		33				고속카운터 모듈
138	VAR_GLOBAL_CONS	_F0001_CH1_CP1_	UINT		41				고속카운터 모듈
139	VAR_GLOBAL_CONS	_F0001_CH1_CP1_	UINT		39				고속카운터 모듈
140	VAR_GLOBAL_CONS	_F0001_CH1_CP1_	UINT		34				고속카운터 모듈
141	VAR_GLOBAL_CONS	_F0001_CH1_FREQ	UINT		46				고속카운터 모듈
142	VAR_GLOBAL_CONS	_F0001_CH1_PERI	UINT		44				고속카운터 모듈
143	VAR_GLOBAL_CONS	_F0001_CH1_PLS_	UINT		26				고속카운터 모듈
144	VAR_GLOBAL_CONS	_F0001_CH1_PRES	UINT		27				고속카운터 모듈
145	VAR_GLOBAL_CONS	_F0001_CH1_REV_	UINT		45				고속카운터 모듈
146	VAR_GLOBAL_CONS	_F0001_CH1_RING	UINT		31				고속카운터 모듈
147	VAR_GLOBAL_CONS	_F0001_CH1_RING	UINT		29				고속카운터 모듈
148	VAR_GLOBAL_CONS	_F0001_ERR_CODE	UINT		51				고속카운터 모듈

그림 2.41

2.3.3 로컬변수

로컬변수는 프로그램에서 사용될 변수를 선언하거나, 선언된 변수목록 전체를 변수 위주로 보여준다. 글로벌 변수에서 선언된 변수를 사용할 경우는 로컬변수의 변수종류를 VAR_EXTERNAL, VAR_EXTERNAL_CONSTANT로 선언하여야 한다.

로컬변수를 등록하는 방법은 프로젝트창에서 스캔 프로그램의 이름을 클릭하여 나타나는 로컬변수를 더블클릭하면 그림 2.42의 대화상자가 나타나며, 거기에서 변수를 선언한다.

글로벌 변수로부터 로컬변수로 등록하기 위해서는 프로젝트창의 "글로벌/직접변수"를 선택하여 등록하고자 하는 변수를 더블클릭하면 프로그램에 사용할 로컬변수로 등록된다. 또한 로컬변수 목록에 변수를 추가하거나 수정 또는 삭제할 수 있다.

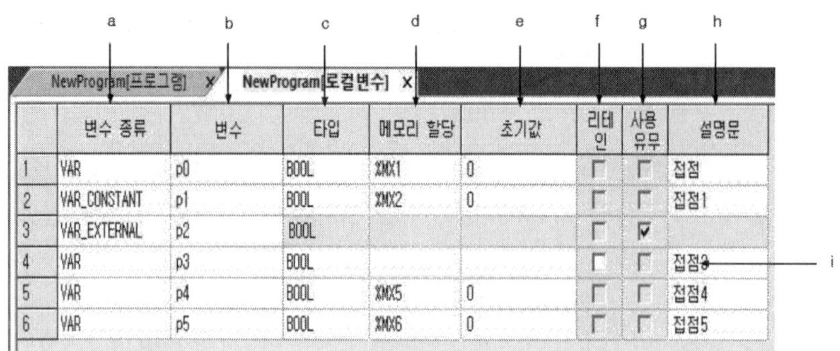

	변수 종류	변수	타입	메모리 할당	초기값	리테인	사용 유무	설명문
1	VAR	p0	BOOL	%MX1	0	☐	☐	접점
2	VAR_CONSTANT	p1	BOOL	%MX2	0	☐	☐	접점1
3	VAR_EXTERNAL	p2	BOOL			☐	☑	
4	VAR	p3	BOOL			☐	☐	접점3
5	VAR	p4	BOOL	%MX5	0	☐	☐	접점4
6	VAR	p5	BOOL	%MX6	0	☐	☐	접점5

그림 2.42

a. 변수종류: 변수종류에는 VAR, VAR_CONSTANT, VAR_EXTERNAL, VAR_EXTERNAL_CONSTANT만 올 수 있다.

- 변수종류를 CONSTANT로 할 경우 초기값을 디폴트로 설정한다.
- 변수종류를 VAR_EXTERNAL, VAR_EXTERNAL_CONSTANT로 하면 초기값과 리테인 값의 칼럼은 디폴트값으로 표시된다.

b. 변수: 선언된 변수는 같은 이름으로 중복하여 선언할 수 없다.

- 첫 번째 문자로서 숫자를 사용할 수 없다.
- 특수 문자를 사용할 수 없다(단, '_'는 사용 가능하다).
- 빈 문자를 사용할 수 없다.
- 직접변수와 같은 이름으로 사용할 수 없다(예: MB4, W4, RW9, …).
- 라인이 모두 비어 있는 경우, 변수를 입력하면 타입이 디폴트로 BOOL이 표시된다.

c. 타입: 입력되는 타입은 총 23개로, 기본타입 20개와 유도된 타입 3개로 설정되어 있다.

- 기본타입(20개): BOOL, BYTE, WORD, DWORD, LWORD, SINT, INT, DINT, LINT, USINT, UINT, UDINT, ULINT, REAL, LREAL, TIME, DATE, TIME_OF_DAY, DATE_AND_TIME, STRING
- 유도된 타입(3개): ARRAY(예: ARRAY[0..6,0..2,0..4] OF BOOL) ⇒ 인자 제한(3차까지), STRUCT(예: STRUCT명 표시) ⇒ STRUCT 안에 STRUCT형태 못함, FB_INST(예: FB명 표시)

d. 메모리 할당: 직접변수(I, Q, M, R, W)를 사용하여 입력한다.

e. 초기값: 초기값을 설정할 수 있다.

f. 리테인: 메모리 할당을 설정한 경우 리테인 열은 비활성화된다.

- R, W: 항상 리테인 영역이다.
- M: 기본 파라미터 정보를 얻어 체크한다.
- I, Q: 항상 비 리테인 영역이다.

g. 사용유무: 선언한 변수의 사용유무를 표시한다.

h. 설명문: 모든 문자의 입력이 가능하다.

- Ctrl + Enter 키를 사용하여 멀티라인 입력이 가능하다.

i. 라인 유효성: 로컬변수 창에 등록하려면 변수종류, 변수, 타입이 있어야 한다.

- 로컬변수에 등록되지 않는 경우 분홍색으로 표시한다.

2.4 LD 프로그램 편집

LD 프로그램은 릴레이 논리 다이어그램에서 사용되는 코일이나 접점 등의 그래픽 기호를 통하여 PLC 프로그램을 표현한다.

※ 제한사항

LD 프로그램 편집 시 다음과 같은 기능 제한이 있다(표 2.13).

표 2.13

편집제목	내 용	제한사항
최대 접점 개수	한 라인에 입력할 수 있는 최대 접점의 개수	31개
최대 라인 수	편집 가능한 최대 라인의 수	65,535라인
최대 복사라인 수	한 번에 복사할 수 있는 최대 라인의 수	300라인
최대 붙여넣기 라인 수	한 번에 붙여 넣을 수 있는 최대 라인의 수	300라인

2.4.1 편집도구

LD 편집요소의 입력은 표 2.14의 **LD 편집도구** 모음에서 입력할 요소를 선택한 후 지정한 위치에서 마우스를 클릭하거나 단축키를 누른다.

표 2.14 편집도구

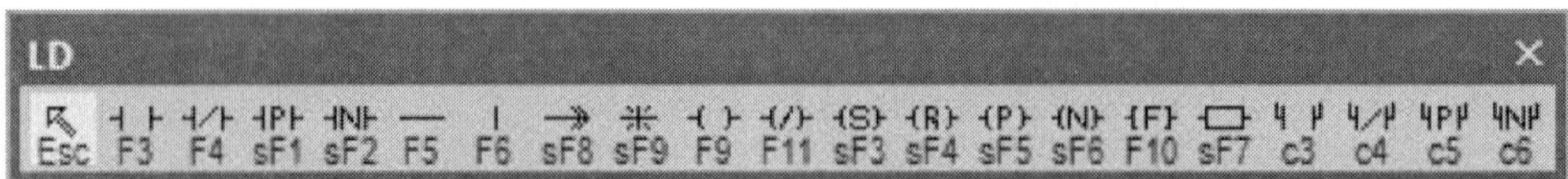

표 2.15 편집도구 설명

기호	단축키	설명
Esc	Esc	선택 모드로 변경
-| |- F3	F3	평상시 열린 접점
-|/|- F4	F4	평상시 닫힌 접점
-|P|- sF1	Shift + F1	양 변환 검출 접점
-|N|- sF2	Shift + F2	음 변환 검출 접점
F5	F5	가로선
F6	F6	세로선
sF8	Shift + F8	연결선
sF9	Shift + F9	반전 입력
-( )- F9	F9	코일
-(/)- F11	F11	역 코일
-(S)- sF3	Shift + F3	셋(latch) 코일
-(R)- sF4	Shift + F4	리셋(unlatch) 코일
-(P)- sF5	Shift + F5	양 변환 검출 코일
-(N)- sF6	Shift + F6	음 변환 검출 코일
-{F}- F10	F10	펑션/펑션 블록
sF7	Shift + F7	확장 펑션
c3	Ctrl+3	평상시 열린 OR 접점
c4	Ctrl+4	평상시 닫힌 OR 접점
c5	Ctrl+5	양 변환 검출 OR 접점
c6	Ctrl+6	음 변환 검출 OR 접점

표 2.15는 **편집도구**의 기호설명 및 단축키이며, 표 2.16의 단축키는 커서 이동에 관한 단축키이다. 해당 단축키는 XG5000에서 재정의할 수 없다.

표 2.16 커서이동 단축키

단축키	설 명
Home	열의 시작으로 이동한다.
Ctrl+Home	프로그램의 시작으로 이동한다.
Back space	현재 데이터를 삭제하고 왼쪽으로 이동한다.
→	현재 커서를 오른쪽으로 한 칸 이동한다.
←	현재 커서를 왼쪽으로 한 칸 이동한다.
↑	현재 커서를 위쪽으로 한 칸 이동한다.
↓	현재 커서를 아래쪽으로 한 칸 이동한다.
End	열의 끝으로 이동한다.
Ctrl+End	편집된 가장 마지막 줄로 이동한다.

2.4.2 접점 입력

접점(평상시 열린접점, 평상시 닫힌접점, 양 변환 검출접점, 음 변환 검출접점)을 입력한다.

① 접점을 입력하고자 하는 위치로 커서를 이동시킨다(그림 2.43).

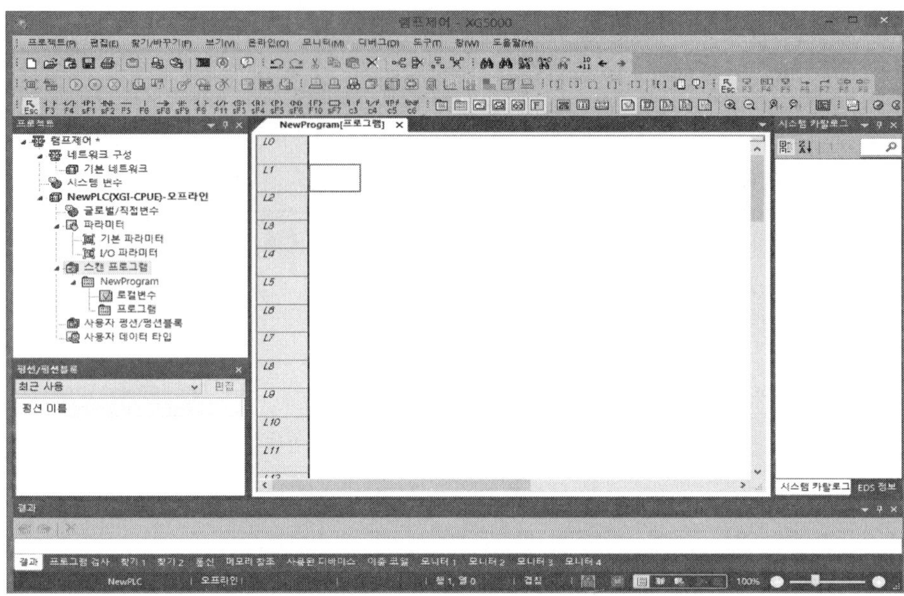

그림 2.43

② 도구모음에서 입력할 접점의 종류를 선택하고 편집영역을 클릭한다. 또는 입력하고자 하는 접점에 해당하는 단축키를 누른다(그림 2.44).

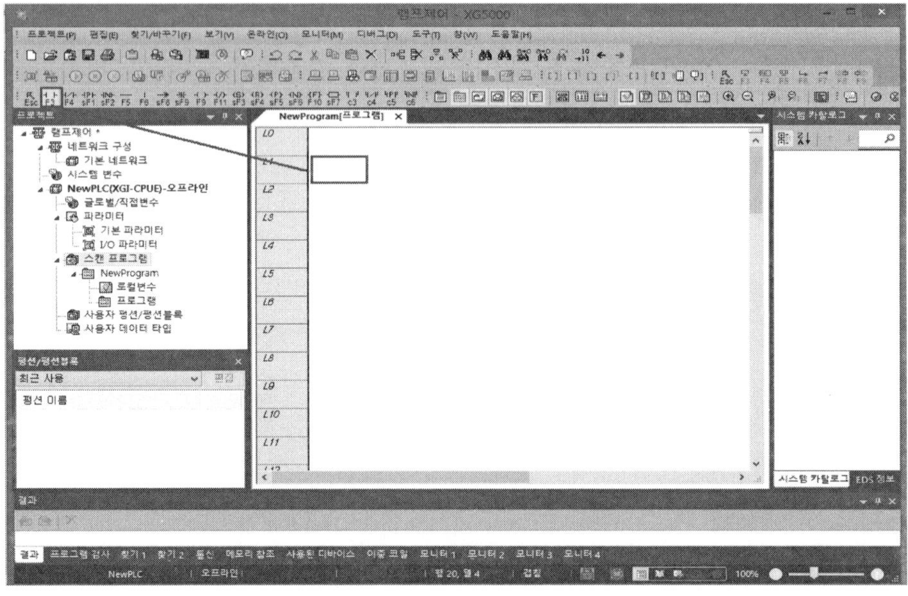

그림 2.44

③ 변수입력 대화상자에서 디바이스 명을 입력한 후 확인을 누른다(그림 2.45).

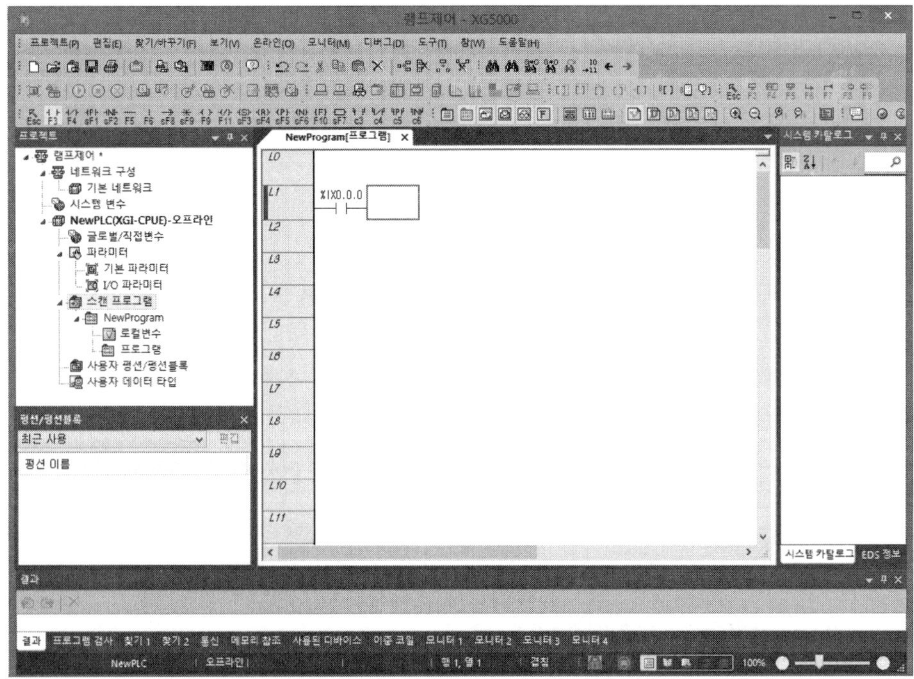

그림 2.45

2.4.3 변수/디바이스 입력

선택된 영역 또는 커서 위치에 변수를 입력한다.

① 도구모음에서 입력할 접점의 종류를 선택하고 편집영역을 클릭한다. 그러면 “변수 선택”(그림 2.46) 대화상자가 나타난다.

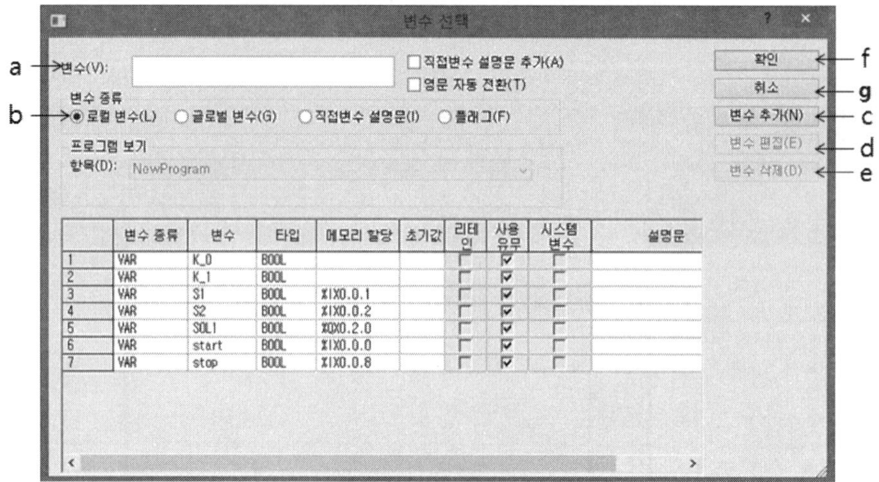

그림 2.46

a. 변수: 상수, 직접변수 또는 선언된 변수 명을 입력할 수 있다. 입력한 문자열이 변수형태이며 해당 문자열이 로컬변수 목록에 변수로 등록되어 있지 않은 경우, 변수추가 대화상자가 표시된다.

b. 로컬변수: 선언된 로컬변수 목록을 표시한다.

c. 변수추가: 로컬 변수 목록에 변수를 추가할 수 있는 대화상자를 호출한다(그림 2.47).

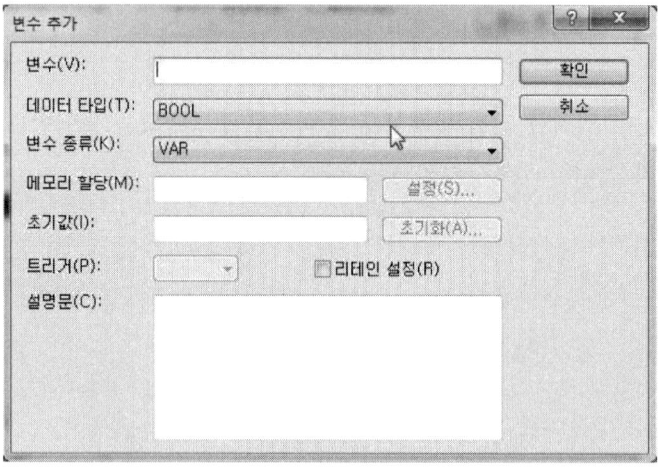

그림 2.47

d. 변수편집: 선택된 변수를 편집할 수 있는 대화상자를 호출한다(그림 2.48).

그림 2.48

e. 변수삭제: 선택된 변수를 로컬변수 목록에서 삭제한다.

f. 확인: 입력 또는 선택한 사항을 적용하고 대화상자를 닫는다.

g. 취소: 대화상자를 닫는다.

2.4.4 코일 입력

코일(코일, 역코일, 양 변환 검출코일, 음 변환 검출코일)을 입력한다.

① 코일을 입력하고자 하는 위치로 커서를 이동시킨다(그림 2.49).

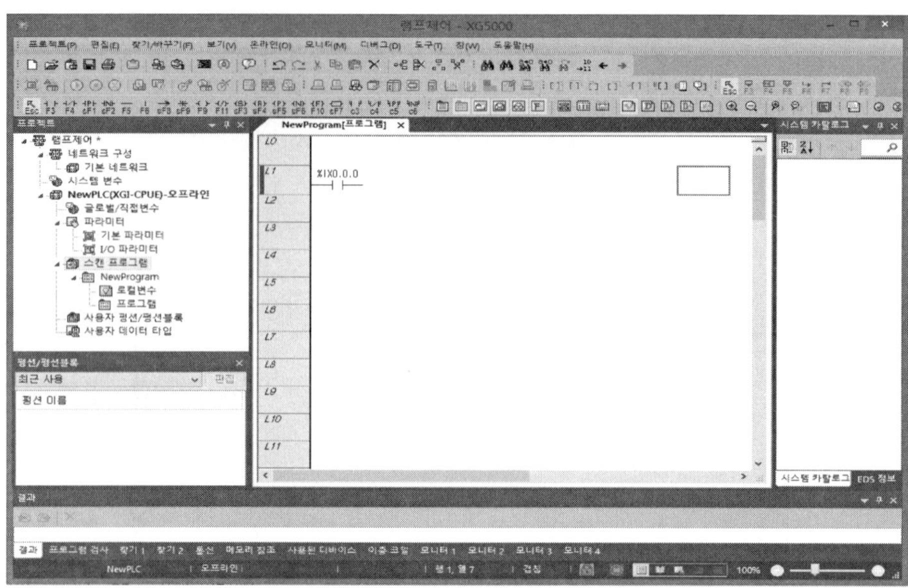

그림 2.49

② 도구모음에서 입력할 코일의 종류를 선택하고 편집영역을 클릭한다. 또는 입력하고자 하는 코일에 해당하는 단축키를 누른다(그림 2.50). 그러면 "변수선택" 대화상자(그림 2.46)가 나타난다.

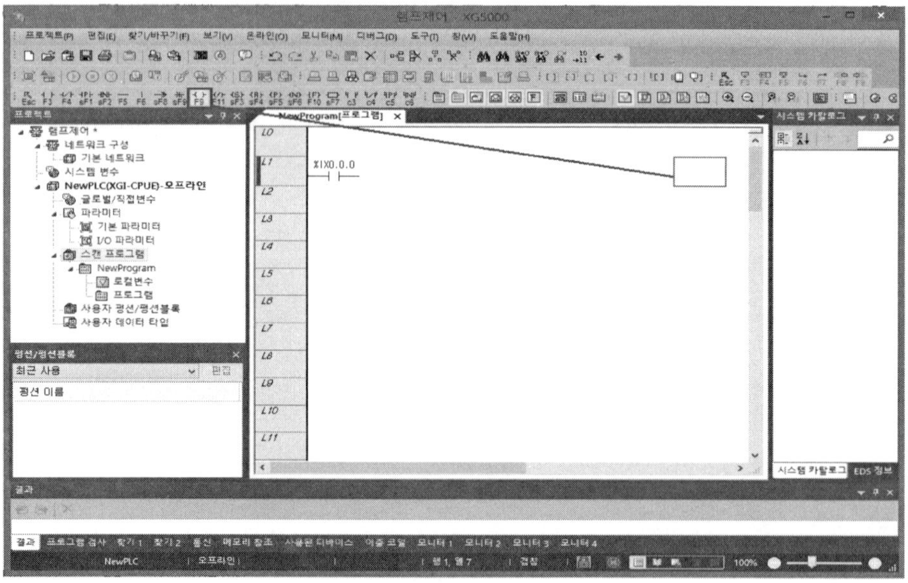

그림 2.50

③ 변수선택 대화상자에서 변수 명 또는 직접변수의 메모리 할당을 입력한 후 확인을 누른다.

그림 2.51

2.4.5 펑션 및 펑션블록의 입력

연산을 위한 펑션 또는 펑션블록을 입력한다.

① 펑션 또는 펑션블록을 입력하고자 하는 위치로 커서를 이동시킨다.

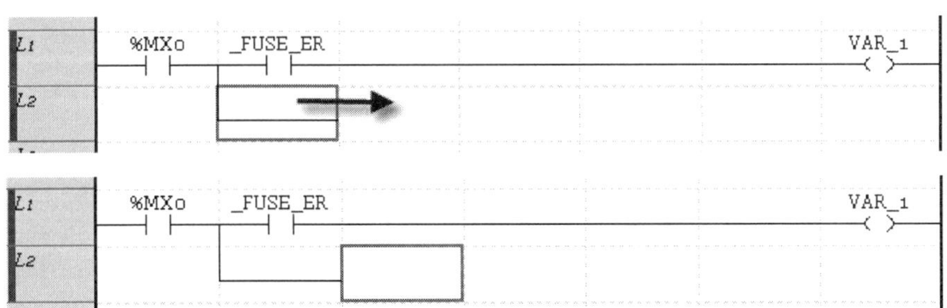

그림 2.52

② 도구모음에서 펑션(블록) {F}를 선택하고 편집영역을 클릭한다. 또는 펑션(블록) 입력 단축키(F10)를 누른다. 그러면 "펑션/펑션블록" 대화상자(그림 2.53)가 나타난다.

[대화 상자]에서 펑션 또는 펑션블록을 선택한다(그림 2.53).

a. 이름: 펑션 또는 펑션블록의 이름을 검색한다.

b. 목록: 펑션과 펑션블록의 목록을 표시한다.

c. 분류: 확장펑션의 분류를 나타낸다.

d. 펑션 정보: 지정된 펑션의 정보를 표시한다.

e. 펑션 리스트: 확장펑션에 대한 리스트를 표시한다.

f. 최대 입력: 펑션의 최대 입력 개수를 표시한다.

g. 입력개수: 펑션에 대한 입력개수를 정한다.

h. 확인: 입력한 내용을 적용하고 대화상자를 닫는다.

i. 취소: 대화상자를 닫는다.

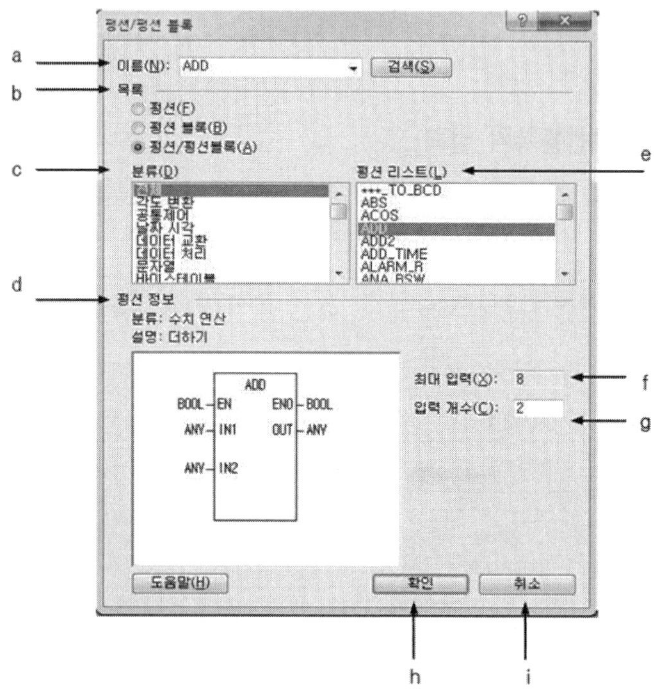

그림 2.53 펑션/펑션블록

③ 펑션(블록)입력 대화 상자에서 펑션(블록)을 입력 후 확인 버튼을 누른다(그림 2.54).

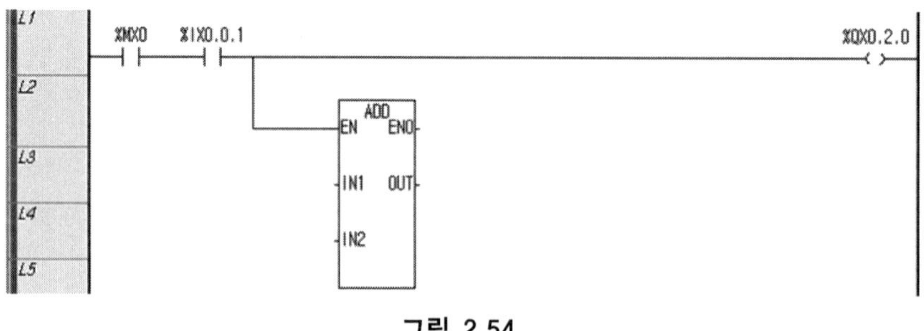

그림 2.54

2.5 파라미터

2.5.1 기본 파라미터

PLC의 동작에 관계되는 **기본 파라미터**를 설정한다. 프로젝트 트리 [파라미터]-[기본 파라미터]를 더블 클릭하면 그림 2.55의 대화상자가 나타난다.

(1) 기본동작 설정

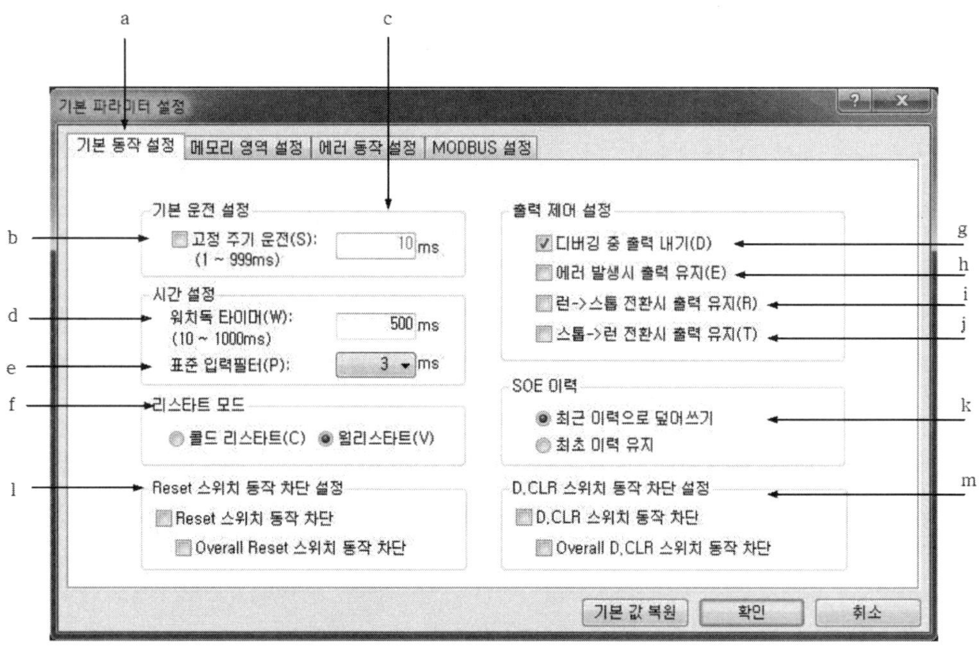

그림 2.55 기본 파라미터

a. 기본동작 설정: [기본 파라미터] 정보 중 기본 운전, 시간, 리스타트 방법, 출력 제어 설정을 위한 탭이다.

b. 고정주기 운전: PLC 프로그램을 고정된 주기에 따라 동작을 시킬 것인지, 스캔타임에 의해 동작시킬 것인지를 결정한다.

c. 고정주기 운전시간 설정: 고정주기 운전설정이 체크되어 있을 때 동작시간을 사용자가 ms 단위로 입력한다.

d. 워치독 타이머: 프로그램 오류에 의해 PLC가 멈추는 현상을 제거하기 위한 스캔 **워치독 타이머**의 시간을 설정한다.

e. 표준 입력필터: 표준 입력 값을 설정한다.

f. 리스타트 모드: 리스타트 모드를 설정한다. 콜드/웜 리스타트 중 하나를 선택한다.

g. 디버깅 중 출력내기: 디버깅 중에도 출력모듈에 데이터를 정상적으로 출력할지 결정한다.

h. 에러 발생 시 출력유지: 에러나 특정한 입력이 발생될 때에도 모듈에 데이터를 정상적으로 출력할지를 결정한다.

i. 런→스톱 전환 시 출력유지: PLC 동작모드 RUN에서 STOP으로 전환 중에 모듈에 데이터를 정상적으로 출력할지를 결정한다.

j. 스톱→런 전환 시 출력유지: PLC 동작모드 STOP에서 RUN으로 전환 중에 모듈에 데이터를 정상적으로 출력할지를 결정한다.

k. 이벤트 입력모듈 전용 기능: 이벤트 입력모듈 전용 기능 참조

l. Reset스위치 동작차단 설정: CPU모듈의 RST(Reset) 스위치의 동작을 차단할 것인지 결정한다. Overall Reset 동작차단을 설정할 경우 Overall Reset동작만 차단된다.

m. D.CLR 스위치 동작차단 설정: CPU모듈의 D.CLR 스위치의 동작을 차단할 것인지 결정한다. Overall D.CLR 동작차단을 설정할 경우 Overall D.CLR 동작만 차단된다.

■ 리스타트 모드(Restart mode)

리스타트 모드는 전원을 재투입하거나 또는 모드전환에 의해서 RUN모드로 운전을 시작할 때 변수 및 시스템을 어떻게 초기화한 후 RUN모드 운전을 할 것인가를 설정하는 것으로 콜드, 웜의 2종류가 있으며 각 리스타트 모드의 수행 조건은 다음과 같다.

① 콜드 리스타트(Cold restart)

a) 파라미터의 리스타트 모드를 **콜드 리스타트**로 설정하는 경우 수행된다.

b) 초기값이 설정된 변수를 제외한 모든 데이터를 '0'으로 소거하고 수행한다.

c) 파라미터를 웜 리스타트 모드로 설정해도 수행할 프로그램이 변경된 후 최초

수행 시는 콜드 리스타트 모드로 수행된다.

d) 운전 중 수동 리셋스위치를 누르면(온라인 리셋명령과 동일) 파라미터에 설정된 리스타트 모드에 관계없이 콜드 리스타트 모드로 수행된다.

② 웜 리스타트(Warm restart)

a) 파라미터의 리스타트 모드를 **웜 리스타트**로 설정하는 경우 수행된다.

b) 이전 값 유지를 설정한 데이터는 이전 값을 그대로 유지하고 초기값만 설정된 데이터는 초기값으로 설정한다. 이외의 데이터는 '0'으로 소거한다.

c) 파라미터를 웜 리스타트 모드로 설정해도, 데이터 내용이 비정상일 경우에는 콜드 리스타트 모드로 수행된다(데이터의 정전 유지가 되지 못함).

(2) 메모리 영역 설정(그림 2.56)

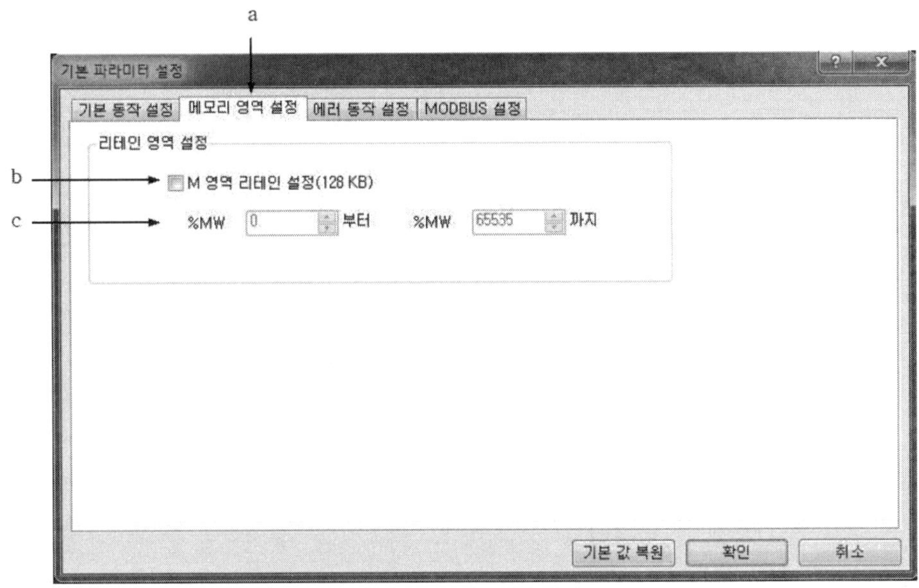

그림 2.56

a. 메모리 영역 설정: [기본 파라미터] 정보 중 **메모리 영역**을 설정한다.

b. M영역 리테인 영역 설정: PLC 전원 투입 시 데이터를 보존할 M영역(**리테인 영역**)을 설정한다.

c. **데이터 보존영역**의 크기를 설정한다. 디바이스 WORD 단위로 M영역 크기 안에서 설정할 수 있다. M영역으로 설정된 크기는 전체 M영역 크기의 반[65,536]을 넘을 수 없다.

(3) 에러 동작 설정(그림 2.57)

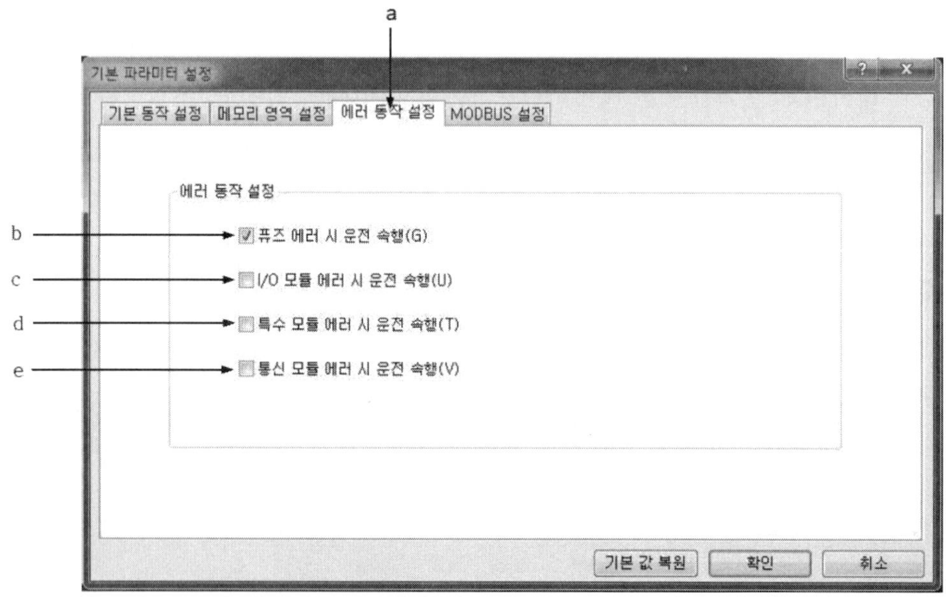

그림 2.57

a. 에러 동작 설정: [기본 파라미터] 정보 중 PLC에 에러가 발생되었을 때 동작방법 설정을 위한 탭이다.

PLC 동작 중 모듈의 퓨즈 연결상태, I/O모듈, 특수모듈, 통신모듈에 에러가 발생하였을 때에도 PLC가 계속 동작하게 하려면 그 항에 체크하여 설정한다.

2.5.2 I/O파라미터

PLC의 슬롯에 사용할 I/O종류를 설정하고, 해당 슬롯별로 파라미터를 설정한다. 프로젝트 트리 [파라미터]-[I/O파라미터]를 선택한다(그림 2.58).

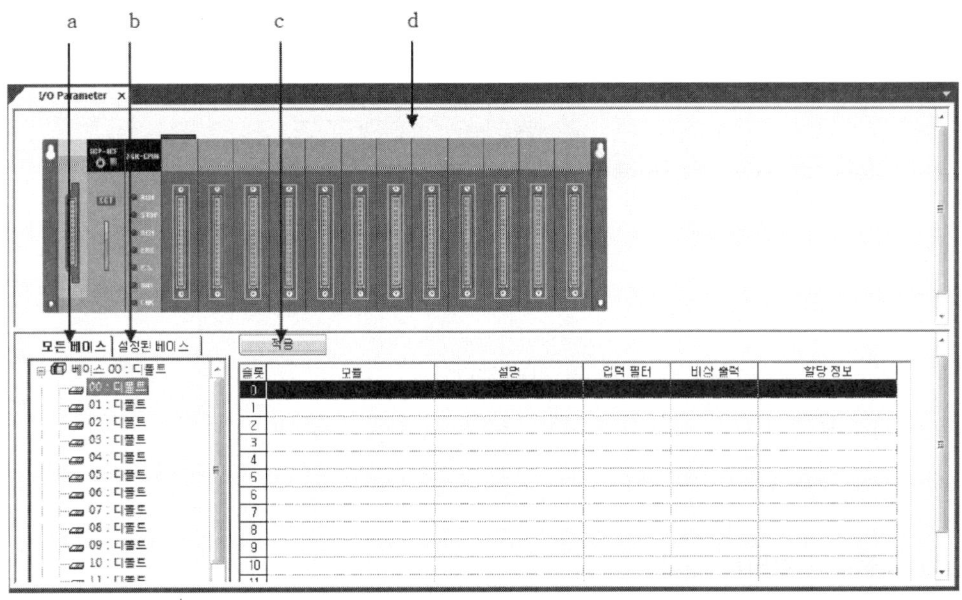

그림 2.58 I/O파라미터

a. 모든 베이스: 베이스 모듈정보와 슬롯 별 모듈정보를 표시한다. 슬롯에 모듈을 지정하지 않은 경우 '디폴트'로 표시된다.

b. 설정된 베이스: 모듈이 선택된 베이스만 표시한다.

c. 적용: 변경사항을 적용하고 대화상자를 닫는다.

d. 모듈정보 창: 설정된 모듈을 이미지로 표시한다.

(1) 베이스 모듈정보 설정

베이스 모듈에 대한 정보를 설정한다.

① 장치 리스트로부터 설정할 베이스 모듈을 선택한다.

② 마우스 오른쪽 버튼을 눌러 [베이스 설정]을 선택하거나 또는 아래쪽의 "베이스 설정"버튼을 클릭하면 그림 2.59의 "베이스 모듈 설정 창"이 나타난다.

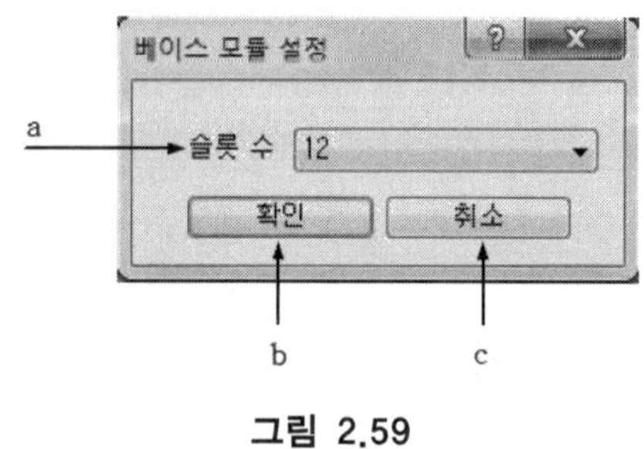

그림 2.59

a. 슬롯 수: 최대 슬롯의 개수를 입력한다.

b. 확인: 변경사항을 적용하고 대화상자를 닫는다.

c. 취소: 대화상자를 닫는다.

(2) 슬롯별 모듈정보 설정

슬롯별 모듈종류 및 모듈별 상세정보를 설정한다.

① 슬롯 정보에서 모듈을 설정할 슬롯을 선택한다(0~11).

② 모듈 열의 화살표를 선택하면(그림 2.60), 모듈선택 상자가 표시된다. 또는 마우스 오른쪽 버튼을 눌러 [편집]을 선택한다.

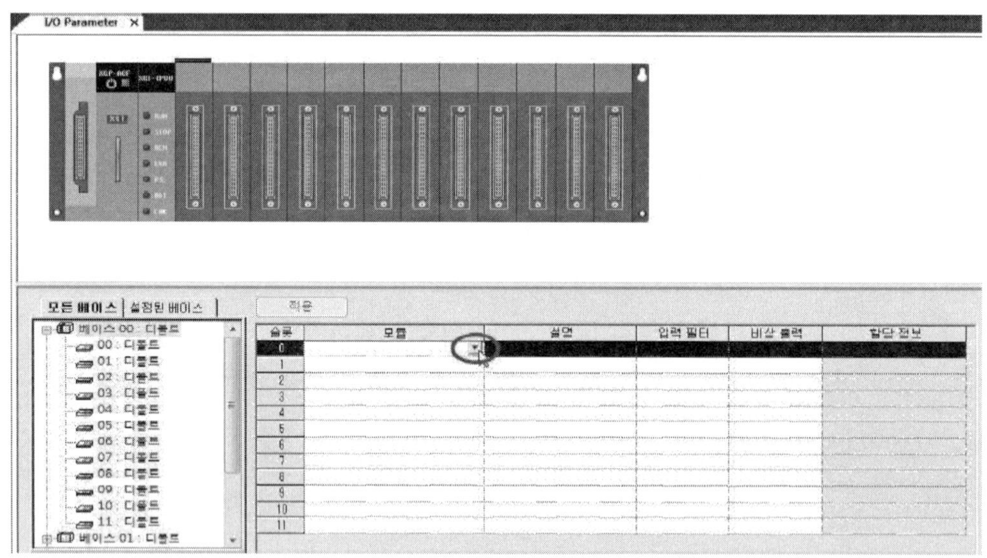

그림 2.60

③ 선택상자를 눌러 설치할 모듈을 선택한다(그림 2.61).

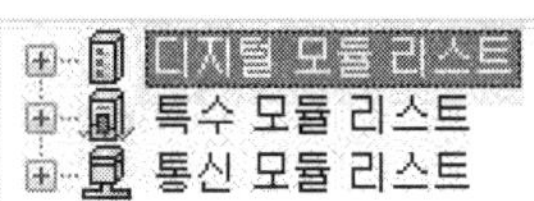

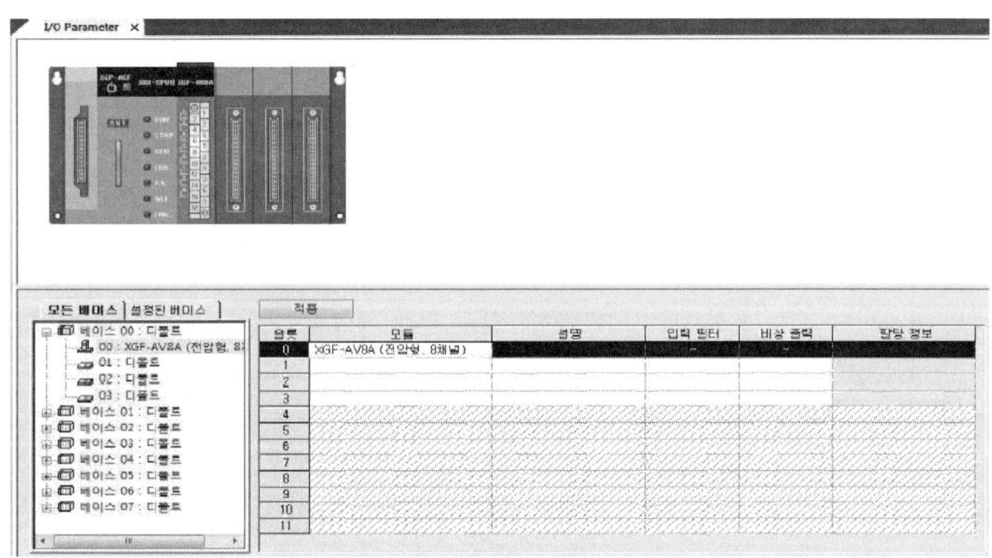

그림 2.61

④ 설명 열을 선택하고 오른쪽 마우스 버튼을 눌러 [편집] 항목을 선택한다. 해당 슬롯에 대한 설명문을 입력한다.

(3) A/D 모듈

I/O 파라미터 설정 대화 상자에서 특수모듈 리스트 중 **A/D 모듈**을 선택한 후 [상세히] 버튼을 누르면 아래와 같은 파라미터 설정 대화 상자가 나타난다(그림 2.62).

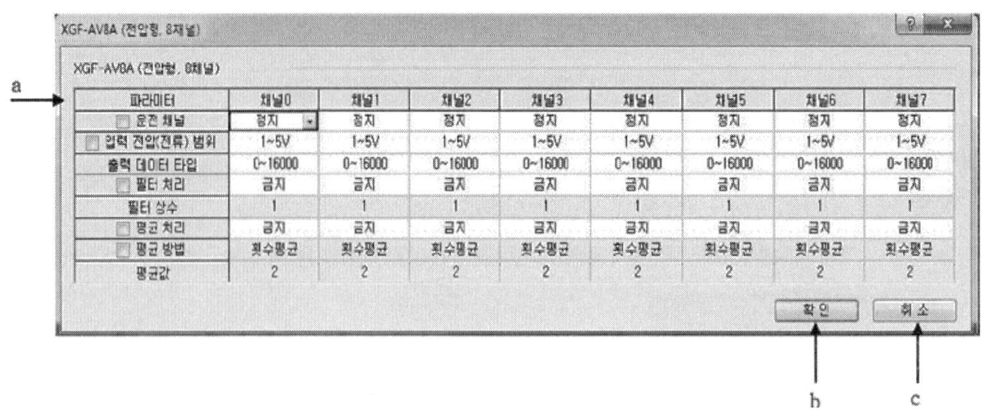

파라미터	채널0	채널1	채널2	채널3	채널4	채널5	채널6	채널7
운전 채널	정지	정지	정지	정지	정지	정지	정지	정지
입력 전압(전류) 범위	1~5V	1~5V	1~5V	1~5V	1~5V	1~5V	1~5V	1~5V
출력 데이터 타입	0~16000	0~16000	0~16000	0~16000	0~16000	0~16000	0~16000	0~16000
필터 처리	금지	금지	금지	금지	금지	금지	금지	금지
필터 상수	1	1	1	1	1	1	1	1
평균 처리	금지	금지	금지	금지	금지	금지	금지	금지
평균 방법	횟수평균	횟수평균	횟수평균	횟수평균	횟수평균	횟수평균	횟수평균	횟수평균
평균값	2	2	2	2	2	2	2	2

그림 2.62

a. 파라미터 전체 설정: 파라미터 이름 왼쪽 흰색 체크박스를 선택한 후 파라미터 항목 값(표 2.17 참조)을 변경하면 전 채널의 해당 파라미터 값이 모두 변경된다.

b. 확인: 변경 사항을 적용하고 대화 상자를 닫는다.

c. 취소: 대화 상자를 닫는다.

표 2.17 A/D 모듈 파라미터 항목

파라미터	설정 항목	초기값
운전채널	정지/운전	정지
입력 범위	1~5V/0~5V/0~10V/-10~10V(전압형) 4~20mA/0~20mA(전류형)	1~5V 4~20mA
출력 데이터 타입	0~16000/-8000~8000/1000~5000/0~100% (입력범위 항목에 따라 변경됨)	0~16000
필터 처리	금지/허용	금지
필터 상수	1~99	1
평균 처리	금지/허용	금지
평균 방법	횟수평균/시간평균	횟수평균
평균값	횟수평균 2~64000, 시간평균 4~16000	2

(4) D/A 모듈

I/O 파라미터 설정 대화 상자에서 특수모듈 리스트 중 **D/A 모듈**을 선택한 후 [상세히] 버튼을 누르면 아래와 같은 파라미터 설정 대화 상자가 나타난다(그림 2.63).

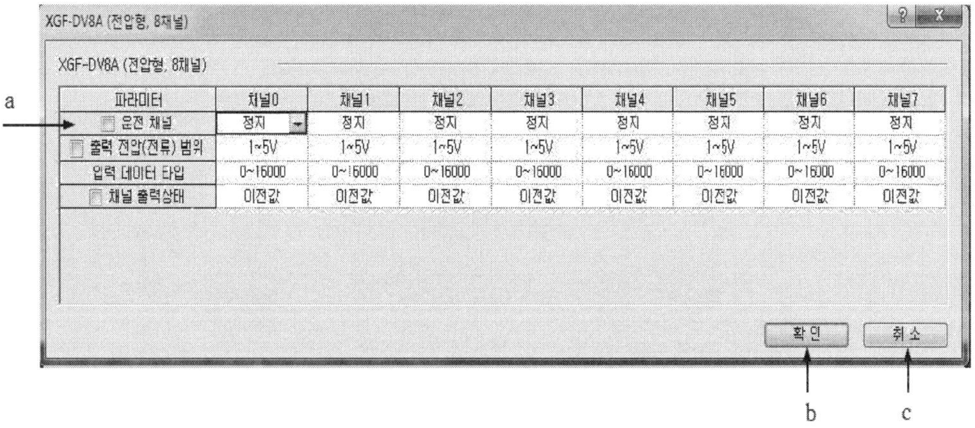

그림 2.63

a. 파라미터 전체 설정: 파라미터 이름 왼쪽 흰색 체크박스를 선택한 후 파라미터 항목 값(표 2.18 참조)을 변경하면 전 채널의 해당 파라미터 값이 모두 변경된다. 사용자가 파라미터 값을 초기값과 다른 값으로 변경하였을 경우 글자 색이 [검정색]에서 [파란색]으로 변경된다.

b. 확인: 변경 사항을 적용하고 대화 상자를 닫는다.

c. 취소: 대화 상자를 닫는다.

표 2.18 D/A 모듈 파라미터 항목

파라미터	설정 항목	초기값
운전 채널	정지/운전	정지
출력 범위	1~5V/0~5V/0~10V/-10~10V(전압형) 4~20mA/0~20mA(전류형)	1~5V 4~20mA
입력 데이터 타입	0~16000/-8000/8000/1000~5000/0~100% (출력범위에 따라 변경됨)	0~16000
채널출력상태 설정	이전 값/최소/중간/최대	이전 값

(5) 고속 카운터 모듈

I/O 파라미터 설정 대화 상자에서 특수모듈 리스트 중 **고속카운터 모듈**을 선택한 후 [상세히] 버튼을 누르면 아래와 같은 파라미터 설정 대화 상자가 나타난다(그림 2.64).

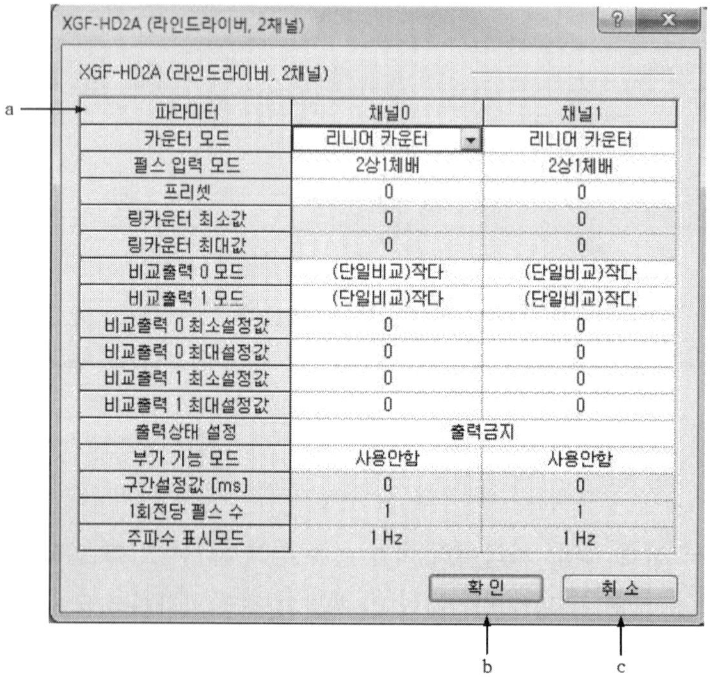

XGF-HD2A (라인드라이버, 2채널)

XGF-HD2A (라인드라이버, 2채널)

파라미터	채널0	채널1
카운터 모드	리니어 카운터	리니어 카운터
펄스 입력 모드	2상1체배	2상1체배
프리셋	0	0
링카운터 최소값	0	0
링카운터 최대값	0	0
비교출력 0 모드	(단일비교)작다	(단일비교)작다
비교출력 1 모드	(단일비교)작다	(단일비교)작다
비교출력 0 최소설정값	0	0
비교출력 0 최대설정값	0	0
비교출력 1 최소설정값	0	0
비교출력 1 최대설정값	0	0
출력상태 설정	출력금지	
부가 기능 모드	사용안함	사용안함
구간설정값 [ms]	0	0
1회전당 펄스 수	1	1
주파수 표시모드	1 Hz	1 Hz

확 인 취 소

a b c

그림 2.64

a. 파라미터 영역: 파라미터 항목을 표시하며 사용자가 파라미터 값을 초기값과 다른 값으로 변경하였을 경우 글자 색이 [검정색]에서 [파란색]으로 변경된다.
최대/최소값 표시: 숫자를 입력해야 하는 파라미터 항목의 경우, 사용자가 데이터를 입력하면 대화상자 하단부에 범위가 자동으로 표시된다(표 2.19).

b. 확인: 변경 사항을 적용하고 대화 상자를 닫는다.

c. 취소: 대화 상자를 닫는다.

표 2.19 고속카운터 파라미터 항목

파라미터	설정 항목	초기값
카운터 모드	리니어 카운터/링 카운터	리니어 카운터
펄스입력 모드	2상1체배/2상2체배/2상4체배/CW-CCW/ 1상1입력1체배/1상1입력2체배/ 1상2입력1체배/1상2입력2체배	2상1체배
부가기능 모드	사용 안함/카운트클리어/카운트래치/ 샘플링카운트/입력주파수측정/ 단위시간 당 회전수 측정/카운트금지	사용 안함
구간 설정 값[msec]	0~60000	0

2.6 보기

(1) 프로그램 배율 변경

LD 프로그램이 화면에 표시되는 배율을 변경한다.

① 확대: 메뉴 [보기]-[화면 확대]를 선택한다.

② 축소: 메뉴 [보기]-[화면 축소]를 선택한다.

(2) 디바이스 보기

접점, 코일 및 펑션(블록)에 사용된 변수 또는 디바이스에 대하여 디바이스 이름으로만 표시한다. 만일, 디바이스가 없는 경우에는 변수 명으로 표시한다(그림 2.65).

메뉴 [보기]-[디바이스 보기] 항목을 선택한다.

그림 2.65

(3) 변수 보기

접점, 코일 및 펑션(블록)에 사용된 변수 또는 디바이스에 대하여 변수 명으로 표시한다(그림 2.66). 만일, 디바이스에 변수가 선언되어 있지 않은 경우는 디바이스 명으로 표시한다.

메뉴 [보기]-[변수 보기] 항목을 선택한다.

그림 2.66

(4) 디바이스/변수 보기

접점, 코일 및 펑션(블록)에 사용된 변수 또는 디바이스에 대하여 디바이스/변수 명으로 표시한다(그림 2.67). 만일, 변수에 디바이스가 없는 경우에는 변수 명으로 표시한다.

메뉴 [보기]-[디바이스/변수 보기] 항목을 선택한다.

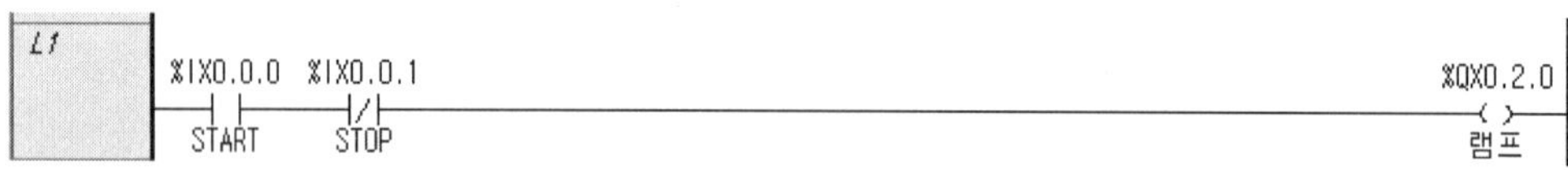

그림 2.67

(5) 디바이스/설명문 보기

접점, 코일 및 펑션(블록)에 사용된 변수 또는 디바이스에 대하여 디바이스/설명문으로 표시한다(그림 2.68). 만일, 변수에 디바이스가 없는 경우에는 변수 명으로 표시한다.

메뉴 [보기]-[디바이스/설명문 보기] 항목을 선택한다.

L1
%IX0.0.0 %IX0.0.1 %QX0.2.0
시작버튼 정지버튼 실내램프

그림 2.68

(6) 변수/설명문 보기

접점, 코일 및 펑션(블록)에 사용된 변수 또는 디바이스에 대하여 변수/설명문으로 표시한다(그림 2.69). 만일, 디바이스에 변수가 없는 경우에는 디바이스 명으로 표시한다.

메뉴 [보기]-[변수/설명문 보기] 항목을 선택한다.

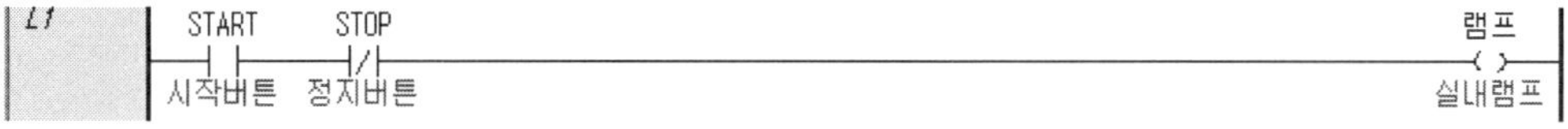

L1 START STOP 램프
시작버튼 정지버튼 실내램프

그림 2.69

(7) 접점 수 조절

화면에 표시되는 접점 수를 조절한다. 여기서 접점 수는 총 가로 셀 - 1로 출력위치는 제외한다.

메뉴 [보기]-[접점 수 변경]-[접점수 증가]를 선택한다(그림 2.70).

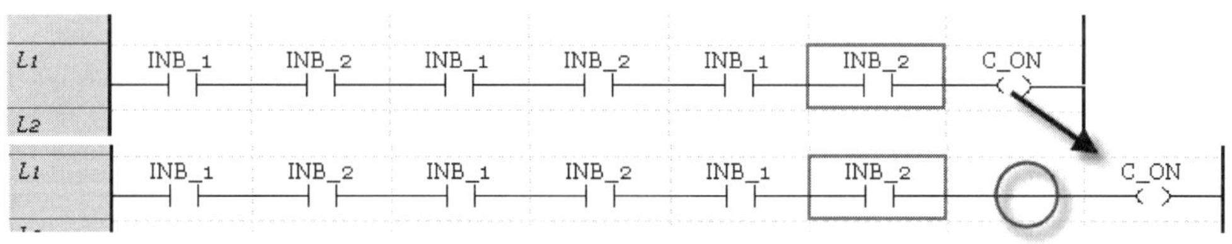

그림 2.70

만일, 만일 현재 화면에 표시되는 가장 오른쪽에 있는 데이터가 표시할 접점 수보다 더 큰 경우, 화살표를 포함한 렁으로 표시될 수 있다(그림 2.71).

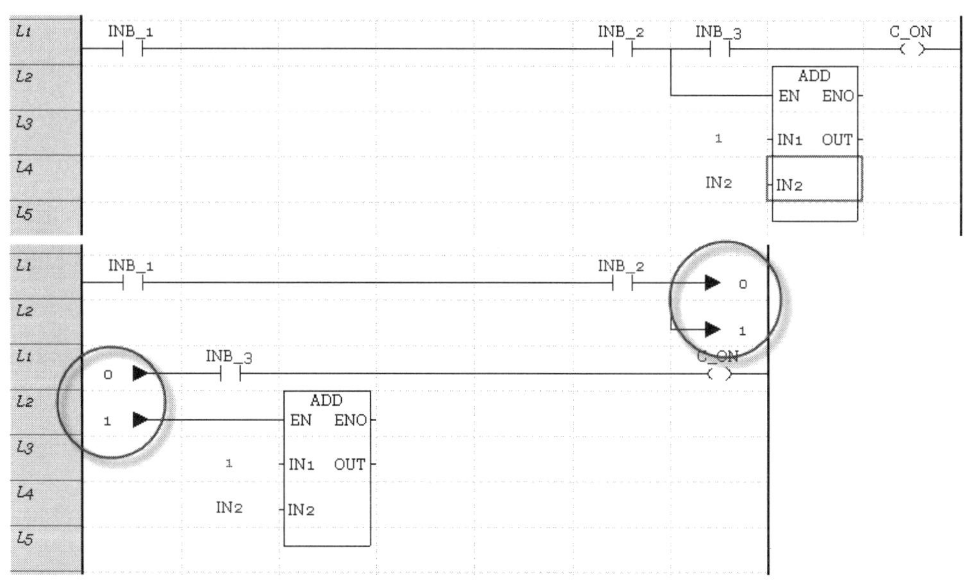

그림 2.71

2.7 프로그램의 편리성

2.7.1 메모리 참조

메뉴 [보기]-[메모리 참조]를 선택한다. 메시지 창의 "**메모리 참조**"에서는 프로그램에서 사용한 모든 디바이스 및 변수의 사용내역을 표시한다. 그 내역에는 접점(평상시 열린접점, 평상시 닫힌접점, 양 변환 검출접점, 음 변환 검출접점), 코일(코일, 역 코일, 양 변환 검출코일, 음변환 검출코일) 및 펑션(블록)의 입출력 파라미터, 확장 펑션의 오퍼랜드에 사용된 변수 및 디바이스가 포함된다(그림 2.72).

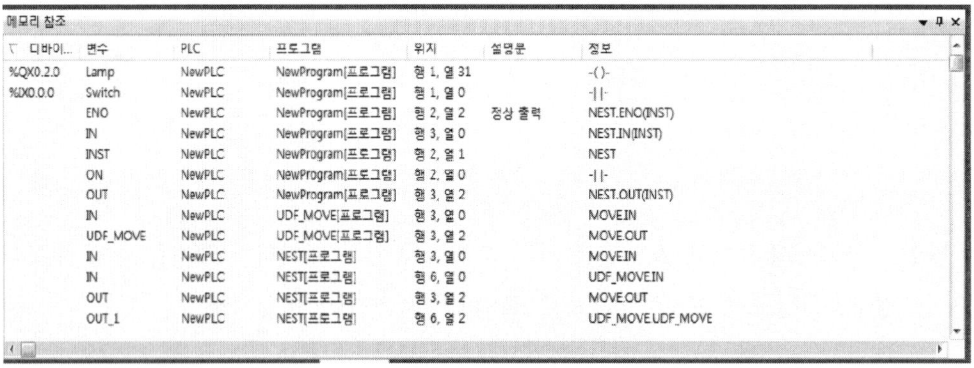

메모리 참조

디바이...	변수	PLC	프로그램	위치	설명문	정보
%QX0.2.0	Lamp	NewPLC	NewProgram[프로그램]	행 1, 열 31		-()-
%IX0.0.0	Switch	NewPLC	NewProgram[프로그램]	행 1, 열 0		-||-
	ENO	NewPLC	NewProgram[프로그램]	행 2, 열 2	정상 출력	NEST.ENO(INST)
	IN	NewPLC	NewProgram[프로그램]	행 3, 열 0		NEST.IN(INST)
	INST	NewPLC	NewProgram[프로그램]	행 2, 열 1		NEST
	ON	NewPLC	NewProgram[프로그램]	행 2, 열 0		-||-
	OUT	NewPLC	NewProgram[프로그램]	행 3, 열 2		NEST.OUT(INST)
	IN	NewPLC	UDF_MOVE[프로그램]	행 3, 열 0		MOVE.IN
	UDF_MOVE	NewPLC	UDF_MOVE[프로그램]	행 3, 열 2		MOVE.OUT
	IN	NewPLC	NEST[프로그램]	행 3, 열 0		MOVE.IN
	IN	NewPLC	NEST[프로그램]	행 6, 열 0		UDF_MOVE.IN
	OUT	NewPLC	NEST[프로그램]	행 3, 열 2		MOVE.OUT
	OUT_1	NewPLC	NEST[프로그램]	행 6, 열 2		UDF_MOVE.UDF_MOVE

그림 2.72 메모리 참조 창

2.7.2 사용된 디바이스

메뉴 [보기]-[사용된 디바이스]를 선택한다. 그러면 그림 2.73과 같이 "영역 선택" 창이 나타나며, 사용한 영역을 체크한다. 이것은 프로그램(LD, SFC)에서 **사용된 디바이스**와 사용된 개수를 보여주는 기능이다.

각 디바이스 영역별로 지정한 타입에 맞게 사용된 디바이스의 개수를 입력(I), 출력(O)으로 구분해서 보여준다(그림 2.74).

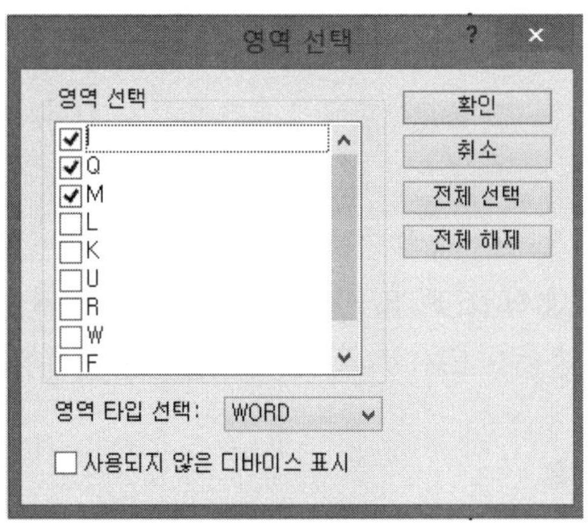

그림 2.73 영역 선택 창

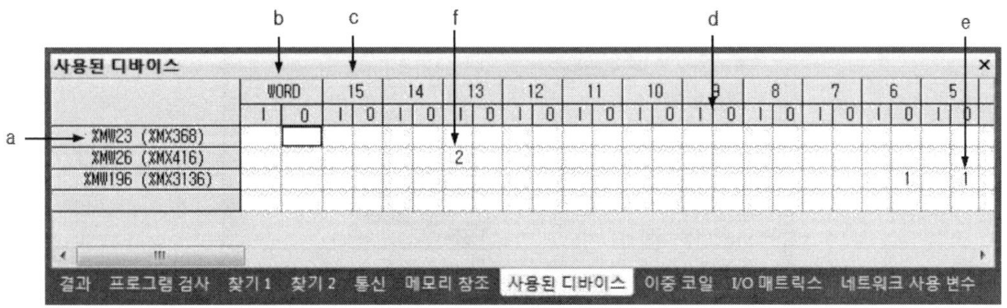

그림 2.74 사용된 디바이스

a. 디바이스 표시: 프로그램에서 사용된 각 디바이스를 표시한다.

b. 워드 컬럼: 프로그램에서 해당 디바이스 타입이 사용된 개수를 표시한다. 이 컬럼은 사용된 디바이스를 실행할 때 지정한 디바이스 타입을 기준으로 표시한다.

c. 비트 컬럼: 프로그램에서 해당 비트 디바이스가 사용된 개수를 표시한다. 이 컬럼은 사용된 디바이스를 실행할 때 지정한 디바이스 타입보다 작은 타입의 디바이스들을 비트 형태로 보여준다. 따라서 워드 타입을 지정했다면 비트 컬럼이 16개, 바이트 타입을 지정했다면 비트 컬럼이 8개가 생성된다.

d. 입출력 구분: 해당 비트 디바이스가 입력(I), 출력(O)인지 구분해서 개수를 표시한다.

e. %MW196의 여섯 번째 비트를 출력으로 사용 중인 디바이스가 1개 있음을 표시한다.

f. %MW26을 입력으로 사용 중인 디바이스가 2개 있음을 표시한다.

2.7.3 프로그램 검사

"**프로그램 검사**"는 작성한 LD 프로그램에 오류가 있는지 검사하며, 검사항목은 다음과 같다.

- 논리 에러: LD의 연결 오류를 검사한다.
- 문법 에러: SBRT/CALL, FOR/NEXT와 같은 문법상의 오류를 검사한다.
- 이중 코일 에러: 출력요소를 중복 사용한 경우에 대하여 오류를 검사한다.

(1) 프로그램 검사 설정

메뉴 [보기]-[프로그램 검사]를 선택한다. 그림 2.75와 같은 대화상자가 나타난다.

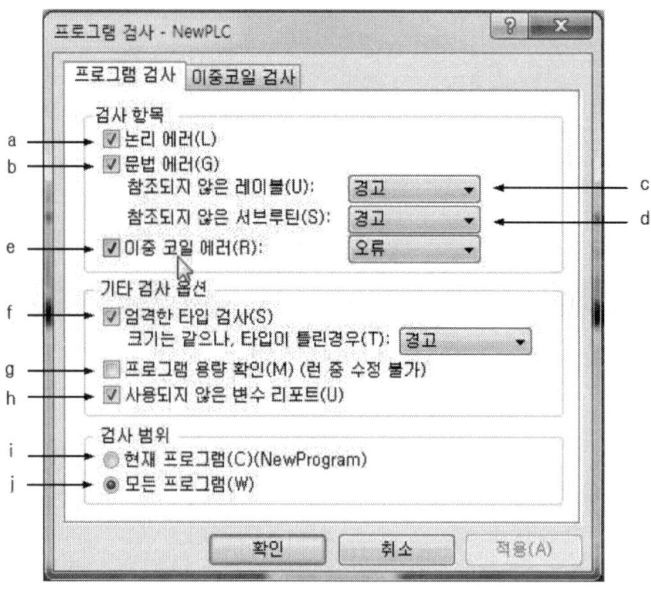

그림 2.75 프로그램 검사 설정 창

a. 논리 에러: LD의 결선여부 및 쇼트회로 등 프로그램의 논리적인 오류에 대한 검사여부를 선택한다.

b. 문법 에러: CALL/SBRT, MCS/MCSCLR 등의 응용 명령어 오류검사 여부를 선택한다.

c. 참조되지 않은 레이블: 선언한 레이블이 사용되지 않았을 경우 처리에 대한 범위를

지정한다. [무시], [경고], [오류]를 선택할 수 있다.

d. 참조되지 않은 서브루틴: 선언한 서브루틴이 사용되지 않았을 경우 처리에 대한 범위를 지정한다. [무시], [경고], [오류]를 선택할 수 있다.

e. 이중 코일 에러: 이중 코일 검사 여부를 선택하고, [오류], [경고]를 선택할 수 있다.

f. 엄격한 타입 검사: 엄격한 데이터 타입 검사를 설정하지 않은 경우 펑션(블록)의 입출력 파라미터의 크기만을 검사한다.

g. 프로그램 용량 확인: 프로그램 검사 시에 프로그램 용량 정보를 표시한다.

h. 사용되지 않는 변수 리포트: 프로그램에서 사용되지 않은 변수 명을 표시한다.

i. 현재 프로그램: 현재 프로그램만 검사한다.

j. 모든 프로그램: 현재 PLC 항목에 있는 모든 프로그램을 검사한다.

(2) 검사 결과 추적

프로그램에 오류가 있는 경우, 메시지 창의 프로그램 검사 탭을 클릭하면 내용이 표시된다. 오류 내용을 더블클릭하면 발생 위치로 이동한다(그림 2.76).

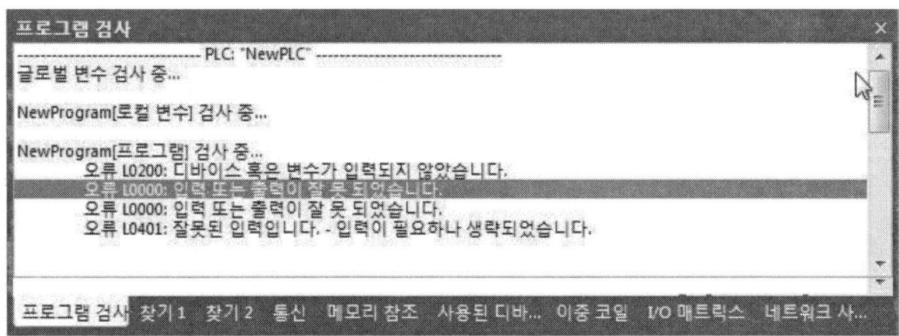

그림 2.76 프로그램 검사 결과 창

(3) 논리 에러

논리 에러의 유무를 검사하고 논리 에러가 발생하였을 경우 발생 내용과 위치를 표시한다.

예) L0000: 입력 또는 출력이 연결되지 않은 경우 - 접점이 파워 라인과 연결되지 않았을 경우, 에러가 발생한다(그림 2.77).

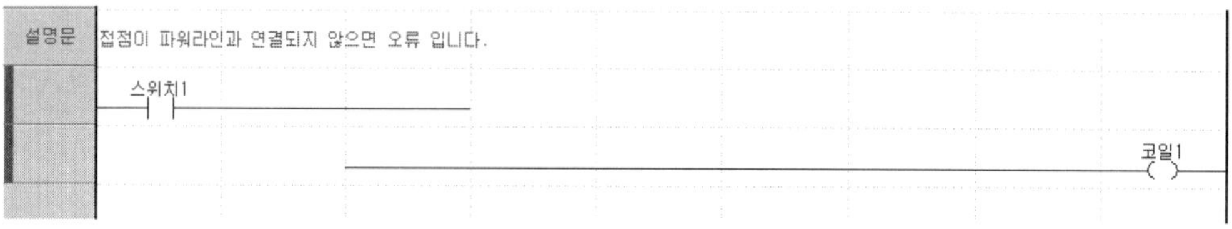

설명문 접점이 파워라인과 연결되지 않으면 오류 입니다.
스위치1
코일1

그림 2.77

조치: 입력과 출력에 단선이 없도록 LD 프로그램을 수정한다(그림 2.78).

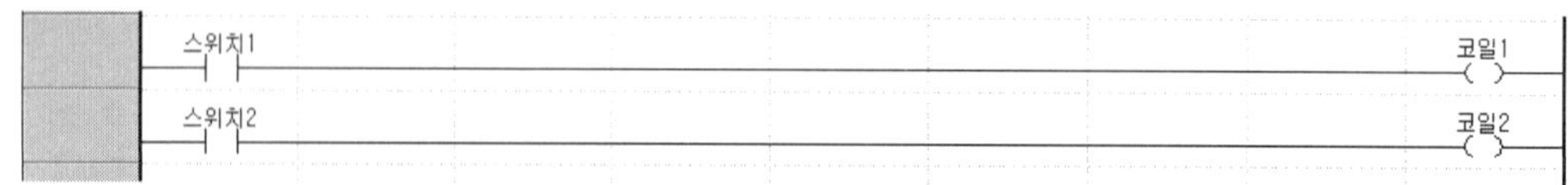

그림 2.78

(4) 문법 에러

응용 명령어 사용 시 발생하는 문법 에러에 대해 검사한다.

예) E1001: 레이블이 중복 선언된 경우 - 중복된 LABEL의 사용은 오류이다(그림 2.79).

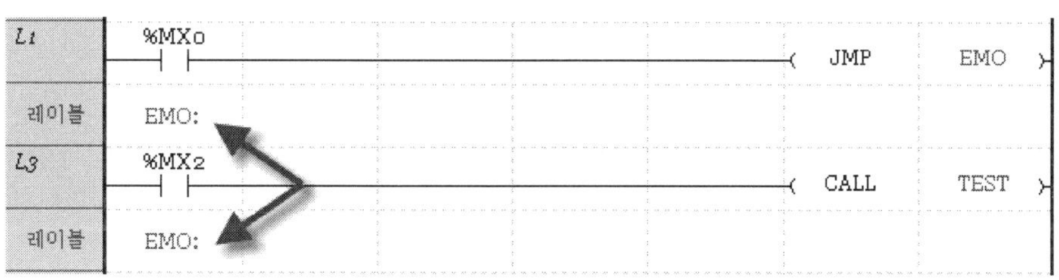

그림 2.79

조치: 중복된 레이블을 삭제하거나, 레이블의 이름을 변경한다.

2.8 온라인

PLC와 연결되었을 때만 가능한 기능을 설명한다.

2.8.1 접속옵션

PLC와의 연결 네트워크 설정을 한다.

(1) 로컬접속 설정

로컬접속 설정은 RS-232C 또는 USB 연결이 가능하며, 메뉴 [온라인]-[접속 설정]을 선택한다(그림 2.80).

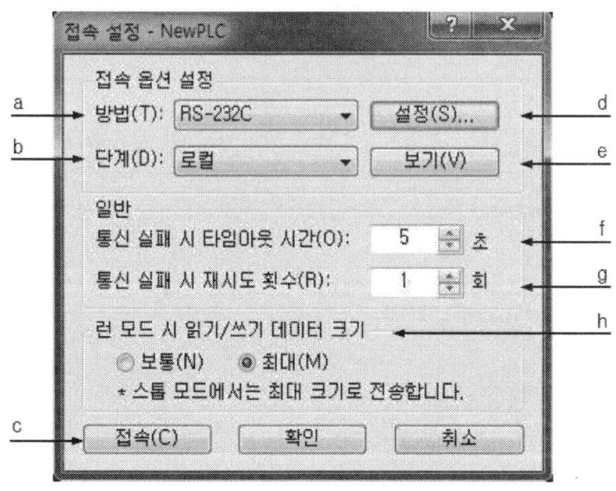

그림 2.80 접속설정

a. 접속방법: PLC와 연결 시 통신 미디어를 설정한다. RS-232C, USB, Ethernet, Modem으로 설정할 수 있다.
b. 접속단계: PLC와의 연결구조를 설정한다. 로컬, 리모트 1단, 리모트 2단 연결 설정을 할 수 있다.
c. 접속: 설정된 접속옵션 사항으로 PLC와 연결을 시도한다.
d. 설정: 선택된 접속방법에 따른 상세설정을 할 수 있다.
e. 보기: 전체적인 접속옵션을 한 눈에 확인할 수 있다.
f. 타임아웃 시간: 설정된 시간 내에 PLC와의 통신연결을 재개하지 못할 경우 타임아웃이 발생하여 연결 재시도를 할 수 있다.
g. 재시도 횟수: PLC와의 통신연결 실패 시 몇 회를 더 다시 통신 연결할지를 설정한다.
h. 런 모드 시 읽기/쓰기 데이터 크기: 데이터 전송 프레임의 크기를 설정한다. 이 옵션은 PLC운전모드가 RUN일 때만 적용되며 그 외 운전모드는 최대 프레임 크기로 전송한다.

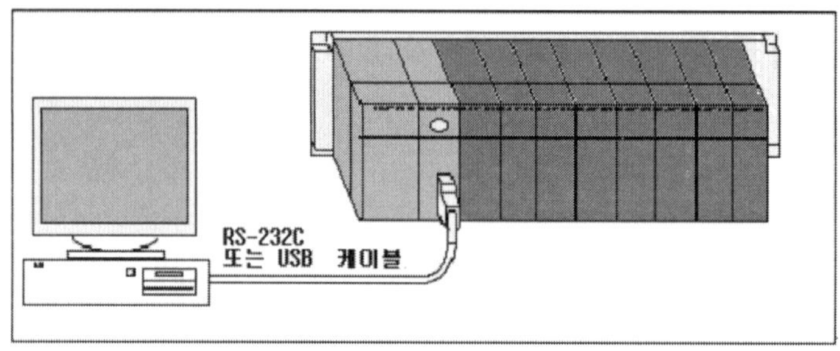

그림 2.81

1) 로컬 RS-232C 연결

① 접속방법을 RS-232C로 선택한다(그림 2.80 및 그림 2.81).
② 설정버튼을 눌러 통신 속도 및 통신 COM포트를 설정한다(그림 2.82).
③ 확인 버튼을 눌러 접속옵션을 저장한다.

그림 2.82

포인트

- 기본설정은 RS-232C COM1에 통신 속도 115200bps이다.
- 통신 속도는 38400bps와 115200bps를 지원한다.
- XGT Series의 전송속도는 115200bps이다. Rnet을 이용한 리모트 연결 시에는 38400bps이다.
- 통신포트는 COM1~COM8까지 지원한다.
- USB to Serial 장치를 사용할 경우 통신포트는 가상의 COM포트를 사용한다. 설정된 포트 번호를 확인하려면 장치관리자를 확인한다.
- XG5000에서 접속과 XG-PD, 디바이스 모니터, 시스템 모니터에서의 접속이 하나의 PLC에 동시에 가능하다. 단, 접속옵션의 사항이 동일한 경우에만 가능하다.

2) 로컬 USB 연결

① 접속방법을 USB로 설정한다(그림 2.80).

② USB는 세부 설정사항이 없다. 그러므로 설정버튼이 비활성화된다.

③ 확인 버튼을 눌러 접속옵션을 저장한다.

포인트

- USB로 PLC를 연결하기 위해서는 USB장치 드라이버가 설치되어 있어야 한다. 설치가 되어 있지 않다면 먼저 설치한 후 연결한다.
- XG5000 설치 시 USB드라이버는 자동 설치된다. USB드라이버가 정상적으로 설치되지 않을 경우 LS산전 홈페이지에서 드라이버를 다운로드 한 후 설치한다.

(2) 리모트 1단 접속 설정

1) Ethernet 연결 설정 순서

① 접속방법을 Ethernet으로 설정한다(그림 2.80).

② 설정버튼을 눌러 Ethernet IP를 설정한다(그림 2.83).

③ 확인 버튼을 눌러 접속옵션을 저장한다.

그림 2.83

포인트

- Ethernet 연결을 위해서는 PC에 Ethernet이 연결되어 있어야 한다.
- IP 설정은 Ethernet 통신모듈의 IP이다.
- 설정된 IP로 정상적 접속이 가능한지 여부를 확인하기 위해 미리 윈도우 시작메뉴 [실행]에서 Ping으로 확인해 볼 수 있다.

2) 모뎀 연결

① 접속방법을 Modem으로 설정한다(그림 2.80).

② 설정 버튼을 눌러 모뎀 상세설정을 한다(그림 2.84).

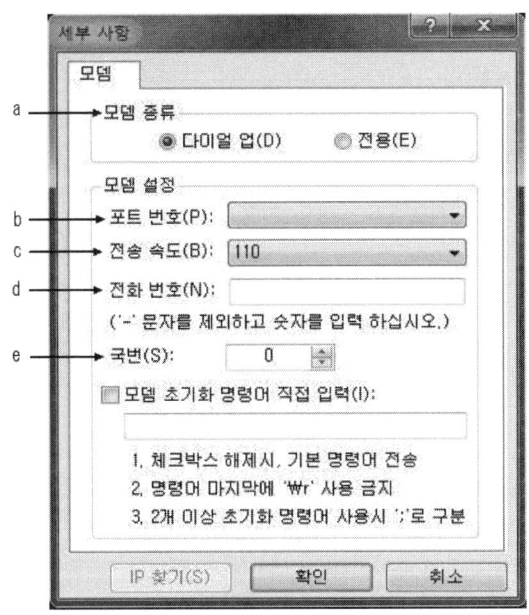

그림 2.84

a. 모뎀 종류: 연결 가능한 모뎀의 종류를 설정한다. 전용모뎀은 Cnet 통신모듈이 전용 모뎀 기능을 한다.

b. 포트번호: 모뎀 통신포트를 설정한다.

c. 전송속도: 모뎀의 통신 속도를 설정한다.

d. 전화번호: 다이얼 업 모뎀인 경우 모뎀의 전화번호를 입력한다.

e. 국번: 리모트 1단 쪽 통신모듈에 설정된 국번번호를 입력한다.

3) RS-232C 또는 USB로 리모트 연결(그림 2.85)

그림 2.80에서

① 접속 타입을 RS-232C로 설정한다.

② 접속단계를 리모트 1단으로 설정한다.

③ 설정 버튼을 눌러 리모트 1단 설정을 한다.

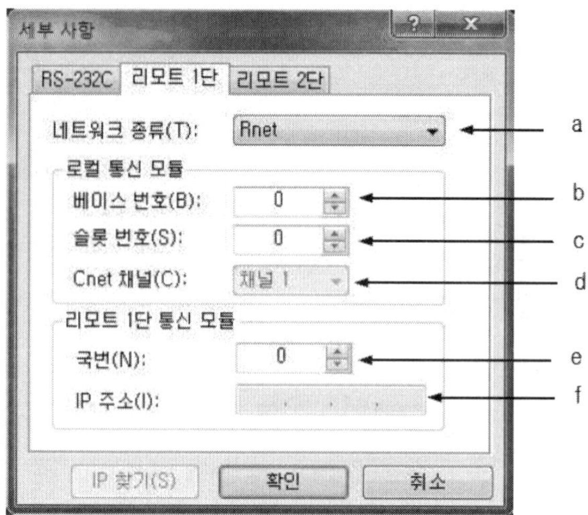

그림 2.85

a. 네트워크 종류: 리모트 연결 시 PLC 통신모듈 타입을 설정한다. 통신모듈은 Rnet, Enet, Cnet, FEnet, FDEnet이 가능하다.

b. 베이스 번호: 로컬 쪽 PLC 베이스에 있는 통신모듈의 베이스 번호를 설정한다.

c. 슬롯 번호: 로컬 쪽 PLC 베이스의 통신모듈의 슬롯번호를 설정한다.

d. Cnet 채널: 리모트 1단 접속 통신모듈이 Cnet 모듈인 경우 접속 채널포트를 선택한다.

e. 국번: 리모트 1단 쪽 통신모듈에 설정된 국번번호를 입력한다.

f. IP 주소: 리모트 1단 쪽 통신모듈에 설정된 IP주소를 입력한다.

포인트

- 네트워크 타입이 FEnet인 경우에만 IP주소가 활성화 되고, 그렇지 않은 경우에는 국번이 활성화 되면서, IP주소는 비활성화 된다.
- 베이스 번호는 0~7까지 가능하고, 슬롯 번호는 0~11까지 가능하다.

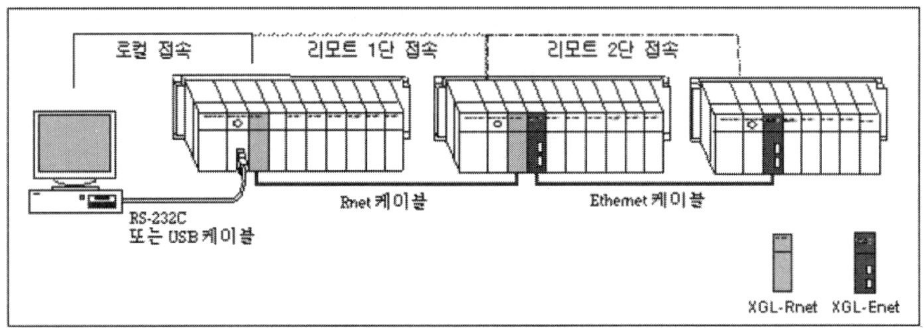

그림 2.86

2.8.2 접속/접속끊기

설정된 접속옵션에 따라 PLC와의 연결을 시도한다.

① 메뉴 [온라인]-[접속]을 선택한다.

② "접속" 중 대화 상자가 나온다(그림 2.87).

그림 2.87

③ PLC와의 연결이 성공하면 온라인 메뉴 및 온라인 상태가 표시된다.

④ PLC에 비밀번호가 설정되어 있는 경우에는 "비밀번호" 입력 대화상자가 나온다(그림 2.88).

⑤ 입력된 비밀번호가 PLC의 비밀번호와 일치하면 접속된다.

⑥ 접속끊기를 하려면 접속/접속끊기 리모콘을 클릭한다.

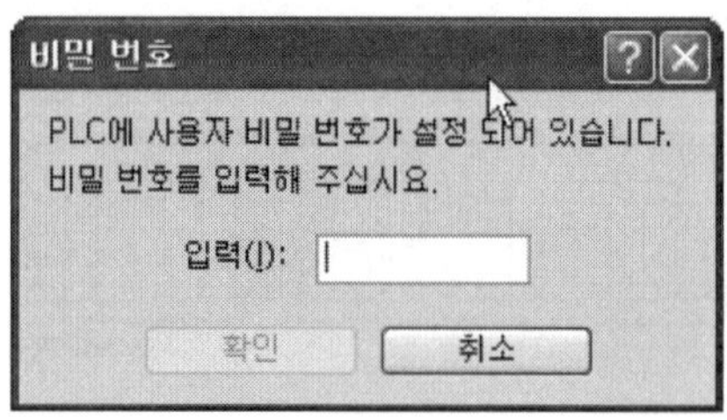

그림 2.88

2.8.3 쓰기

"**쓰기**"를 하면 사용자 프로그램 및 각 파라미터, 설명문 등을 PLC로 전송한다(그림 2.89).

① 메뉴 [온라인]-[접속]을 선택하여 PLC와 온라인으로 연결한다.

② 메뉴 [온라인]-[쓰기]를 선택한다.

③ PLC로 전송할 데이터를 선택한 후 확인을 누르면 선택된 데이터를 PLC로 전송한다.

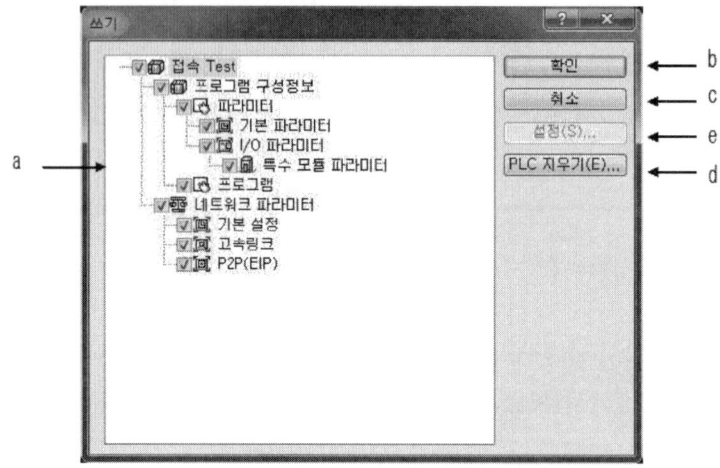

그림 2.89

a. 선택 트리: PLC로 전송할 데이터를 선택한다.

b. 확인 버튼: 확인 버튼을 누를 시 PLC로 데이터를 전송한다(그림 2.90).

c. 취소 버튼: 데이터 쓰기를 취소한다.

d. PLC 지우기 버튼: 프로그램을 쓰기 전 PLC 내부의 메모리 영역 또는 파라미터, 프로그램을 지울 수 있는 창을 띄운다.

e. 쓰기에 대한 추가설정을 할 수 있다.

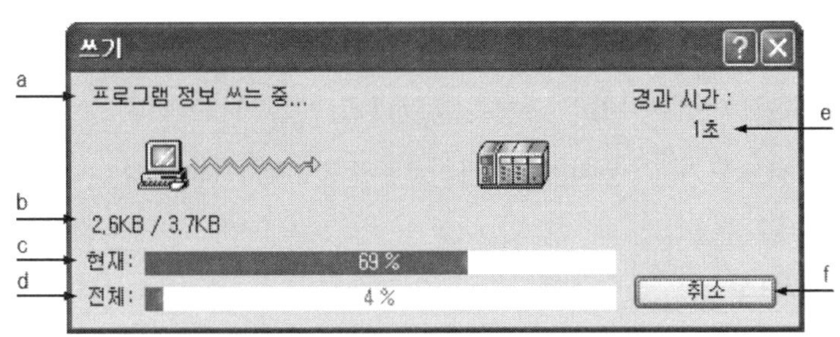

그림 2.90 "쓰기 중"의 대화상자

a. 현재 쓰기/읽기 중인 항목을 표시한다.

b. 항목의 데이터 크기를 표시한다(현재 항목의 크기/항목 전체 크기).

c. 현재 항목의 진행 비율을 표시한다.

d. 모든 항목의 진행 비율을 표시한다.

e. 현재까지 전송 진행된 시간을 표시한다.

f. 취소: 데이터 전송을 취소한다.

포인트

- 특수모듈 파라미터 쓰기는 I/O 파라미터 쓰기가 선택이 된 경우에만 쓸 수 있다.
- 런 중 수정 쓰기 시간은 스톱에서 쓰는 시간보다 더 많이 걸린다.

2.8.4 읽기

"읽기"를 하면 PLC 내에 저장되어 있는 프로그램 및 각 파라미터, 설명문 등을 PLC로부터 업로드 하여 현재 프로젝트에 적용한다.

① 메뉴 [온라인]-[접속]을 선택하여 PLC와 연결한다.

② 메뉴 [온라인]-[읽기]를 선택한다.

③ PLC로부터 업로드 할 항목을 설정한 후 확인 버튼을 누르면 PLC로부터 업로드

한다. 업로드 된 항목들은 현재 프로젝트에 적용된다.

2.8.5 모드전환

PLC의 운전 모드를 전환할 수 있다.

① 메뉴 [온라인]-[접속]을 선택하여 PLC와 연결한다.

② 메뉴 [온라인]-[모드 전환]-[런/스톱/디버그]를 선택한다.

③ PLC의 운전모드가 사용자가 선택한 운전모드로 전환된다.

2.8.6 강제 I/O설정

PLC에서 I/O 리프레시 영역의 강제 입/출력을 설정한다.

① 메뉴 [온라인]-[**강제 I/O 설정**]을 선택한다(그림 2.91).

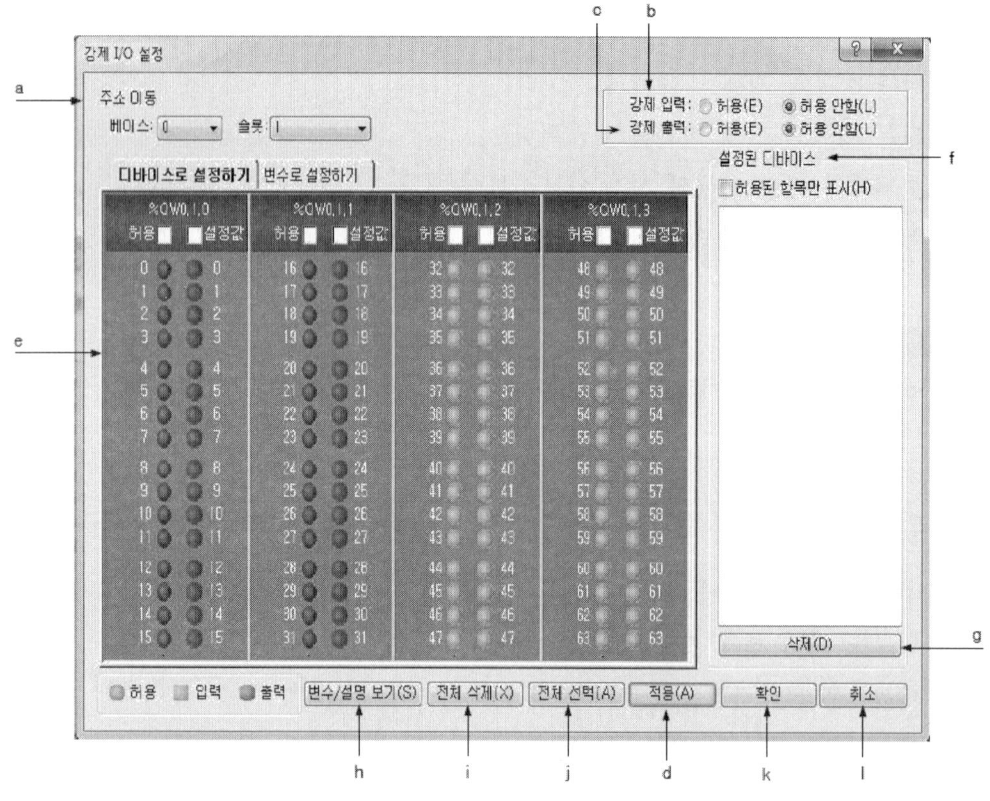

그림 2.91 강제 I/O설정

a. 주소이동: 베이스, 슬롯 선택 상자를 이용하여 해당 주소로 이동한다.

b. 강제입력: 강제입력 허용여부를 선택한다. 강제입력이 허용상태인 경우에만 비트별 강제 입력 값이 적용된다.

c. 강제출력: 강제출력 허용 여부를 선택한다. 강제출력이 허용상태인 경우에만 비트별 강제 출력 값이 적용된다.

d. 적용: 대화상자를 닫지 않고 변경사항을 PLC에 저장한다.

e. 강제 I/O: 비트별 허용 플래그 및 데이터를 설정한다.

f. 설정된 디바이스: 강제 I/O 허용 플래그 또는 데이터가 설정된 디바이스를 표시한다.

g. 삭제: 설정된 디바이스 리스트 중에서, 선택한 디바이스에 설정된 허용 및 데이터를 삭제한다.

h. 변수/설명 보기: 변수/설명에 대한 리스트를 표시한다.

i. 전체 삭제: 모든 영역에 대하여 허용 플래그 및 데이터를 해제한다.

j. 전체 선택: 모든 영역에 대하여 허용 플래그 및 데이터를 설정한다.

k. 확인: 변경사항을 적용하고 대화상자를 닫는다.

l. 취소: 대화상자를 닫는다.

포인트

- 허용은 비트별 강제 I/O 사용여부를 표시한다. 선택된 경우는 허용, 그렇지 않은 경우는 허용하지 않음을 표시한다.
- 데이터는 강제 값을 표시한다. 선택된 경우는 1, 그렇지 않은 경우에는 0이 강제 값이 된다. 단, 플래그가 허용상태인 경우에만 유효하다.

허용	설정값	강제 값
0 (선택 안 함)	0 (선택 안 함)	×
0 (선택 안 함)	1 (선택함)	×
1 (선택함)	0 (선택 안 함)	0
1 (선택함)	1 (선택함)	1

(1) 강제 I/O 설정 예

예) 베이스 0, 슬롯 1의 4번째 비트 강제출력 1, 7번째 비트 강제출력 0

① 베이스 0, 슬롯 1을 선택한다(그림 2.92).

주소 이동
베이스: 0 슬롯: 1

그림 2.92

② 비트 3의 허용 플래그와 설정 값을 선택한다. 설정된 디바이스에는 %QW0.1.0이 등록된다(그림 2.93).

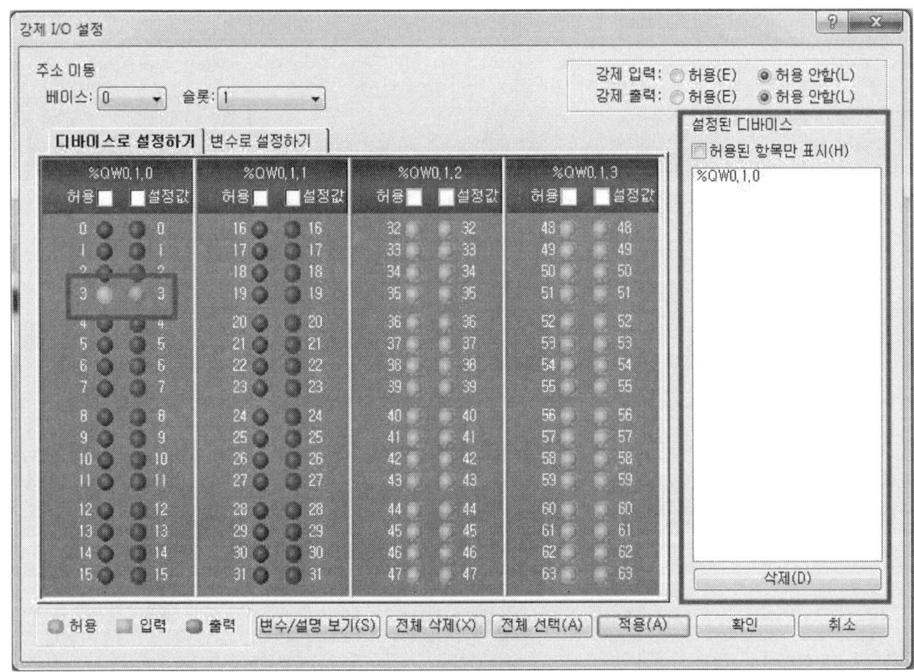

그림 2.93

③ 비트 6의 허용 플래그를 선택한다. 비트 6의 강제출력 값은 0이므로 설정 값은 선택하지 않는다(그림 2.94). %QW0.1.0는 이미 설정된 디바이스에 등록되어 있으므로, 다시 추가되지는 않는다.

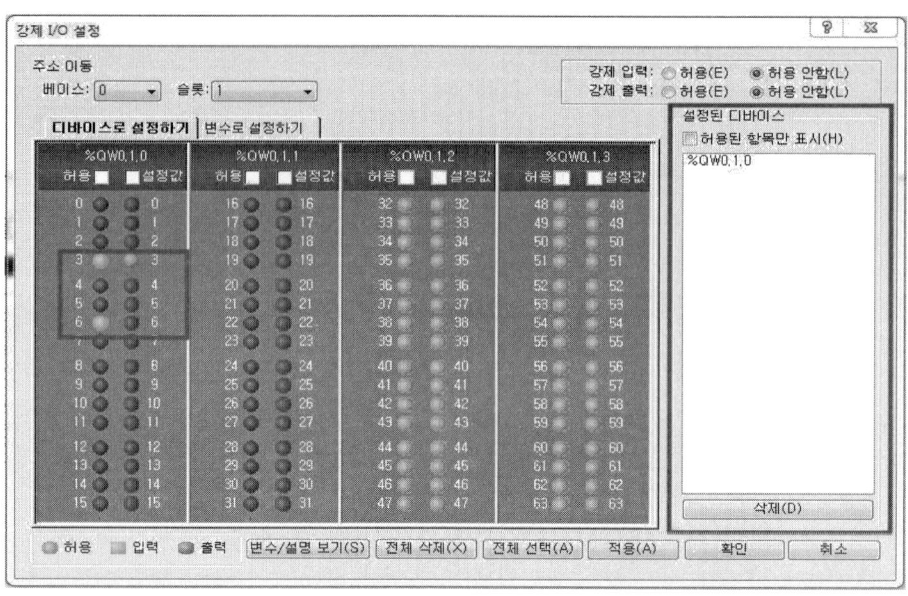

그림 2.94

④ 강제 값을 적용하기 위하여 강제출력 허용 플래그를 선택하고 적용 버튼을 누른다 (그림 2.95).

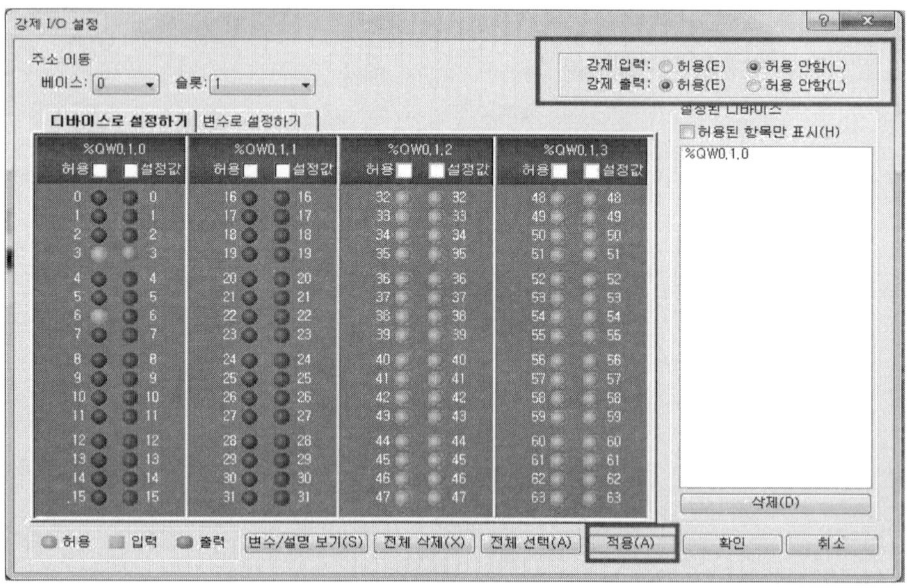

그림 2.95

(2) 강제 I/O 해제 예

예) 베이스 0, 슬롯 1의, 4번째 비트의 강제 값 해제

① %QW0.1.0으로 이동한다. 영역의 이동은 버튼을 이용하거나 직접 입력한다(그림 2.96).

② 강제출력 값을 해제하기 위하여 비트 3, 6의 허용 플래그의 선택을 해제한다(그림 2.97).

③ 적용 버튼을 누른다.

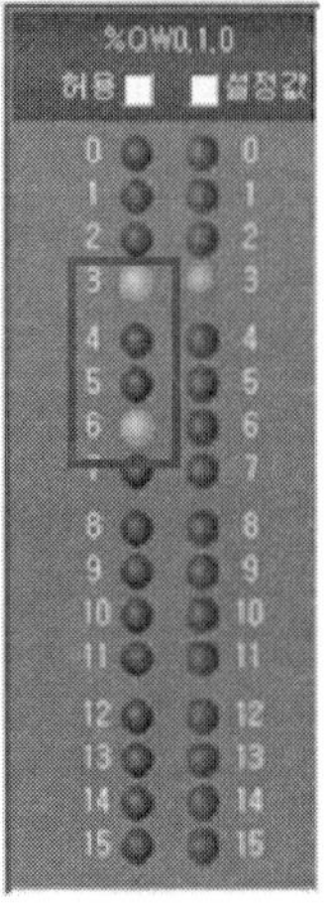

그림 2.96

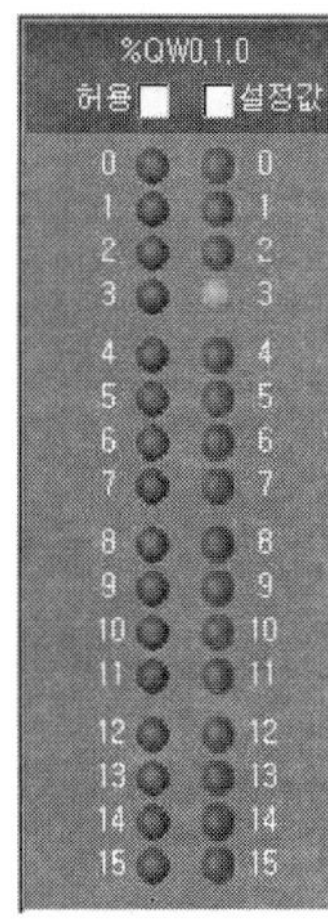

그림 2.97

2.8.7 런 중 수정

PLC 운전모드가 런 상태에서 PLC의 프로그램을 변경할 수 있다. 런 중 수정 순서는 다음과 같다(그림 2.98).

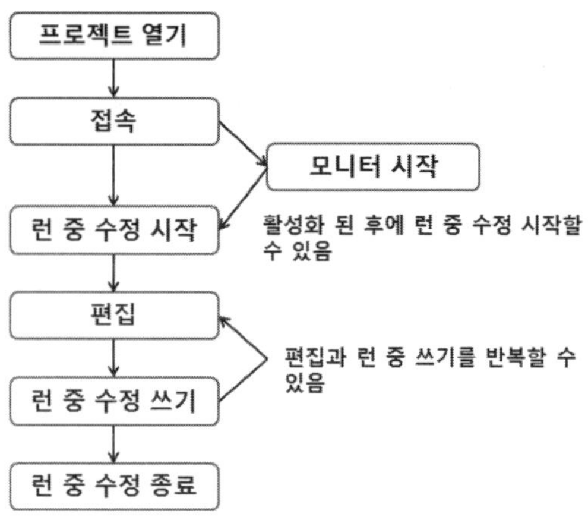

그림 2.98 런 중 수정 순서

① 프로젝트 열기

메뉴 [프로젝트]-[프로젝트 열기]를 선택한다. 런 중 수정하기 위한 PLC 프로젝트를 연다.

② 접속

메뉴 [온라인]-[접속]을 선택하여 PLC와 연결한다.

③ 모니터 시작

- 메뉴 [모니터]-[모니터 시작]을 선택한다.
- 모니터를 하면서 런 중 수정이 가능하다.
- 런 중 수정 중에도 [모니터 시작] 또는 [모니터 끝]이 가능하다.

④ 런 중 수정 시작

- 메뉴 [온라인]-[런 중 수정 시작]을 선택한다.
- 프로그램 창이 활성화 된 후 런 중 수정이 가능하다.
- 런 중 모드(그림 2.99(1))에서 프로그램 또는 변수가 편집되면, 해당 창은 런 중 수정 모드(그림 2.99(2))로 전환된다.

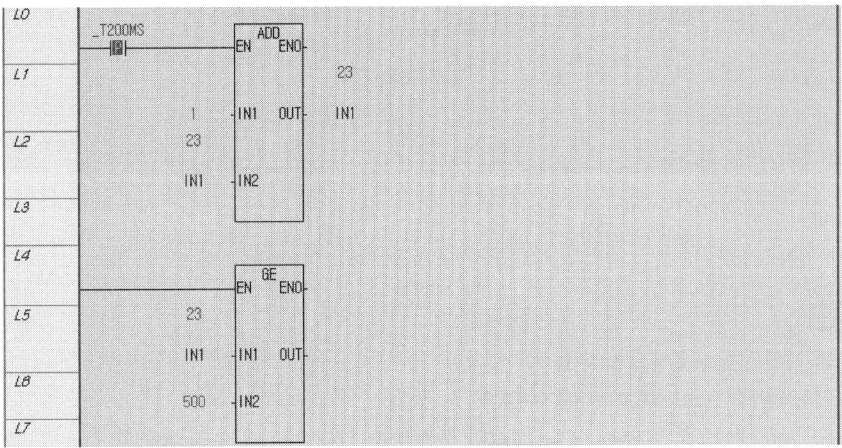

(1) 런 중 모드

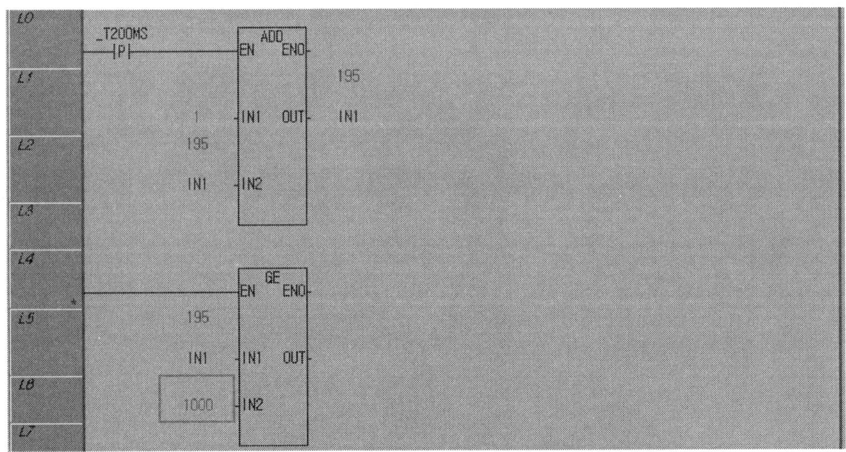

(2) 런 중 수정모드

그림 2.99

⑤ 편집

▸ 런 중 수정 편집은 오프라인에서의 편집방법과 동일하다.

▸ LD의 경우 편집된 런 표시("*")가 추가된다.

⑥ 런 중 수정 쓰기

▸ 메뉴 [온라인]-[런 중 수정 쓰기]를 선택한다.

▸ 해당 프로그램만 PLC로 전송한다.

▸ LD의 경우 편집된 런 표시("*")가 사라진다.

⑦ 런 중 수정 종료

▸ 메뉴 [온라인]-[런 중 수정 종료]를 선택한다.

포인트

- 런 중 수정 중 프로젝트를 닫을 수 없다.
- 한 개 이상의 프로그램을 런 중 수정할 수 있다.
- 런 중 수정 편집 중일 때는 모니터 값이 정확하지 않다. 런 중 수정 쓰기를 해야만 정확한 값이 모니터 된다.
- 런 중 수정 중 편집항목은 다음 사항을 참고하기 바란다(표 2.20).
  (편집 항목은, 추가, 삭제, 변경이 모두 가능함을 의미한다.)

표 2.20 "런 중 수정" 중 편집항목

항목	내용	편집	항목	내용	편집
프로젝트 속성	추가	×	사용자 정의 펑션/펑션블록	추가	○
	삭제	×		삭제	×
	변경	×		변경	×
프로그램	추가	×	LD	편집	○
	삭제	×	IL	편집	×
	변경	○	SFC	편집	×
글로벌 변수	추가	○	SFC 액션(LD)	추가	×
	삭제	×		삭제	×
	변경	×		변경	○
로컬 변수	추가	○	SFC 트랜지션(LD)	추가	×
	삭제	○		삭제	×
	변경	○		변경	○
사용자 정의 타입	추가	○	파라미터 변경	편집	×
	삭제	×	로컬변수 리테인 설정	편집	○
	변경	×	글로벌 변수 리테인 설정	편집	×

2.9 모니터

2.9.1 모니터 공통

XG5000의 모니터 기능 중 공통적인 기능(모니터 시작/끝, 현재 값 변경, 모니터 일시 정지, 모니터 다시 시작, 모니터 일시 정지 설정)을 설명한다.

(1) 모니터 시작/끝

[모니터 시작]

① 메뉴 [온라인]-[접속] 항목을 선택하여 PLC와 온라인으로 연결한다.
② 메뉴 [모니터]-[모니터 시작/끝]을 선택하여 모니터를 시작한다.
③ 프로그램이 활성화되어 있으면 모니터 모드로 변경된다.

[모니터 끝]

① 메뉴 [모니터]-[모니터 시작/끝] 항목을 선택하여 모니터를 정지한다.

(2) 현재 값 변경

모니터링 중에 선택된 디바이스의 현재 값 또는 강제 I/O 설정을 변경할 수 있다.
① 메뉴 [온라인]-[접속] 항목을 선택하여 PLC와 온라인으로 연결한다.
② 메뉴 [모니터]-[모니터 시작] 항목을 선택하여 모니터를 수행한다.
③ 프로그램 또는 변수 모니터 창에서 디바이스나 변수를 선택한다(그림 2.100).

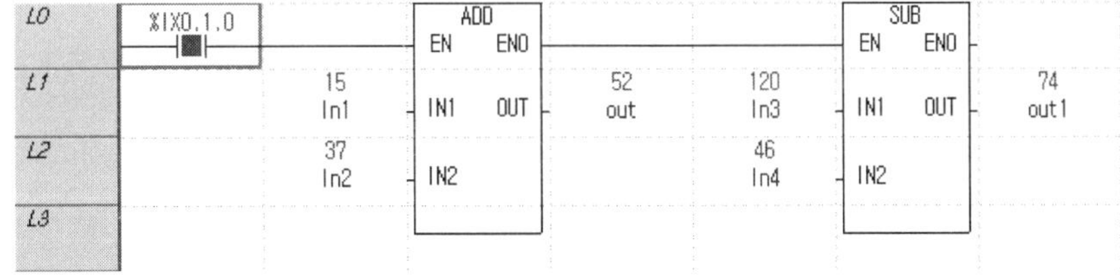

그림 2.100

④ 메뉴 [모니터]-[현재 값 변경] 항목을 선택한다(그림 2.101).

⑤ 대화 상자에 현재 값을 입력 후 확인을 선택 시 현재 값이 변경된다.

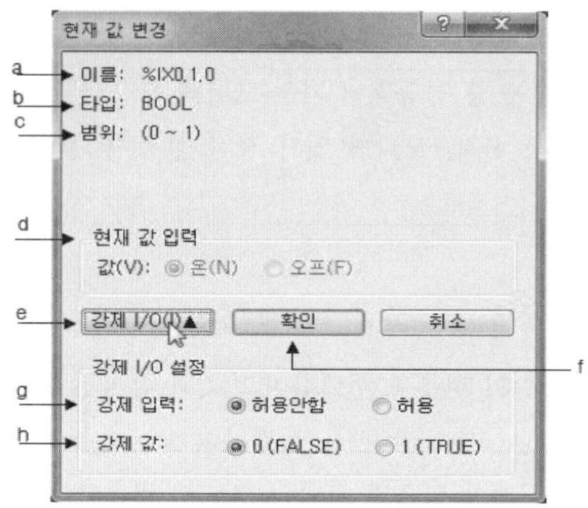

그림 2.101

a. 디바이스: 현재 값 변경 대상 변수의 이름이다.

b. 타입: 현재 값 변경 대상 변수의 타입이다.

c. 범위: 타입에 따른 현재 값의 입력 가능 범위이다.

d. 현재 값 입력: 타입이 BOOL인 경우 변수의 On/Off를 설정한다.

e. 강제 I/O: 변수가 "I/Q"영역이고 BOOL타입인 경우 강제 I/O 설정을 가능하게 한다.

f. 확인: 설정된 값을 PLC로 전송한다.

g. 강제 입력: 강제 I/O 입력 허용안함/허용을 설정한다.

h. 강제 값: 강제 I/O 데이터 값을 설정한다.

포인트

- 값의 초기 값은 변수의 디스플레이 타입에 따라 표시된다. 즉, 모니터 시 16진수로 표시되고 있으면 현재 값 변경은 16진수로 표시된다.
- 값 입력은 디스플레이 타입에 따라 입력하지 않아도 된다. 즉, 16진수로 표시되고 있을 때 부호 없는 10진수로 입력 가능하다.
- 확인 버튼을 누를 시 입력 값의 유효성 및 범위를 검사하여 에러 메시지가 발생할 수도 있다.
- 16진수로 입력 방법은 16#1234와 같이 16#으로 시작한다.

• STRING 타입인 경우 작은 따옴표('abcde') 사이에 현재 값(문자열)을 입력해야 한다.
• WSTRING 타입인 경우 큰 따옴표("abcde") 사이에 현재 값(문자열)을 입력한다.
• 변수가 "I/Q"이고, 타입이 BOOL인 경우에만 강제 I/O 버튼이 활성화된다.
• 강제 I/O 버튼이 활성화된 경우 현재 값 입력 편집 상자와 On/Off 설정 버튼은 비활성화된다.
• 현재 값 변경과 강제 I/O 설정이 동시에 수행되지 않는다.

2.9.2 LD 프로그램 모니터

XG5000이 모니터링 상태에서 LD 다이어그램에 작성된 접점(평상시 열린 접점, 평상시 닫힌 접점, 양 변환 검출접점, 음 변환 검출접점), 코일(코일, 역 코일, 셋 코일, 리셋 코일, 양 변환 검출코일, 음 변환 검출코일) 및 펑션(블록)의 입출력 파라미터 등의 현재 값을 표시한다.

① 메뉴 [모니터]-[모니터 시작/끝] 항목을 선택한다.
② LD 프로그램이 모니터 모드로 변경된다(그림 2.102).
③ 현재 값 변경: 메뉴 [모니터]-[현재 값 변경] 항목을 선택한다.

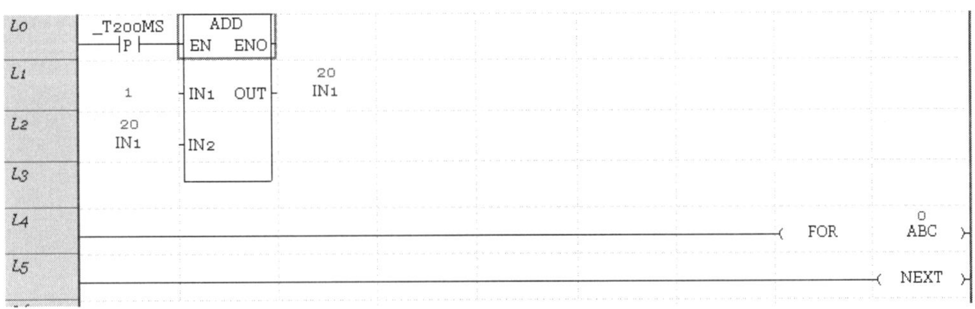

그림 2.102

① [접점의 모니터 표시](그림 2.103)

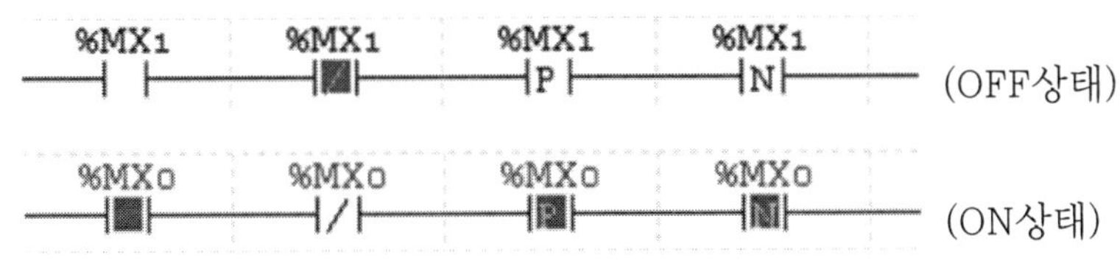

그림 2.103

- 평상시 열린 접점: 해당 접점의 값이 ON상태인 경우 디바이스(혹은 변수)의 값은 붉은 색으로 표시되며, 접점 안에 파워 플로우가 파란색으로 표시된다.
- 평상시 닫힌 접점: 해당 접점의 값이 ON상태인 경우 디바이스의 값은 붉은 색으로 표시되며, 점점 안에 파워 플로우는 표시되지 않는다.
- 양 변환 검출접점: 평상시 열림 접점과 동일하게 표시된다.
- 음 변환 검출접점: 평상시 열림 접점과 동일하게 표시된다.

② [코일의 모니터 표시](그림 2.104)

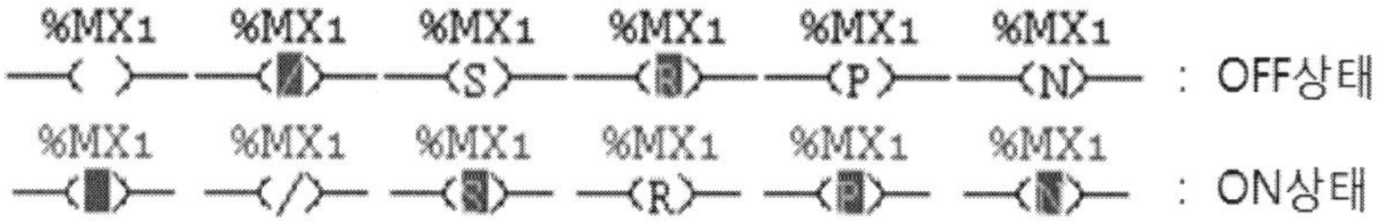

%MX1	%MX1	%MX1	%MX1	%MX1	%MX1	
—( )—	—(/)—	—(S)—	—(R)—	—(P)—	—(N)—	: OFF상태
%MX1	%MX1	%MX1	%MX1	%MX1	%MX1	
—( )—	—(/)—	—(S)—	—(R)—	—(P)—	—(N)—	: ON상태

그림 2.104

- 코일: 해당 코일의 값이 ON상태인 경우 디바이스(혹은 변수)의 값은 붉은 색으로 표시되며, 코일 안의 파워 플로우는 파란색으로 표시된다.
- 역 코일: 해당 코일의 값이 ON상태인 경우 디바이스(혹은 변수)의 값은 붉은 색으로 표시되며, 코일 안의 파워 플로우는 표시되지 않는다.
- 셋 코일: 코일과 동일하게 표시된다.
- 리셋 코일: 역 코일과 동일하게 표시된다.
- 양 변환 검출 코일: 코일과 동일하게 표시된다.
- 음 변환 검출 코일: 코일과 동일하게 표시된다.

③ [펑션(블록)의 모니터 표시]

펑션(블록)의 입출력 파라미터에 모니터 값이 표시되며, 펑션(블록) 입출력 파라미터의 데이터 표시는 모니터 표시형식에 따라 표시된다(그림 2.105). 모니터 표시형식은 메뉴 [도구]-[옵션]-[온라인]의 모니터 표시 형식에 따른다.

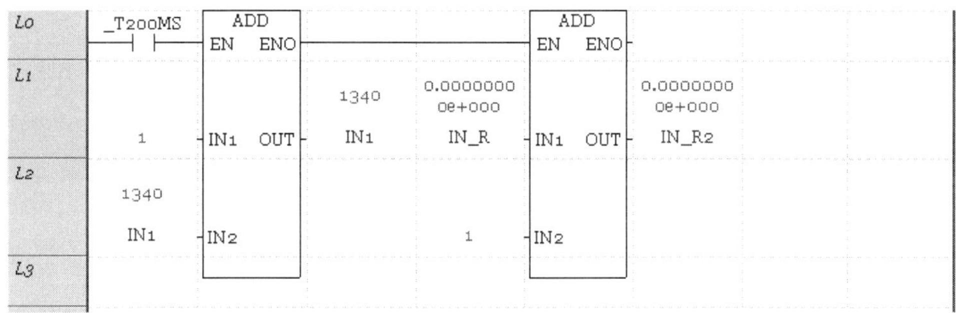

그림 2.105

2.9.3 변수 모니터

"변수 모니터" 창에 특정 변수 또는 디바이스를 등록하여 모니터 할 수 있다(메뉴 [보기]-[변수 모니터 창]).

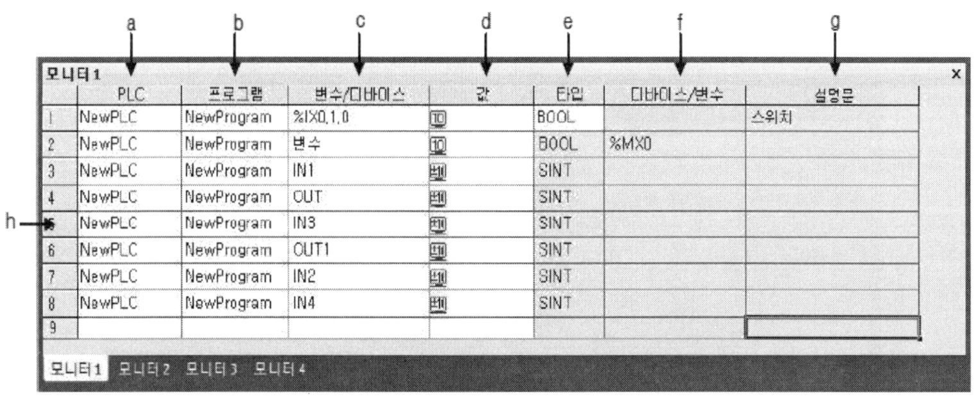

그림 2.106 변수 모니터 창

a. PLC: 등록 가능한 PLC의 이름을 보여준다. XG5000은 멀티 PLC구성이 가능하므로 변수 모니터 창에서도 구별해준다.

b. 프로그램: 등록 변수가 존재할 프로그램의 이름을 선택한다.

c. 변수/디바이스: 변수 또는 디바이스 이름을 입력한다.

d. 값: 모니터 시 해당 디바이스의 값을 표시한다. 모니터 현재 값 변경을 통해 값을 변경할 수 있다.

e. 타입: 변수의 타입을 표시한다.

f. 디바이스/변수: 메모리 할당이 되어 있으면 할당된 주소나 변수 이름을 보여준다. Enter 키 또는 마우스를 더블 클릭하면 로컬변수 목록에서 변수를 선택할 수 있다.

g. 설명문: 변수 설명문을 표시한다.

h. 에러 표시: 붉게 표시된다.

(1) 변수 모니터 등록방법

로컬변수 목록에서 변수 모니터 창에 모니터 항목을 다음과 같이 등록할 수 있다.

① 모니터 창에서 마우스 오른쪽 버튼을 눌러 [로컬변수에서 등록] 메뉴를 선택한다.

② 프로젝트 내에 포함된 PLC가 두 개 이상이거나 한 PLC에 프로그램이 두 개 이상일 경우 [선택] 대화상자가 나오며, 등록할 PLC와 프로그램을 선택한다.

③ [변수선택] 대화상자가 나오고 변수 선택 후 변수를 변수 모니터 창에 등록한다(그림 2.107).

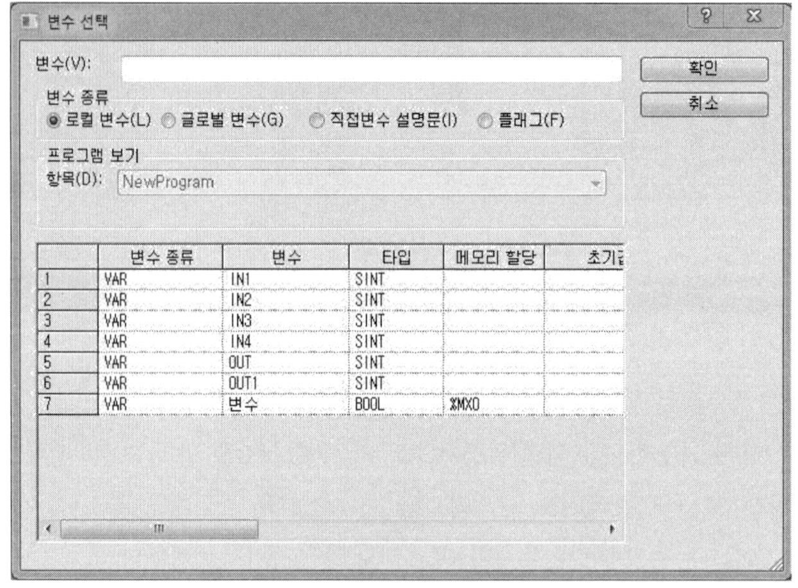

그림 2.107

a. 변수: 찾을 변수이름을 입력한다.

b. 로컬 변수: 로컬변수 목록을 선택한다.

c. 목록: 로컬변수의 목록을 보여준다.

d. 확인: 대화상자를 닫고, 선택된 항목을 변수 모니터 창에 등록할 수 있다.

e. 취소: 대화상자를 닫고, 변수 모니터 창에는 등록하지 않는다.

(2) 변수 모니터 동작

변수 모니터에 등록된 디바이스의 모니터를 시작한다.

① 메뉴 [모니터]-[모니터 시작/끝]을 선택한다.

② 모니터 시작 시 PLC 이름이 같은 항목과 오류가 없는 항목은 모니터를 수행한다(그림 2.108).

	PLC	프로그램	변수/디바이스	값		타입	디바이스/변수	설명문
1	NewPLC	NewProgram	a	10	On	BOOL	%IX0.0.1	설명문
2	NewPLC	NewProgram	a1	HEX	16#00	BOOL	%IX0.0.2	설명문1
3	NewPLC	NewProgram	a2	10	Off	BOOL	%IX0.0.3	설명문2
4	NewPLC	NewProgram	a3	HEX	16#01	BOOL	%IX0.0.4	설명문3
5	NewPLC	NewProgram	a4	10	Off	BOOL	%IX0.0.5	설명문4

그림 2.108 변수 모니터

2.9.4 시스템 모니터

시스템 모니터는 PLC의 슬롯정보, I/O할당 정보를 표시한다. 모듈상태 및 데이터 값을 표시한다.

(1) 기본 사용방법

시스템 모니터를 실행시키는 방법은 2가지가 있다.

① XG5000 메뉴 [모니터]-[시스템 모니터]를 선택한다(그림 2.109).

② 시작 메뉴 [프로그램]-[XG5000]-[시스템 모니터]를 선택한다.

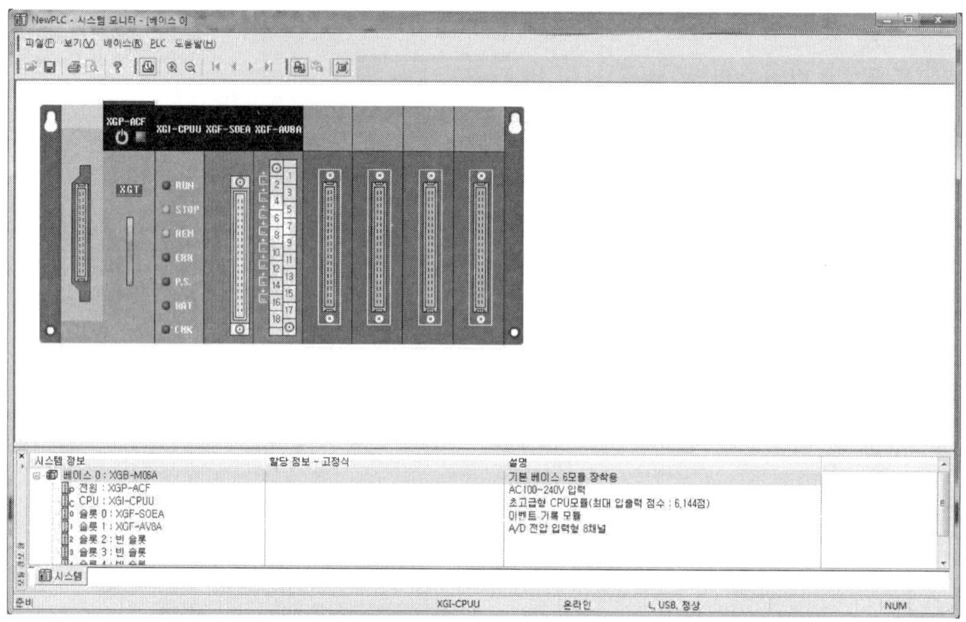

그림 2.109 시스템 모니터

****모듈 정보 창**은 PLC에 설치된 슬롯정보를 표시한다. PLC에 있는 모듈정보를 읽어 와서 모듈 정보창의 데이터 표시 화면에 표시한다.

베이스 보기는 다음 방법 중 하나를 선택한다.

- 모듈 정보 창의 항목들을 선택한다(예: 베이스 0, 베이스 1, …).
- 메뉴 [베이스] 항목들을 선택한다(처음, 이전, 다음, 마지막 베이스 선택). 모듈의 커서에서 키보드의 방향키로 베이스를 선택한다.

(2) 시스템 동기화

접속 상태에서 메뉴 [PLC]-[**시스템 동기화**]를 선택하면 PLC에 설정된 베이스 정보, I/O 할당 방식 및 슬롯정보를 읽어 와서 화면에 표시한다. 모니터 시, 현재 값 변경을 위해 I/O 스킵 정보, I/O 강제 입/출력정보를 읽어온다.

(3) 현재 값 변경

현재 값 변경을 수행하기 위해서는 PLC와 접속된 상태이며, 모니터 모드여야 한다. 마우스로 접점을 클릭하면, 선택된 접점의 데이터 값을 On/Off로 변경한다.

(4) 전원모듈, CPU모듈, 특수모듈 정보

PLC와 접속 상태에서 전원모듈 또는 CPU모듈이나 특수모듈을 선택하고 메뉴 [PLC]-[모듈정보]를 선택한다. 마우스 우측버튼의 메뉴에서 원하는 모듈정보를 선택하면 정보가 모니터링 된다(예: CPU모듈 정보 - 그림 2.110, 전원모듈 정보 - 그림 2.111, 통신모듈 정보 - 그림 2.112, 특수모듈 정보 - 그림 2.113).

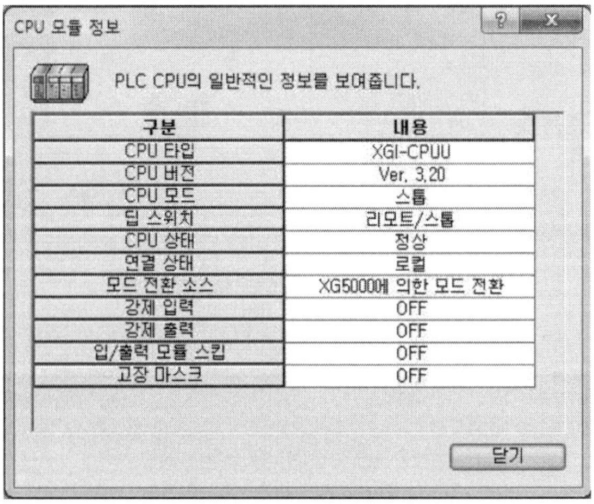

CPU 모듈 정보

PLC CPU의 일반적인 정보를 보여줍니다.

구분	내용
CPU 타입	XGI-CPUU
CPU 버전	Ver. 3.20
CPU 모드	스톱
딥 스위치	리모트/스톱
CPU 상태	정상
연결 상태	로컬
모드 전환 소스	XG5000에 의한 모드 전환
강제 입력	OFF
강제 출력	OFF
입/출력 모듈 스킵	OFF
고장 마스크	OFF

닫기

그림 2.110 CPU모듈 정보

전원 차단 이력 정보

PLC 전원 차단 이력 정보를 보여줍니다.

	날짜	시간	내용
9	2011-07-26	01:03:53.613	기본 베이스
10	2012-01-25	21:14:19.702	기본 베이스
11	2013-01-21	01:38:37.524	기본 베이스
12	2013-02-14	17:21:43.530	기본 베이스
13	2013-02-14	17:26:44.686	기본 베이스
14	2013-02-14	17:30:10.747	기본 베이스
15	2013-02-14	18:01:34.142	기본 베이스
16	2013-02-15	01:44:58.838	기본 베이스
17	2013-07-29	02:09:16.909	기본 베이스
18	2013-07-30	02:00:07.963	기본 베이스
19	2013-07-31	02:22:42.120	기본 베이스
20	2013-08-01	01:57:05.765	기본 베이스
21	2013-08-01	18:25:24.027	기본 베이스

닫기

그림 2.111 전원모듈 정보(전원 차단 이력정보)

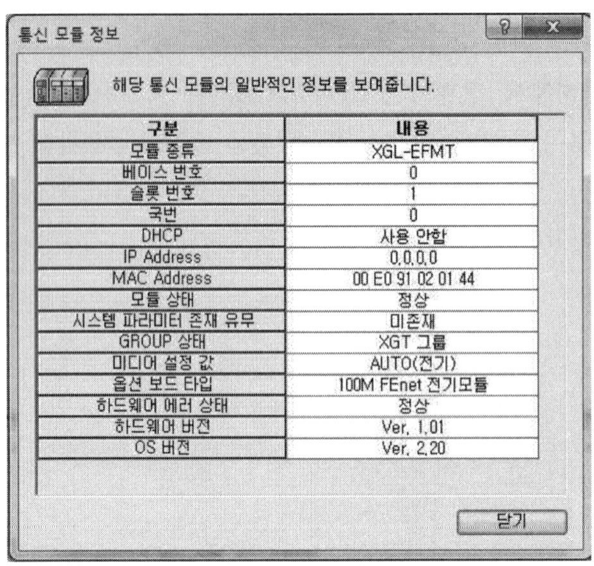

구분	내용
모듈 종류	XGL-EFMT
베이스 번호	0
슬롯 번호	1
국번	0
DHCP	사용 안함
IP Address	0.0.0.0
MAC Address	00 E0 91 02 01 44
모듈 상태	정상
시스템 파라미터 존재 유무	미존재
GROUP 상태	XGT 그룹
미디어 설정 값	AUTO(전기)
옵션 보드 타입	100M FEnet 전기모듈
하드웨어 에러 상태	정상
하드웨어 버전	Ver. 1.01
OS 버전	Ver. 2.20

그림 2.112 통신모듈 정보

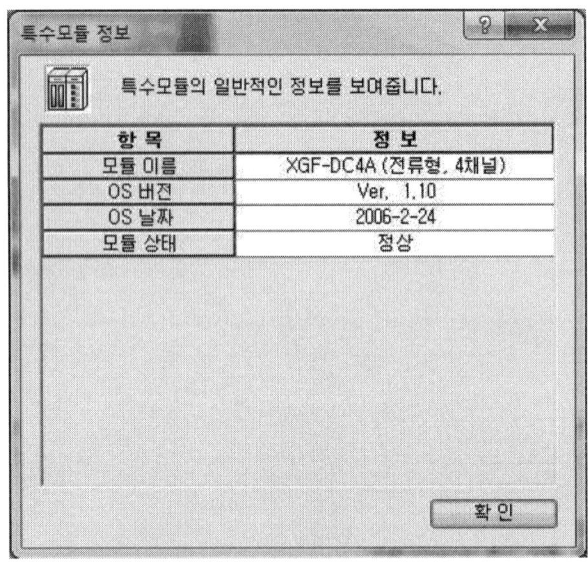

항 목	정 보
모듈 이름	XGF-DC4A (전류형, 4채널)
OS 버전	Ver. 1.10
OS 날짜	2006-2-24
모듈 상태	정상

그림 2.113 특수모듈 정보

그림 2.113에서

- 모듈이름: 특수 모듈의 종류 및 상세 정보를 제공한다.

■ OS버전: 특수 모듈의 내부 O/S 버전 정보를 제공한다. 이는 추후 모듈 O/S 업그레이드 시 유용하게 사용될 수 있다.
■ OS날짜: 특수 모듈 O/S의 최종 수정 날짜 정보를 제공한다.
■ 모듈상태: 특수 모듈의 현재 상태(에러 코드) 정보를 제공한다.

(5) 특수 모듈 모니터

특수 모듈(A/D 모듈, D/A 모듈, 고속카운터 모듈)의 모니터링을 수행한다.

① PLC와 접속 상태를 확인한다.

② 메뉴 [PLC]-[특수 모듈 모니터]를 선택한다(그림 2.114).

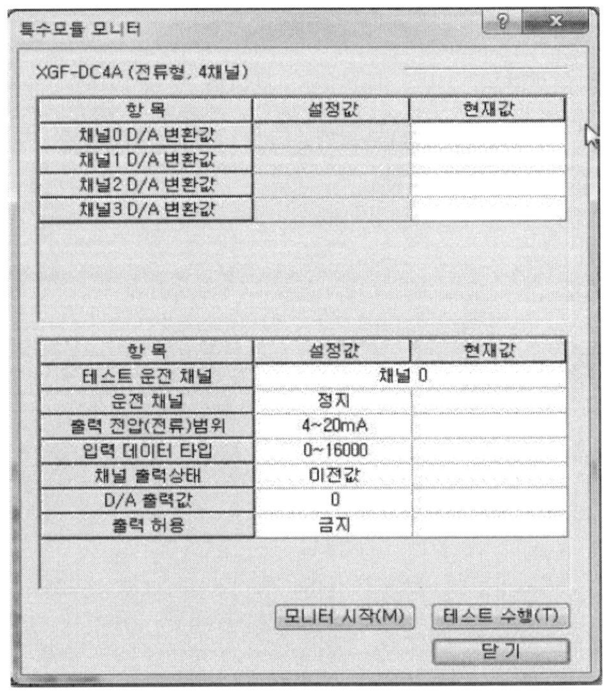

그림 2.114 특수모듈 모니터

** 위치결정 모듈에 [특수 모듈 모니터]기능은 사용할 수 없으며, [모듈 정보]만 사용할 수 있다. 위치결정 모듈의 모니터 기능은 위치 결정 모듈 전용 소프트웨어 패키지를 이용해야 한다.

2.9.5 디바이스 모니터

디바이스 모니터는 PLC의 모든 디바이스 영역의 데이터를 모니터링 할 수 있다. PLC의 특정 디바이스에 데이터 값을 쓰거나 읽어올 수 있다. 데이터 값을 화면에 표시하거나 입력할 때, 비트형태 및 표시방법에 따라 다양하게 나타낼 수 있다.

(1) 기본 사용방법

디바이스 모니터를 실행시키는 방법은 2가지가 있다.

① XG5000 메뉴에서 [모니터]-[디바이스 모니터]를 선택한다.

② 시작 메뉴 [프로그램]-[XG5000]-[디바이스 모니터]를 선택한다.

그러면 그림 2.115과 같은 디바이스 모니터 창이 나타난다(I, Q, M의 디바이스를 설정한 경우).

디바이스 열기를 수행하는 방법은 디바이스 모니터 창의 디바이스 정보(그림 2.116)에서 디바이스 아이콘을 더블 클릭하거나(예: I, Q, M, R, W) 또는 마우스 오른쪽 버튼 메뉴에서 [디바이스 열기]를 선택한다.

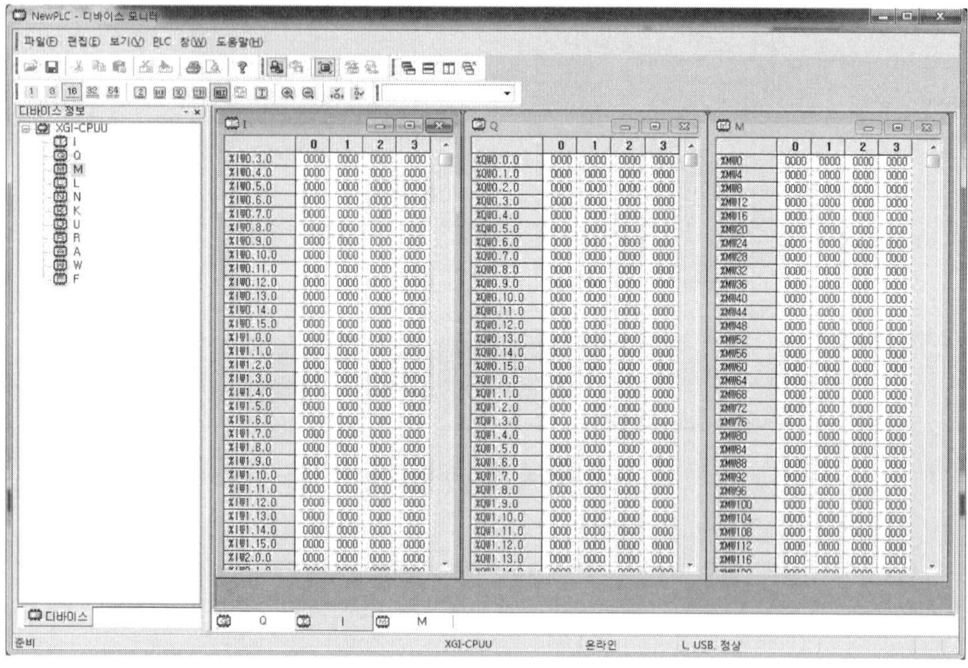

그림 2.115 디바이스 모니터

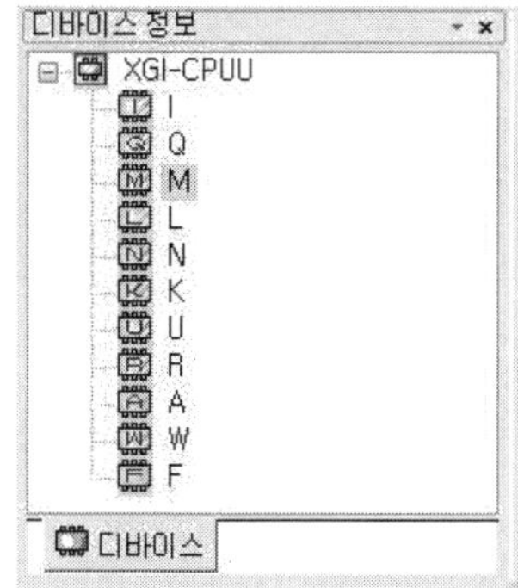

그림 2.116

(2) 데이터 형태 및 표시 항목들

데이터를 화면에 표시하는 방법으로는 그림 2.117과 같이 크게 2가지로 구분할 수 있다. 그림 2.118에는 각각의 표시형식을 나타내었다.

표시 설정	설 명
데이터 크기	1비트형, 8비트형, 16비트형, 32비트형, 64비트형
표시 형식	2진수, BCD, 부호 없는 10진수, 부호 있는 10진수, 16진수, 실수형, 문자형

그림 2.117

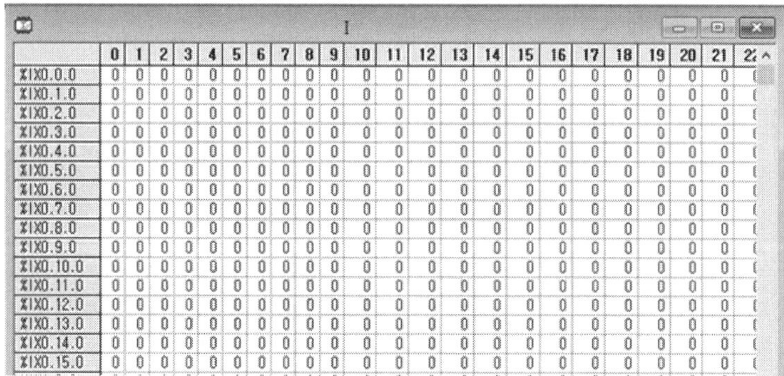

1비트형

	0	1	2	3	4	5	6	7
%IB0.0.0	00	00	00	00	00	00	00	00
%IB0.1.0	00	00	00	00	00	00	00	00
%IB0.2.0	00	00	00	00	00	00	00	00
%IB0.3.0	00	00	00	00	00	00	00	00
%IB0.4.0	00	00	00	00	00	00	00	00
%IB0.5.0	00	00	00	00	00	00	00	00
%IB0.6.0	00	00	00	00	00	00	00	00
%IB0.7.0	00	00	00	00	00	00	00	00
%IB0.8.0	00	00	00	00	00	00	00	00
%IB0.9.0	00	00	00	00	00	00	00	00
%IB0.10.0	00	00	00	00	00	00	00	00
%IB0.11.0	00	00	00	00	00	00	00	00
%IB0.12.0	00	00	00	00	00	00	00	00
%IB0.13.0	00	00	00	00	00	00	00	00
%IB0.14.0	00	00	00	00	00	00	00	00
%IB0.15.0	00	00	00	00	00	00	00	00
%IB1.0.0	00	00	00	00	00	00	00	00
%IB1.1.0	00	00	00	00	00	00	00	00
%IB1.2.0	00	00	00	00	00	00	00	00

8비트형

I

	0	1	2	3
%IW0.0.0	0000	0000	0000	0000
%IW0.1.0	0000	0000	0000	0000
%IW0.2.0	0000	0000	0000	0000
%IW0.3.0	0000	0000	0000	0000
%IW0.4.0	0000	0000	0000	0000
%IW0.5.0	0000	0000	0000	0000
%IW0.6.0	0000	0000	0000	0000
%IW0.7.0	0000	0000	0000	0000
%IW0.8.0	0000	0000	0000	0000
%IW0.9.0	0000	0000	0000	0000
%IW0.10.0	0000	0000	0000	0000
%IW0.11.0	0000	0000	0000	0000
%IW0.12.0	0000	0000	0000	0000
%IW0.13.0	0000	0000	0000	0000
%IW0.14.0	0000	0000	0000	0000
%IW0.15.0	0000	0000	0000	0000

16비트형

I

	0	1
%ID0.0.0	0000 0000	0000 0000
%ID0.1.0	0000 0000	0000 0000
%ID0.2.0	0000 0000	0000 0000
%ID0.3.0	0000 0000	0000 0000
%ID0.4.0	0000 0000	0000 0000
%ID0.5.0	0000 0000	0000 0000
%ID0.6.0	0000 0000	0000 0000
%ID0.7.0	0000 0000	0000 0000
%ID0.8.0	0000 0000	0000 0000
%ID0.9.0	0000 0000	0000 0000
%ID0.10.0	0000 0000	0000 0000
%ID0.11.0	0000 0000	0000 0000
%ID0.12.0	0000 0000	0000 0000
%ID0.13.0	0000 0000	0000 0000
%ID0.14.0	0000 0000	0000 0000
%ID0.15.0	0000 0000	0000 0000

32비트형

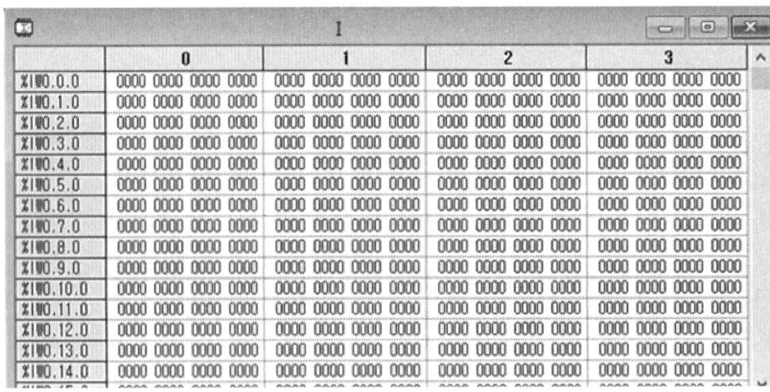

I

	0	1	2	3
%IW0.0.0	0000 0000 0000 0000	0000 0000 0000 0000	0000 0000 0000 0000	0000 0000 0000 0000
%IW0.1.0	0000 0000 0000 0000	0000 0000 0000 0000	0000 0000 0000 0000	0000 0000 0000 0000
%IW0.2.0	0000 0000 0000 0000	0000 0000 0000 0000	0000 0000 0000 0000	0000 0000 0000 0000
%IW0.3.0	0000 0000 0000 0000	0000 0000 0000 0000	0000 0000 0000 0000	0000 0000 0000 0000
%IW0.4.0	0000 0000 0000 0000	0000 0000 0000 0000	0000 0000 0000 0000	0000 0000 0000 0000
%IW0.5.0	0000 0000 0000 0000	0000 0000 0000 0000	0000 0000 0000 0000	0000 0000 0000 0000
%IW0.6.0	0000 0000 0000 0000	0000 0000 0000 0000	0000 0000 0000 0000	0000 0000 0000 0000
%IW0.7.0	0000 0000 0000 0000	0000 0000 0000 0000	0000 0000 0000 0000	0000 0000 0000 0000
%IW0.8.0	0000 0000 0000 0000	0000 0000 0000 0000	0000 0000 0000 0000	0000 0000 0000 0000
%IW0.9.0	0000 0000 0000 0000	0000 0000 0000 0000	0000 0000 0000 0000	0000 0000 0000 0000
%IW0.10.0	0000 0000 0000 0000	0000 0000 0000 0000	0000 0000 0000 0000	0000 0000 0000 0000
%IW0.11.0	0000 0000 0000 0000	0000 0000 0000 0000	0000 0000 0000 0000	0000 0000 0000 0000
%IW0.12.0	0000 0000 0000 0000	0000 0000 0000 0000	0000 0000 0000 0000	0000 0000 0000 0000
%IW0.13.0	0000 0000 0000 0000	0000 0000 0000 0000	0000 0000 0000 0000	0000 0000 0000 0000
%IW0.14.0	0000 0000 0000 0000	0000 0000 0000 0000	0000 0000 0000 0000	0000 0000 0000 0000

2진수형

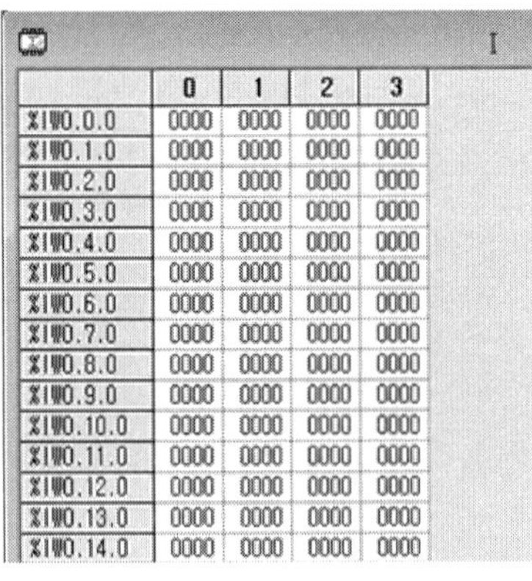

I

	0	1	2	3
%IW0.0.0	0000	0000	0000	0000
%IW0.1.0	0000	0000	0000	0000
%IW0.2.0	0000	0000	0000	0000
%IW0.3.0	0000	0000	0000	0000
%IW0.4.0	0000	0000	0000	0000
%IW0.5.0	0000	0000	0000	0000
%IW0.6.0	0000	0000	0000	0000
%IW0.7.0	0000	0000	0000	0000
%IW0.8.0	0000	0000	0000	0000
%IW0.9.0	0000	0000	0000	0000
%IW0.10.0	0000	0000	0000	0000
%IW0.11.0	0000	0000	0000	0000
%IW0.12.0	0000	0000	0000	0000
%IW0.13.0	0000	0000	0000	0000
%IW0.14.0	0000	0000	0000	0000

BCD형

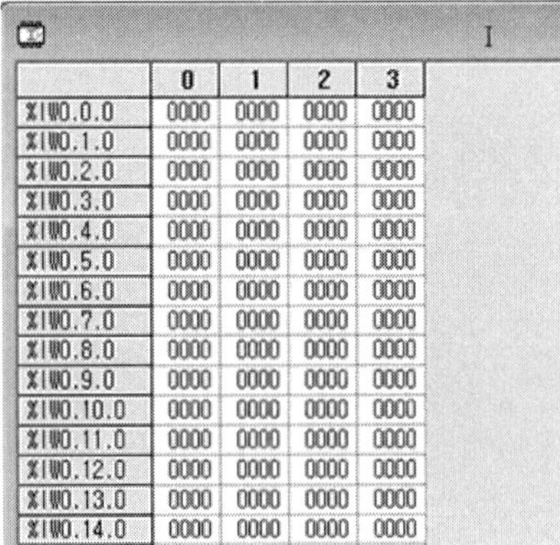

I

	0	1	2	3
%IW0.0.0	0000	0000	0000	0000
%IW0.1.0	0000	0000	0000	0000
%IW0.2.0	0000	0000	0000	0000
%IW0.3.0	0000	0000	0000	0000
%IW0.4.0	0000	0000	0000	0000
%IW0.5.0	0000	0000	0000	0000
%IW0.6.0	0000	0000	0000	0000
%IW0.7.0	0000	0000	0000	0000
%IW0.8.0	0000	0000	0000	0000
%IW0.9.0	0000	0000	0000	0000
%IW0.10.0	0000	0000	0000	0000
%IW0.11.0	0000	0000	0000	0000
%IW0.12.0	0000	0000	0000	0000
%IW0.13.0	0000	0000	0000	0000
%IW0.14.0	0000	0000	0000	0000

16진수형

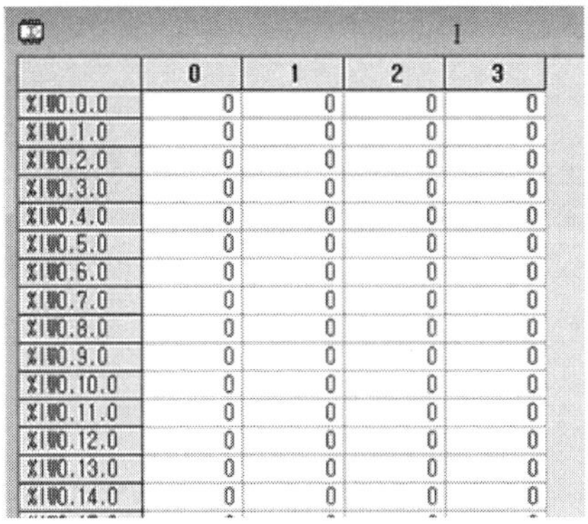

	0	1	2	3
%IW0.0.0	0	0	0	0
%IW0.1.0	0	0	0	0
%IW0.2.0	0	0	0	0
%IW0.3.0	0	0	0	0
%IW0.4.0	0	0	0	0
%IW0.5.0	0	0	0	0
%IW0.6.0	0	0	0	0
%IW0.7.0	0	0	0	0
%IW0.8.0	0	0	0	0
%IW0.9.0	0	0	0	0
%IW0.10.0	0	0	0	0
%IW0.11.0	0	0	0	0
%IW0.12.0	0	0	0	0
%IW0.13.0	0	0	0	0
%IW0.14.0	0	0	0	0

부호 없는 10진수형

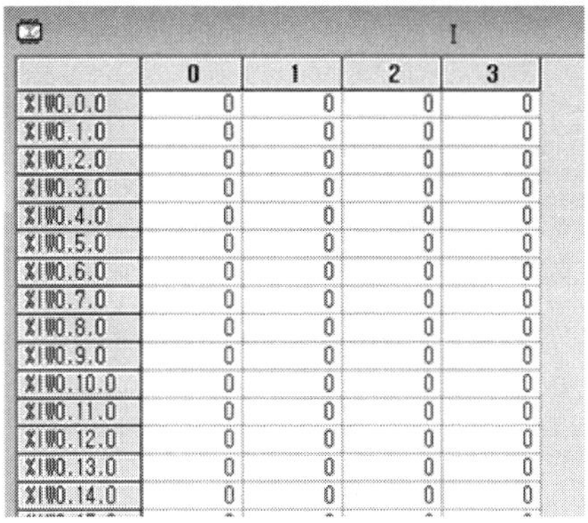

	0	1	2	3
%IW0.0.0	0	0	0	0
%IW0.1.0	0	0	0	0
%IW0.2.0	0	0	0	0
%IW0.3.0	0	0	0	0
%IW0.4.0	0	0	0	0
%IW0.5.0	0	0	0	0
%IW0.6.0	0	0	0	0
%IW0.7.0	0	0	0	0
%IW0.8.0	0	0	0	0
%IW0.9.0	0	0	0	0
%IW0.10.0	0	0	0	0
%IW0.11.0	0	0	0	0
%IW0.12.0	0	0	0	0
%IW0.13.0	0	0	0	0
%IW0.14.0	0	0	0	0

부호 있는 10진수형

그림 2.118 디바이스 모니터의 여러 데이터 표시형식

(3) 데이터 값 설정

디바이스의 데이터 값을 표시방법 및 비트 수에 따라 설정할 수 있다. 또한 데이터 값의 설정영역도 선택할 수 있다.

① 메뉴 [편집]-[데이터 값 설정]을 선택한다(그림 2.119).

② 데이터 값: 비트 수와 표시방법 항목에 맞게 데이터를 입력하고 표시한다(그림 2.120).

③ 비트 수: 데이터의 사이즈를 결정한다.

④ 영역 설정: 디바이스에서 데이터 값이 적용되는 범위를 결정한다.

⑤ 표시 방법: 데이터의 입력형태를 결정하고, 데이터 값이 있는 경우 값 표시변경에 따라 데이터 값 형태가 변경된다(그림 2.121).

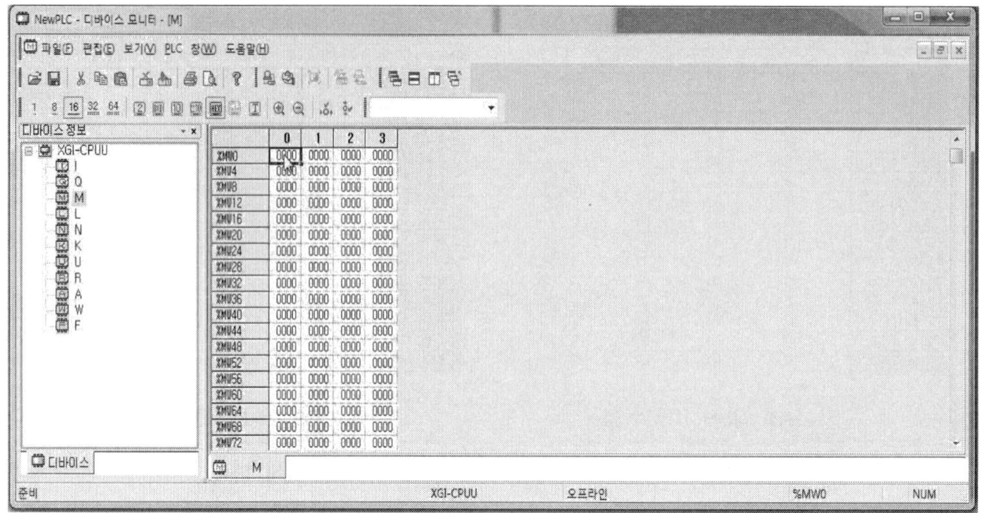

그림 2.119

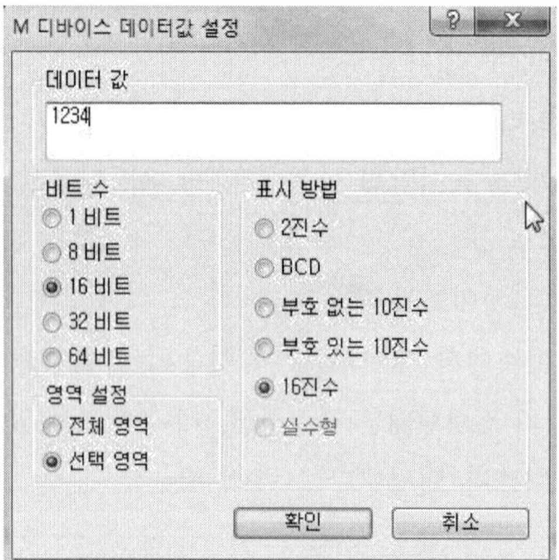

그림 2.120

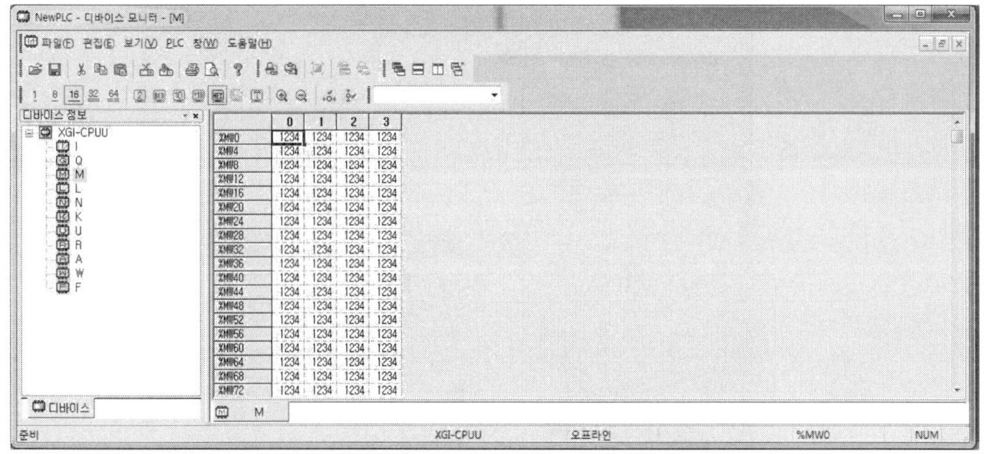

그림 2.121

2.9.6 특수 모듈 모니터

XG5000 프로그램의 메뉴 항목 중 [모니터]-[특수모듈 모니터] 항목을 선택하면 "특수모듈 리스트" 대화상자(그림 2.122 참조)가 나타나며, 여기서 현재 PLC 시스템에 장착되어 있는 특수모듈의 정보 리스트를 표시해 준다. 사용자가 이 리스트에서 모듈을 선택한 후 [모니터] 버튼을 누르면 "모니터링/테스트"대화 상자(그림 2.123 참조)가 표시된다.

"모니터링/테스트"화면을 통해 사용자는 특수 모듈에 저장되어 있는 파라미터 값을 직접 변경하면서 해당 모듈의 시운전 및 상태를 확인할 수 있다.

그림 2.122 특수모듈 선택 화면

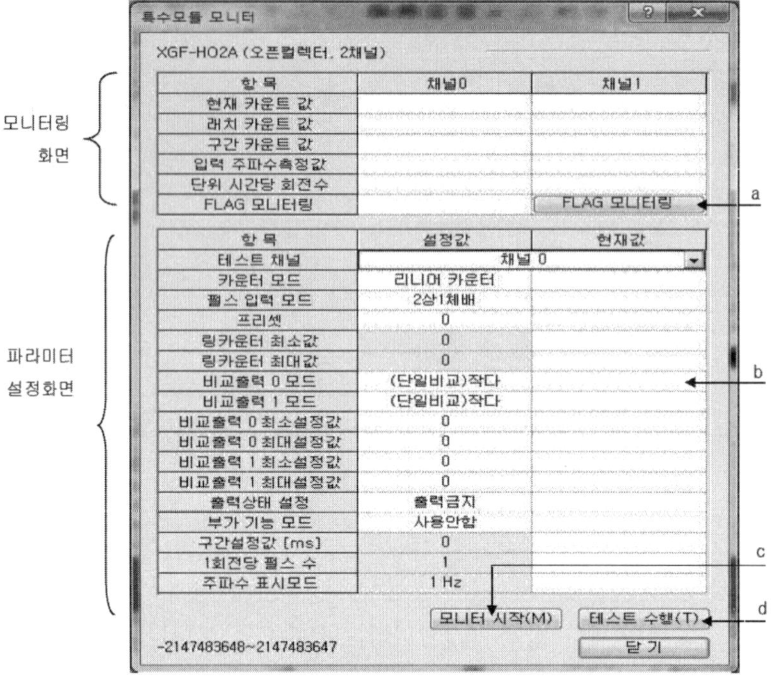

그림 2.123 모니터링/테스트 화면(고속카운터 모듈)

그림 2.124 고속카운터 모듈 FLAG 모니터링 및 지령 화면

a. Flag 모니터링(고속카운터 모듈에만 해당됨): Flag 모니터링 기능은 고속카운터 모듈용 지령 명령을 수행하기 위한 것이다. 사용자는 고속카운터 모니터링/테스트 화면과 동시에 Flag 모니터링 화면(그림 2.124 참조)을 함께 띄어놓고 지령 명령 및 입력 신호 상태를 확인할 수 있다.

b. 파라미터 설정 화면: 파라미터 설정 화면은 사용자가 파라미터를 변경할 수 있는 부분(설정 값)과 모니터링 도중 변경된 파라미터가 모듈로 전달이 제대로 되었는지 확인할 수 있는 부분(현재 값)으로 나뉘어져 있다.

c. 모니터 시작: [모니터 시작] 버튼을 누르면 모니터링이 시작되면서 화면에 표시된다. 한 번 더 누르면 모니터링은 중지된다.

d. 테스트 수행: 사용자가 해당 특수모듈을 시운전하기를 원할 때, 모니터링/테스트 화면 하단의 파라미터를 변경한 후 [테스트 수행] 버튼을 누르면 파라미터 정보가 모듈로 직접 전달되어 해당 결과를 모니터링 화면을 통해서 바로 확인할 수 있다.

e. 접점입력 신호상태 화면: 사용자는 Flag 모니터링 화면 상단부를 통해 고속카운터 입력접점 신호의 상태(On/Off)를 확인할 수 있다.

f. 지령 화면: 사용자는 Flag 모니터링 화면 하단부에서 고속카운터 운전 및 부가기능에 대한 지령 명령을 수행할 수 있다. 지령 명령이 올바르게 수행된 경우 해당 지령 상태는 버튼 위의 텍스트 On/Off로 표시된다.

2.10 XG-SIM(시뮬레이션)

2.10.1 시뮬레이션 시작

① XG5000을 실행하여 **XG-SIM**에서 실행할 프로그램을 작성한다.

② XG5000 메뉴 [도구]-[시뮬레이터 시작] 항목을 선택한다. XG-SIM이 실행되면 작성한 프로그램이 XG-SIM으로 자동으로 다운로드 된다. XG-SIM이 실행되면 온라인, 접속, 런 상태가 된다.

③ 프로그램을 실행한다. XG-SIM의 실행 시 XG5000이 지원하는 온라인 메뉴 항목은 표 2.21과 같다.

표 2.21 시뮬레이션 지원항목

메뉴항목	지원여부	메뉴항목	지원여부
PLC로부터 열기	○	고장 마스크 설정	X
모드 전환 (런)	○	모듈 교환 마법사	X
모드 전환 (중지)	○	런 중 수정 시작	○
모드 전환 (디버그)	○	런 중 수정 쓰기	○
접속 끊기	X	런 중 수정 종료	○
읽기	X	모니터 시작/끝	○
쓰기	○	모니터 일시 정지	○
PLC와 비교	X	모니터 다시 시작	○
플래시 메모리 설정 (설정)	X	모니터 일시 정지 설정	○
플래시 메모리 설정 (해제)	X	현재 값 변경	○
PLC 리셋	X	시스템 모니터	○
PLC 지우기	○	디바이스 모니터	○
PLC 정보 (CPU)	○	특수모듈 모니터	○
PLC 정보 (성능)	○	사용자 이벤트	○
PLC 정보 (비밀번호)	○	데이터 트레이스	○
PLC 정보 (PLC 시계)	○	디버그 시작/끝	○
PLC 이력 (에러 이력)	○	디버그 (런)	○
PLC 이력 (모드전환이력)	○	디버그 (스텝 오버)	○
PLC 이력 (전원차단이력)	○	디버그 (스텝 인)	○
PLC 이력 (시스템 이력)	○	디버그 (스텝 아웃)	○
PLC 에러 경고	○	디버그 (커서위치까지 이동)	○
I/O 정보	○	브레이크 포인트 설정/해제	○
강제 I/O 설정	○	브레이크 포인트 목록	○
I/O 스킵 설정	○	브레이크 조건	○

2.10.2 XG-SIM

XG-SIM 프로그램의 창은 다음과 같이 구성되어 있다(그림 2.125).

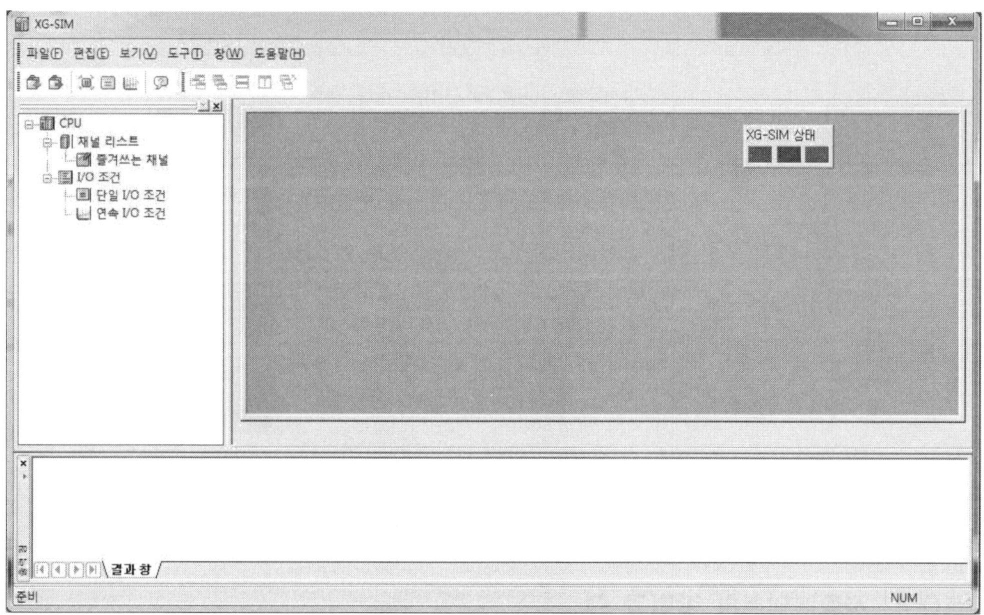

그림 2.125 XG-SIM화면

① 채널 리스트

모듈별 채널 및 사용자 선택에 의해 즐겨 쓰는 채널이 표시된다. 모듈의 경우에는 I/O 파라미터에서 설정한 모듈만 표시된다. 모듈의 표시는 'B0(베이스 번호)S00(슬롯 번호): 모듈 이름'의 형태로 표시된다.

② I/O 조건

단일 I/O 조건 및 연속 I/O 조건을 표시한다.

③ 상태 창

상태 창은 시뮬레이터의 상태를 표시한다(그림 2.126).

상태	설명	창
초기	초기 상태를 나타냅니다. 시뮬레이터로 접속이 불가능 합니다.	XG-SIM 상태
접속 가능	접속 준비 완료 상태를 나타내며 적색의 LED가 켜집니다.	XG-SIM 상태
단일 I/0 조건 실행	단일 I/0 조건이 실행 중임을 나타냅니다. 실행 중인 경우 초록색의 LED가 점멸합니다.	XG-SIM 상태
연속 I/0 조건 실행	연속 I/0 조건이 실행 중임을 나타냅니다. 실행 중인 경우 노란색의 LED가 점멸 합니다.	XG-SIM 상태

그림 2.126 상태 창

2.10.3 시뮬레이션의 방법과 예

제어조건: start버튼을 ON하면 내부릴레이 %MX0가 ON되어 자기유지 되며, 동시에 start램프가 ON된다. 3초가 지나 카운터 C1이 ON되면 모터가 ON되며, 따라서 운전램프가 ON된다. 그로부터 3초가 지나면 타이머 T1이 ON되어 카운터 C1이 리셋되므로 모터가 OFF되고 T1도 초기화된다. 그로부터 다시 3초가 지나면 C1이 ON되어 위의 과정이 반복되는 플리커 회로이다.

이 프로그램에 사용되는 변수목록과 프로그램은 각각 그림 2.127 및 그림 2.128이다.

	변수 종류	변수	타입	메모리 할당	초기값	리테인	사용 유무	설명문
1	VAR	C1	CTU_INT			☐	☑	
2	VAR	start	BOOL	%IX0.0.0		☐	☑	
3	VAR	start램프	BOOL	%QX0.1.0		☐	☑	
4	VAR	stop	BOOL	%IX0.0.1		☐	☑	
5	VAR	T1	TON			☐	☑	
6	VAR	모터	BOOL	%QX0.2.0		☐	☑	
7	VAR	운전램프	BOOL	%QX0.1.1		☐	☑	
8	VAR	정지램프	BOOL	%QX0.1.2		☐	☑	

그림 2.127

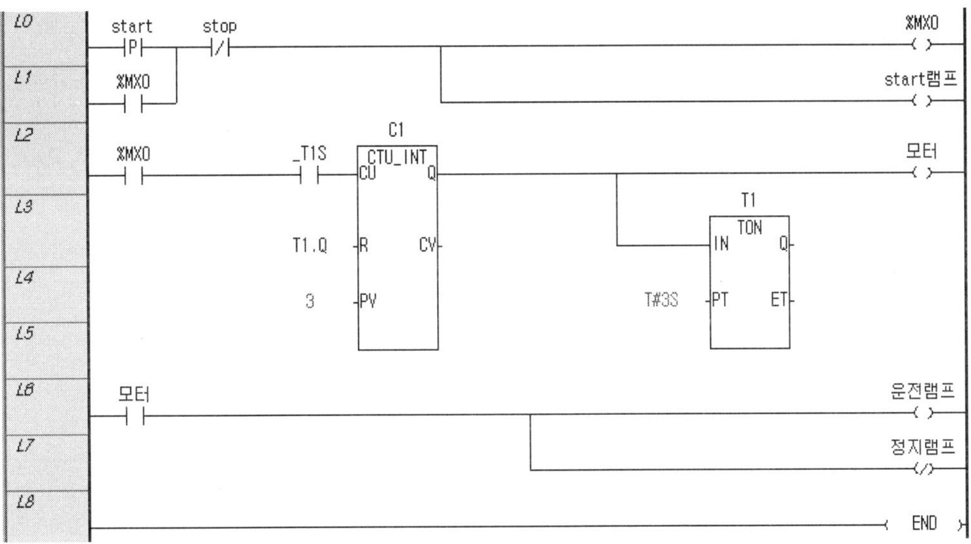

그림 2.128

(1) 래더도 상의 시뮬레이션

XG5000의 메뉴 [도구]-[시뮬이션 시작]의 항목을 선택하여 "쓰기" 대화상자가 나타나면 "확인"을 클릭하고, "쓰기 완료 창"에서 "확인"을 클릭하면(그림 2.129) 프로그램이 그림 2.130과 같이 된다.

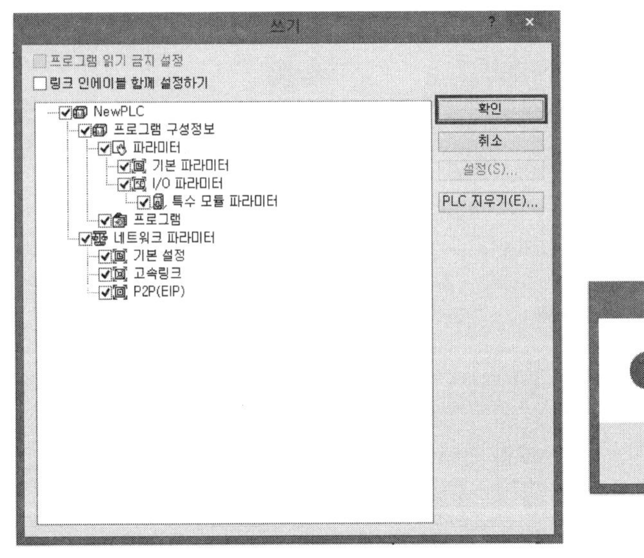

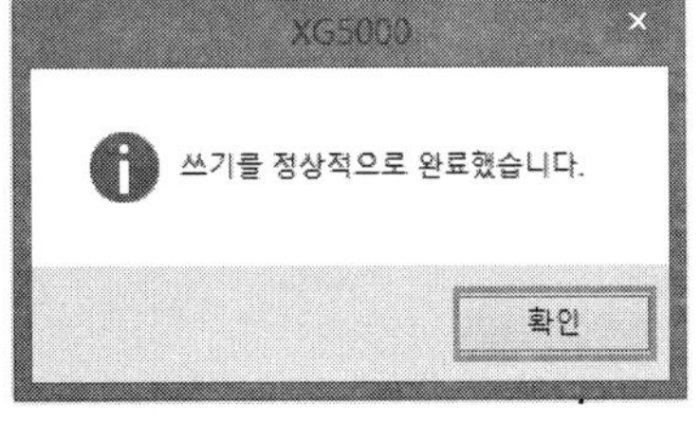

그림 2.129

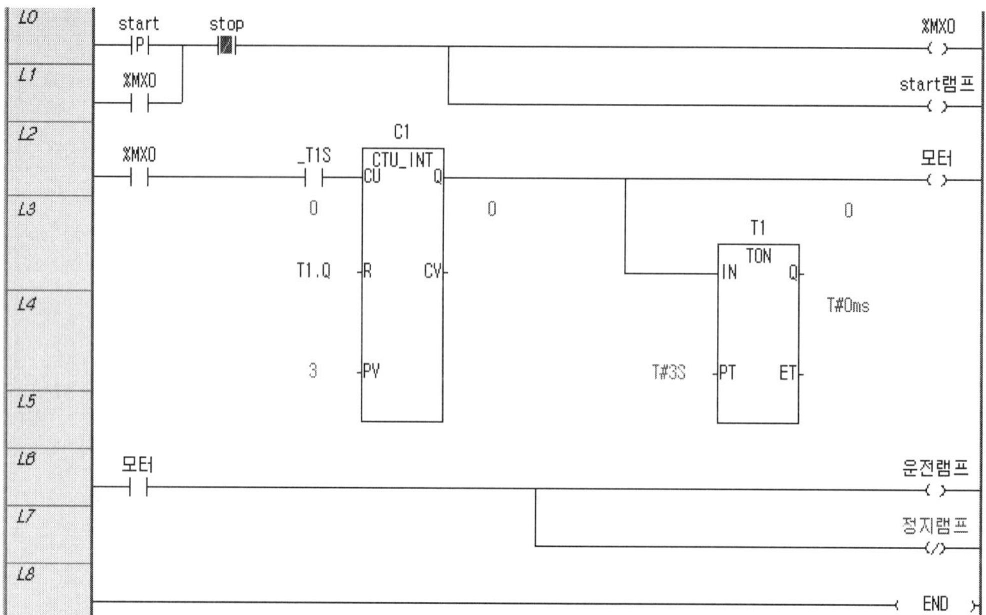

그림 2.130

start접점을 두 번 클릭하면 "현재값 변경"의 대화상자(그림 2.131)가 나타나고 "온(N)"을 클릭하여 "확인"을 누르면 프로그램의 시뮬레이션이 그림 2.132와 같이 수행된다.

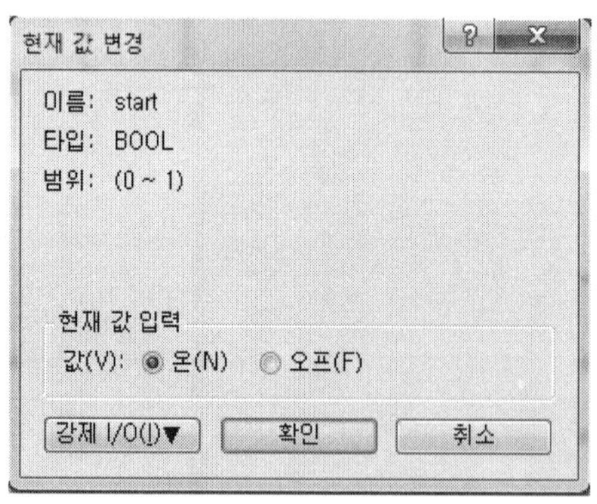

그림 2.131

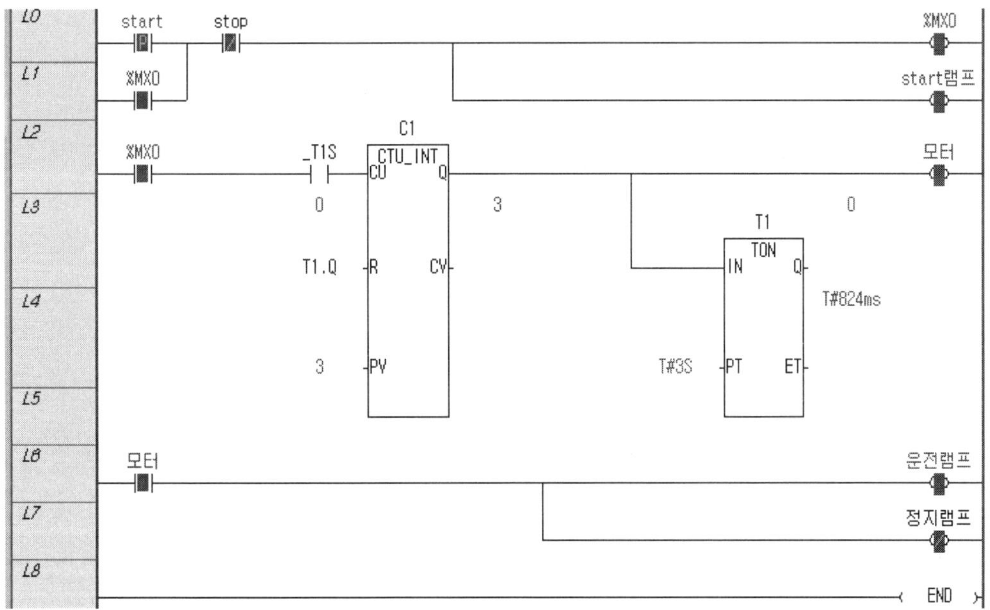

그림 2.132 래더도상의 시뮬레이션

(2) 시스템 모니터 상의 시뮬레이션

XG5000의 메뉴 [도구]-[시뮬이션 시작]의 항목을 선택하고 "쓰기" 대화상자에서 확인을 클릭하면 프로그램이 그림 2.130과 같이 된다.

그 상태에서 메뉴 [모니터]-[시스템 모니터]를 선택하면 그림 2.133의 시스템 모니터가 나타나며, start버튼의 어드레스 %IX0.0.0을 클릭하면 그림 2.134와 같이 시스템 모니터 상에서 시뮬레이션이 수행된다. 이 시뮬레이션은 미리 I/O파라미터를 설정해 놓아야 된다.

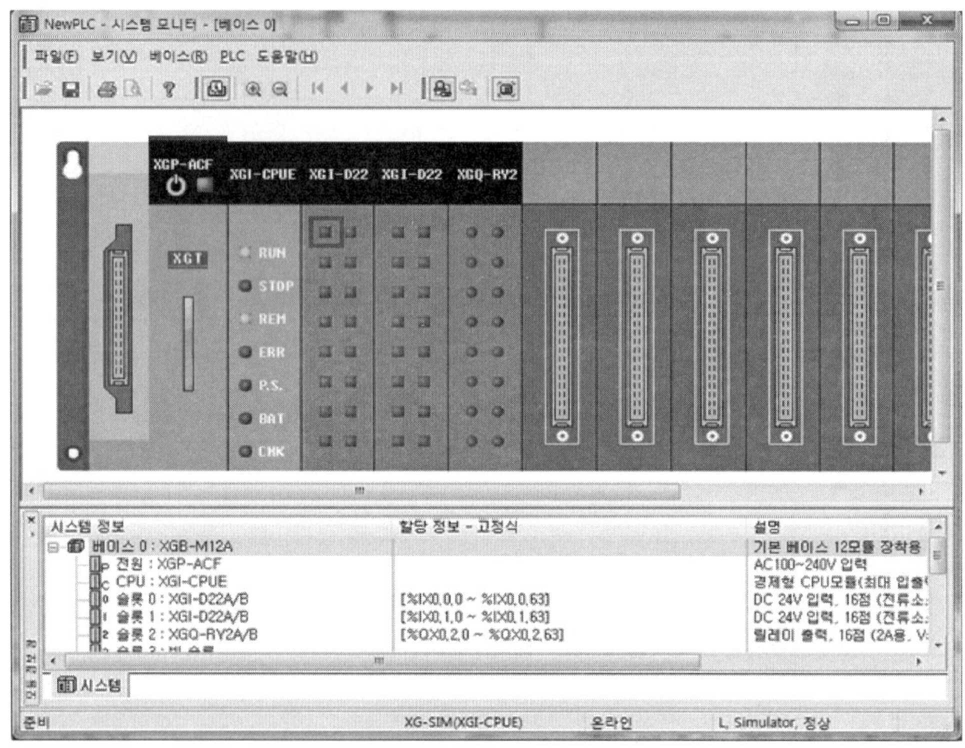

그림 2.133 시스템 모니터

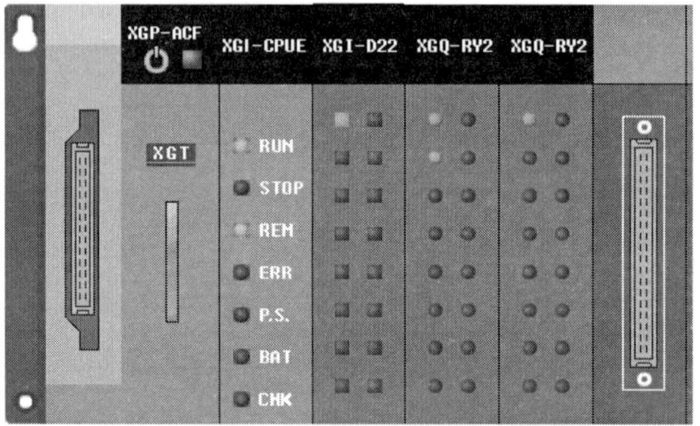

그림 2.134 시스템 모니터 상의 시뮬레이션

(3) 디바이스 모니터 상의 시뮬레이션

XG5000의 메뉴 [도구]-[시뮬이션 시작]의 항목을 선택하고 "쓰기" 대화상자에서 확인을 클릭하면 프로그램이 그림 2.130과 같이 된다.

그 상태에서 메뉴 [모니터]-[디바이스 모니터]를 선택하면 그림 2.135의 디바이스 모니터가 나타나며, 디바이스 I와 Q를 선택한 후 start버튼의 어드레스 %IX0.0.0을 ON(1)시키면 그림 2.136과 같이 디바이스 모니터상의 시뮬레이션이 수행된다.

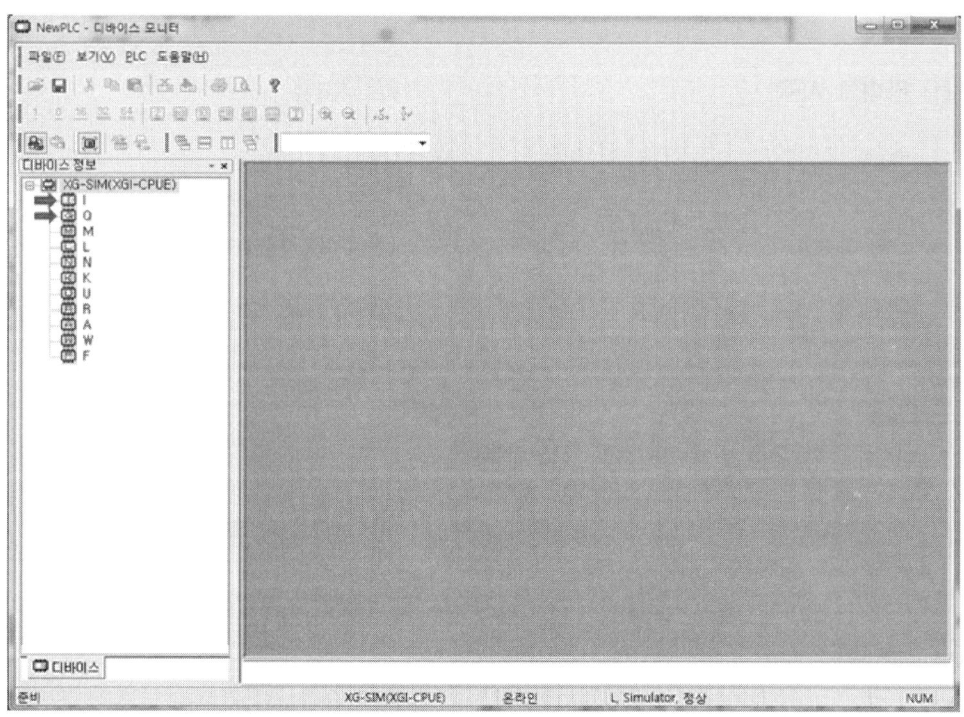

그림 2.135 디바이스 모니터

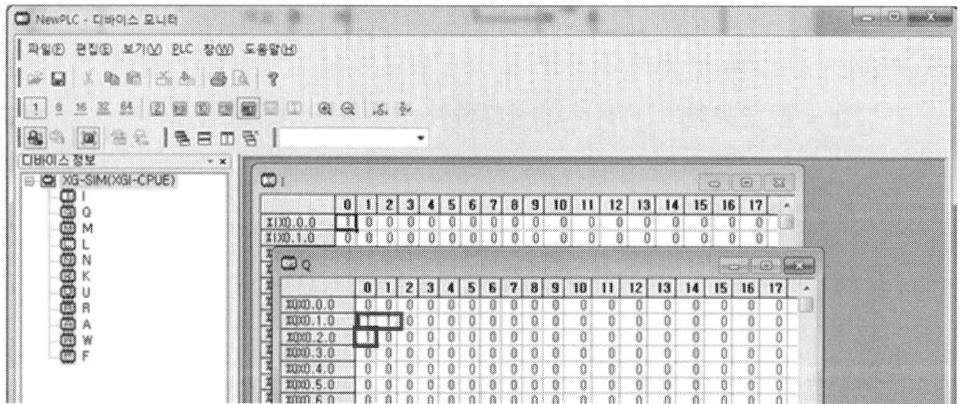

그림 2.136 디바이스 모니터 상의 시뮬레이션

2.11 디버그

디버그는 프로그램 중에 오류(버그)를 발견해서 수정하는 것을 의미한다.

2.11.1 디버그 시작/끝

(1) 디버그 시작

① 메뉴 [온라인]-[접속]을 선택하여 PLC와 연결한다.

② 메뉴 [온라인]-[쓰기]를 선택하여 프로그램을 PLC로 다운로드 한다.

③ 메뉴 [온라인]-[모드 전환]-[디버그] 또는 메뉴 [디버그]-[디버그 시작/끝]을 선택한다.

포인트

- PLC가 온라인으로 연결되어 있을 때만 가능하다.
- PLC가 런 운전 모드일 때는 디버그가 불가능하다.
- XG5000의 프로그램과 PLC의 프로그램이 동일해야 디버그 기능을 할 수 있다.
- 디버그 모드 중에 모니터링 기능도 가능하다.
- PLC에 에러가 발생한 경우 디버그 기능을 정상적으로 수행하지 못한다. 에러를 해결한 후 디버그 기능을 수행해야 한다.

(2) 디버그 끝

① 메뉴 [온라인]-[모드 전환]-[스톱] 또는 메뉴 [디버그]-[디버그 시작/끝]을 선택한다.

② PLC는 디버그를 종료하고 스톱 모드가 된다.

- 디버그를 종료해도 모니터는 종료하지 않는다.

2.11.2 프로그램 디버깅

작성된 LD 프로그램을 디버깅하기 위한 기능을 설정한다.

(1) 브레이크 포인트 설정/해제

스텝별로 브레이크 포인트를 설정하거나 해제한다.

1) 브레이크 포인트 설정

① 브레이크 포인트를 설정하고자 하는 스텝으로 이동한다(그림 2.137).

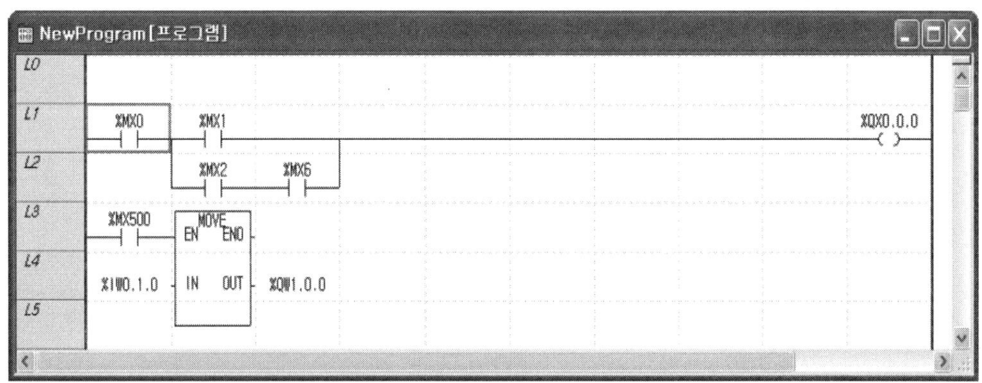

그림 2.137

② 메뉴 [디버그]-[브레이크 포인트 설정/해제]를 선택한다(그림 2.138).

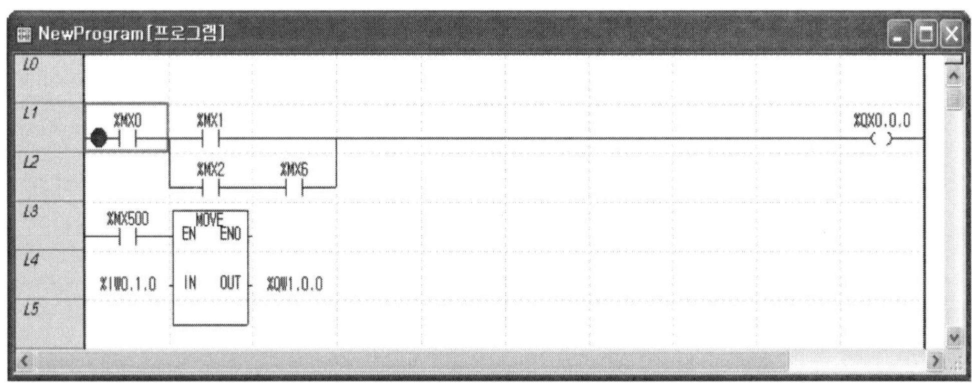

그림 2.138

- 비 실행문으로 설정된 영역에는 브레이크를 설정할 수 없다.
- 응용 명령어는 명령어 부분에 브레이크 포인트가 설정된다(그림 2.139).

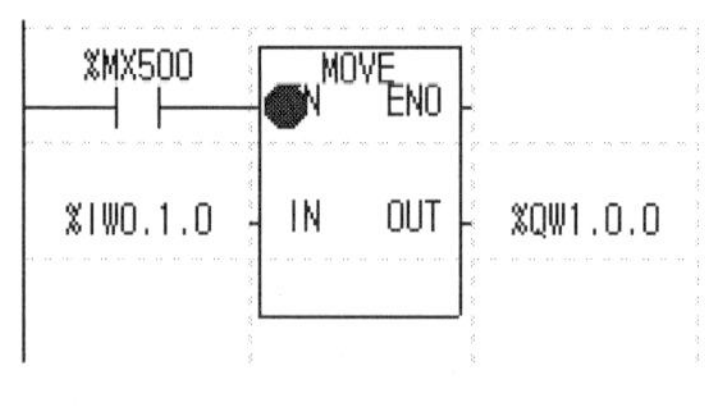

그림 2.139

2) 브레이크 포인트 해제

① 브레이크 포인트를 해제하고자 하는 스텝으로 이동한다(그림 2.140).

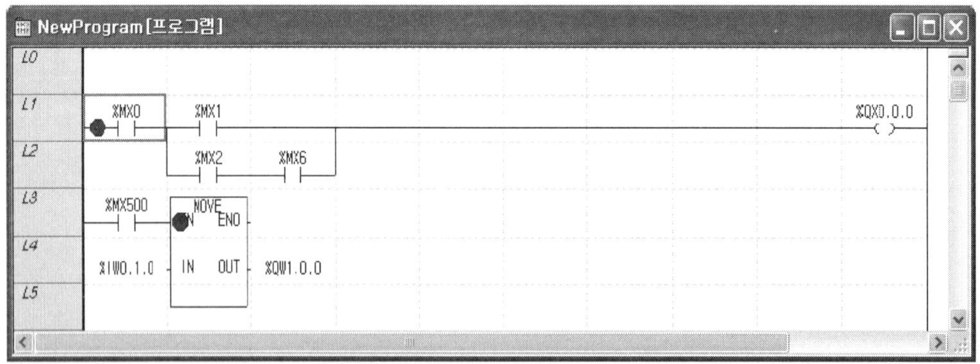

그림 2.140

② 메뉴 [디버그]-[브레이크 포인트 설정/해제] 항목을 선택한다(그림 2.141).

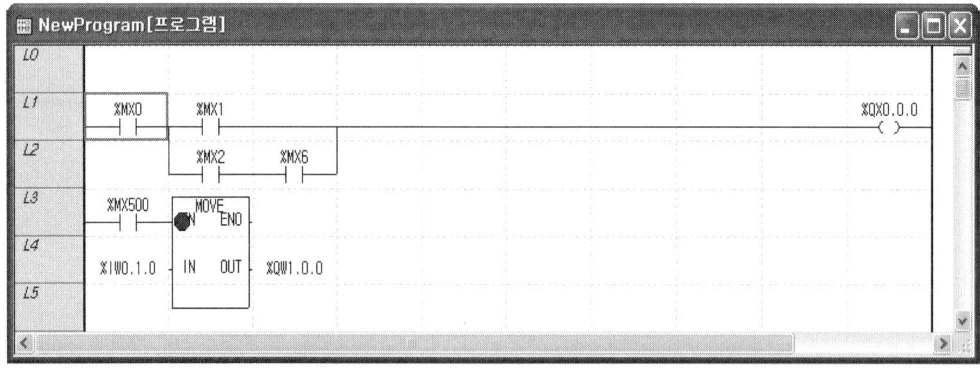

그림 2.141

(2) 런

설정된 브레이크 포인트를 이용하여 프로그램 디버깅을 시작한다. 런 기능을 이용하여 설정된 브레이크 포인트까지 프로그램을 실행시킬 수 있다.

① 메뉴 [디버그]-[런]을 선택한다. 조건을 만족하는 브레이크 포인트까지 프로그램을 실행한다(그림 2.142).

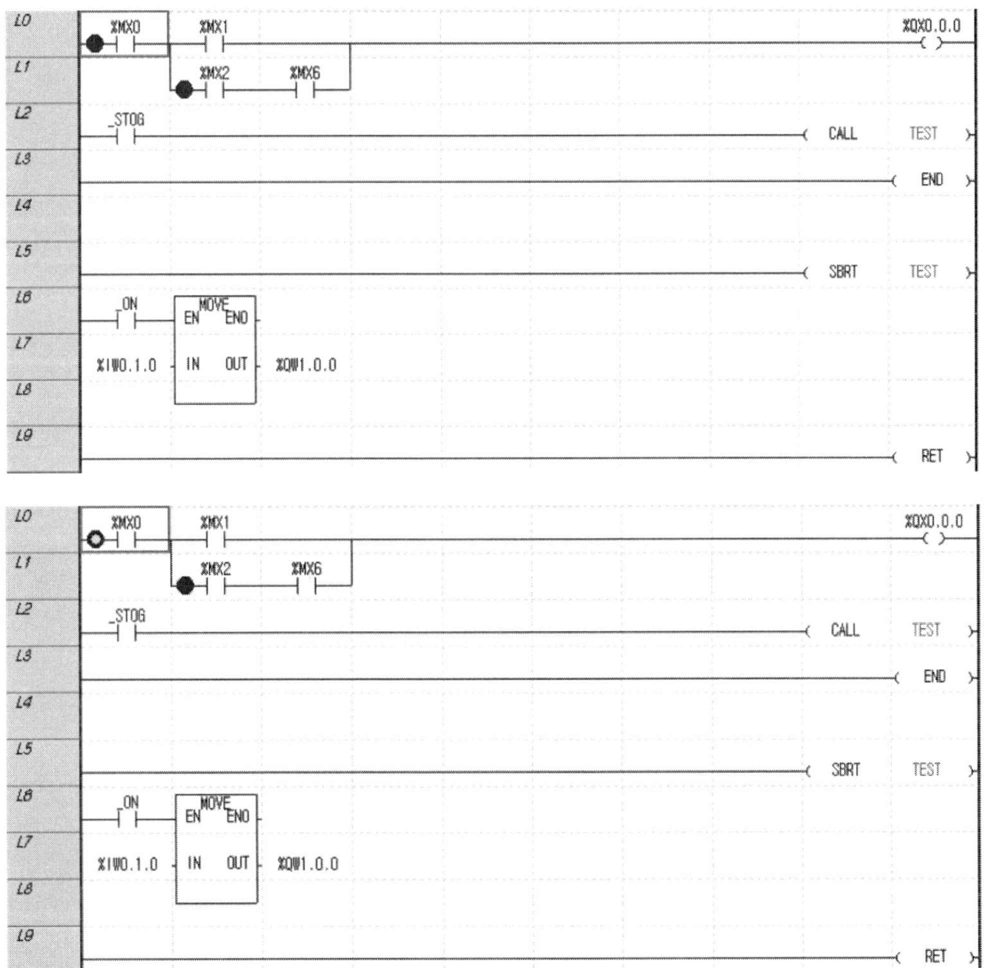

그림 2.142

② 다음 브레이크 포인트로 진행하려면 다시 메뉴 [디버그]-[런]을 선택한다.

(3) 커서 위치까지 실행

커서 위치까지 프로그램을 실행한다.

① 실행하고 싶은 위치로 커서를 이동한다(그림 2.143).

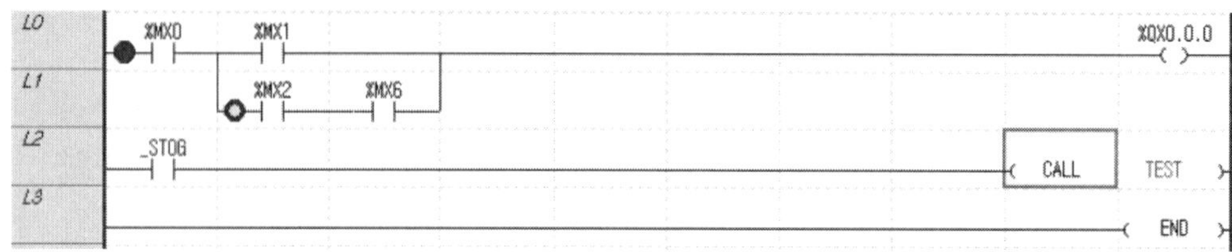

그림 2.143

② 메뉴 [디버그]-[커서 위치까지 런]을 선택한다(그림 2.144).

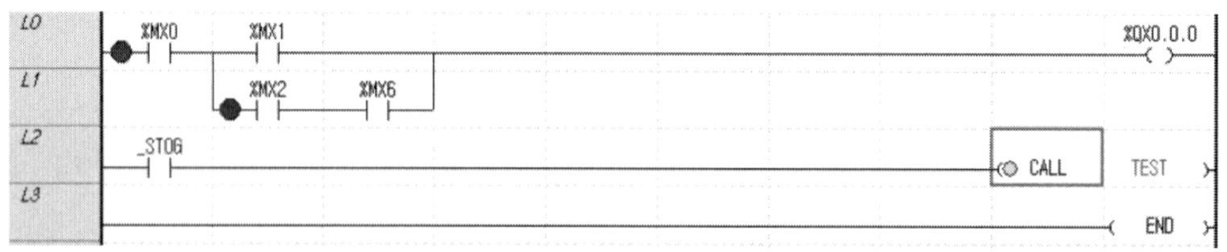

그림 2.144

(4) 스텝 진행하기

디버깅 중 브레이크 포인트가 걸리면 한 스텝씩 진행할 수 있다. 프로그램 디버깅 시 스텝 인, 스텝 아웃, 스텝 오버를 제공한다.

1) 스텝 인

다음 스텝까지 프로그램을 실행한다. 만일 현재 스텝이 응용 명령어 CALL이고, 실행 조건을 만족한 경우, 서브루틴 블록으로 진입한다.

① 메뉴 [디버그]-[스텝 인]을 선택한다(그림 2.145).

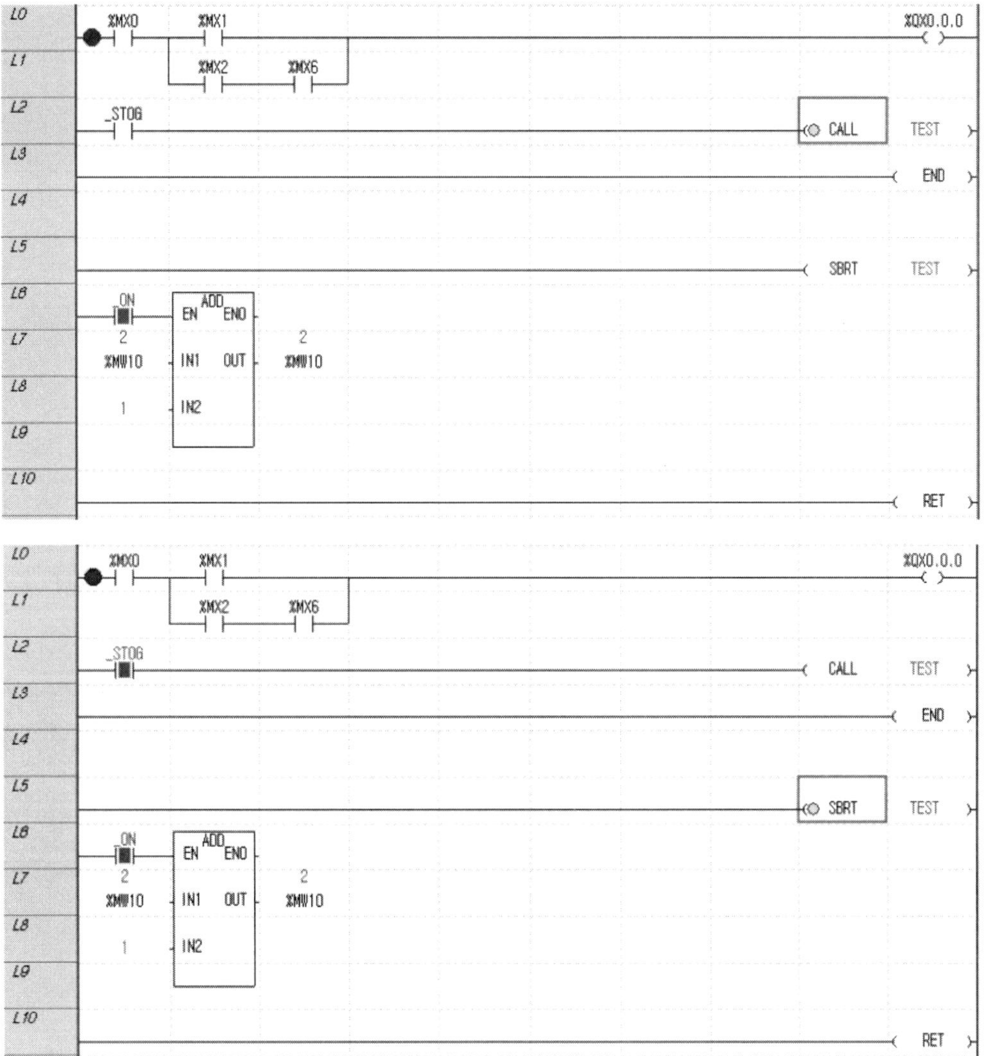

그림 2.145

2) 스텝 아웃

스텝 인 실행 시 서브루틴 블록으로 진입한 경우 서브루틴 블록으로부터 빠져 나오기 위해 실행한다.

① 메뉴 [디버그]-[스텝 아웃]을 선택한다(그림 2.146).

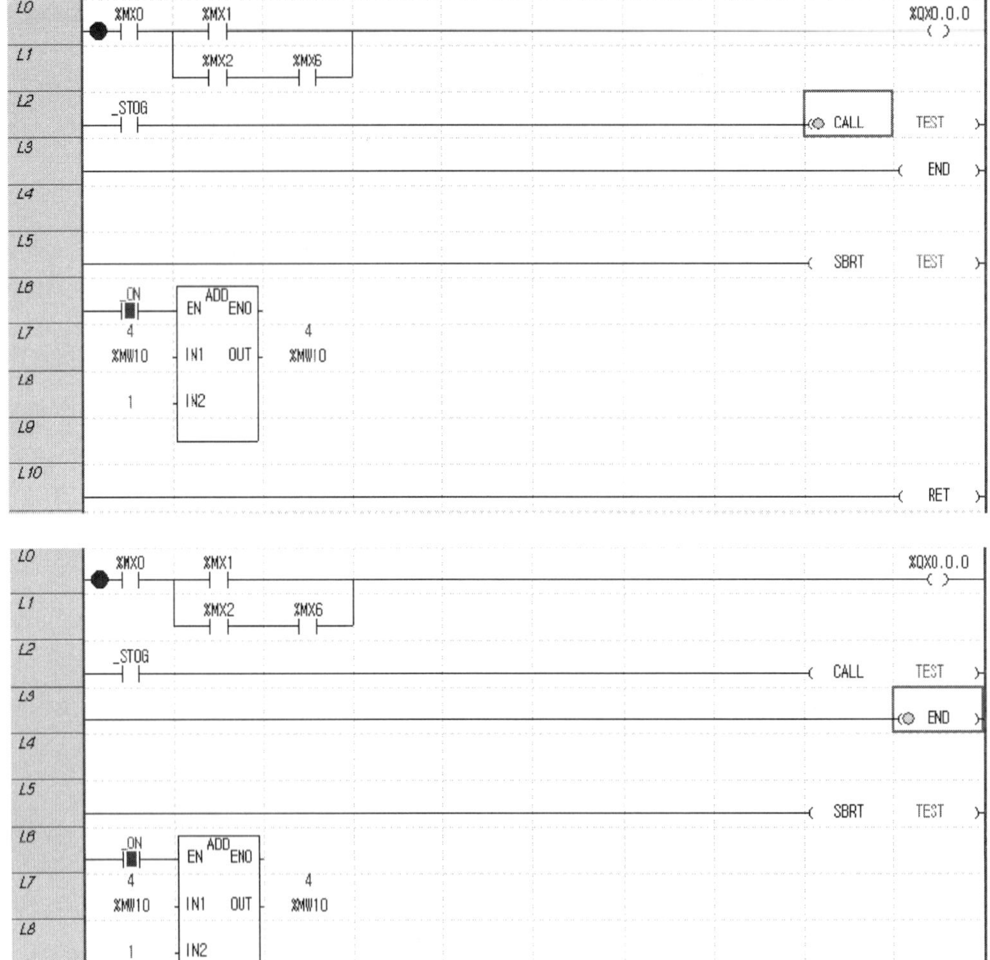

그림 2.146

2.11.3 변수 브레이크

변수의 데이터 값 및 변수의 사용에 따른 디버깅이 가능하다.

(1) 변수 브레이크 설정

메뉴 [디버그]-[브레이크 조건]-[변수 브레이크 탭]을 선택한다(그림 2.147).

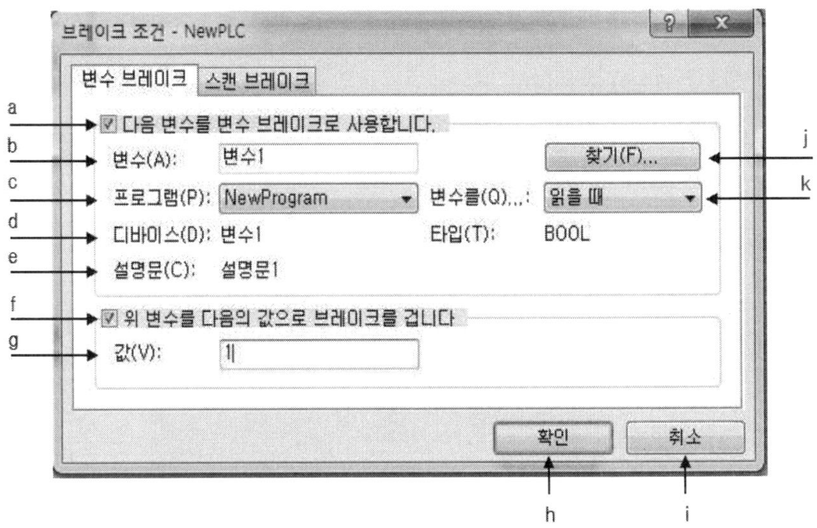

그림 2.147

a. 변수 브레이크 사용: 체크 박스를 해제하면 변수 브레이크를 저장은 하고 있으나, 사용은 하지 않는다. 즉, 변수 브레이크가 걸리지 않는다.

b. 변수: 변수 브레이크로 사용될 변수 이름이다.

c. 프로그램: 변수 브레이크로 사용될 변수의 프로그램 이름이다.

d. 디바이스: 변수가 로컬변수에 메모리할당 되어 있으면 디바이스 이름을 보여준다.

e. 설명문: 변수가 로컬변수에 설명문이 선언되어 있으면 설명문을 보여준다.

f. 값 브레이크 사용: 체크 박스를 해제하면 값은 저장하고 있으나, 값으로 변수 브레이크를 걸지는 않는다.

g. 값: 디바이스가 설정된 값이 되면 브레이크가 걸린다. 값의 최대/최소값은 변수 타입에 따라 결정된다.

h. 확인: 변경된 내용을 저장하고 대화 상자를 닫는다.

i. 취소: 변경된 내용을 저장하지 않고, 대화 상자를 닫는다.

j. 찾기: 변수선택 목록에서 변수를 찾는다.

k. 조건: 디바이스의 값을 읽을 때, 쓸 때 또는 읽거나 쓸 때 변수 브레이크를 건다.

(2) 변수 브레이크 수행

① 변수 브레이크를 설정한다.

② 메뉴 [디버그]-[런] 항목을 선택한다. PLC는 디버그 런 동작을 수행한다.

③ 설정된 변수 브레이크 조건이 만족되면 변수 브레이크가 걸렸음을 알려준다. 이때 PLC는 동작을 멈춘다(그림 2.148).

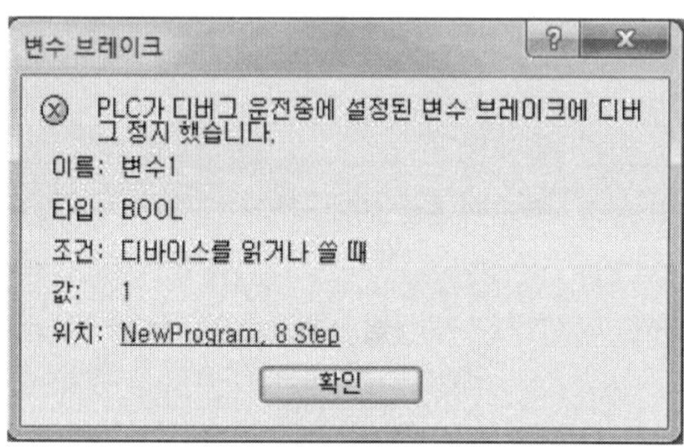

그림 2.148

포인트

- PLC는 디버그 동작 중에 브레이크 포인트, 변수 브레이크, 스캔 브레이크 등 모든 조건 중 하나라도 만족하면 브레이크가 걸린다.
- 프로그램 이름을 클릭하면 변수 브레이크가 걸린 프로그램 위치로 이동한다.
- 설정된 변수를 프로그램이 아닌 다른 응용 프로그램(디바이스 모니터 등)에서 값을 변경할 때는 변수 브레이크가 걸린 프로그램 위치로 이동하지 못하는 경우도 있다.

2.11.4 스캔 브레이크

설정된 스캔 횟수만큼 PLC를 수행하고 브레이크 걸리게 하는 기능이다.

① 메뉴 [디버그]-[브레이크 조건]을 선택한다.

② [스캔 브레이크] 탭을 선택한다(그림 2.149).

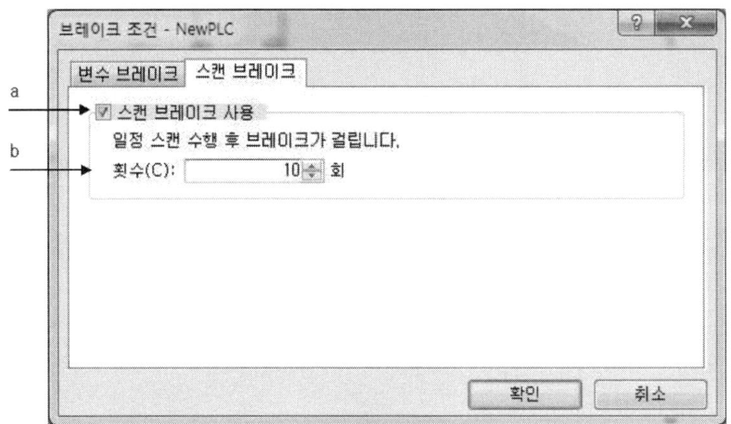

그림 2.149

a. 스캔 브레이크 사용: 체크 박스를 해제하면 설정된 스캔 브레이크 횟수는 저장하지만 PLC 디버그 런 중에 스캔 브레이크는 걸리지 않는다.
b. 횟수: 브레이크가 걸릴 스캔 횟수를 입력한다. 설정 값은 최소 1부터 최대 2,147,483,647까지이다.

[스캔 브레이크 수행]

① "스캔 브레이크 사용"을 체크하고 브레이크 걸릴 횟수를 설정한다.
② 메뉴 [디버그]-[런] 항목을 선택 시 PLC는 디버그 런 동작을 수행한다.
③ PLC는 설정된 스캔 횟수만큼 수행 후 스캔 브레이크가 걸렸음을 알려준다(그림 2.150).

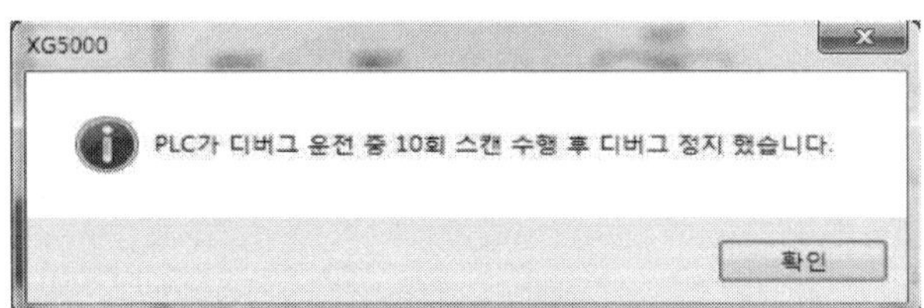

그림 2.150

** 2장의 내용은 ㈜LS산전에서 제공하는 "XG5000소프트웨어 사용설명서[XGI/XGR용]"에서 자주 사용되는 내용을 정리한 것이다. 더 자세한 내용은 ㈜LS산전의 홈페이지(http://www.lsis.com)에서 찾아볼 수 있다.

Chapter 03

프로그래밍을 위한 연산자와 펑션 및 펑션블록

이 장에서는 XGI PLC 프로그램을 작성하기 위한 연산자와 주요 펑션 및 펑션블록에 대한 각각의 정의와 기능에 대하여 기술한다.

3.1 편집도구

래더(LD: Ladder) 프로그램에 대한 편집도구 요소의 종류와 그 단축키 및 명칭은 2장에서 제시한 표 2.14(표 3.1)와 표 2.15(표 3.2)와 같으며, 그 편집도구의 입력은 입력할 요소를 선택한 후 프로그램의 지정 위치에서 마우스를 클릭하거나 단축키를 눌러 작성할 수 있다.

표 3.1 편집도구 요소

LD

Esc	F3	F4	sF1	sF2	F5	F6	sF8	sF9	F9	F11	sF3	sF4	sF5	sF6	F10	sF7	c3	c4	c5	c6

표 3.2 편집도구의 단축키 및 명칭

기호	단축키	설명
Esc	Esc	선택 모드로 변경
F3	F3	평상시 열린 접점
F4	F4	평상시 닫힌 접점
sF1	Shift + F1	양 변환 검출 접점
sF2	Shift + F2	음 변환 검출 접점
F5	F5	가로선
F6	F6	세로선
sF8	Shift + F8	연결선
sF9	Shift + F9	반전 입력
F9	F9	코일
F11	F11	역 코일
sF3	Shift + F3	셋(latch) 코일
sF4	Shift + F4	리셋(unlatch) 코일
sF5	Shift + F5	양 변환 검출 코일
sF6	Shift + F6	음 변환 검출 코일
F10	F10	펑션/펑션 블록
sF7	Shift + F7	확장 펑션
c3	Ctrl+3	평상시 열린 OR 접점
c4	Ctrl+4	평상시 닫힌 OR 접점
c5	Ctrl+5	양 변환 검출 OR 접점
c6	Ctrl+6	음 변환 검출 OR 접점

3.2 연산자의 종류와 기능

3.2.1 모선

LD 프로그램 구성도의 왼쪽 끝(왼쪽 모선)과 오른쪽 끝(오른쪽 모선)에는 전원선 개념의 모선이 세로로 양쪽에 놓여 있게 된다(표 3.3).

표 3.3 모선

No	기호	이름	설명
1	‖—	왼쪽 모선	BOOL 1의 값을 갖는다.
2	—‖	오른쪽 모선	값이 정해져 있지 않다.

3.2.2 연결선

왼쪽 모선의 BOOL 1 값은 작성한 래더도에 따라 오른쪽으로 전달된다. 그 전달되는 값을 가진 선을 **전원 흐름선** 또는 **연결선**이라고 하며, 접점이나 코일에 연결되는 선이다.

전원 흐름선은 언제나 BOOL 값을 가지고 있으며, 한 렁(Rung)에서 하나만 존재한다. 여기서 **렁**이란 LD의 처음부터 밑으로 내려가는 선(세로 연결선)이 없는 행을 말한다.

LD의 각 요소를 연결하는 연결선에는 **가로 연결선**과 **세로 연결선** 및 **가로선 채우기**가 있다(표 3.4).

표 3.4 연결선

No	기호	이름	설명
1	—	가로 연결선	왼쪽의 값을 오른쪽으로 전달
2	|	세로 연결선	왼쪽에 있는 가로 연결선들의 논리합
3	→»	가로선 채우기	

3.2.3 접점

접점은 왼쪽에 있는 가로 연결선의 상태와 현 접점과 연관된 BOOL 입력, 출력 또는 메모리 변수 간의 논리곱(Boolean AND)을 실행한 값을 오른쪽에 위치한 가로 연결선에 전달한다. 접점과 관련된 변수 값 자체는 변화시키지 않는다. **표준접점 기호**는 표 3.5와 같다.

표 3.5 접점

정적 접점			
No	기호	이름	설명
1	*** ─┤ ├─	평상시 열린 접점 (Normally Open Contact)	BOOL 변수('***'로 표시된 것)의 상태가 On일 때에는 왼쪽의 연결선 상태는 오른쪽의 연결선으로 복사된다. 그렇지 않을 경우에는 오른쪽의 연결선 상태가 Off이다.
2	*** ─┤/├─	평상시 닫힌 접점 (Normally Closed Contact)	BOOL 변수('***'로 표시된 것)의 상태가 Off일 때에는 왼쪽의 연결선 상태는 오른쪽의 연결선으로 복사된다. 그렇지 않을 경우에는 오른쪽의 연결선 상태가 Off이다.
3	*** ─┤P├─	양 변환 검출 접점 (Positive Transition－Sensing Contact)	BOOL 변수('***'로 표시된 것)의 값이 전 스캔에서 Off였던 것이 현재 스캔에서 On으로 되고, 왼쪽 연결선 상태가 On되어 있는 경우에 한해서 오른쪽의 연결선 상태는 현재 스캔 동안에 On이 된다.
4	*** ─┤N├─	음 변환 검출 접점 (Negative Transition－Sensing Contact)	BOOL 변수('***'로 표시된 것)의 값이 전 스캔에서 On이었던 것이 현재 스캔에서 Off되고 왼쪽 연결선 상태가 On되어 있는 경우에 한해서 오른쪽의 연결선 상태는 현재 스캔 동안에 On이 된다.

3.2.4 코일

코일은 왼쪽의 연결선 상태 또는 상태변환에 대한 처리결과를 연관된 BOOL 변수에 저장시킨다. **표준 코일기호**는 다음 표 3.6과 같으며, 코일은 LD의 가장 오른쪽에만 올 수 있다.

표 3.6 코일

임시 코일(Momentary Coils)			
No	기호	이름	설명
1	*** ─( )─	코일(Coil)	왼쪽에 있는 연결선의 상태를 관련된 BOOL 변수('***'로 표시된 것)에 넣는다.
2	*** ─(/)─	역 코일(Negated Coil)	왼쪽에 있는 연결선 상태의 역(Negated)값을 관련된 BOOL 변수('***'로 표시된 것)에 넣는다. 즉, 왼쪽 연결선 상태가 Off이면 관련된 변수를 On시키고, 왼쪽 연결선 상태가 On이면 관련된 변수를 Off시킨다.

래치 코일(Latched Coils)			
No	기호	이름	설명
3	*** —(S)—	Set(Latch) Coil	왼쪽의 연결선 상태가 On이 되었을 때에는 관련된 BOOL 변수('***'로 표시된 것)는 On이 되고 Reset 코일에 의해 Off되기 전까지는 On되어 있는 상태로 유지된다.
4	*** —(R)—	Reset(Unlatch) Coil	왼쪽의 연결선 상태가 On이 되었을 때에는 관련된 BOOL 변수('***'로 표시된 것)는 Off되고 Set 코일에 의해 On되기 전까지는 Off되어 있는 상태로 유지된다.

상태 변환 검출 코일(TransitiOn-Sensing Coils)			
No	기호	이름	설명
5	*** —(P)—	양 변환 검출 코일 (Positive Transition-Sensing Coil)	왼쪽의 연결선 상태가 바로 전 스캔에서 Off였던 것이 현재 스캔에서 On이 되어 있는 경우에 관련된 BOOL 변수의 값은 현재 스캔 동안만 On이 된다.
6	*** —(N)—	음 변환 검출 코일 (Negative Transition-Sensing Coil)	왼쪽의 연결선 상태가 바로 전 스캔에서 On이었던 것이 현재 스캔에서 Off되어 있는 경우에 관련된 BOOL 변수('***'로 표시된 것)의 값은 현재 스캔 동안만 On이 된다.

3.2.5 연산회로의 반전

입력접점의 상태를 연산하여 그 결과를 반전하고자 할 경우 사용되는 연산회로 반전기능을 갖는 연산자(**반전접점**)는 표 3.7과 같다.

표 3.7 반전접점

기호	이름	기능
sF9	NOT	현재까지 연산된 결과를 반전함. (1 ⇒ 0), (0 ⇒ 1)

3.2.6 확장 명령어 연산자

확장 명령어 연산자의 기호는 sF7 이며, 표 3.8에 그 종류와 기능을 나타내었다.

표 3.8 확장 명령어 연산자

연산자	이름	기능
BREAK	브레이크	FOR ~ NEXT를 회전 도중에서 탈출할 때 사용
CALL	서브루틴 콜	메인 프로그램 연산 도중 서브루틴 프로그램 호출
END	엔드	프로그램 연산 종료
FOR	포	FOR ~ NEXT를 N회 실행할 경우 반복문의 시작을 알림
NEXT	넥스트	FOR ~ NEXT 반복문의 끝을 알림
INIT_DONE	이닛던	초기화 태스크의 종료를 알려주는 플래그
JMP	점프(Jump)	지정된 LABLE 위치로 연산 이동
SBRT	서브루틴	콜에 의해 실행될 프로그램 위치
RET	리턴(Return)	서브루틴 연산 완료 후 메인 프로그램으로 복귀

3.3 펑션

3.3.1 전송 펑션

(1) MOVE: 데이터 복사

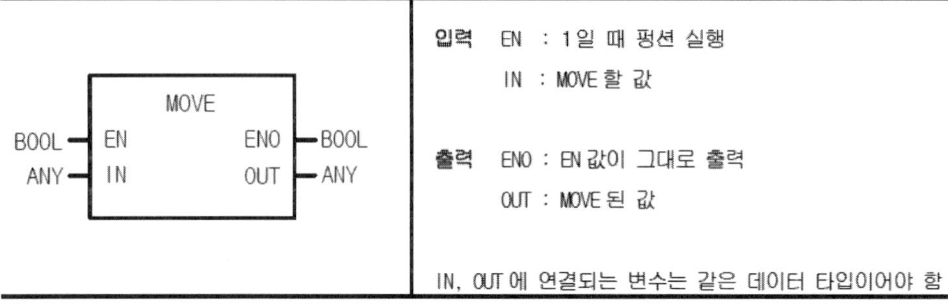

MOVE
BOOL EN ENO BOOL
ANY IN OUT ANY
입력 EN : 1일 때 펑션 실행
IN : MOVE 할 값
출력 ENO : EN 값이 그대로 출력
OUT : MOVE 된 값
IN, OUT 에 연결되는 변수는 같은 데이터 타입이어야 함

■ 기능

IN의 값을 OUT으로 복사한다.

3.3.2 형변환 펑션

(1) INT_TO_***: INT 타입변환

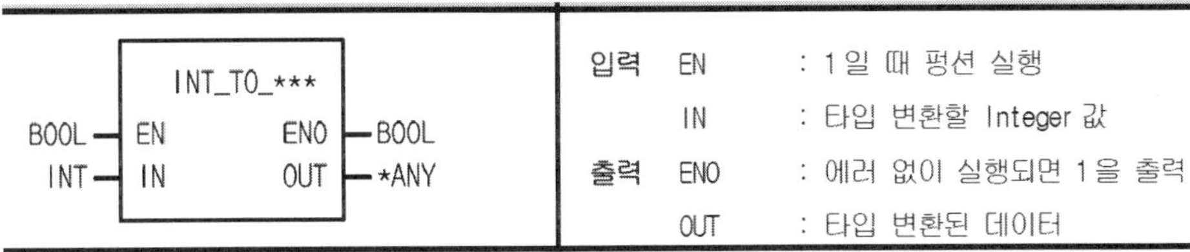
INT_TO_***
BOOL EN ENO BOOL
INT IN OUT *ANY
입력 EN : 1일 때 펑션 실행
IN : 타입 변환할 Integer 값
출력 ENO : 에러 없이 실행되면 1을 출력
OUT : 타입 변환된 데이터

■ 기능

IN을 타입 변환해서 OUT으로 출력시킨다.

■ INT타입변환의 종류

펑션	출력타입	동작 설명
INT_TO_SINT	SINT	입력이 -128~127일 경우, 정상변화되나 그 외 값은 에러가 발생한다.
INT_TO_DINT	DINT	DINT 타입으로 정상변환 한다.
INT_TO_LINT	LINT	LINT 타입으로 정상변환 한다.
INT_TO_USINT	USINT	입력이 0~255일 경우, 정상변화 되나 그 외 값은 에러가 발생한다.
INT_TO_UINT	UINT	입력이 0~32767일 경우, 정상변화 되나 그 외 값은 에러가 발생한다.
INT_TO_UDINT	UDINT	입력이 0~32767일 경우, 정상변화 되나 그 외 값은 에러가 발생한다.
INT_TO_ULINT	ULINT	입력이 0~32767일 경우, 정상변화 되나 그 외 값은 에러가 발생한다.
INT_TO_BOOL	BOOL	하위 1비트를 취해 BOOL타입으로 변환한다.
INT_TO_BYTE	BYTE	하위 8비트를 취해 BYTE타입으로 변환한다.
INT_TO_WORD	WORD	내부 비트 배열의 변화 없이 WORD타입으로 변환한다.
INT_TO_DWORD	DWORD	상위 비트들을 0으로 채운 DWORD타입으로 변환한다.
INT_TO_LWORD	LWORD	상위 비트들을 0으로 채운 LWORD타입으로 변환한다.
INT_TO_REAL	REAL	INT를 REAL타입으로 정상 변환한다.
INT_TO_LREAL	LREAL	INT를 LREAL타입으로 정상 변환한다.
INT_TO_STRING	STRING	INT를 STRING타입으로 정상 변환한다.

(2) BCD_TO_***: BCD타입을 정수로 변환

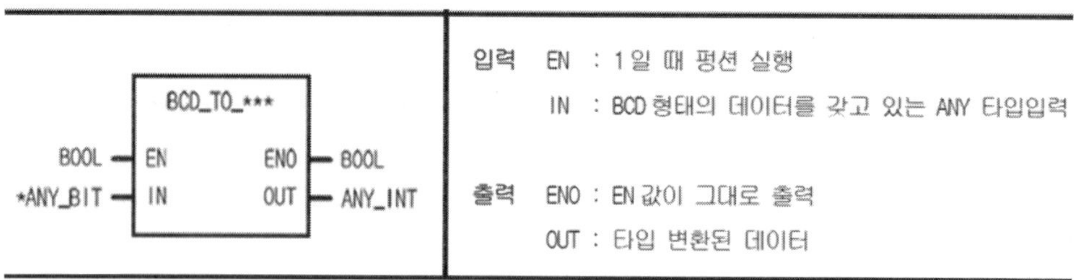

BCD_TO_***
BOOL
*ANY_BIT
EN
IN
ENO
OUT
BOOL
ANY_INT
입력 EN : 1일 때 펑션 실행
IN : BCD 형태의 데이터를 갖고 있는 ANY 타입입력
출력 ENO : EN 값이 그대로 출력
OUT : 타입 변환된 데이터

■ 기능

IN을 타입 변환해서 OUT으로 출력시킨다.

■ BCD타입을 정수로 변환 종류

펑션	입력타입	출력타입	동작 설명
BYTE_BCD_TO_SINT	BYTE	SINT	BCD를 출력 데이터타입으로 변환한다. 입력이 BCD값일 경우에만 정상 변환된다. (입력 데이터타입이 WORD일 경우 0~16#9999값만 정상 변환된다.)
WORD_BCD_TO_INT	WORD	INT	
DWORD_BCD_TO_DINT	DWORD	DINT	
LWORD_BCD_TO_LINT	LWORD	LINT	
BYTE_BCD_TO_USINT	BYTE	USINT	
WORD_BCD_TO_UINT	WORD	UINT	
DWORD_BCD_TO_UDINT	DWORD	UDINT	
LWORD_BCD_TO_ULINT	LWORD	ULINT	

3.3.3 수치연산 펑션

(1) ADD: 더하기

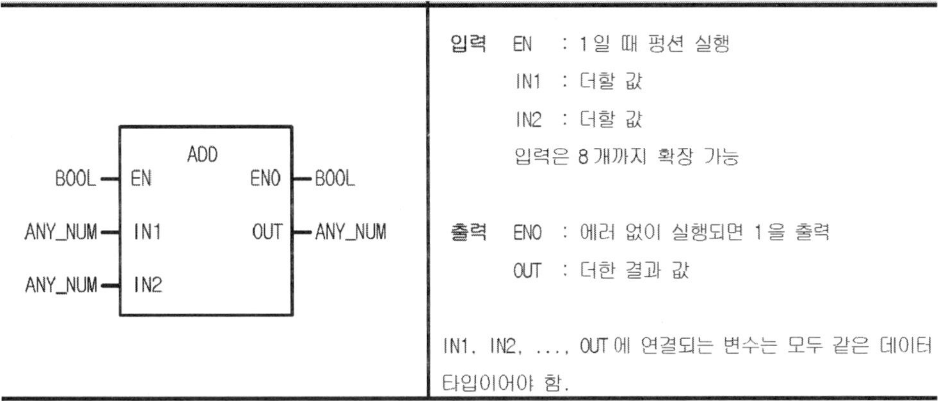

ADD
BOOL EN ENO BOOL
ANY_NUM IN1 OUT ANY_NUM
ANY_NUM IN2
입력 EN : 1일 때 펑션 실행
IN1 : 더할 값
IN2 : 더할 값
입력은 8개까지 확장 가능
출력 ENO : 에러 없이 실행되면 1을 출력
OUT : 더한 결과 값
IN1, IN2, ..., OUT에 연결되는 변수는 모두 같은 데이터 타입이어야 함.

■ 기능

IN1, IN2, …, INn(n은 입력 개수)를 더해서 OUT으로 출력시킨다.

OUT = IN1 + IN2 + … + INn

(2) SUB: 빼기

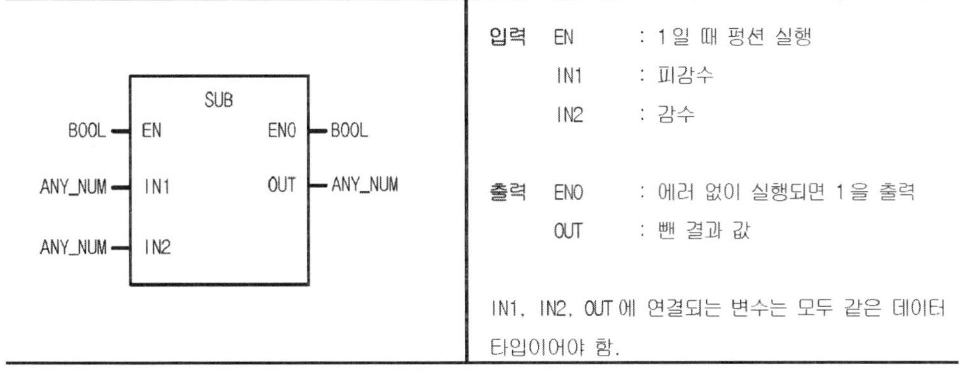

SUB
BOOL EN ENO BOOL
ANY_NUM IN1 OUT ANY_NUM
ANY_NUM IN2
입력 EN : 1일 때 펑션 실행
IN1 : 피감수
IN2 : 감수
출력 ENO : 에러 없이 실행되면 1을 출력
OUT : 뺀 결과 값
IN1, IN2, OUT에 연결되는 변수는 모두 같은 데이터 타입이어야 함.

■ 기능

IN1에서 IN2를 빼서 OUT으로 출력시킨다.

OUT = IN1 − IN2

(3) MUL: 곱하기

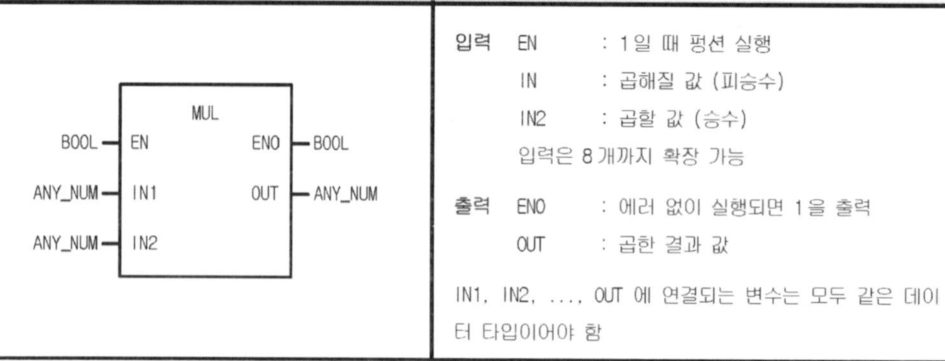
MUL
BOOL
EN
ENO
BOOL
ANY_NUM
IN1
OUT
ANY_NUM
ANY_NUM
IN2
입력 EN : 1일 때 펑션 실행
IN : 곱해질 값 (피승수)
IN2 : 곱할 값 (승수)
입력은 8개까지 확장 가능
출력 ENO : 에러 없이 실행되면 1을 출력
OUT : 곱한 결과 값
IN1, IN2, ..., OUT에 연결되는 변수는 모두 같은 데이터 타입이어야 함

■ 기능

IN1, IN2,..., INn (n은 입력 개수)를 곱해서 OUT으로 출력시킨다.

OUT = IN1 × IN2 × ⋯ × INn

(4) DIV: 나누기

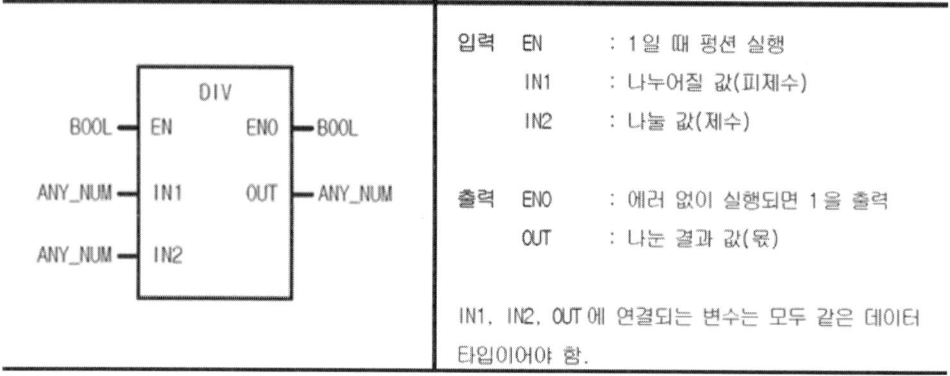
DIV
BOOL
EN
ENO
BOOL
ANY_NUM
IN1
OUT
ANY_NUM
ANY_NUM
IN2
입력 EN : 1일 때 펑션 실행
IN1 : 나누어질 값(피제수)
IN2 : 나눌 값(제수)
출력 ENO : 에러 없이 실행되면 1을 출력
OUT : 나눈 결과 값(몫)
IN1, IN2, OUT에 연결되는 변수는 모두 같은 데이터 타입이어야 함.

■ 기능

IN1을 IN2로 나누고 그 몫 중에서 소수점 이하를 버린 값을 OUT으로 출력시킨다.

OUT = IN1/IN2

(5) MOD: 나머지

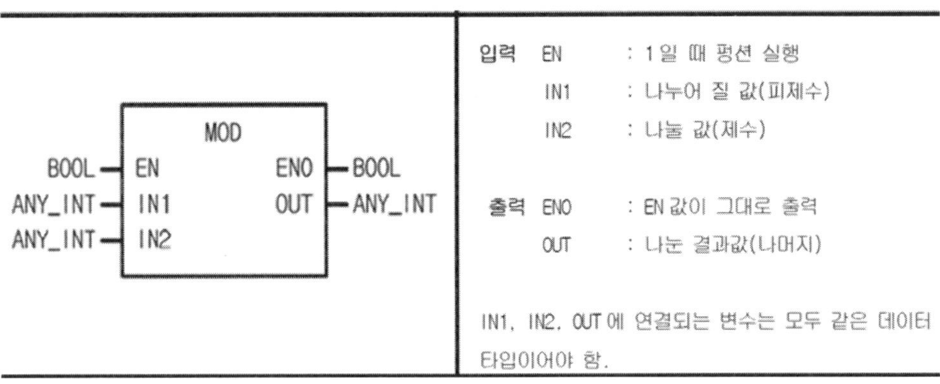

MOD
BOOL
ANY_INT
ANY_INT
EN
IN1
IN2
ENO
OUT
BOOL
ANY_INT
입력 EN : 1일 때 펑션 실행
IN1 : 나누어 질 값(피제수)
IN2 : 나눌 값(제수)
출력 ENO : EN 값이 그대로 출력
OUT : 나눈 결과값(나머지)
IN1, IN2, OUT에 연결되는 변수는 모두 같은 데이터 타입이어야 함.

■ 기능

IN1을 IN2로 나눠서 그 나머지를 OUT으로 출력시킨다.

OUT = IN1 - (IN1/IN2) × IN2 (단, IN2 = 0이면 OUT = 0)

(6) ABS: 절대값 연산

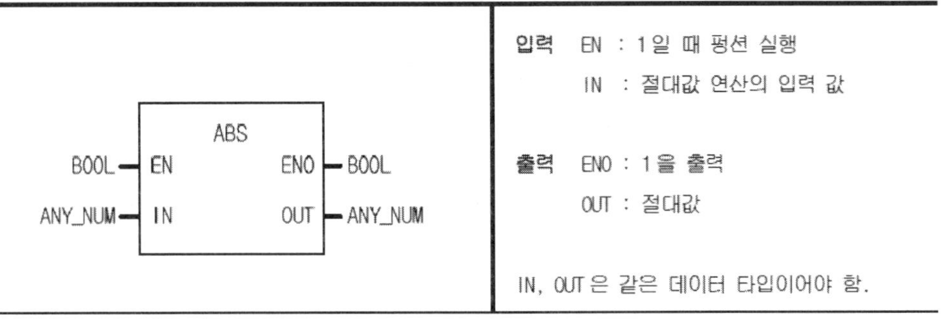

ABS
BOOL
ANY_NUM
EN
IN
ENO
OUT
BOOL
ANY_NUM
입력 EN : 1일 때 펑션 실행
IN : 절대값 연산의 입력 값
출력 ENO : 1을 출력
OUT : 절대값
IN, OUT은 같은 데이터 타입이어야 함.

■ 기능

1. IN의 절대값을 OUT으로 출력시킨다.

   OUT = ｜IN｜

2. X의 절대값 ｜X｜는

   A. X≥0이면 ｜X｜= X이고,

   B. X<0이면 ｜X｜= -X이다.

(7) SQRT: 제곱근 연산

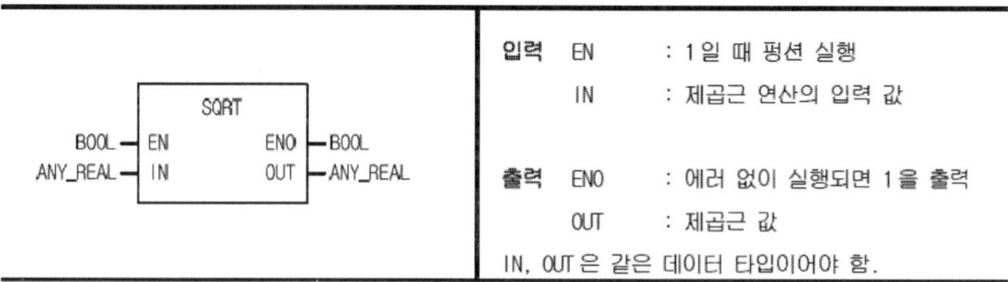

SQRT
BOOL EN ENO BOOL
ANY_REAL IN OUT ANY_REAL
입력 EN : 1일 때 펑션 실행
IN : 제곱근 연산의 입력 값
출력 ENO : 에러 없이 실행되면 1을 출력
OUT : 제곱근 값
IN, OUT은 같은 데이터 타입이어야 함.

■ 기능

IN의 제곱근 값을 구해 OUT으로 출력시킨다.

$$OUT = \sqrt{IN}$$

(8) LOG: LOG연산

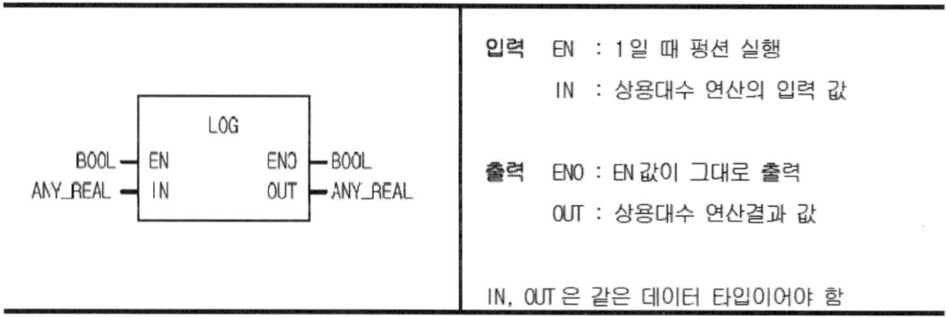

LOG
BOOL EN ENO BOOL
ANY_REAL IN OUT ANY_REAL
입력 EN : 1일 때 펑션 실행
IN : 상용대수 연산의 입력 값
출력 ENO : EN값이 그대로 출력
OUT : 상용대수 연산결과 값
IN, OUT은 같은 데이터 타입이어야 함

■ 기능

IN의 상용대수 값을 구해 OUT으로 출력시킨다.

$$OUT = \log_{10} (IN) = \log (IN)$$

**입력 값이 0 또는 음수일 때 _ERR, _LER 플래그가 셋(SET)된다.

(9) RAD: 각도(DEG)를 Radian값으로 변환

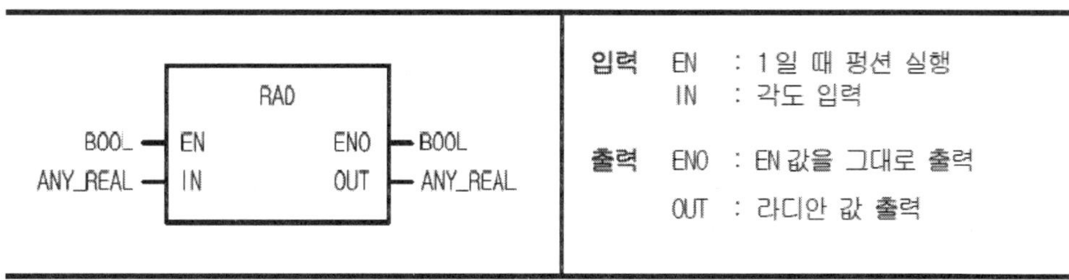

■ 기능

1. 각도의 단위를 도(°)에서 라디안(Radian) 값으로 출력한다.
2. 각도가 360도를 넘어서더라도 정상적으로 변환시킨다.

(예: 입력이 370도이면 출력은 360도를 뺀 10도에 해당하는 라디안 값을 출력한다.)

(10) SIN: Sine연산

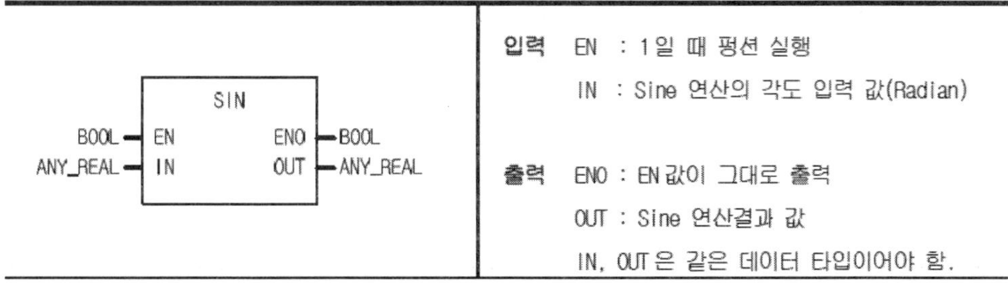

SIN
BOOL — EN ENO — BOOL
ANY_REAL — IN OUT — ANY_REAL
입력 EN : 1일 때 펑션 실행
IN : Sine 연산의 각도 입력 값(Radian)
출력 ENO : EN값이 그대로 출력
OUT : Sine 연산결과 값
IN, OUT은 같은 데이터 타입이어야 함.

■ 기능

IN의 Sine 값을 구해 OUT으로 출력시킨다.

OUT = SIN (IN)

(11) COS: Cosine연산

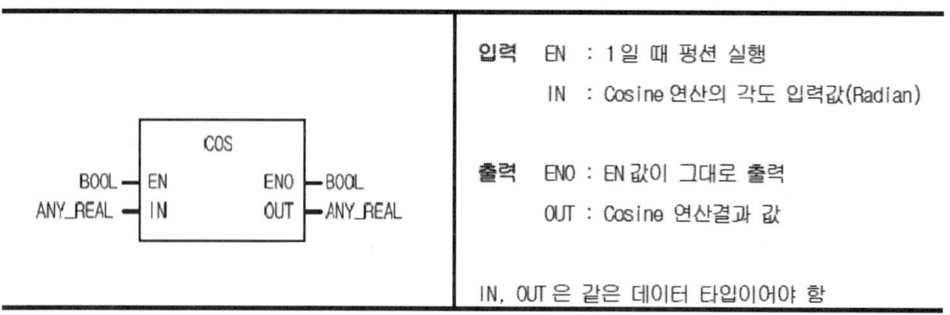

■ 기능

IN의 Cosine 값을 구해 OUT으로 출력시킨다.

OUT = COS (IN)

(12) TAN: Tangent연산

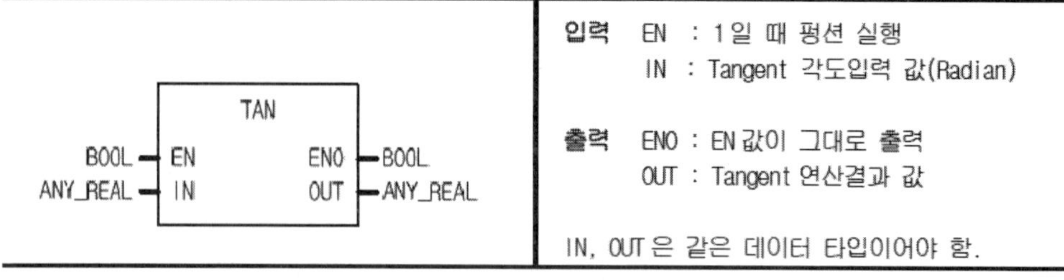

■ 기능

IN의 Tangent 값을 구해 OUT으로 출력시킨다.

OUT = TAN(IN)

3.3.4 논리연산 펑션

(1) AND: 논리곱

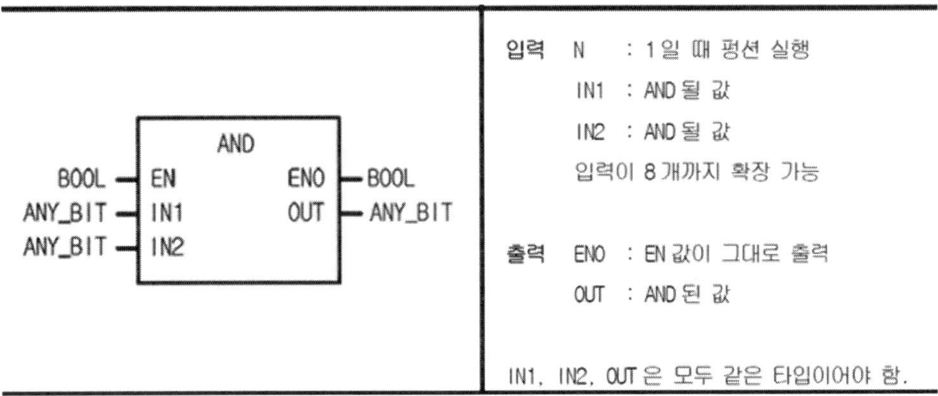

AND
BOOL EN ENO BOOL
ANY_BIT IN1 OUT ANY_BIT
ANY_BIT IN2
입력 N : 1일 때 펑션 실행
IN1 : AND될 값
IN2 : AND될 값
입력이 8개까지 확장 가능
출력 ENO : EN 값이 그대로 출력
OUT : AND된 값
IN1, IN2, OUT은 모두 같은 타입이어야 함.

■ 기능

IN1을 IN2와 비트별로 AND해서 OUT으로 출력시킨다.

IN1 1111 0000

&

IN2 1010 1010

OUT 1010 0000

(2) OR: 논리합

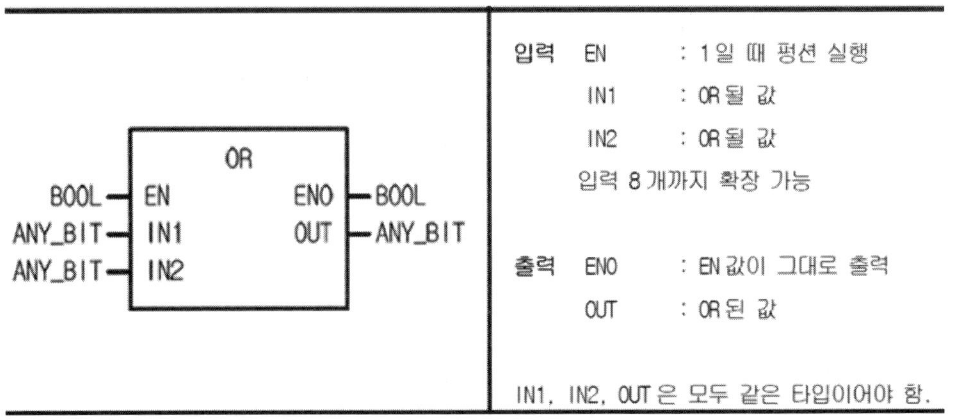

OR
BOOL EN ENO BOOL
ANY_BIT IN1 OUT ANY_BIT
ANY_BIT IN2
입력 EN : 1일 때 펑션 실행
IN1 : OR될 값
IN2 : OR될 값
입력 8개까지 확장 가능
출력 ENO : EN 값이 그대로 출력
OUT : OR된 값
IN1, IN2, OUT은 모두 같은 타입이어야 함.

■ 기능

IN1을 IN2와 비트별로 OR 해서 OUT으로 출력시킨다.

IN1 1111 0000

OR

IN2 1010 1010

OUT 1111 1010

(3) NOT: 논리반전

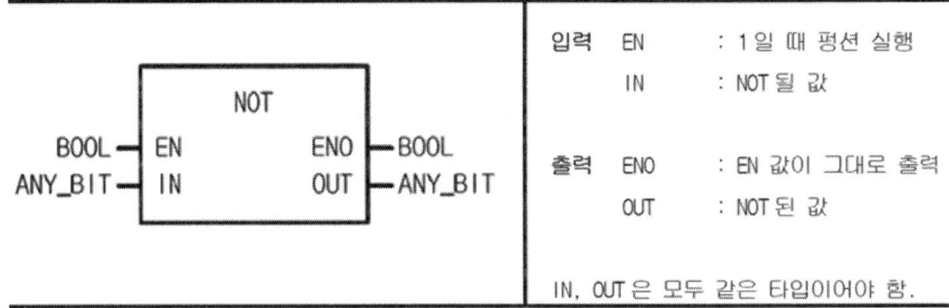

■ 기능

IN을 비트별로 NOT(반전)해서 OUT으로 출력시킨다.

IN 1100 1010

OUT 0011 0101

(4) XOR: 배타적 논리합

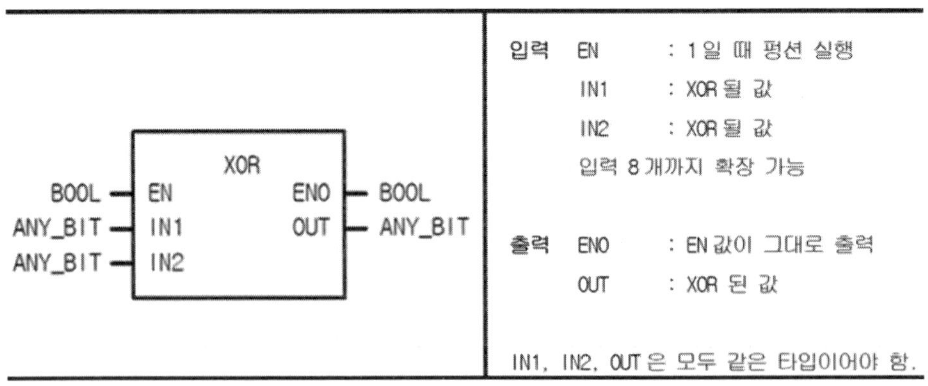

■ 기능

IN1을 IN2와 비트별로 XOR 해서 OUT으로 출력시킨다.

IN1 1111 0000

XOR

IN2 1010 1010

OUT 0101 1010

3.3.5 비트시프트 펑션

(1) SHL: 왼쪽으로 이동(Shift Left)

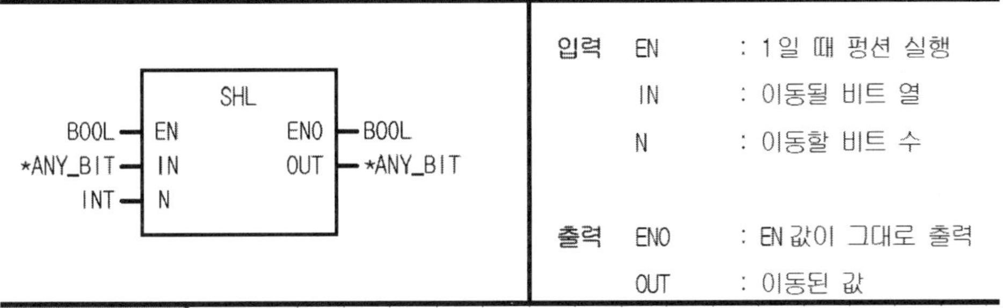

SHL
BOOL EN ENO BOOL
*ANY_BIT IN OUT *ANY_BIT
INT N
입력 EN : 1일 때 펑션 실행
IN : 이동될 비트 열
N : 이동할 비트 수
출력 ENO : EN 값이 그대로 출력
OUT : 이동된 값

■ 기능

1. 입력 IN을 N 비트 수만큼 왼쪽으로 이동한다.
2. 입력 IN의 맨 오른쪽에 있는 N개 비트는 0으로 채워진다.

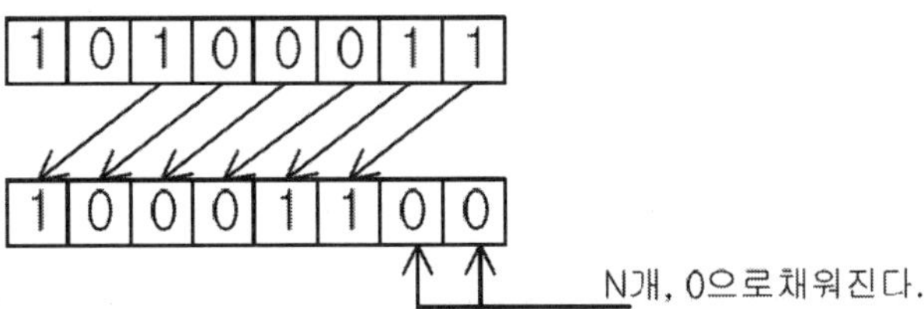

(2) SHR: 오른쪽으로 이동(Shift Right)

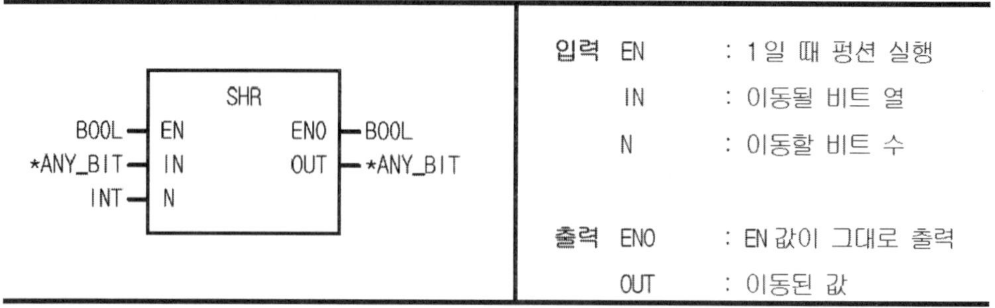

■ 기능

1. 입력 IN을 N 비트 수만큼 오른쪽으로 이동한다.
2. 입력 IN의 맨 왼쪽에 있는 N개 비트는 0으로 채워진다.

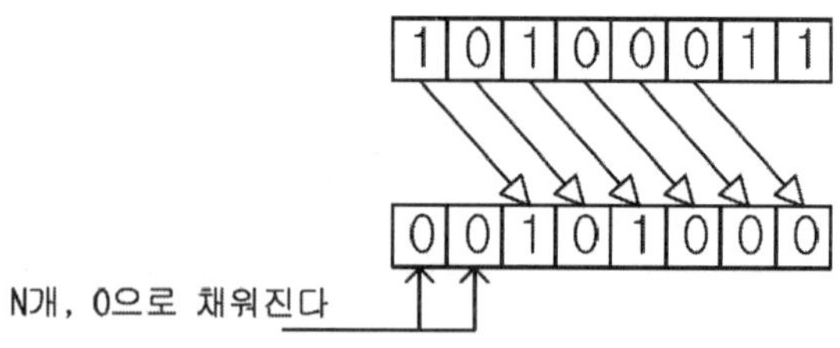

(3) ROL: 왼쪽으로 회전(Rotate Left)

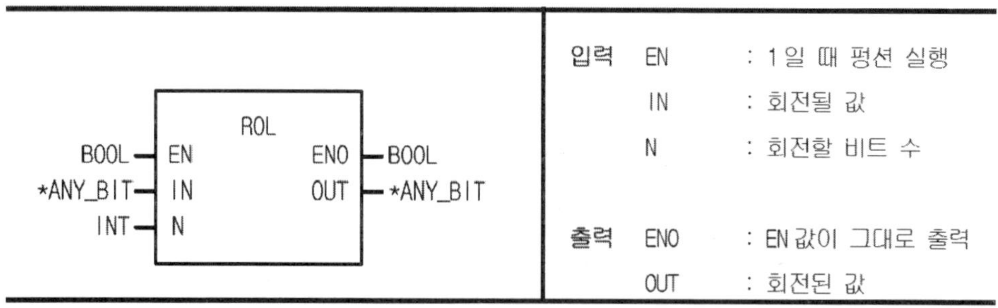

■ 기능

입력 IN을 N 비트 수만큼 왼쪽으로 회전시킨다.

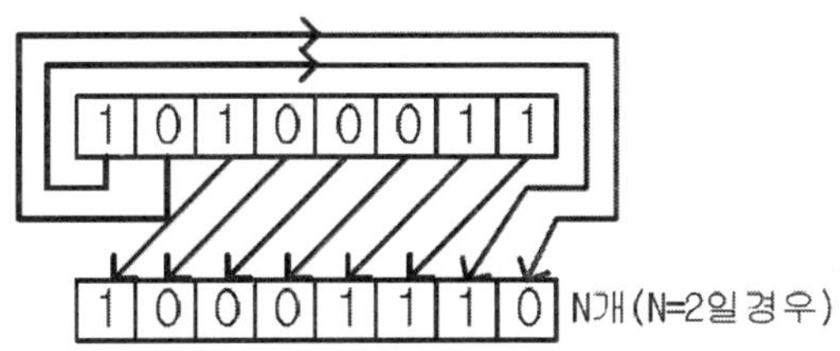

(4) ROR: 오른쪽으로 회전(Rotate Right)

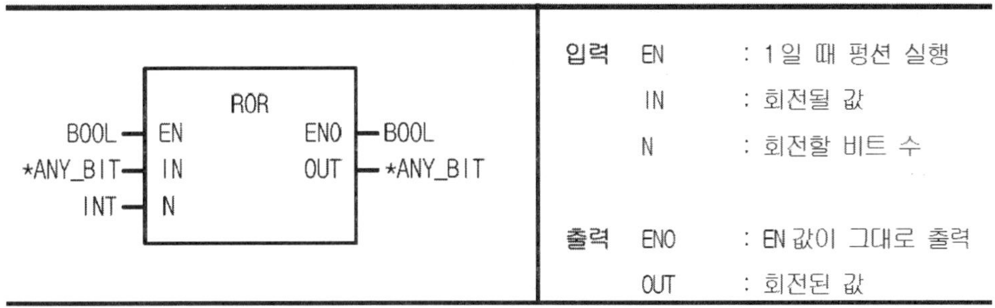

ROR
BOOL EN ENO BOOL
*ANY_BIT IN OUT *ANY_BIT
INT N
입력 EN : 1일 때 펑션 실행
IN : 회전될 값
N : 회전할 비트 수
출력 ENO : EN 값이 그대로 출력
OUT : 회전된 값

■ 기능

입력 IN을 N 비트 수만큼 오른쪽으로 회전시킨다.

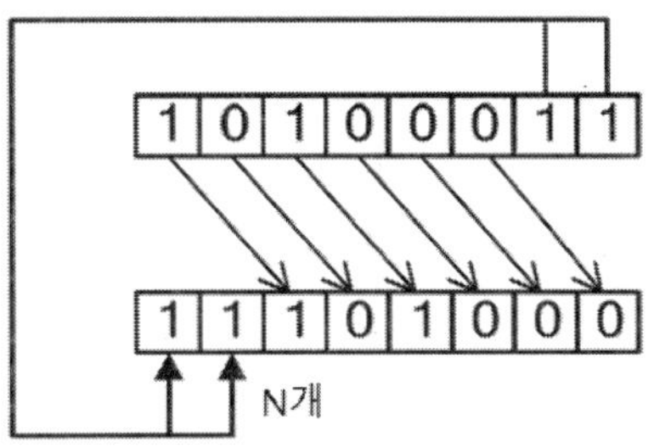

3.3.6 비교 펑션

(1) GT: 크다(Greater Than)

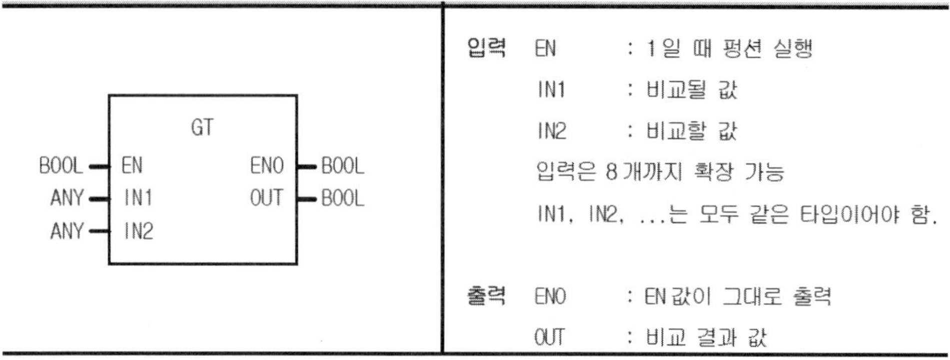

GT
BOOL EN
ANY IN1
ANY IN2
ENO BOOL
OUT BOOL
입력 EN : 1일 때 펑션 실행
IN1 : 비교될 값
IN2 : 비교할 값
입력은 8개까지 확장 가능
IN1, IN2, ...는 모두 같은 타입이어야 함.
출력 ENO : EN값이 그대로 출력
OUT : 비교 결과 값

■ 기능

1. IN1 〉 IN2 〉 IN3... 〉 INn(n은 입력개수)이면 OUT으로 1이 출력된다.
2. 다른 경우에는 OUT으로 0이 출력된다.

(2) GE: 크거나 같다(Greater than or Equal)

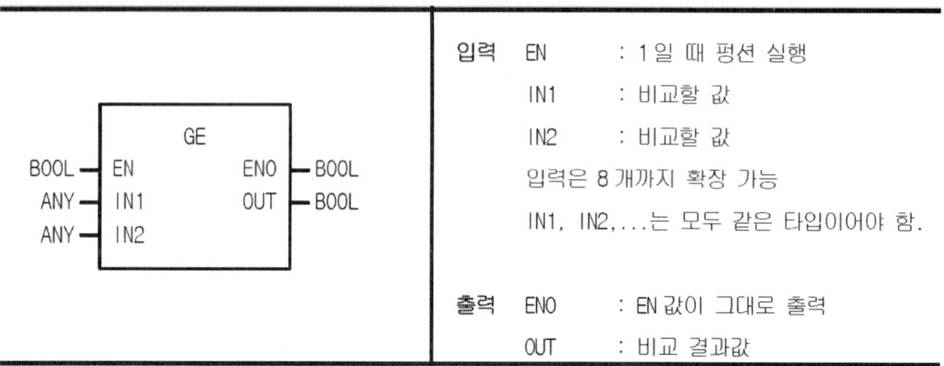

GE
BOOL EN
ANY IN1
ANY IN2
ENO BOOL
OUT BOOL
입력 EN : 1일 때 펑션 실행
IN1 : 비교할 값
IN2 : 비교할 값
입력은 8개까지 확장 가능
IN1, IN2,...는 모두 같은 타입이어야 함.
출력 ENO : EN값이 그대로 출력
OUT : 비교 결과값

■ 기능

1. IN1 ≥ IN2 ≥ IN3... ≥ INn(n은 입력개수)이면 OUT으로 1이 출력된다.
2. 다른 경우에는 OUT으로 0이 출력된다.

(3) LT: 작다(Less Than)

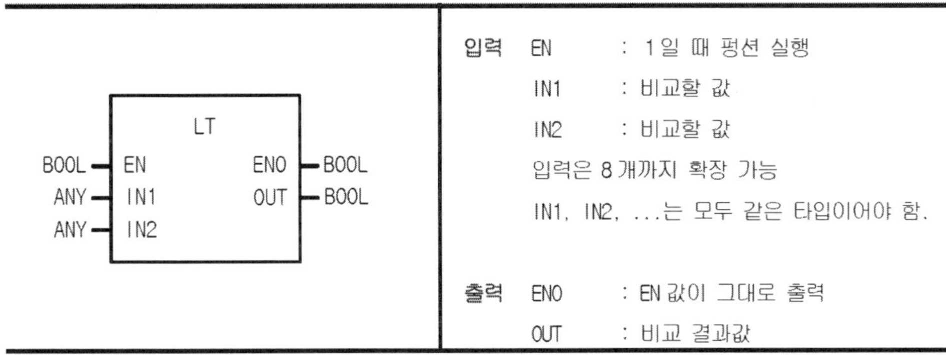

■ 기능

1. IN1 〈 IN2 〈 IN3... 〈 INn(n은 입력개수)이면 OUT으로 1이 출력된다.
2. 다른 경우에는 OUT으로 0이 출력된다.

(4) LE: 작거나 같다(Less than or Equal)

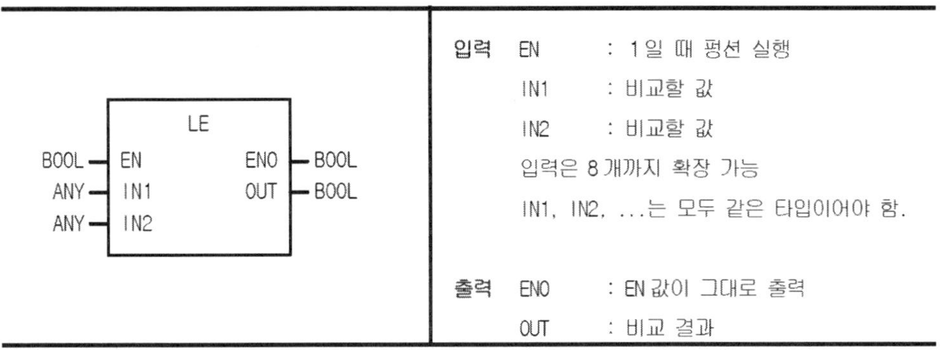

■ 기능

1. IN1 ≤ IN2 ≤ IN3... ≤ INn(n은 입력개수)이면 OUT으로 1이 출력된다.
2. 다른 경우에는 OUT으로 0이 출력된다.

(5) EQ: 같다(Equal)

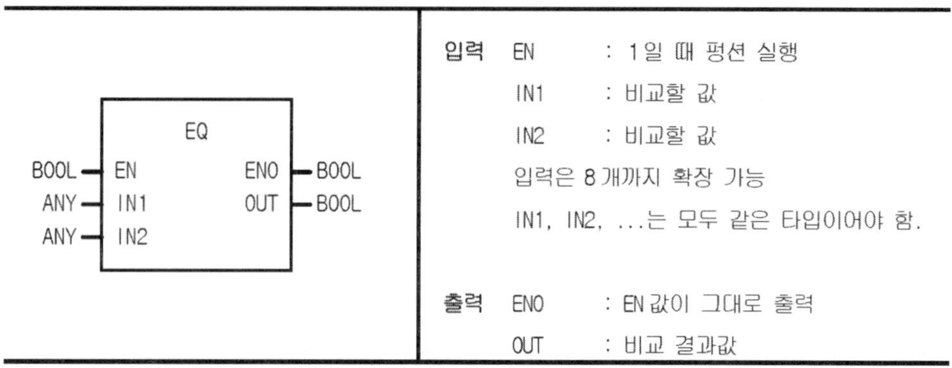

■ 기능

1. IN1 = IN2 = IN3... = INn(n은 입력개수)이면 OUT으로 1이 출력된다.
2. 다른 경우에는 OUT으로 0이 출력된다.

(6) NE: 같지 않다(Not Equal)

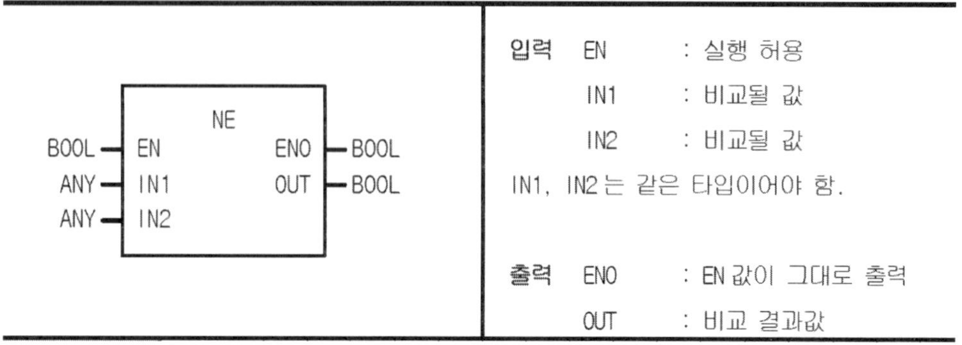

NE
BOOL EN ENO BOOL
ANY IN1 OUT BOOL
ANY IN2
입력 EN : 실행 허용
IN1 : 비교될 값
IN2 : 비교될 값
IN1, IN2는 같은 타입이어야 함.
출력 ENO : EN 값이 그대로 출력
OUT : 비교 결과값

■ 기능

1. IN1이 IN2와 같지 않으면 OUT으로 1이 출력된다.
2. 같으면 OUT으로 0이 출력된다.

3.3.7 시스템제어 펑션

(1) MCS: Master Control

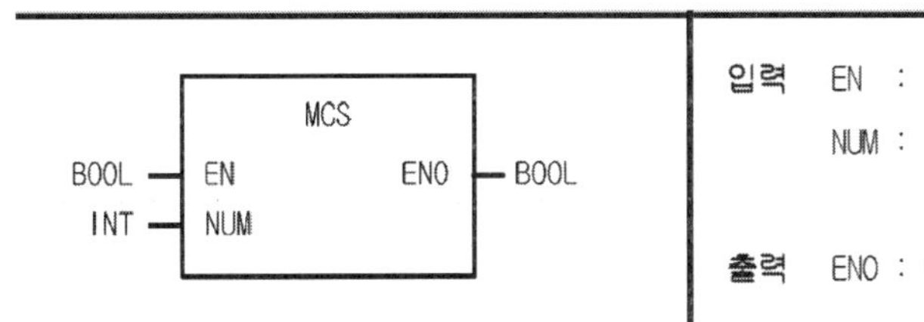

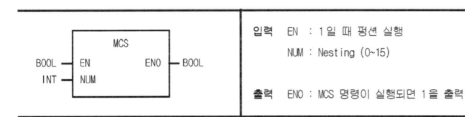

입력 EN : 1일 때 펑션 실행
NUM : Nesting (0~15)

출력 ENO : MCS 명령이 실행되면 1을 출력

■ 기능

1. EN이 On이면, Master Control이 수행된다. 이 경우, MCS 펑션에서 MCSCLR 펑션 사이의 프로그램은 정상적으로 수행된다.
2. EN이 Off인 경우, MCS 펑션에서 MCSCLR 펑션 사이의 프로그램은 아래와 같이 수행된다.

명령어	명령어 상태
Timer	현재값은 0이 되고, 출력(Q)은 off된다.
Counter	출력(Q)은 off되고, 현재값은 현재 상태를 유지한다.
코일	모두 off된다.
역코일	모두 off된다.
셋코일, 리셋코일	현재값을 유지한다.
펑션, 펑션블록	현재값을 유지한다.

3. EN이 Off인 경우에도 MCS 펑션에서 MCSCLR 펑션 사이의 명령들이 위와 같이 수행되기 때문에 스캔타임이 감소되지 않는다.
4. Master Control 명령은 Nesting 해서 사용될 수 있다. 즉, Master Control 영역이 Nesting(NUM)에 의해 구분될 수 있다. Nesting(NUM)은 0에서 15까지 설정이 가능하고, 만약 16 이상으로 설정한 경우 Master Control이 정상적으로 동작하지 않는다.
5. MCSCLR 없이 MCS 명령을 사용한 경우, MCS 펑션에서 프로그램의 마지막 행까지 Master Control이 수행되므로 주의해야 한다.

(2) MCSCLR: Master Control Clear

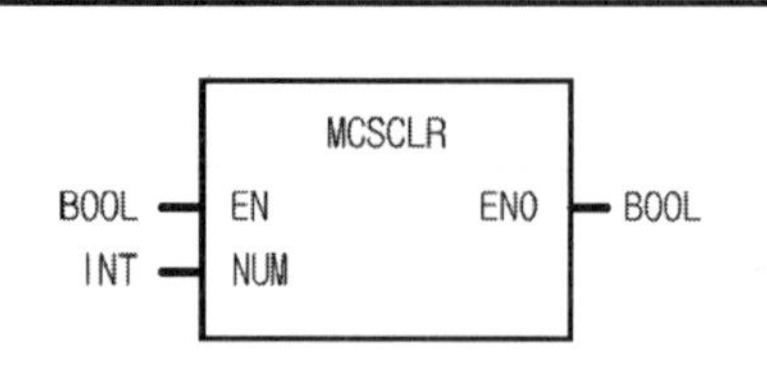

입력 EN : 1일 때 펑션 실행

NUM : Nesting (0~15)

출력 ENO : MCSCLR 명령이 실행되면 1을 출력

■ 기능

1. Master Control 명령을 해제한다. 그리고 Master Control 영역의 마지막을 가리킨다.
2. MCSCLR 펑션 동작 시 Nesting(NUM)의 값보다 같거나 작은 모든 MCS 명령을 해제한다.
3. MCSCLR 펑션 앞에는 접점을 사용하지 않는다.

3.3.8 Master_K 펑션

(1) ENCO: ON 된 비트 위치를 숫자로 출력

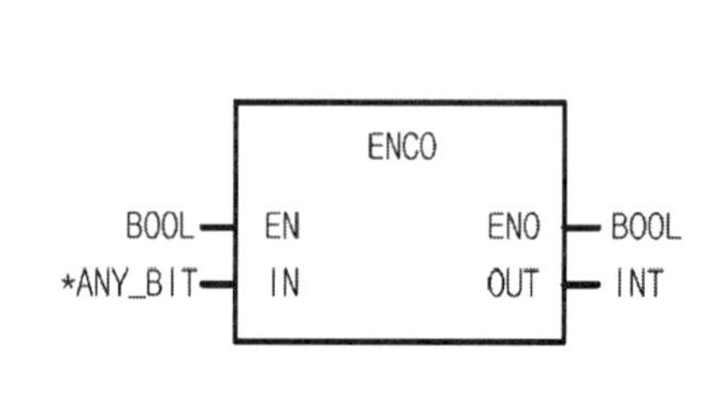

입력 EN : 1일 때 펑션 실행

IN : Encoding할 입력 데이터

출력 ENO : 에러 없이 실행되면 1을 출력

OUT : Encoding한 결과 데이터

■ 기능

1. EN이 1이면, IN의 비트 스트링 데이터 중에서, 1로 되어 있는 비트 중 최상위 비트의 위치를 OUT으로 출력한다.
2. 입력에는 B(BYTE), W(WORD), D(DWORD), L(LWORD) 타입의 데이터가 접속 가능하다.

(2) DECO: 지정된 비트 위치를 ON

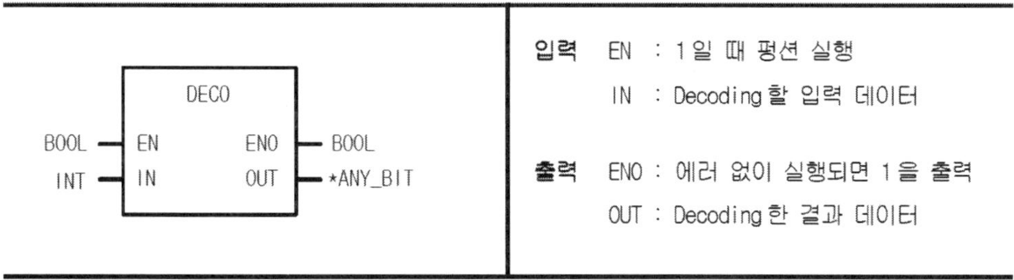
DECO
BOOL
EN
ENO
BOOL
INT
IN
OUT
*ANY_BIT
입력 EN : 1일 때 펑션 실행
IN : Decoding할 입력 데이터
출력 ENO : 에러 없이 실행되면 1을 출력
OUT : Decoding한 결과 데이터

■ 기능

1. EN이 1이면, IN의 값, 즉 비트 위치지정 데이터에 따라서 출력의 비트 스트링 데이터 중 지정된 위치의 비트만 1로 하여 출력한다.
2. 출력에는 BYTE, WORD, DWORD, LWORD 타입의 데이터가 접속 가능하다.

(3) INC: 데이터를 하나 증가

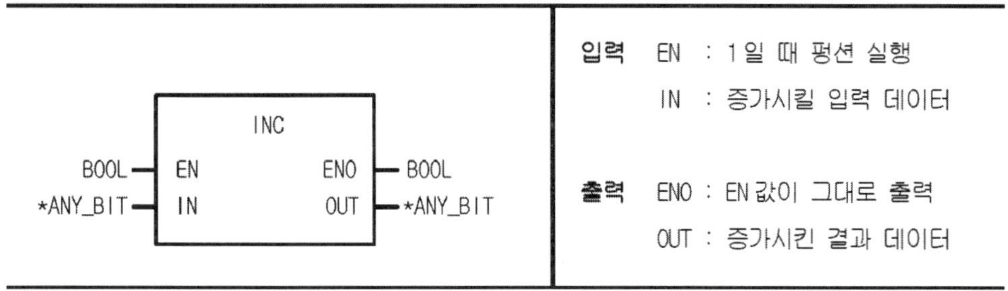
INC
BOOL
EN
ENO
BOOL
*ANY_BIT
IN
OUT
*ANY_BIT
입력 EN : 1일 때 펑션 실행
IN : 증가시킬 입력 데이터
출력 ENO : EN값이 그대로 출력
OUT : 증가시킨 결과 데이터

■ 기능

1. EN이 1이면, IN의 비트스트링 데이터를 1만큼 증가시켜서 OUT으로 출력한다.
2. 오버플로우가 발생해도 에러는 발생하지 않으며, 결과는 16#FFFF인 경우에 16#0000이 된다.
3. 입력에는 BYTE, WORD, DWORD, LWORD 타입의 데이터가 접속 가능하다.

(4) DEC: 데이터를 하나 감소

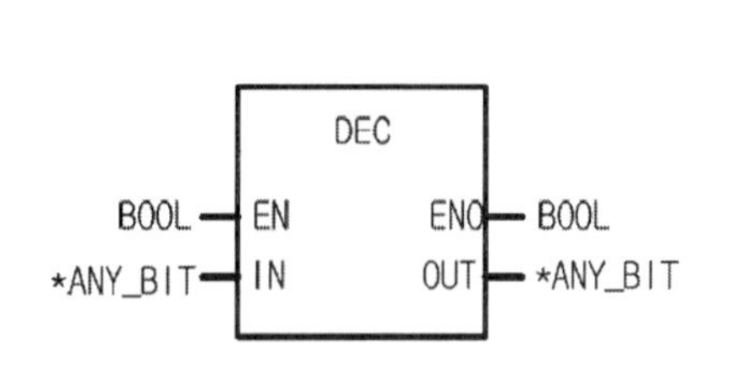

입력 EN : 1일 때 펑션 실행
IN : 감소시킬 입력 데이터

출력 ENO : EN 값이 그대로 출력
OUT : 감소시킨 결과 데이터

■ 기능

1. EN이 1이면, IN의 비트스트링 데이터를 1만큼 감소시켜서 OUT으로 출력한다.
2. 언더플로우가 발생해도 에러는 발생하지 않으며, 결과는 16#0000인 경우에 16#FFFF가 된다.
3. 입력에는 BYTE, WORD, DWORD, LWORD 타입의 데이터가 접속 가능하다.

(5) BMOV: 비트 스트링의 일부분을 복사, 이동

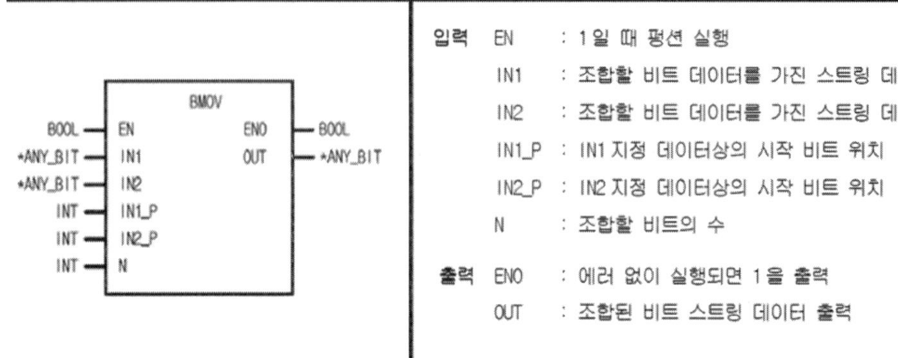

입력 EN : 1일 때 펑션 실행
IN1 : 조합할 비트 데이터를 가진 스트링 데이터
IN2 : 조합할 비트 데이터를 가진 스트링 데이터
IN1_P : IN1 지정 데이터상의 시작 비트 위치
IN2_P : IN2 지정 데이터상의 시작 비트 위치
N : 조합할 비트의 수

출력 ENO : 에러 없이 실행되면 1을 출력
OUT : 조합된 비트 스트링 데이터 출력

■ 기능

1. EN이 1이 되면 IN1의 비트 스트링에서 IN1_P로 지정된 비트 위치부터 큰 방향으로 N개의 비트를 취하여, IN2의 비트 스트링에서 IN2_P로 지정된 비트 위치부터 큰 방향으로 대치한 후 OUT으로 출력한다.
2. IN1 = 1111_0000_1111_0000, IN2 = 0000_1010_1010_1111이고 IN1_P = 4,

IN2_P = 8, N = 4면, 출력되는 데이터는 OUT = 0000_1111_1010_1111이 된다. 입력에는 B(BYTE), W(WORD), D(DWORD), L(LWORD) 타입의 데이터가 접속 가능하다.

3.3.9 선택 펑션

(1) MAX: 최대값

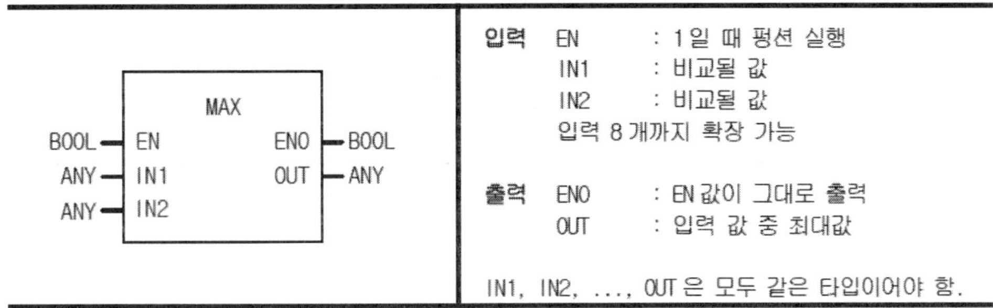

MAX
BOOL EN ENO BOOL
ANY IN1 OUT ANY
ANY IN2
입력 EN : 1일 때 펑션 실행
IN1 : 비교될 값
IN2 : 비교될 값
입력 8개까지 확장 가능
출력 ENO : EN 값이 그대로 출력
OUT : 입력 값 중 최대값
IN1, IN2, ..., OUT은 모두 같은 타입이어야 함.

■ 기능

입력 IN1, IN2, ..., INn(n은 입력개수) 중에서 최대값을 OUT으로 출력시킨다.

(2) MIN: 최소값

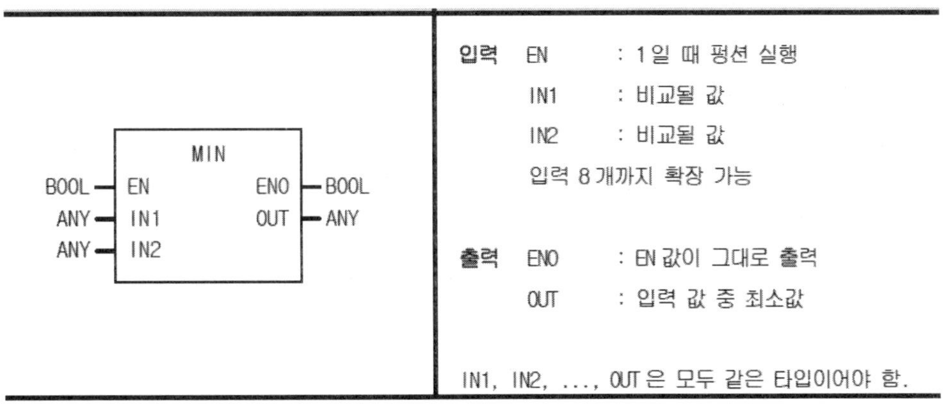

MIN
BOOL EN ENO BOOL
ANY IN1 OUT ANY
ANY IN2
입력 EN : 1일 때 펑션 실행
IN1 : 비교될 값
IN2 : 비교될 값
입력 8개까지 확장 가능
출력 ENO : EN 값이 그대로 출력
OUT : 입력 값 중 최소값
IN1, IN2, ..., OUT은 모두 같은 타입이어야 함.

■ 기능

입력 IN1, IN2, ..., INn(n은 입력개수) 중에서 최소값을 OUT으로 출력시킨다.

(3) MUX: 여러 개 중 선택

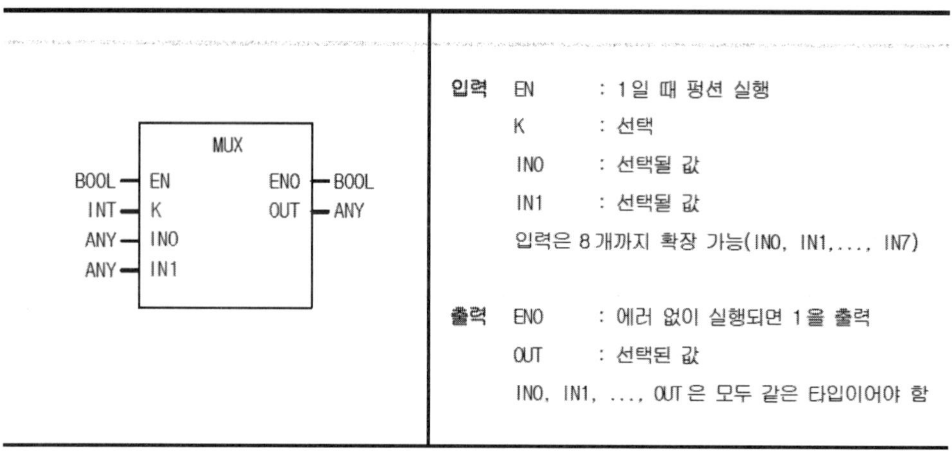

MUX
BOOL EN ENO BOOL
INT K OUT ANY
ANY IN0
ANY IN1
입력 EN : 1일 때 펑션 실행
K : 선택
IN0 : 선택될 값
IN1 : 선택될 값
입력은 8개까지 확장 가능(IN0, IN1,..., IN7)
출력 ENO : 에러 없이 실행되면 1을 출력
OUT : 선택된 값
IN0, IN1, ..., OUT은 모두 같은 타입이어야 함

■ 기능

1. K 값으로 여러 입력(IN0, IN1, ..., INn) 중 하나를 선택하여 출력시킨다.
2. K = 0이면 IN0이, K = 1이면 IN1이, K = n이면 INn이 OUT으로 출력된다.

** K의 값이 입력 변수 INn의 개수보다 크거나 같은 경우에 OUT으로는 IN0 값이 출력되고 _ERR, _LER 플래그가 셋(Set) 되며, K 값이 음수일 때 _ERR, _LER 플래그가 셋(SET) 된다.

3.3.10 데이터 교환 펑션

(1) SWAP: 데이터의 상위 하위 바꾸기

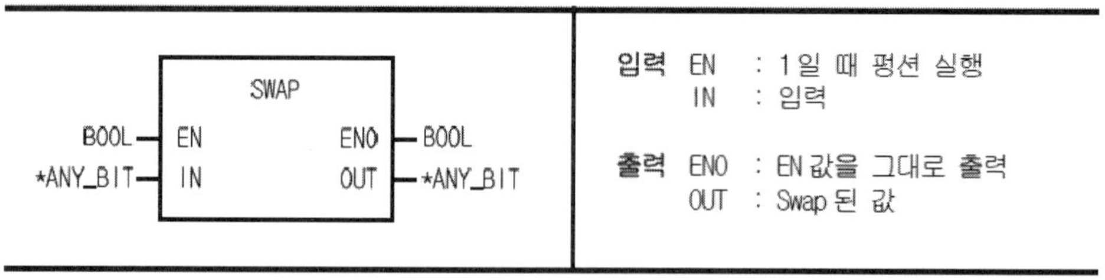

■ 기능

입력된 변수를 2개의 크기로 구분하여 상위와 하위를 서로 교환한다.

3.3.11 확장 펑션

(1) FOR~NEXT

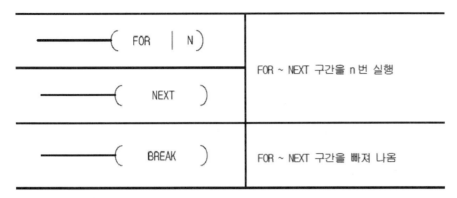

(FOR | N)	FOR ~ NEXT 구간을 n 번 실행
(NEXT)	
(BREAK)	FOR ~ NEXT 구간을 빠져 나옴

■ 기능

1. PLC가 RUN 모드에서 FOR를 만나면 FOR ~ NEXT 명령 간의 처리를 N회 실행한 후 NEXT 명령의 다음 스텝을 실행한다.
2. N은 1 ~ 65,535까지 지정 가능하다.
3. FOR ~ NEXT의 가능한 NESTING 개수는 16개이다.
4. FOR ~ NEXT 루프를 빠져 나오는 방법은 BREAK 명령을 사용한다.
5. 스캔 시간이 길어질 수 있으므로 WDT(Watch Dog Time) 설정치를 넘지 않도록 주의해야 한다.

(2) CALL/SBRT/RET: 호출명령

(CALL NAME)	SBRT 루틴 호출
(SBRT NAME)	CALL 에 의해 호출될 루틴 지정
(RET)	RETURN

■ 기능

1. 프로그램 수행 중 입력조건이 성립하면 CALL name 명령에 따라 해당 SBRT name ~ RET 명령 사이의 프로그램을 수행한다.
2. CALL name은 중첩되어 사용 가능하며 반드시 SBRT name ~ RET 명령 사이에 프로그램은 END 명령 뒤에 있어야 한다.
3. SBRT 내에서 다른 SBRT를 CALL 하는 것이 가능하다. 대신 SBRT 내에서는 END 명령을 사용하지 않는다.
4. FOR ~ NEXT 루프를 빠져 나오는 방법은 BREAK 명령을 사용한다.

(3) JMP: 분기명령(Jump)

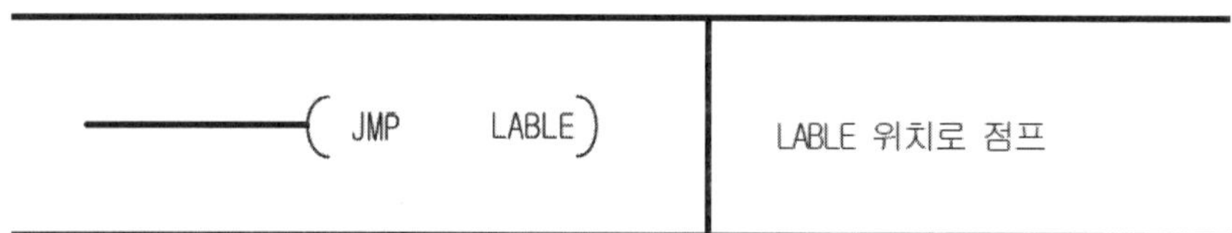

■ 기능

1. JMP 명령의 입력접점이 On 되면 지정 레이블(LABLE) 이후로 Jump하며 JMP와 레이블 사이의 모든 명령은 처리되지 않는다.
2. 레이블은 중복되게 사용할 수 없다. JMP는 중복사용 가능하다.
3. 비상사태 발생 시 처리해서는 안 되는 프로그램을 JMP와 레이블 사이에 넣으면 좋다.

(4) INIT_DONE: 초기화 태스크 종료 명령

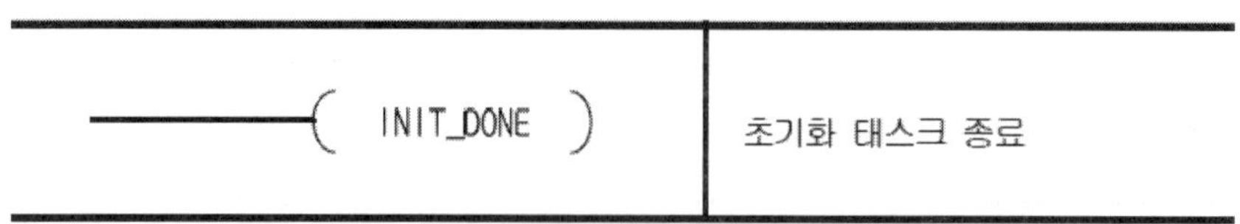

■ 기능

1. 초기화 태스크를 종료시키는 명령어이다.

2. 초기화 태스크 프로그램 작성 시에는 반드시 이 명령어를 사용해서 초기화 태스크 프로그램을 종료시켜야 된다. 그렇지 않을 경우, 초기화 태스크 프로그램을 종료할 수 없게 되고 스캔 프로그램으로 진입할 수 없다.

(5) END: 종료명령

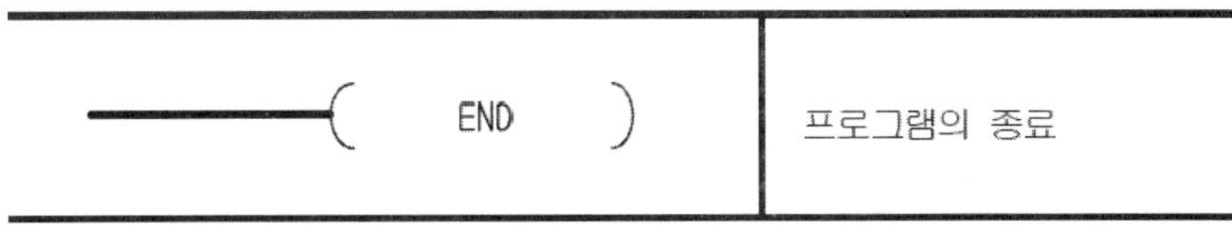

■ 기능

1. 프로그램 종료를 표시한다.
2. END 명령 처리 후 프로그램의 처음으로 돌아가 처리한다.

3.4 펑션블록

3.4.1 타이머 펑션블록

(1) TP: 펄스 타이머(Pulse Timer)

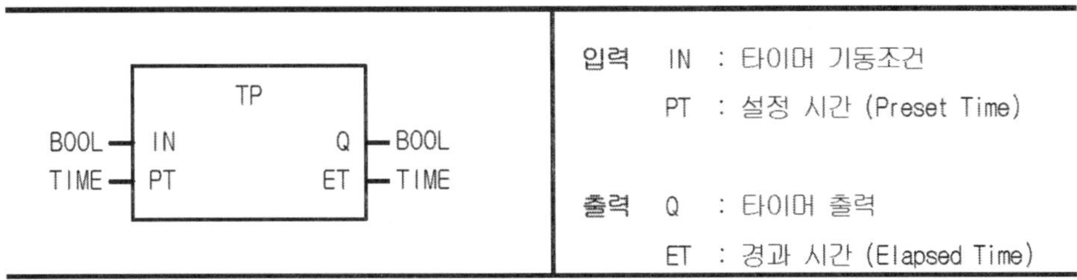

■ 기능

1. IN이 1이 되면 PT에 의해서 지정된 설정시간 동안만 Q가 1이 되고, ET가 PT에 도달하면 Q가 자동으로 0이 된다.
2. 경과시간 ET는 IN이 1이 되었을 때부터 증가하며 PT에 이르면 값을 유지하다가 IN이 0이 될 때 0의 값이 된다.

3. ET가 증가할 동안은 IN이 0이 되거나 재차 1이 되어도 영향이 없다.

■ 타임차트

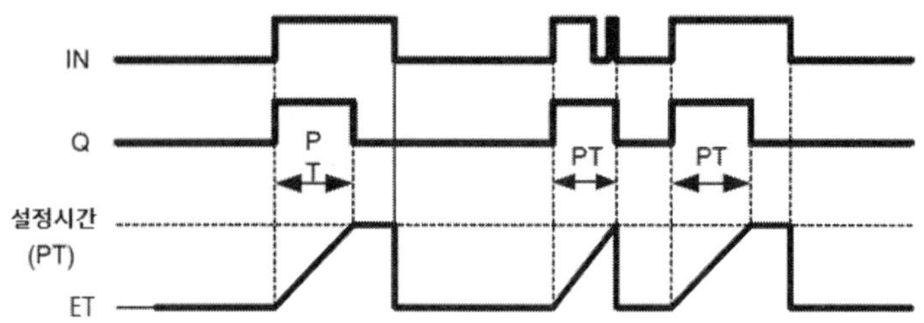

(2) TON: ON딜레이 타이머(ON Delay Timer)

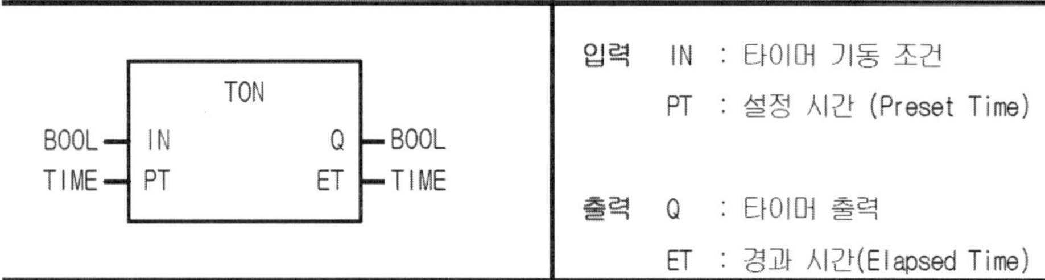

입력	IN	: 타이머 기동 조건
	PT	: 설정 시간 (Preset Time)
출력	Q	: 타이머 출력
	ET	: 경과 시간(Elapsed Time)

■ 기능

1. IN이 1이 된 후 경과시간이 ET로 출력된다. 이때 경과시간 ET가 설정시간 PT로 되면 Q가 1이 된다.
2. 만일 경과시간 ET가 설정시간에 도달하기 전에 IN이 0이 되면, 경과시간은 0으로 된다.
3. Q가 1이 된 후 IN이 0이 되면, Q는 0이 된다.

■ 타임차트

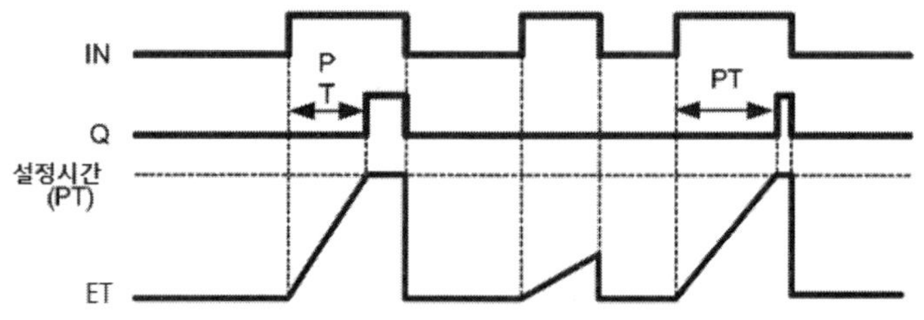

(3) TOF: OFF딜레이 타이머(OFF Delay Timer)

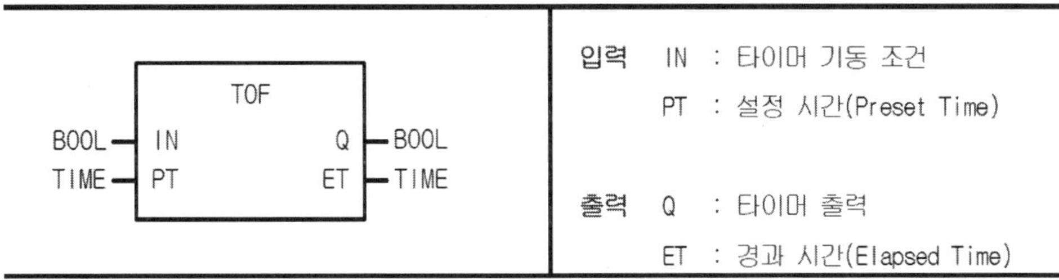

■ 기능

1. IN이 1이 되면, Q가 1이 되고, IN이 0이 된 후부터 PT에 의해서 지정된 설정시간이 경과한 후 Q가 0이 된다.
2. IN이 0이 된 후 경과시간이 ET로 출력된다.
3. 만일 경과시간 ET가 설정시간에 도달하기 전에 IN이 1이 되면, 경과시간은 다시 0으로 된다.

■ 타임차트

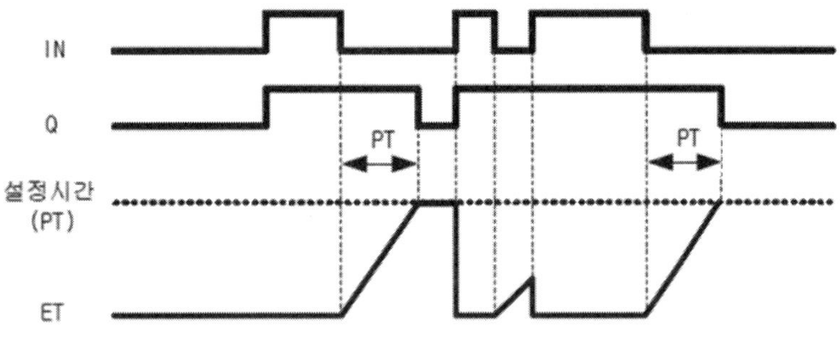

(4) TMR: 적산 타이머

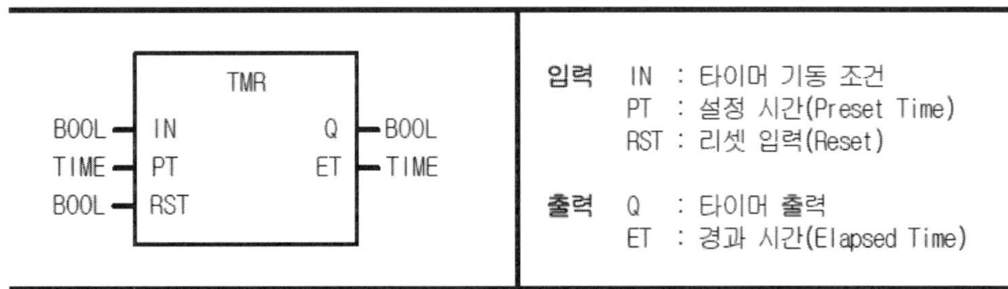

■ 기능

1. TMR 펑션블록은 IN이 1이 된 후 경과시간이 ET로 출력된다.
2. 경과시간 ET가 설정시간 PT에 도달하기 전에 IN이 0이 되어도 현재의 경과시간을 유지하다가 IN이 다시 1이 되면 경과시간을 다시 증가시킨다.
3. 경과시간 ET가 설정시간 PT에 도달하면 Q가 1이 된다.
4. Reset 입력조건이 성립되면 Q는 0이 되며 경과시간도 0이 된다.

■ 타임차트

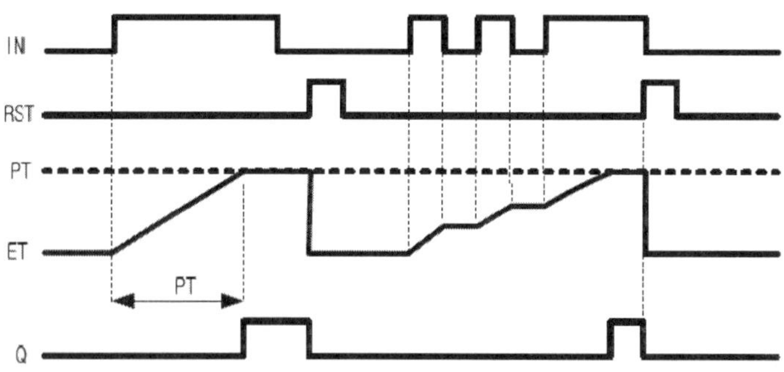

(5) TRTG: 리트리거블 타이머

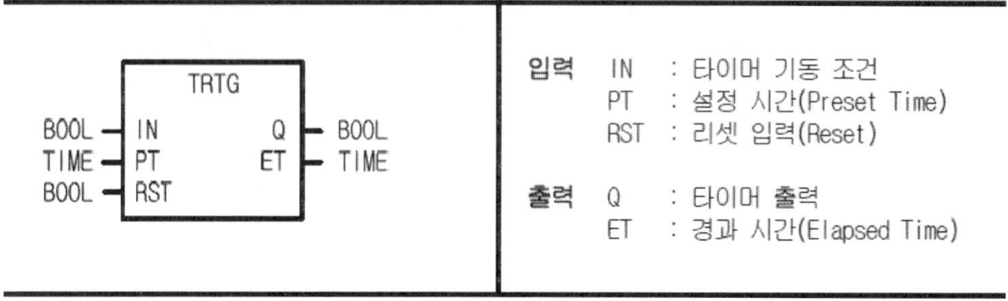

■ 기능

1. TRTG 펑션블록은 기동조건 IN이 1이 되는 순간 Q는 1이 되고, 경과시간이 설정시간에 도달하면 타이머 출력 Q는 0이 된다.
2. 타이머 경과시간이 설정시간이 되기 전에 IN이 또 다시 0에서 1로 되면 경과시간은 0으로 재설정 되고 다시 증가하여 설정시간 PT에 도달하면 Q는 0이 된다.

3. Reset 입력조건이 성립하면 타이머 출력 Q는 0이 되고 경과시간도 0이 된다.

■ 타임차트

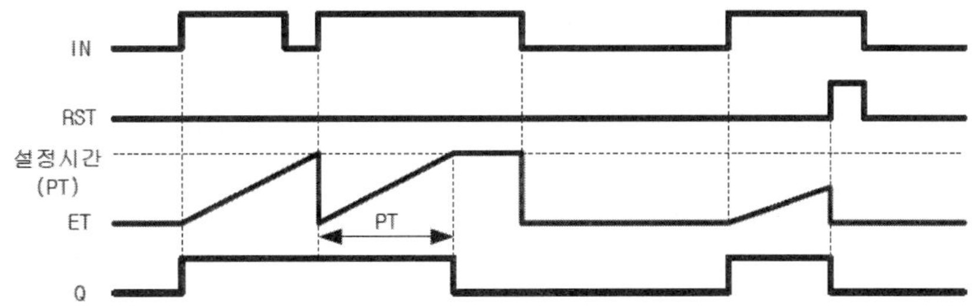

(6) TP_RST: 접점 출력 OFF가 가능한 펄스 타이머

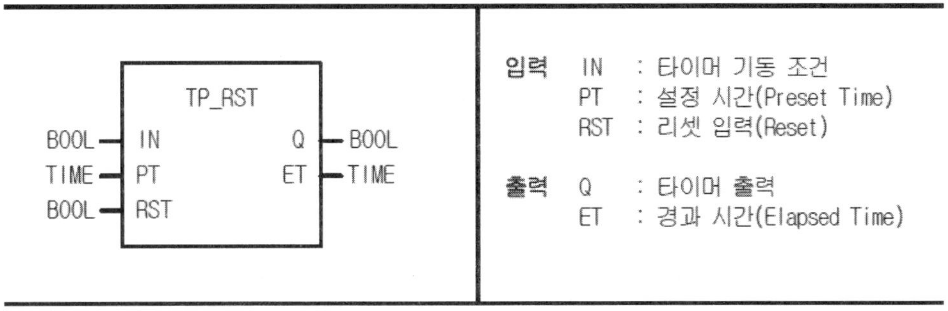

■ 기능

1. TP_RST 펑션블록은 IN이 1이 되는 순간 Q는 1이 되고, 경과시간이 설정시간에 도달하면 타이머 출력 Q는 0이 된다.
2. 경과시간 ET는 IN이 1이 되었을 때부터 증가하며 PT에 이르면 값을 유지하다가 IN이 0이 될 때 0으로 클리어(clear) 된다.
3. 타이머 출력 Q가 1인 동안(펄스 출력 중)에는 타이머 기동조건 IN이 1, 0 변화를 하여도 무시한다.
4. Reset 입력조건이 성립하면 펄스 출력 중에도 타이머 출력 Q는 0이 되고 경과시간도 0이 된다.

■ 타임차트

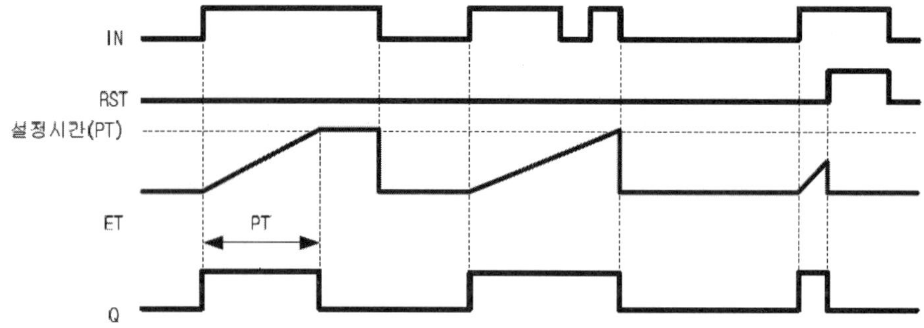

(7) TOF_RST: 동작 중 출력 OFF가 가능한 딜레이 타이머

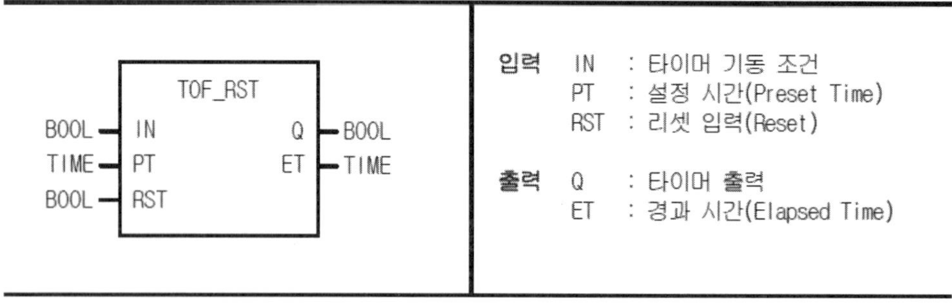

■ 기능

1. TOF_RST 펑션블록은 기동조건 IN이 1이 되는 순간 Q는 1이 되고, IN이 0이 된 후부터 PT에 의하여 지정된 설정시간이 경과한 후 Q가 0이 된다.
2. IN이 0이 된 후 경과시간이 ET로 출력된다.
3. 만일 경과시간 ET가 설정시간에 도달하기 전에 IN이 1이 되면, 경과시간은 다시 0으로 된다.
4. Reset 입력조건이 성립하면 타이머 출력 Q는 0이 되고 경과시간도 0이 된다.

■ 타임차트

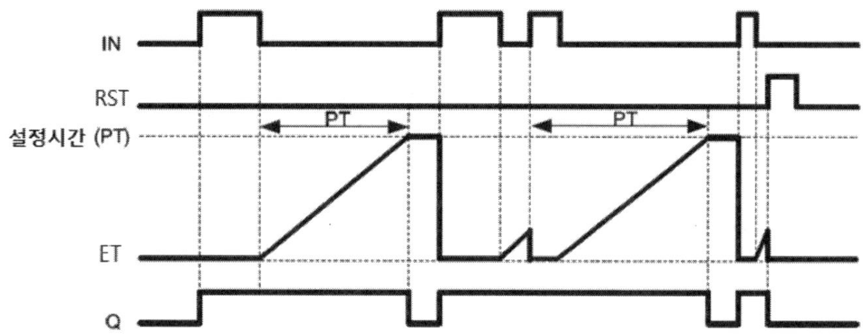

(8) TMR_FLK: 점멸기능 타이머

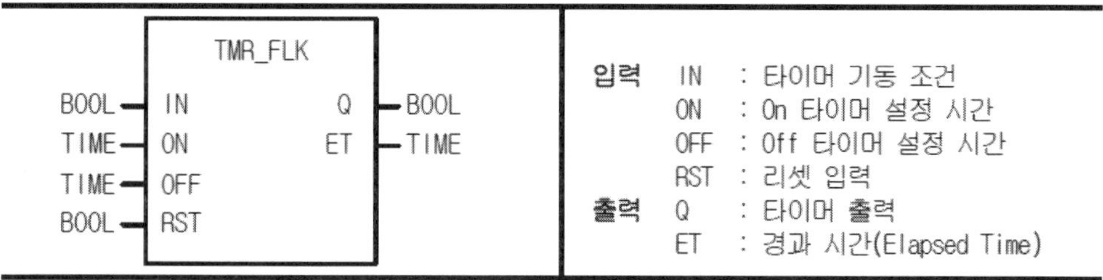

■ 기능

1. TMR_FLK 펑션블록은 IN이 1이 되는 순간 Q는 1이 되고, ON에서 지정된 시간만큼 Q는 1을 유지한다.
2. ON에서 지정된 시간이 경과하면 OFF에서 지정된 시간만큼 Q는 0이 된다.
3. IN이 0이 되면 On 또는 Off 동작을 중지하고, IN이 0인 동안 중지된 시간을 유지하다가 IN이 다시 1이 되면 정지된 시간부터 다시 타이머가 동작한다.
4. IN이 0인 동안 출력 Q는 0이 된다.
5. ON이 0이면 출력 Q는 항상 0이 된다.

■ 타임차트

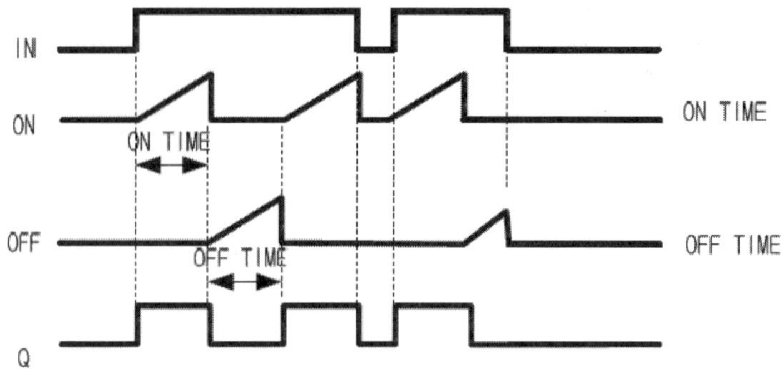

3.4.2 카운터 펑션블록

(1) CTU_***: 가산 카운터(Up Counter)

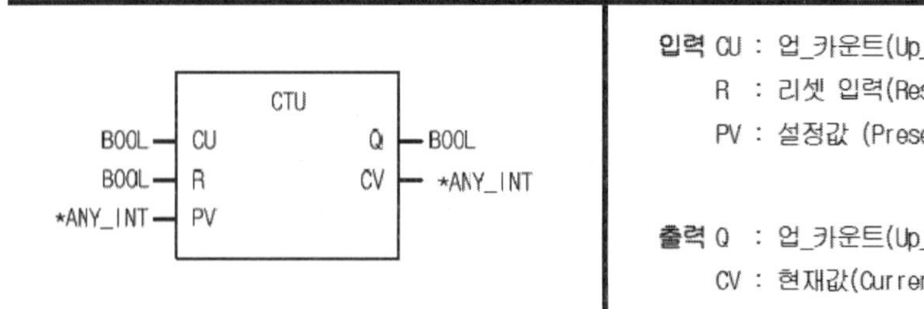

입력 CU : 업_카운트(Up_Count) 펄스입력
R : 리셋 입력(Reset)
PV : 설정값 (Preset Value)

출력 Q : 업_카운트(Up_ Count) 출력
CV : 현재값(Current Value)

■ 기능

1. 가산 카운터 펑션블록 CTU는 업 카운터 펄스입력 CU가 0에서 1이 되면 현재값 CV가 이전값보다 1만큼 증가하는 카운터이다.
2. 단, CV가 PV의 최대값 미만일 때만 증가하고, 최대값이 되면 더 이상 증가하지 않는다.
3. 리셋 입력 R이 1이 되면 현재값 CV는 0으로 클리어(Clear) 된다.
4. 출력 Q는 CV가 PV 이상이 될 때만 1이 된다.
5. PV값은 CTU 펑션블록을 수행 시 설정값을 새롭게 가져와 연산한다.

■ 가산 카운터의 종류

펑션블록	PV	동작 설명
CTU_INT	INT	INT(설정 값)의 최대값(32767)만큼 증가한다.
CTU_DINT	DINT	DINT(설정 값)의 최대값(2147483647)만큼 증가한다.
CTU_LINT	LINT	LINT(설정 값)의 최대값(9223372036854775807)만큼 증가한다.
CTU_UINT	UINT	UINT(설정 값)의 최대값(65535)만큼 증가한다.
CTU_UDINT	UDINT	UDINT(설정 값)의 최대값($2^{32}-1$)만큼 증가한다.
CTU_ULINT	ULINT	ULINT(설정 값)의 최대값($2^{64}-1$)만큼 증가한다.

■ 타임차트

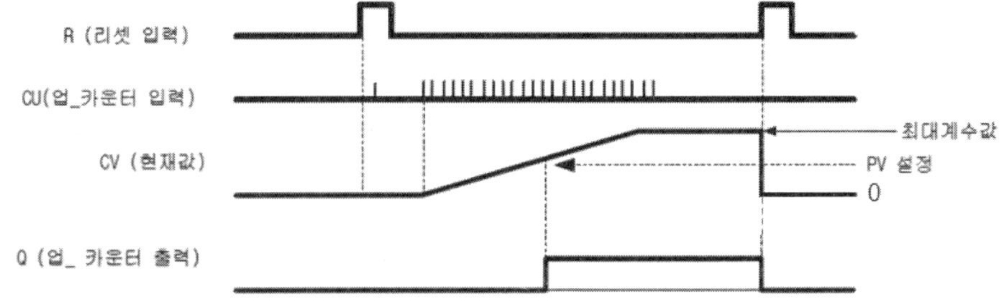

(2) CTD_***: 감산 카운터(Down Counter)

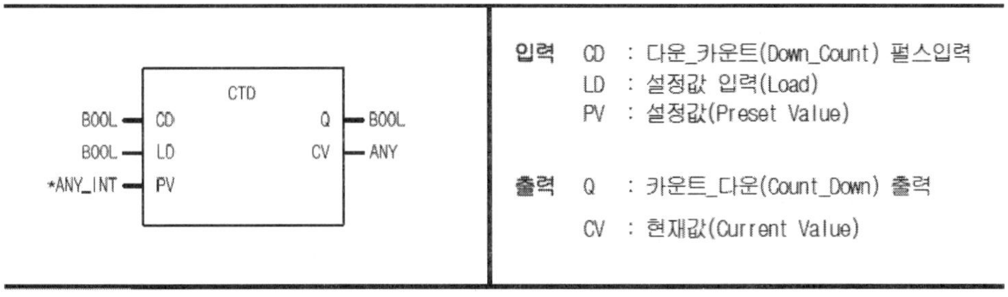

■ 기능

1. 감산 카운터 펑션블록 CTD는 다운 카운터 펄스입력 CD가 0에서 1이 되면, 현재값 CV가 이전값보다 1만큼 감소하는 카운터이다.
2. 단, CV는 PV의 최소보다 클 때만 감소하고, 최소값이 되면 더 이상 감소하지 않는다.

3. 설정값 입력 LD가 1이 되면 현재값 CV에는 설정값 PV값이 로드 된다. (CV = PV)
4. 출력 Q는 CV가 0 이하일 때만 1이 된다.

■ 감산 카운터의 종류

펑션블록	PV	동작 설명
CTD_INT	INT	INT(설정값)의 최소값(-32767)만큼 감소한다.
CTD_DINT	DINT	DINT(설정값)의 최소값(-2147483648)만큼 감소한다.
CTD_LINT	LINT	LINT(설정값)의 최소값(-9223372036854775808)만큼 감소한다.
CTD_UINT	UINT	UINT(설정값)의 최소값(0)만큼 감소한다.
CTD_UDINT	UDINT	UDINT(설정값)의 최소값(0)만큼 감소한다.
CTD_ULINT	ULINT	ULINT(설정값)의 최소값(0)만큼 감소한다.

■ 타임차트

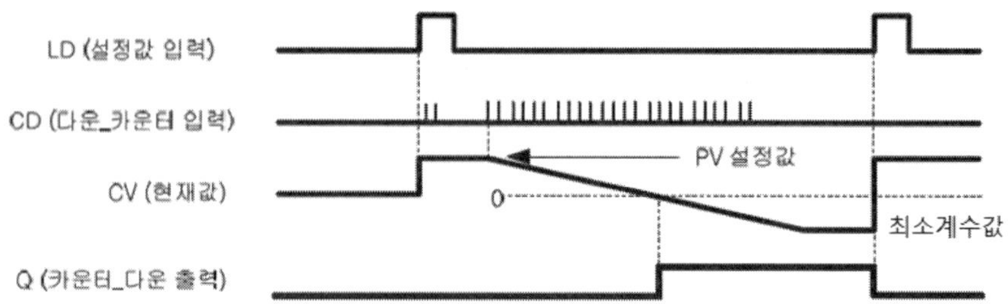

(3) CTUD_***: 가감산 카운터(Up-Down Counter)

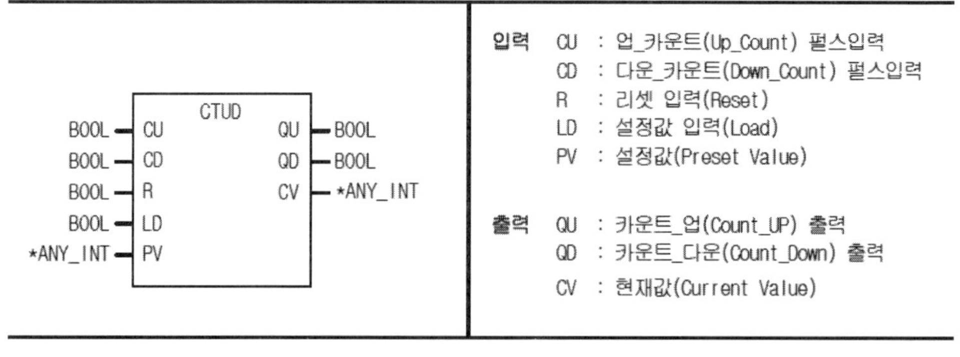

■ 기능

1. 가감산 카운터 펑션블록 CTUD는 업카운터 펄스 입력 CU가 0에서 1이 되면 현재값 CV가 이전값보다 1만큼 증가하고, 다운 카운터 펄스입력 CD가 0에서 1이 되면 현재값 CV가 이전값보다 1만큼 감소하는 카운터이다.
2. 단, CV가 PV의 최소값과 최대값 사이의 값을 가지며 최대값, 최소값에 이르면 각각 더 이상 증가, 감소하지 않는다.
3. 설정값 입력 LD가 1이 되면 현재값 CV에는 설정값 PV값이 로드 된다. (CV = PV)
4. 설정값 입력 R이 1이 되면 현재값 CV는 0으로 클리어(Clear) 된다. (CV = 0)
5. 출력 QU는 CV가 PV값 이상이면 1이 되고, QD는 CV가 0 이하일 때 1이 된다.
6. 각 입력신호에 대해서 R 〉 LD 〉 CU 〉 CD 순으로 동작을 수행하며, 신호의 중복 발생시 우선순위가 높은 동작 하나만 수행한다.

■ 가감산 카운터의 종류

펑션블록	PV	동작 설명
CTUD_INT	INT	INT(설정값)의 -32768~32767만큼 증가, 감소한다.
CTUD_DINT	DINT	DINT(설정값)의 0~$2^{31}-1$만큼 증가, 감소한다.
CTUD_LINT	LINT	LINT(설정값)의 0~$2^{63}-1$만큼 증가, 감소한다.
CTUD_UINT	UINT	UINT(설정값)의 65535만큼 증가. 감소한다.
CTUD_UDINT	UDINT	UDINT(설정값)의 0~$2^{32}-1$만큼 증가, 감소한다.
CTUD_ULINT	ULINT	ULINT(설정값)의 0~$2^{64}-1$만큼 증가, 감소한다.

■ 타임차트

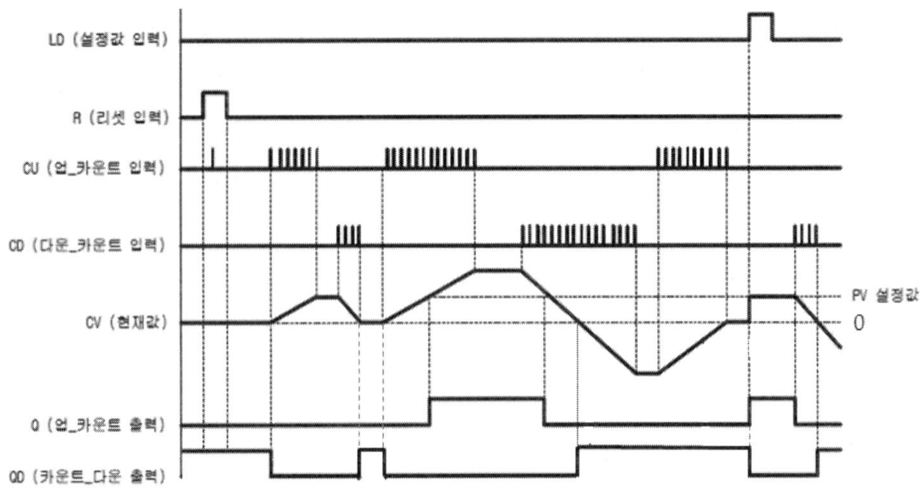

(4) CTR: 링 카운터(Ring Counter)

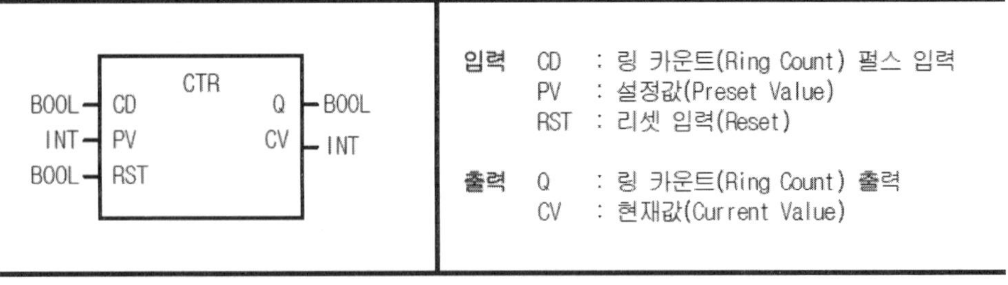

입력	CD	: 링 카운트(Ring Count) 펄스 입력
	PV	: 설정값(Preset Value)
	RST	: 리셋 입력(Reset)
출력	Q	: 링 카운트(Ring Count) 출력
	CV	: 현재값(Current Value)

■ 기능

1. 링 카운터 CTR 펑션블록은 펄스 입력 CD가 0에서 1이 될 때마다 현재값 CV를 +1 하고 현재값 CV가 설정값 PV에 도달한 후 CD가 다시 0에서 1로 되면 현재값은 1로 된다.
2. 현재값이 설정값에 도달하면 출력(Q)은 1이 된다.
3. 현재치가 설정치 미만이거나 Reset 조건이 1이 되면 출력(Q)은 0이 된다.

■ 타임차트

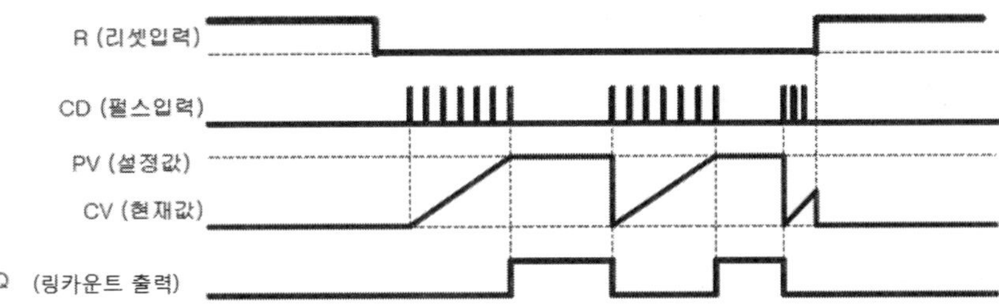

3.4.3 에지검출 펑션블록

(1) R_TRIG: 상승에지 검출

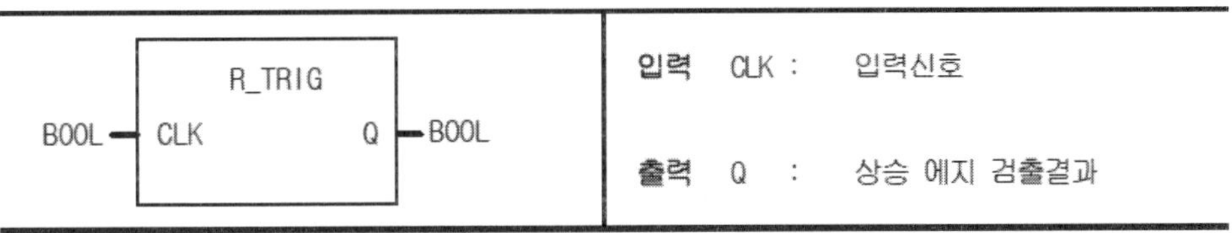

■ 기능

R_TRIG는 CLK에 연결된 입력의 상태가 0에서 1로 변할 때 1 스캔시간 동안 출력 Q를 1로 만들고, R_TRIG의 재실행시 0이 된다. 그 이외의 경우, 출력 Q는 항상 0이 된다.

■ 타임차트

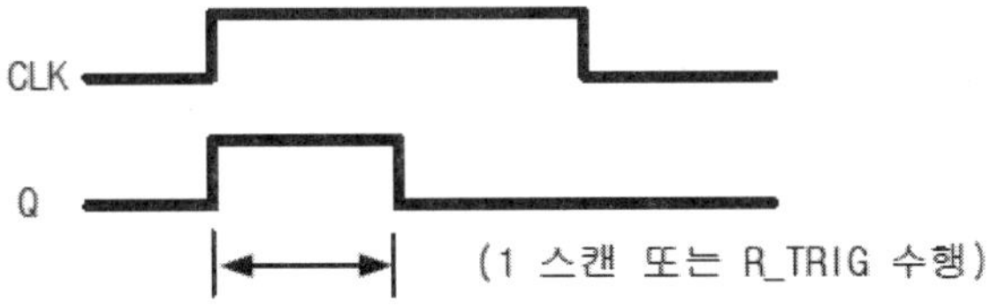

(2) F_TRIG: 하강에지 검출

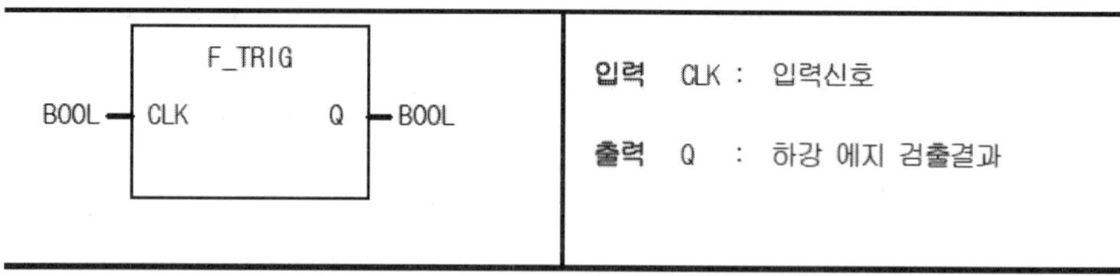

■ 기능

F_TRIG는 CLK에 연결된 입력의 상태가 1에서 0으로 변할 때 1 스캔시간 동안 출력 Q를 1로 만들고 F_TRIG의 재실행시 0이 된다. 그 외는, 출력 Q가 항상 0이 된다.

■ 타임차트

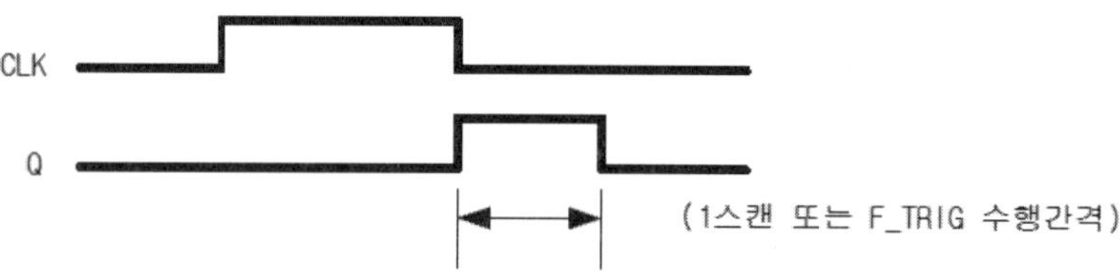

(3) FF: 출력비트 반전

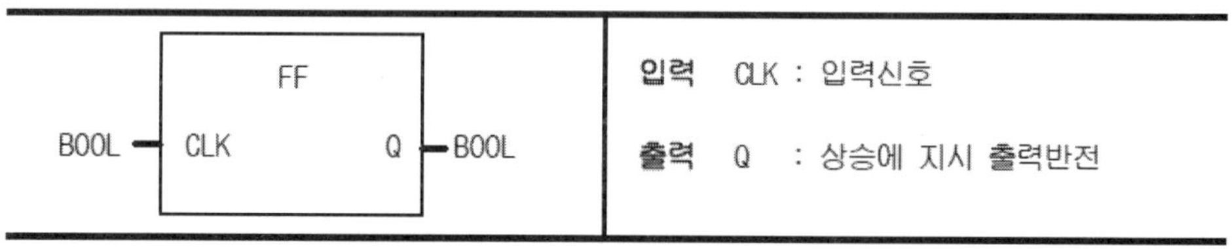

■ 기능

FF는 CLK에 연결된 입력의 상태가 0에서 1로 변할 때 출력 Q를 반전시킨다.

■ 타임차트

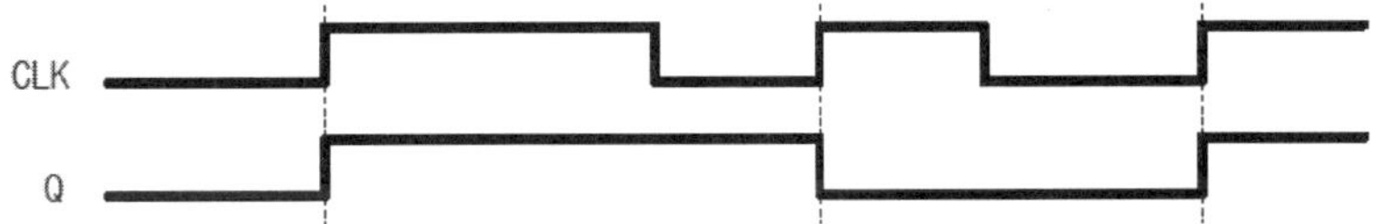

3.4.4 기타 펑션블록

(1) SCON: 스텝 콘트롤러(순차스텝 및 스텝점프)(Step Controller)

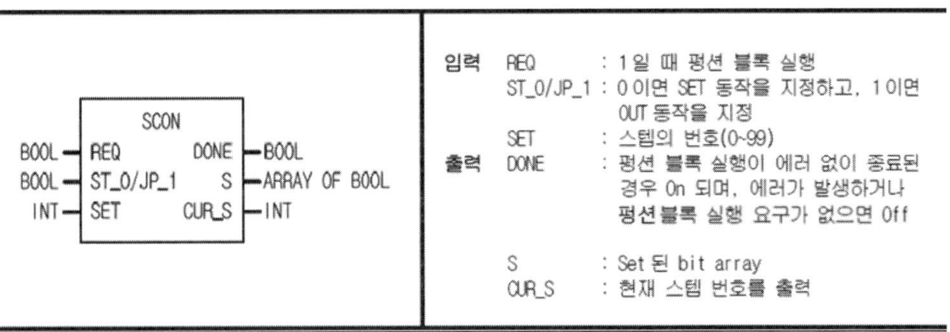

■ 기능

1. 순차작업 조의 설정

   펑션블록의 인스턴스 이름이 하나의 순차작업 조의 이름이 된다.

   (펑션블록 선언 예: S00, G01, 제조1, 스텝접점 예: S00.S[1], G01.S[1], 제조1.S[1])

2. SET 동작일 경우(ST_0/JP_1 = 0)

   동일 조 내에서 바로 이전의 스텝번호가 On 되었을 때 현재 스텝번호가 On 된다. 현재 스텝번호가 On 되면 자기 유지되어 입력 접점이 Off 되어도 On 상태를 유지한다.

   입력조건 접점이 동시에 On 되어도 한 조 내에서는 한 스텝번호만이 On 된다.

   Sxx.S[0]가 On 되면 모든 SET 출력이 Clear 된다.

3. JUMP 동작인 경우(ST_0/JP_1 = 1) .

   동일 조 내에서 입력조건 접점이 다수가 On 되어도 한 개의 스텝번호만 On

된다. 입력조건이 동시에 On 되면 나중에 프로그램 된 것이 우선으로 출력된다. 현재 스텝번호가 On 되면 자기 유지되어 입력조건이 Off 되어도 On 상태를 유지한다.

Sxx.S[0]이 On 되면 초기 스텝으로 복귀한다.

Chapter 04

PLC 실습장치의 구성과 기능

4.1 PLC 실습장치의 개요 및 구성

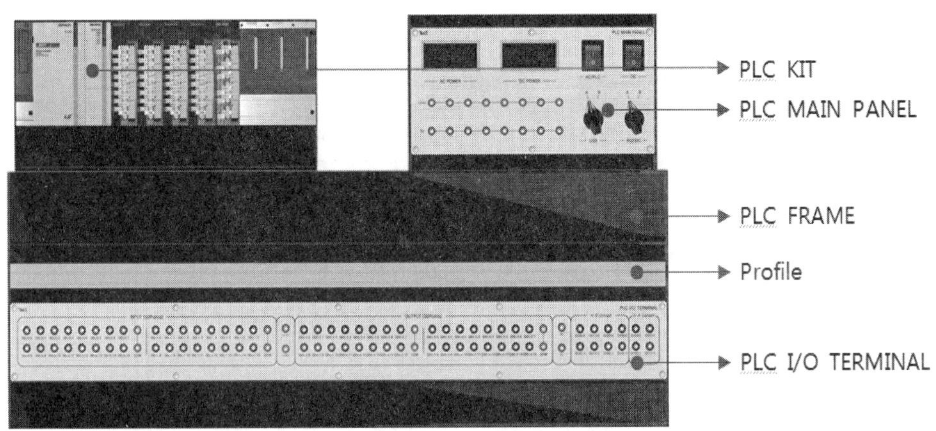

그림 4.1 PLC 실습장치

이 PLC 실습장치(그림 4.1)는 산업현장의 시스템제어 사례를 실습할 수 있도록 구성되어 있으며, 메카트로닉스 분야 및 자동화 관련 분야, 전기제어, PLC 제어 등을 기초부터 응용까지 실험할 수 있다.

(1) 이 장치는 증설 확장이 가능하며, Profile에 각 모듈들을 용이하게 장착 및 탈착할 수 있다.

(2) PLC FRAME에 PLC KIT, PLC MAIN PANEL, PLC I/O TERMINAL이 모두 구성되어 있어 시스템의 구성과 작동이 편리하다.

(3) 특히 PLC FRAME의 Profile PANEL에 실습을 위해 필요한 모듈과 부품들을 손쉽게 탈·부착하여 실습할 수 있다.

지금부터 본 장비를 구성하는 요소들에 대해 알아보자.

4.1.1 PLC 실습장치 기본 배선도

그림 4.2는 PLC 실습장치의 기본 배선도이다. PLC POWER UNIT는 +24V와 0V의 전원을 공급하는 유닛으로서 입력단자의 COM단자에는 0V, 출력단자의 COM단자에는 +24V의 전원을 연결하고 탈·부착용 입력모듈과 출력모듈의 각 COM단자에는 각각 +24V, 0V의 전원을 연결한다.

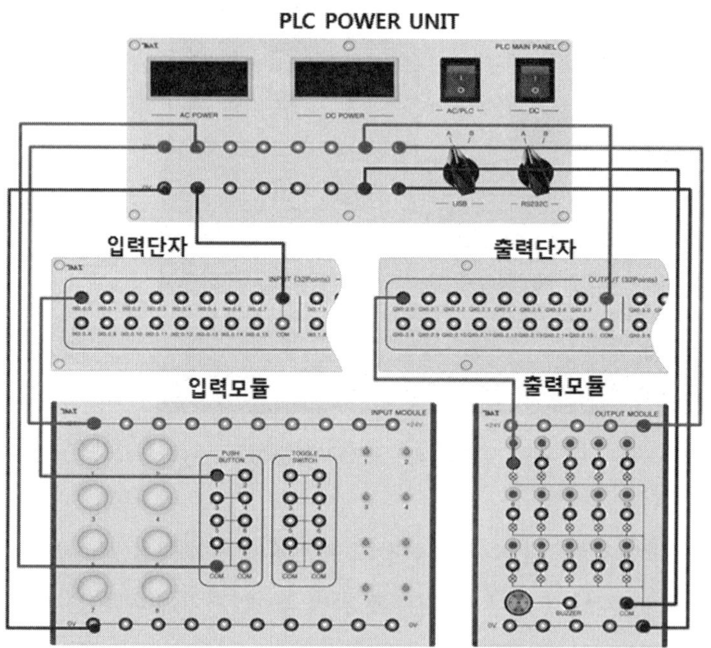

그림 4.2 PLC 실습장치의 기본 배선도

4.1.2 PLC KIT

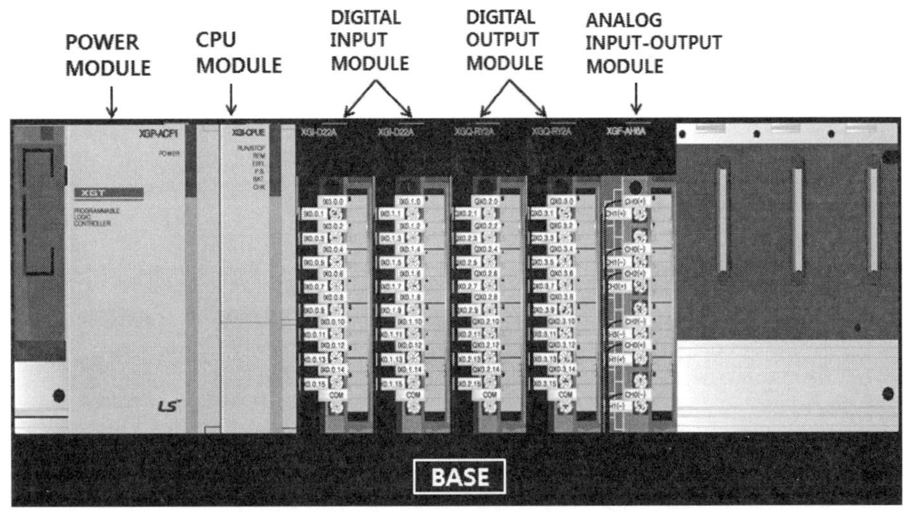

그림 4.3 PLC KIT의 구성도

PLC KIT(그림 4.3)는 현장의 입력기기로부터 입력데이터를 받아들여 사용자가 미리 작성한 프로그램을 실행한 후, 그 결과를 출력기기를 통해 출력함으로서 기계나 설비(OUTPUT MODULE, MOTOR MODULE 등)를 제어하는 전자장치이며, 구성요소는 표 4.1과 같다.

표 4.1 PLC KIT의 구성요소

순서	명 칭	내 용	수량
1	BASE	8 SLOT (Power와 CPU모듈을 제외한 나머지)	1
2	POWER모듈	전원 AC110/220V, DC5V 3A, DC24V 0.6A	1
3	CPU모듈	IEC언어, 입출력 점수 1536점, 프로그램 용량 64KB	1
4	DIGITAL INPUT모듈	입력 16점, DC24V	2
5	DIGITAL OUTPUT모듈	출력 16점, SC24V	2
6	ANALOG INPUT-OUTPUT모듈	입력 : 4채널, 전압/전류, 출력 : 2채널, 전압/전류	1

◆ 사용 시 주의사항

① 제품의 파손이 일어날 수 있으므로, 전원의 구성을 확인한 후 전원을 인가한다.

② 감전 및 화재의 우려가 있으므로 물이나 유기 용제를 사용하지 않는다.

③ 제품을 임의대로 개조하지 않도록 한다.

4.1.3 PLC POWER UNIT

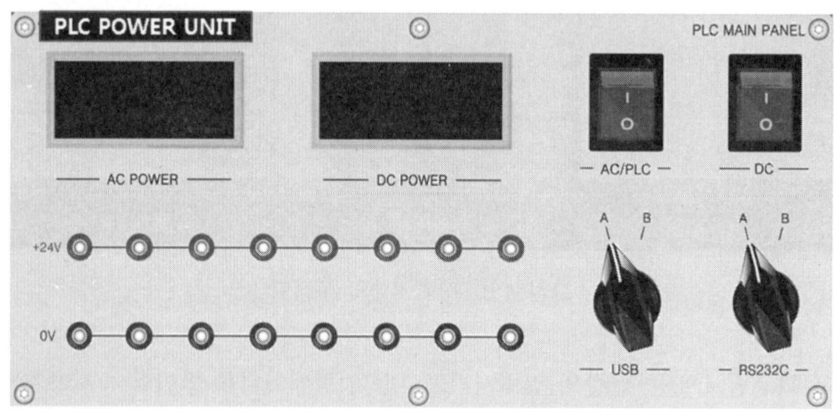

그림 4.4 PLC POWER UNIT

PLC POEWER UNIT(그림 4.4)에서 전원 24V와 0V를 PLC I/O 단자(TERMINAL)와 입력 및 출력 모듈에 공급한다. PLC 접속설정 시 USB selector와 RS232C selector를 사용자가 원하는 방법으로 선택이 가능하며, port A 또는 B로도 접속할 PC의 선택이 가능하다. PLC power unit의 구성요소는 표 4.2에 나타내었다.

표 4.2 PLC POWER UNIT의 구성요소

순서	명 칭	내 용	수량
1	AC POWER PANEL METER	표시 자릿수 1999(31/2Digit), AC VOLT 측정	1
2	DC POWER PANEL METER	표시 자릿수 1999(31/2Digit), DC VOLT 측정	1
3	USB selector	port A, B로 나뉨	1
4	RS232C selector	port A, B로 나뉨	1

4.1.4 PLC I/O TERMINAL(PLC 입출력 단자)

입력단자(INPUT TERMINAL)(그림 4.5), 출력단자(OUTPUT TERMINAL)(그림 4.6), A/D 및 D/A변환기의 채널 단자(A/D & D/A I/O TERMINAL)(그림 4.7)는 각각 PLC KIT의 디지털 입력모듈(DIGITAL INPUT 모듈)과 디지털 출력모듈(DIGITAL OUTPUT 모듈), ANALOG INPUT-OUTPUT모듈의 접점을 바나나 잭으로 직접 연결할 수 있게 구성되어 있다.

[PNP]형식인 입력단자(INPUT TERMINAL, 32Points)(그림 4.5)는 COM단자를 PLC POWER UNIT의 0V에 연결하고, 출력단자(OUTPUT TERMINAL, 32Points)(그림 4.6)의 COM단자는 PLC POWER UNIT의 +24V에 연결해 사용한다. 이들을 표 4.3에 정리하였다.

(1) 입력단자(INPUT TERMINAL)

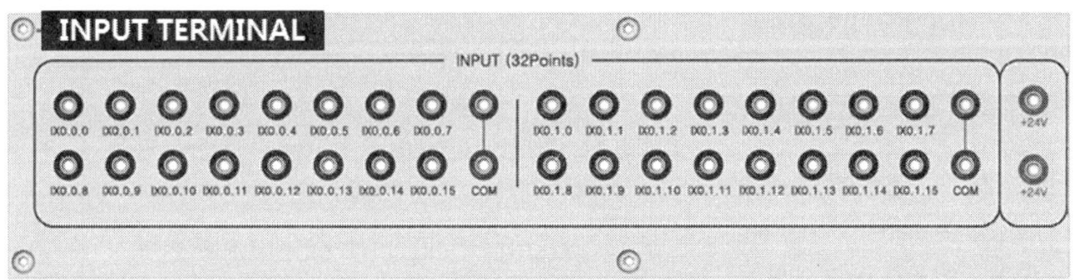

그림 4.5 입력단자

(2) 출력단자(OUTPUT TERMINAL)

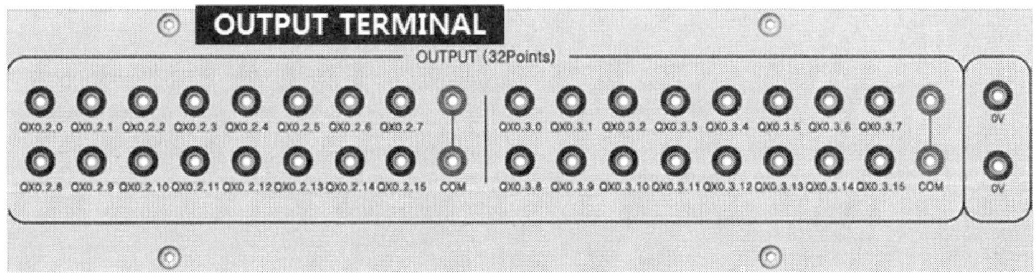

그림 4.6 출력단자

(3) A/D 및 D/A CONVERTER의 I/O TERMINAL(A/D 및 D/A변환기의 채널단자)

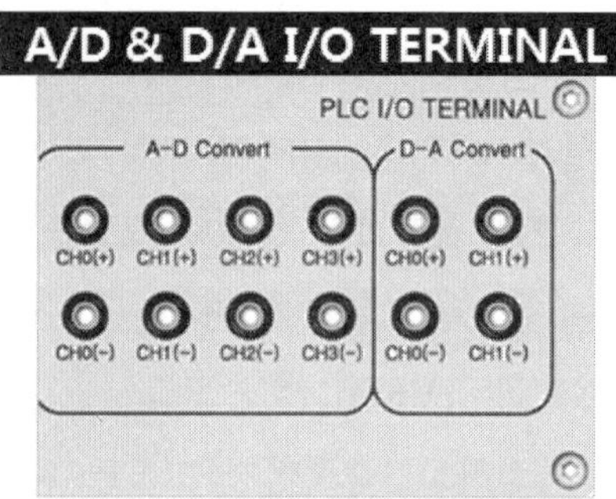

그림 4.7 A/D 및 D/A 변환기의 I/O 채널단자

표 4.3 PLC I/O TERMINAL(PLC 입출력 단자)의 구성

순서	명 칭	내 용	수량
1	INPUT TERMINAL (32 Points)	DIGITAL INPUT MODULE 16점의 2개와 연결	1
2	OUTPUT TERMINAL (32Points)	DIGITAL OUTPUT MODULE 16점의 2개와 연결	1
3	A/D CONVERTER	ANALOG INPUT·OUTPUT MODULE과 연결	1
	D/A CONVERTER		1

4.2 탈·부착용 요소

4.2.1 입력모듈(Input Module)

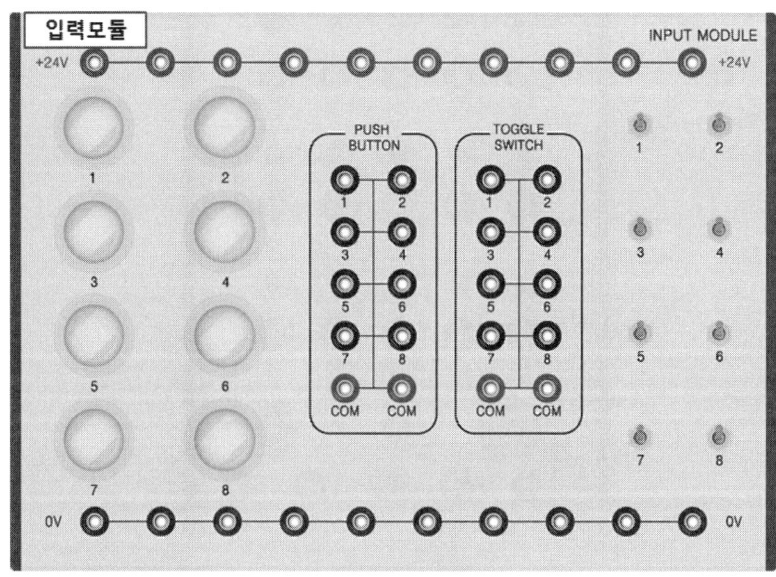

그림 4.8 입력모듈

[PNP]형식으로 구성되어 있는 입력모듈(Input Module)의 COM단자(그림 4.8)는 PLC INPUT terminal의 (Input 32Point)-COM(그림 4.5)과 반대극성인 24V에 연결되어 동작한다. 입력모듈의 구성은 표 4.4에 정리하였다.

표 4.4 입력모듈(Input Module)의 구성

순서	명 칭	내 용	수량
1	Push Button	1A1B, Button형식	8
2	Toggle Switch	1A1B	8

4.2.2 출력모듈(Output Module)

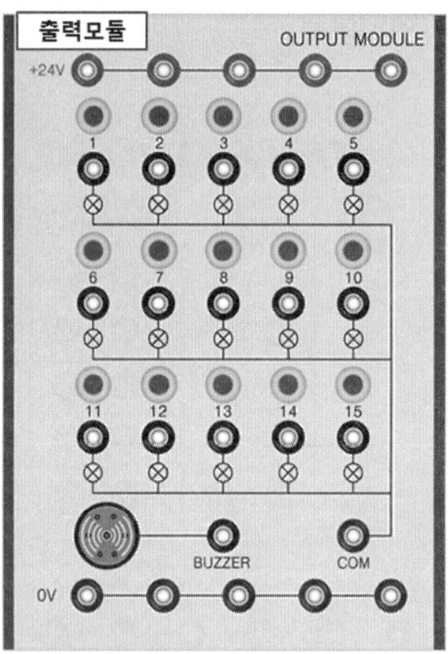

그림 4.9 출력모듈

[PNP]방식으로 구성되어 있는 출력모듈(Output Module)의 COM(그림 4.9)은 PLC OUTPUT terminal(Output 32Point)의 COM(그림 4.6)과 반대극성인 0V에 연결되어 동작한다. 출력모듈의 구성은 표 4.5에 정리하였다.

표 4.5 출력모듈(Output Module)의 구성

순서	명 칭	내 용	수량
1	적색 램프	적색	15
2	Buzzer	DC24V	1

4.2.3 직류 모터 모듈(DC Motor Module)

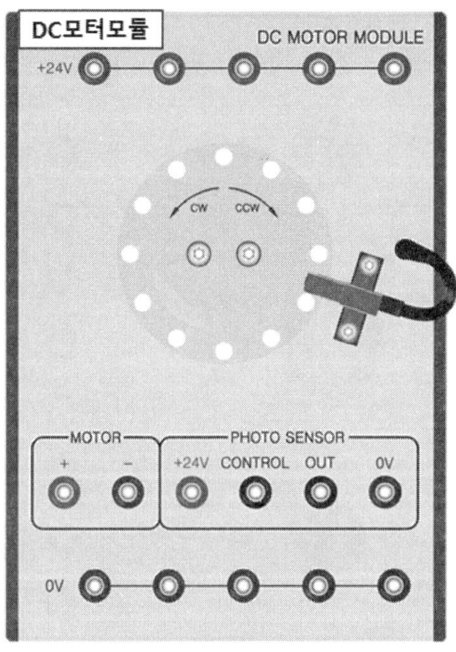

그림 4.10 직류 모터 모듈

① 직류 모터 모듈(DC Motor Module)(그림 4.10)은 [MOTOR +]와 [MOTOR −]에 각각 24V, 0V를 입력하면 회전판이 정회전하고, [MOTOR +]와 [MOTOR −]에 각각 0V, 24V를 입력하면 회전판은 역회전한다.

② 포토센서(Photo Sensor)는 [PNP]방식으로 연결되어 있다. 전원을 연결하면 OUT 단자에서 센서 검출 신호가 발생되며 CONTROL 단자를 24V나 0V의 연결 따라 Dark ON과 Light ON 방식으로 검출방식을 변경할 수 있다.

표 4.6 DC 모터 모듈의 구성

순서	명 칭	내 용	수량
1	모터(Motor)	기어비: 1/100	1
2	포토센서(Photo−Sensor)	PNP	1

4.2.4 센서 모듈(Sensor Module)

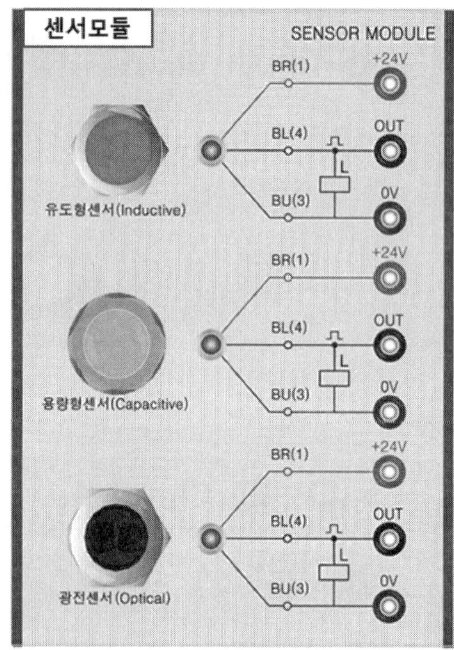

그림 4.11 센서 모듈

센서 모듈(그림 4.11)은 각 센서(표 4.7 참조)가 검출되면 램프가 점등한다. 각 센서의 +24V와 0V는 전원에 연결하며, OUT 단자는 PLC INPUT terminal(Input 32Point)의 단자(그림 4.5)와 연결한다.

표 4.7 센서 모듈의 구성

순서	명 칭	내 용	수량
1	유도형 센서 (Inductive Sensor)	PNP, 램프 내장	1
2	용량형 센서 (Capacitive Sensor)	PNP, 램프 내장	1
3	광전 센서 (Optical Sensor)	PNP, 램프 내장	1

4.2.5 FND 모듈

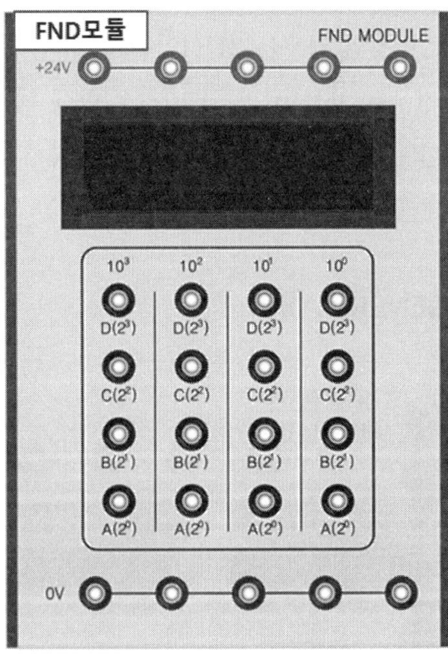

그림 4.12 FND 모듈

FND(Flexible Numeric Display) Module(그림 4.12)은 FND 숫자표시기로 각 자리수마다 BCD CODE(2진화 10진 코드)에 의해 숫자가 표시되는 역할을 한다.

FND Module에 BCD(Binary Code Decimal) CODE 4개 bit의 신호가 입력되면 이에 상응하는 숫자가 표현되며, 총 4자리 표시가 가능하다(표 4.8 참조).

표 4.8 FND 모듈의 구성

순서	명 칭	내 용	수량
1	디스플레이 유닛	전원 12~24V DC, 7세그먼트 LED(적색)	4

◆ BCD Code(예)

D	C	B	A
2^3 (8)	2^2 (4)	2^1 (2)	2^0 (1)

이 예에서 괄호 내의 숫자는 10진수이며, 4개 bit 중 ON된 신호의 10진수 값을 더하여 표시된다. 만일 우측 1단(10^0줄)의 C와 B가 ON이라면 “4+2”로서 “6”이 표시된다. 이때 더한 값이 10 이상인 경우는 2단(10^1줄)의 10진수 합에 행의 가중치 10^1을 곱한 값, 100 이상인 경우는 3단(10^2줄)의 10진수 합에 행의 가중치 10^2을 곱한 값, 1000 이상인 경우는 4단(10^3줄)의 10진수 합에 행의 가중치 10^3을 곱한 값이 표시되어 최대 표시 가능 수치는 9999이다.

4.2.6 A/D VOLT GENERATOR

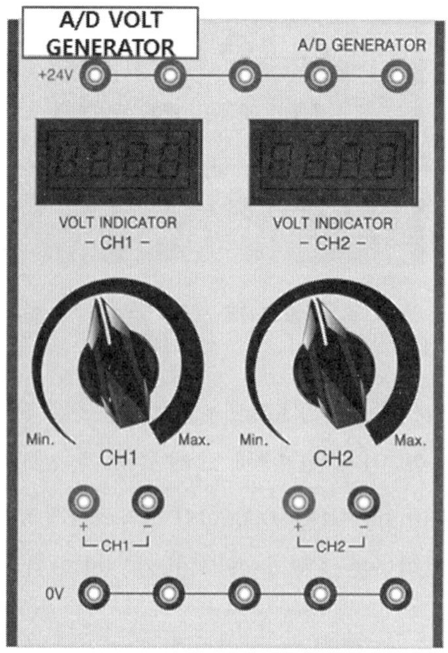

그림 4.13 A/D Volt Generator

A/D Volt Generator 판넬(그림 4.13)에 표시되어 있는 CH1단자 또는 CH2단자를 PLC I/O terminal의 A/D Convert의 채널단자(그림 4.7)에 연결하여 A/D Volt Generator의 CH1, CH2 노브 조절에 따른 전압이 해당하는 Indicator에 표시된다(표 4.9 참조). 전압 조정 범위는 0~10V이다.

① **Volt Indicator -CH1-**

② **Volt Indicator -CH2-**

표 4.9 A/D Volt Generator의 구성

순서	명 칭	내 용		수량
1	Volt Indicator -CH1-	측정기능	DC전압	1
		전원전압	12~24V DC	
		표시범위	0~19.99V	
		표시방식	7segment LED Display	
		최대 표시범위	Max. 1999	
2	Volt Indicator -CH2-	측정기능	DC전압	1
		전원전압	12~24V DC	
		표시범위	0~19.99V	
		표시방식	7segment LED Display	
		최대 표시범위	Max. 1999	

◆ 사용 시 주의사항

① 제품의 파손이 일어날 수 있으므로, 전원의 극성을 확인한 후 전원을 인가한다.

② 감전 및 화재의 우려가 있으므로 물이나 유기 용제를 사용하지 않는다.

③ 제품에 충격을 가하지 않도록 프로파일 판넬에 부착하여 사용한다.

④ 제품을 임의대로 개조하지 않도록 한다.

⑤ 전원 및 측정 입력이 인가된 상태에서 결선 및 점검, 보수를 하지 않도록 한다.

⑥ 측정입력을 가했을 때 "1"또는 "ㅓ"이 지시되면 측정입력에 문제가 있으므로 전원을 차단하고 제품을 점검해야 한다.

4.2.7 D/A VOLT GENERATOR

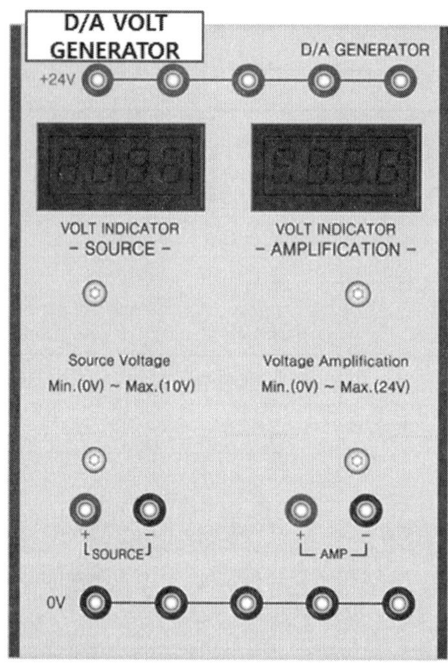

그림 4.14 D/A Volt Generator

D/A Volt Generator 판넬에 다음의 두 단자가 표시되어 있다(그림 4.14).

① SOURCE

표시기의 전압이 PLC I/O terminal의 D/A Convert의 채널단자(그림 4.7)와 SOURCE 단자(그림 4.14)를 연결하여 D/A Volt Generator의 SOURCE Volt Indicator에서 출력 전압값이 표시된다.

② AMPLIFICATION

표시기의 전압이 PLC I/O terminal의 D/A Convert의 채널단자(그림 4.7)와 AMP 단자(그림 4.14)를 연결하면 SOURCE입력 전압을 0~24V로 비례 증폭하여 출력을 발생시키며 증폭된 전압값이 AMPLIFICATION Volt Indicator에 표시된다.

D/A Volt Generator의 구성내용은 표 4.10에 정리하였다.

표 4.10 D/A Volt Generator의 구성

순서	명 칭	내 용		수량
1	Volt Indicator -SOURCE-	측정기능	DC전압	1
		전원전압	12~24V DC	
		표시범위	0~19.99V	
		표시방식	7segment LED Display	
		최대 표시범위	Max. 1999	
2	Volt Indicator -AMPLIFICATION-	측정기능	DC전압	1
		전원전압	12~24V DC	
		표시범위	0~19.99V	
		표시방식	7segment LED Display	
		최대 표시범위	Max. 1999	

◆ 사용 시 주의사항: A/D Volt Generator와 동일

4.2.8 위치제어모듈(POSITION CONTROL MODULE)

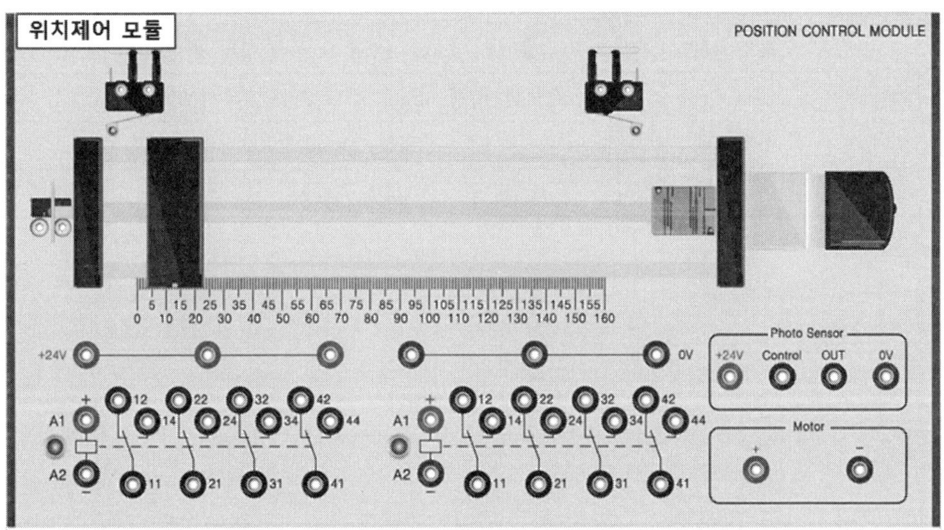

그림 4.15 위치제어모듈

[PNP]형식으로 구성되어 있는 위치제어모듈(Position Control Module)(그림 4.15)은 DC모터를 이용하여 회전방향에 따라 슬라이더를 좌측 또는 우측으로 이동할 수 있다. 각 방향의 리밋스위치가 검출되면 해당방향으로 모터는 움직이지 않고 정지한다. 반대방향으로는 동작가능하다.

① Photo Sensor의 센서 출력은 위치제어모듈에 있는 Photo Sensor의 OUT단자로부터 PLC INPUT terminal의 입력(32Points)단자(그림 4.5)에 연결하면 된다.
② +24V로부터 위치제어모듈의 Control에 연결하지 않는 경우 DARK ON이라 하여 회전자의 날개부분을 감지하며, +24V로부터 Control에 잭을 연결하게 되면 LIGHT ON이라 하여 회전자의 홈부분을 감지하는 것으로서 선택할 수 있다.

위치제어모듈의 구성내용은 표 4.11에 정리하였다.

표 4.11 위치제어모듈의 구성

순서	명 칭	내 용	수량
1	모터	DC24V, 기어비 1:100	1
2	리밋 스위치 1, 2	1: 좌측단, 2: 우측단	2
3	포토센서	검출거리 5mm, PNP 오픈 콜렉터 출력	1
4	Drive Unit	스크류 축경 6mm, 리드 2mm, 부시포함	1
5	회전판넬	원형, Steel	1
6	램프	DC24V, Green	2

Chapter 05

PLC 프로그래밍과 실습

5.1 PLC 실습 (1)

[실습 5.1.1] 램프 ON/OFF제어

(1) 제어조건

푸시버튼스위치 PB를 ON하면 Lamp에 불이 켜지고, 스위치를 OFF하면 Lamp의 불이 꺼져야 한다.

(2) 구성요소

순서	품명	수량
1	푸시버튼스위치	1
2	램프	1

(3) 입출력 변수목록

	변수 종류	변수	타입	메모리 할당	초기값	리테인	사용 유무	설명문
1	VAR	Lamp	BOOL	%QX0.2.0		☐	☑	램프
2	VAR	PB	BOOL	%IX0.0.0		☐	☑	푸시 버튼

(4) 프로그램

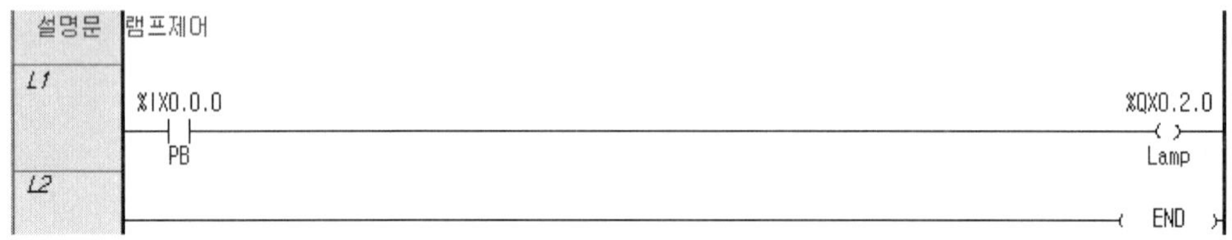

[실습 5.1.2] Set_Reset명령 제어

(1) 제어조건

start스위치를 누르면 부저가 작동하며 운전램프가 점등한다. b접점인 푸시버튼스위치 PB를 눌러도 부저와 운전램프는 작동을 유지한다. stop스위치를 누르면 부저가 정지하며, 운전램프는 소등되고 정지램프가 점등한다.

** 셋코일과 리셋코일을 이용한다.

(2) 구성요소

순서	품명	수량
1	푸시버튼스위치	3
2	램프	2
3	부저	1

(3) 입출력 변수목록

	변수 종류	변수	타입	메모리 할당	초기값	리테인	사용 유무	설명문
1	VAR	PB	BOOL	%IX0.0.1		☐	☑	푸시버튼스위치
2	VAR	start	BOOL	%IX0.0.0		☐	☑	시작스위치
3	VAR	stop	BOOL	%IX0.0.2		☐	☑	정지스위치
4	VAR	부저	BOOL	%QX0.2.0		☐	☑	
5	VAR	운전램프	BOOL	%QX0.2.1		☐	☑	
6	VAR	정지램프	BOOL	%QX0.2.2		☐	☑	

(4) 프로그램

```
설명문  SET명령과 RESET명령
L1      start     PB                                   부저
        --| |------|/|--------------------------------(S)--
L2      부저                                            운전램프
        --| |-----------------------------------------( )--
L3      부저                                            정지램프
        --|/|-----------------------------------------( )--
L4      stop                                           부저
        --| |-----------------------------------------(R)--
L5
        ----------------------------------------------< END >
```

(5) 작동원리

start스위치를 터치하면 부저가 작동하여 셋 된다. 그리고 운전램프가 점등한다. 이때 푸시버튼스위치 PB를 눌러도 부저와 운전램프는 작동을 유지한다. stop스위치를 터치하면 부저를 리셋시켜 부저가 작동을 정지하고, 따라서 운전램프는 OFF, 정지램프가 ON된다.

[실습 5.1.3] 더한 결과 표시하기

(1) 제어조건

푸시버튼스위치 PB를 터치할 때마다 연산결과가 1씩 더해져 BCD표시기에 표시되어야 한다.

(2) 구성요소

순서	품명	수량
1	푸시버튼스위치	1
2	램프	8

(3) 입출력 변수목록

	변수 종류	변수	타입	메모리 할당	초기값	리테인	사용유무	설명문
1	VAR	BCD표시기	WORD	%QW0.2.0		☐	☑	
2	VAR	PB	BOOL	%IX0.0.0		☐	☑	푸시버튼스위치
3	VAR	결과	INT			☐	☑	

(4) 프로그램

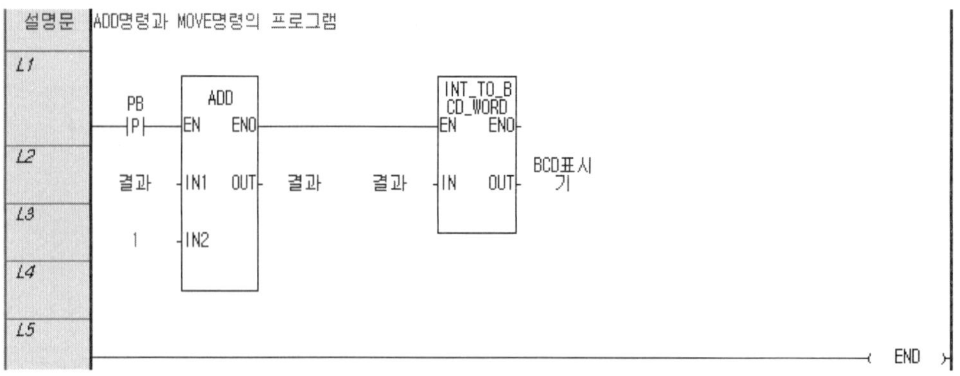

** 실험방법: BCD표시기는 %QW0.2.0에 램프 8개를 배선하여 비트램프의 표시에 의해 연산결과를 확인한다.

(5) 작동원리

초기에 "결과"가 0으로부터 PB를 터치할 때마다 1씩 더해져 증가된 결과가 BCD표시기에 표시된다.

(6) 시뮬레이션

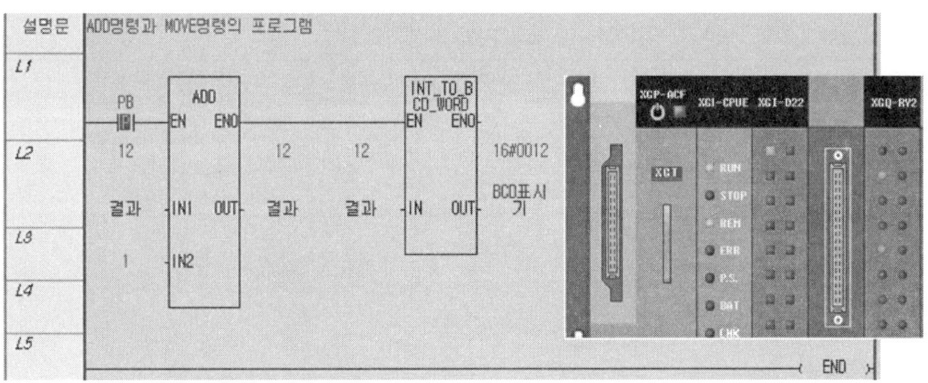

[실습 5.1.4] 메모리 제어(양솔밸브_실린더)

(1) 제어조건

양 솔레노이드 밸브를 사용하는 실린더를 이용하여 분리 컨베이어를 상하로 움직이려 한다. 실린더는 푸시버튼스위치로 제어하며, 푸시버튼스위치 PB1이나 PB2를 누르면 전진하고 PB3를 누르면 후진하는 프로그램을 설계하여 작동시킨다.

(2) 구성요소

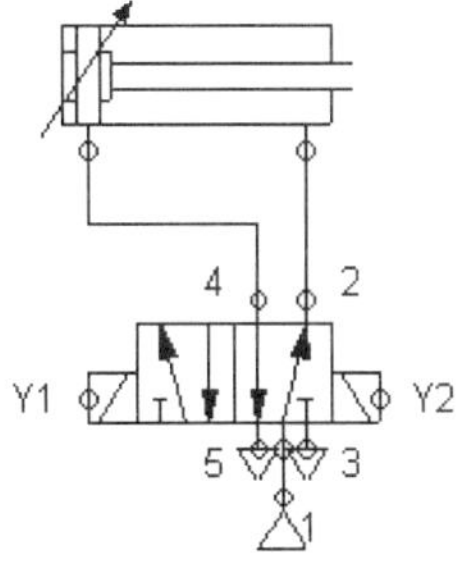

순서	품명	수량
1	복동 실린더	1
2	5/2way 양 솔레노이드 밸브	1
3	푸시버튼스위치	3

(3) 입출력 변수목록

	변수 종류	변수	타입	메모리 할당	초기값	리테인	사용유무	설명문
1	VAR	PB1	BOOL	%IX0.0.0		☐	☑	푸시버튼 스위치1
2	VAR	PB2	BOOL	%IX0.0.1		☐	☑	푸시버튼 스위치2
3	VAR	PB3	BOOL	%IX0.0.2		☐	☑	푸시버튼 스위치3
4	VAR	Y1	BOOL	%QX0.2.0		☐	☑	솔레노이드1
5	VAR	Y2	BOOL	%QX0.2.1		☐	☑	솔레노이드2

(4) 프로그램

설명문 메모리 제어

L1 PB1 Y1

L2 PB2

L3 PB3 PB1 PB2 Y2

L4 END

[실습 5.1.5] 양솔밸브_실린더의 수동왕복

(1) 제어조건

양 솔레노이드 밸브를 사용하는 실린더에서

① 푸시버튼스위치 PB1을 순간터치하면 피스톤이 전진한다.

② 푸시버튼스위치 PB2를 순간터치하면 피스톤이 후진한다.

(2) 구성요소

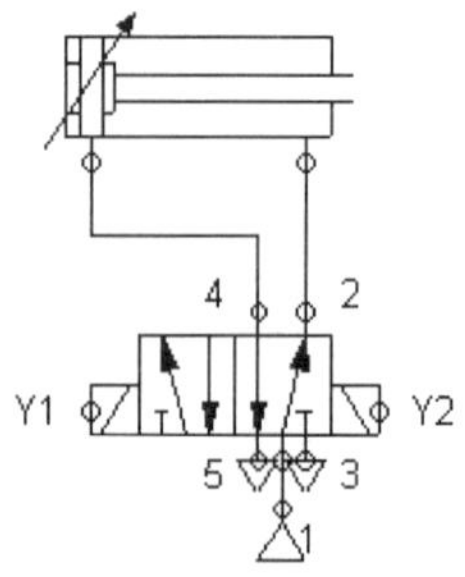

순서	품명	수량
1	푸시버튼스위치	2
2	복동 실린더	1
3	5/2way 양 솔레노이드 밸브	1

(3) 입출력 변수목록

	변수 종류	변수	타입	메모리 할당	초기값	리테인	사용유무	설명문
1	VAR	K_1	BOOL	%MX1		☐	☑	
2	VAR	K_2	BOOL	%MX2		☐	☑	
3	VAR	PB1	BOOL	%IX0.0.0		☐	☑	푸시버튼 스위치1
4	VAR	PB2	BOOL	%IX0.0.1		☐	☑	푸시버튼 스위치2
5	VAR	Y1	BOOL	%QX0.2.0		☐	☑	솔레노이드1
6	VAR	Y2	BOOL	%QX0.2.1		☐	☑	솔레노이드2

(4) 프로그램

```
설명문  실린더(양솔밸브)의 수동 왕복
L1   PB1                                  K_1
   --| |----------------------------------( )--
L2   PB2                                  K_2
   --| |----------------------------------( )--
L3   K_1      K_2                         Y1
   --| |------|/|-------------------------( )--
L4   K_2      K_1                         Y2
   --| |------|/|-------------------------( )--
L5
   ---------------------------------------< END >
```

[실습 5.1.6] 편솔밸브_실린더의 1회 왕복

(1) 제어조건

편 솔레노이드를 사용하는 실린더에서

① 푸시버튼스위치 PB를 순간터치하면 피스톤이 전진하고, 전진단에 설치한 리밋스위치 LS를 ON시킨다.

② 리밋스위치 LS가 ON되면 피스톤이 바로 후진하여 1회 왕복운동을 한다.

(2) 구성요소

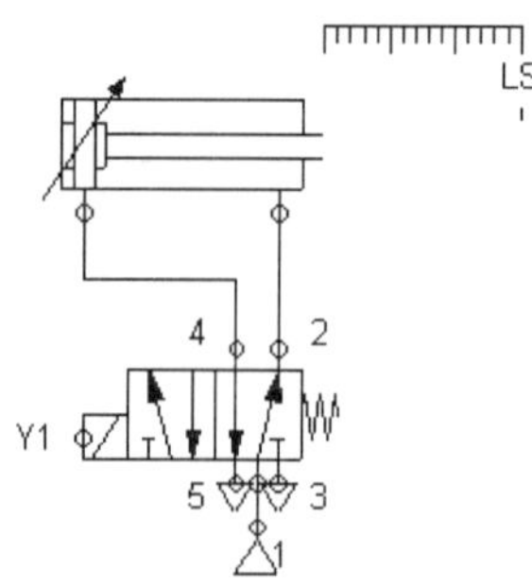

순서	품명	수량
1	푸시버튼스위치	1
2	리밋스위치	1
3	복동 실린더	1
4	5/2way 편 솔레노이드 밸브	1

(3) 입출력 변수목록

	변수 종류	변수	타입	메모리 할당	초기값	리테인	사용유무	설명문
1	VAR	K_1	BOOL	%MX1		☐	☑	
2	VAR	LS	BOOL	%IX0.0.1		☐	☑	리밋스위치
3	VAR	PB	BOOL	%IX0.0.0		☐	☑	푸시버튼 스위치
4	VAR	Y1	BOOL	%QX0.2.0		☐	☑	솔레노이드

(4) 프로그램

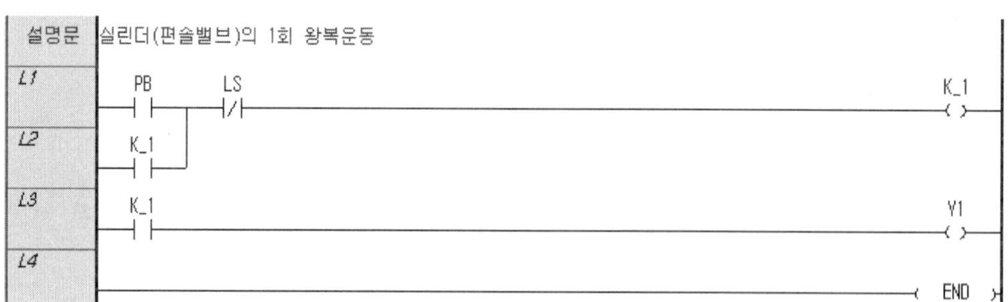

[실습 5.1.7] 양솔밸브_실린더의 1회 왕복

(1) 제어조건

양 솔레노이드 밸브를 사용하는 실린더에서

① 푸시버튼스위치 PB를 순간터치하면 피스톤이 전진하여 리밋스위치 LS를 ON시킨다.

② LS가 ON되면 피스톤이 후진하여 1회 왕복운동을 한다.

(2) 구성요소

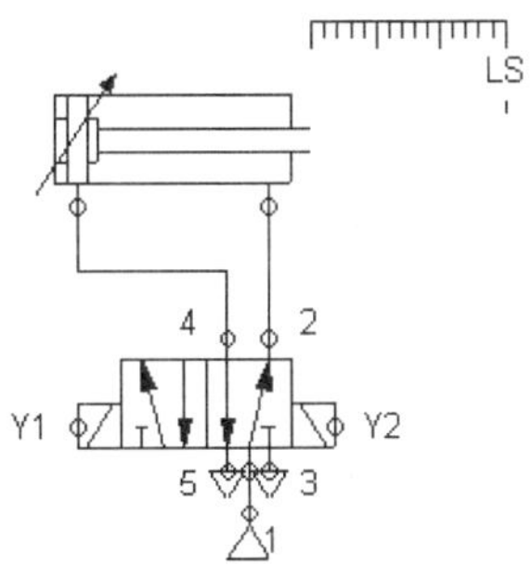

순서	품명	수량
1	푸시버튼스위치	1
2	리밋스위치	1
3	복동 실린더	1
4	5/2way 양 솔노이드 밸브	1

(3) 입출력 변수목록

	변수 종류	변수	타입	메모리 할당	초기값	리테인	사용 유무	설명문
1	VAR	K_1	BOOL	%MX1		☐	☑	
2	VAR	K_2	BOOL	%MX2		☐	☑	
3	VAR	LS	BOOL	%IX0.0.1		☐	☑	리밋스위치
4	VAR	PB	BOOL	%IX0.0.0		☐	☑	푸시버튼 스위치
5	VAR	Y1	BOOL	%QX0.2.0		☐	☑	솔레노이드1
6	VAR	Y2	BOOL	%QX0.2.1		☐	☑	솔레노이드2

(4) 프로그램

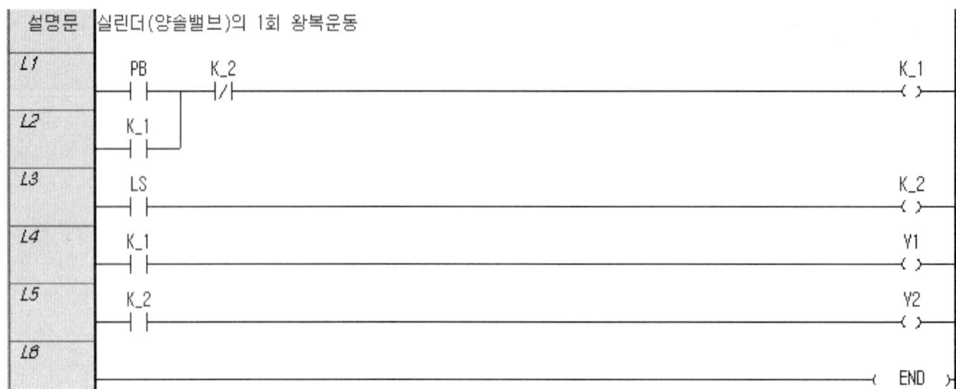

[실습 5.1.8] 편솔밸브_실린더의 연속왕복운동

(1) 제어조건

편 솔레노이드를 사용하는 실린더에서

① start스위치를 순간터치하면 내부 릴레이 코일이 ON되어 자기유지 된다.

② 후진단 리밋스위치 S1이 ON상태인 초기상태에서 start스위치를 터치하면 피스톤이 전진하고 전진단의 리밋스위치 S2가 ON되어 피스톤이 후진하며, 이러한 전후진 왕복운동은 stop스위치를 ON시킬 때까지 계속된다.

(2) 구성요소

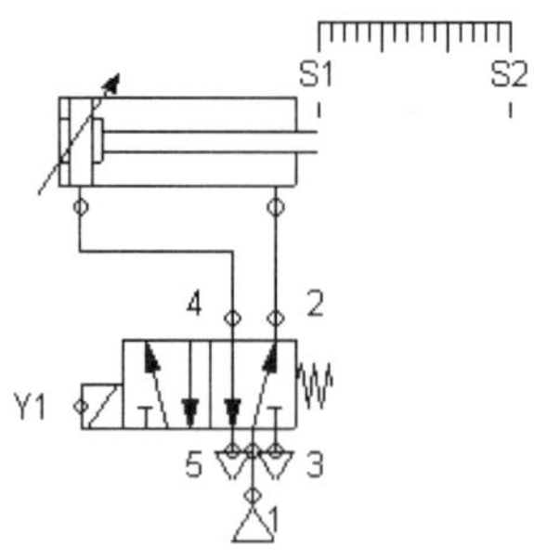

순서	품명	수량
1	푸시버튼스위치	2
2	리밋스위치	2
3	복동 실린더	1
4	5/2way 편 솔레노이드 밸브	1

(3) 입출력 변수목록

	변수 종류	변수	타입	메모리 할당	초기값	리테인	사용유무	설명문
1	VAR	K_1	BOOL	%MX1		☐	☑	
2	VAR	K_2	BOOL	%MX2		☐	☑	
3	VAR	S1	BOOL	%IX0.0.1		☐	☑	후진단 리밋스위치
4	VAR	S2	BOOL	%IX0.0.2		☐	☑	전진단 리밋스위치
5	VAR	START	BOOL	%IX0.0.0		☐	☑	시작스위치
6	VAR	STOP	BOOL	%IX0.0.8		☐	☑	정지스위치
7	VAR	Y1	BOOL	%QX0.2.0		☐	☑	솔레노이드

(4) 프로그램

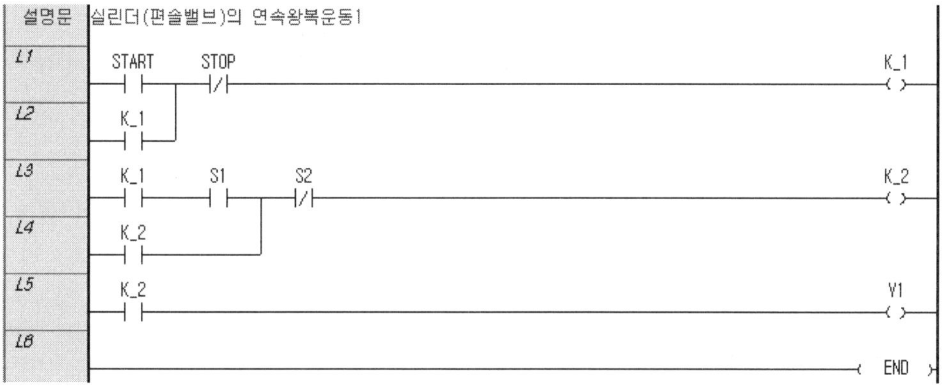

```
설명문  실린더(편솔밸브)의 연속왕복운동1
L1    START     STOP                                  K_1
     ─┤ ├──┬──┤/├─────────────────────────────────( )─
L2    K_1  │
     ─┤ ├──┘
L3    K_1       S1        S2                          K_2
     ─┤ ├─────┤ ├──┬──┤/├─────────────────────────( )─
L4    K_2          │
     ─┤ ├──────────┘
L5    K_2                                             Y1
     ─┤ ├─────────────────────────────────────────( )─
L6
     ──────────────────────────────────────────── END ─
```

[실습 5.1.9] 양솔밸브_실린더의 연속왕복운동

(1) 제어조건

양 솔레노이드를 사용하는 실린더에서

① start스위치를 순간터치하면 초기에 리밋스위치 S1이 ON상태이므로 피스톤이 전진하여 전진단의 리밋스위치 S2가 ON된다.

② 그러면 S1은 OFF상태이므로 피스톤은 후진하여 왕복운동이 완료되는데, 이러한 왕복운동은 stop스위치를 ON시킬 때까지 계속된다.

(2) 구성요소

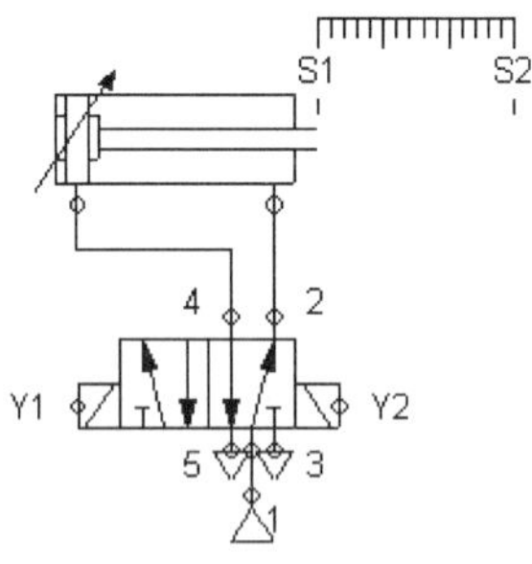

순서	품명	수량
1	푸시버튼스위치	2
2	리밋스위치	2
3	복동 실린더	1
4	5/2way 양 솔레노이드 밸브	1

(3) 입출력 변수목록

	변수 종류	변수	타입	메모리 할당	초기값	리테인	사용유무	설명문
1	VAR	K_0	BOOL	%MX0		☐	☑	
2	VAR	S1	BOOL	%IX0.0.1		☐	☑	후진단 리밋스위치
3	VAR	S2	BOOL	%IX0.0.2		☐	☑	전진단 리밋스위치
4	VAR	START	BOOL	%IX0.0.0		☐	☑	시작스위치
5	VAR	STOP	BOOL	%IX0.0.8		☐	☑	정지스위치
6	VAR	Y1	BOOL	%QX0.2.0		☐	☑	솔레노이드1
7	VAR	Y2	BOOL	%QX0.2.1		☐	☑	솔레노이드2

(4) 프로그램

설명문	실린더(양솔밸브)의 연속왕복운동2			
L1	START	STOP		K_0
L2	K_0			
L3	K_0	S1	S2	Y1
L4	K_0	S2	S1	Y2
L5				END

[실습 5.1.10] 편솔밸브_실린더의 단속/연속 사이클

(1) 제어조건

편 솔레노이드를 사용하는 실린더에서

① 단속SW를 순간터치하면 피스톤이 1회 왕복운동한다.

② 연속SW를 순간터치하면 피스톤이 연속적으로 왕복운동을 하며, 그 동작은 stop스위치를 누를 때까지 계속된다.

(2) 구성요소

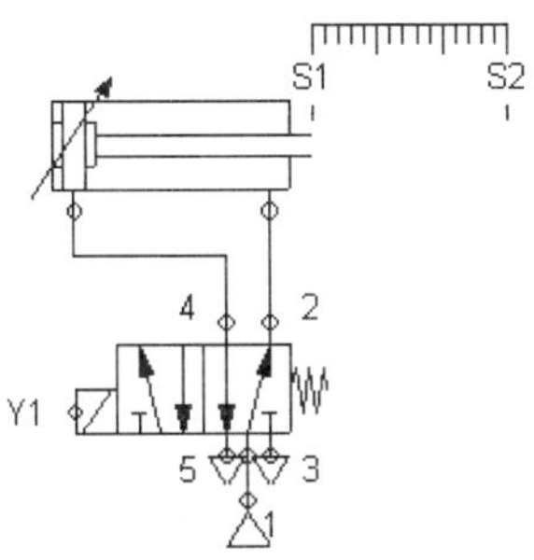

순서	품명	수량
1	푸시버튼스위치	3
2	리밋스위치	2
3	복동 실린더	1
4	5/2way 편 솔레노이드 밸브	1

(3) 입출력 변수목록

	변수 종류	변수	타입	메모리 할당	초기값	리테인	사용유무	설명문
1	VAR	K_1	BOOL	%MX1		☐	☑	
2	VAR	K_2	BOOL	%MX2		☐	☑	
3	VAR	K_3	BOOL	%MX3		☐	☑	
4	VAR	S1	BOOL	%IX0.0.1		☐	☑	후진단 리밋스위치
5	VAR	S2	BOOL	%IX0.0.2		☐	☑	전진단 리밋스위치
6	VAR	STOP	BOOL	%IX0.0.9		☐	☑	정지스위치
7	VAR	V1	BOOL	%QX0.2.0		☐	☑	솔레노이드
8	VAR	단속SW	BOOL	%IX0.0.0		☐	☑	단속스위치
9	VAR	연속SW	BOOL	%IX0.0.8		☐	☑	연속스위치

(4) 프로그램

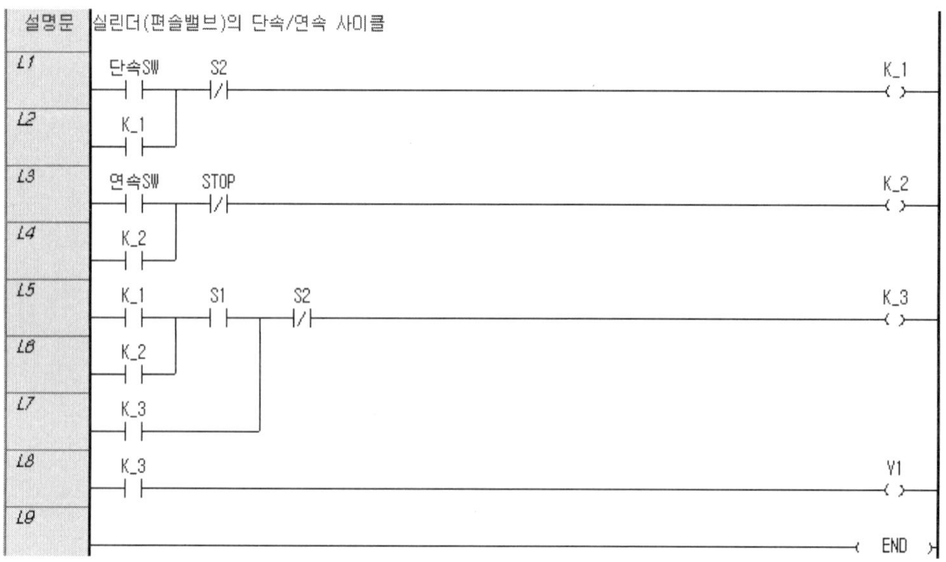

[실습 5.1.11] 양솔밸브_실린더의 단속/연속 사이클

(1) 제어조건

양 솔레노이드를 사용하는 실린더에서

① 실린더의 1회 왕복운동 후 정지하는 단속SW와 연속왕복운동(stop스위치 ON시 정지)을 하기 위한 연속SW를 선택할 수 있다.

② 단속SW를 순간터치하면 피스톤이 1회 왕복운동 한다.

③ 연속SW를 순간터치하면 피스톤이 연속 왕복운동 한다.

④ 연속 왕복운동 시 stop스위치를 순간터치하면 그 사이클이 종료된 후 실린더의 동작이 정지하여 초기화 된다.

(2) 구성요소

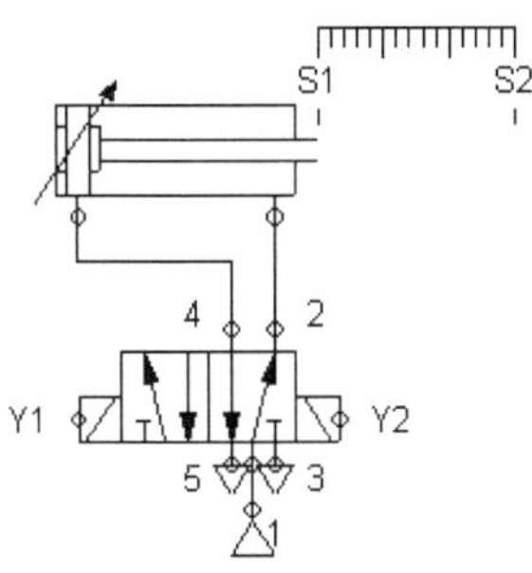

순서	품명	수량
1	푸시버튼스위치	3
2	리밋스위치	2
3	복동 실린더	1
4	5/2way 양 솔레노이드 밸브	1

(3) 입출력 변수목록

	변수 종류	변수	타입	메모리 할당	초기값	리테인	사용유무	설명문
1	VAR	K_1	BOOL	%MX1		☐	☑	
2	VAR	K_2	BOOL	%MX2		☐	☑	
3	VAR	K_3	BOOL	%MX3		☐	☑	
4	VAR	K_4	BOOL	%MX4		☐	☑	
5	VAR	K_5	BOOL	%MX5		☐	☑	
6	VAR	S1	BOOL	%IX0.0.1		☐	☑	후진단 리밋스위치
7	VAR	S2	BOOL	%IX0.0.2		☐	☑	전진단 리밋스위치
8	VAR	STOP	BOOL	%IX0.0.9		☐	☑	정지스위치
9	VAR	Y1	BOOL	%QX0.2.0		☐	☑	솔레노이드1
10	VAR	Y2	BOOL	%QX0.2.1		☐	☑	솔레노이드2
11	VAR	단속SW	BOOL	%IX0.0.0		☐	☑	단속스위치
12	VAR	연속SW	BOOL	%IX0.0.8		☐	☑	연속스위치

(4) 프로그램

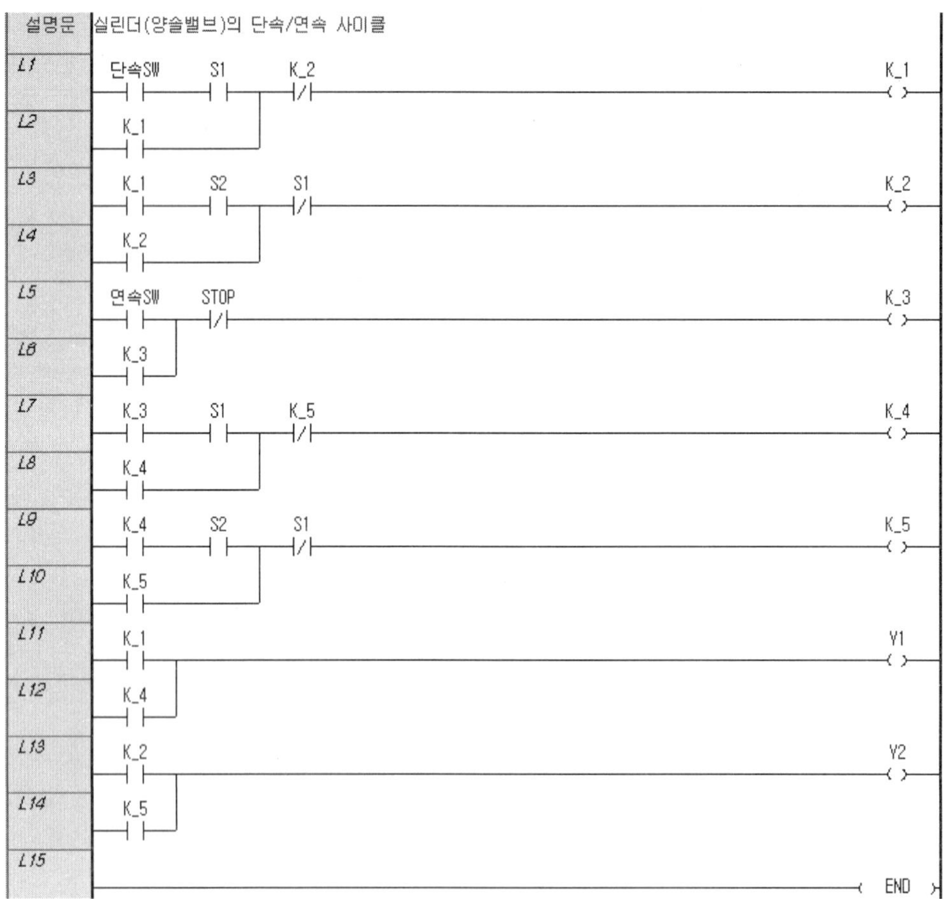

[실습 5.1.12] 편솔밸브_실린더의 동작제어

(1) 제어조건

편 솔레노이드를 사용하는 실린더에서

① 전진용 버튼을 누르고 있는 동안에만 실린더가 전진하고, 버튼에서 손을 떼면 실린더가 후진한다.

② 전진용 버튼을 터치하면 전진하여 자기유지 되고, 후진용 버튼을 터치하면 후진한다.

③ 전진용 버튼을 터치하면 실린더가 왕복운동 한다. 그 버튼을 계속 누르고 있으면 전진단에서 짧은 구간을 계속 왕복운동 하는 헌칭현상이 일어난다.

④ 위 문제를 해결하는 회로로서 전진용 버튼을 터치하면 1회 왕복운동하고, 계속 누르고 있으면 계속 왕복운동 한다.

⑤ 전진용 버튼을 계속 누르고 있어도 실린더는 한번 왕복운동 한다.

⑥ 전진용 버튼을 터치하면 전진하며 5초간 정지 후 후진한다.

(2) 구성요소

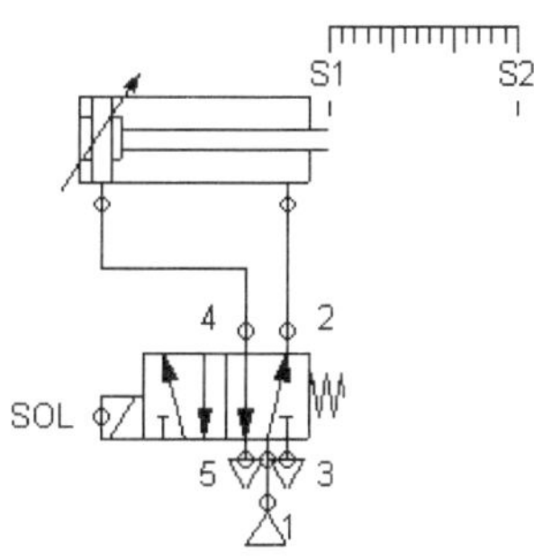

순서	품명	수량
1	푸시버튼스위치	7
2	복동 실린더	1
3	리밋스위치	2
4	5/2way 편 솔레노이드 밸브	1

(3) 입출력 변수목록

	변수 종류	변수	타입	메모리 할당	초기값	리테인	사용 유무	설명문
1	VAR	K_0	BOOL	%MX0		☐	☑	
2	VAR	K_1	BOOL	%MX1		☐	☑	
3	VAR	K_2	BOOL	%MX2		☐	☑	
4	VAR	K_3	BOOL	%MX3		☐	☑	
5	VAR	K_4	BOOL	%MX4		☐	☑	
6	VAR	K_5	BOOL	%MX5		☐	☑	
7	VAR	S1	BOOL	%IX0.0.8		☐	☑	후진단 리밋스위치
8	VAR	S2	BOOL	%IX0.0.9		☐	☑	전진단 리밋스위치
9	VAR	T1	TON			☐	☑	

(4) 프로그램

설명문	단일 실린더의 여러가지 동작 프로그램
설명문	1. 전진용 버튼을 누르고 있는 동안에만 실린더가 전진하고 떼면 후진한다
L2	%IX0.0.0 ─┤ ├─ … ─( )─ %QX0.1.0
설명문	2. 전진용 버튼(0.0.1)을 터치하면 전진하며 자기유지되고, 후진용 버튼(0.0.2)을 터치하면 후진한다.
L4	%IX0.0.1 ─┤ ├─ %IX0.0.2 ─┤/├─ … ─( )─ K_0
L5	K_0 ─┤ ├─ (병렬) … ─( )─ %QX0.1.1
설명문	3. 전진용 버튼을 터치하면 실린더가 1회 왕복운동한다. 전진용 버튼을 계속 누르고 있으면 전진단 S2에서 짧은 구간 왕복운동하는 헌칭현상이 발생한다.
L7	%IX0.0.3 ─┤ ├─ S2 ─┤/├─ … ─( )─ K_1
L8	K_1 ─┤ ├─ (병렬) … ─( )─ %QX0.1.2
설명문	4. 3번 문제를 해결하는 회로로서 전진용 버튼을 터치하면 한번 왕복하고, 계속 누르고 있으면 계속 왕복운동한다.
L10	%IX0.0.4 ─┤ ├─ S1 ─┤ ├─ S2 ─┤/├─ … ─( )─ K_2
L11	K_2 ─┤ ├─ (병렬) … ─( )─ %QX0.1.3
설명문	5. 전진용 버튼을 계속 누르고 있어도 실린더는 한번만 왕복운동한다.
L13	%IX0.0.5 ─┤P├─ S1 ─┤ ├─ K_4 ─┤/├─ … ─( )─ K_3
L14	K_3 ─┤ ├─ (병렬)
L15	%IX0.0.5 ─┤ ├─ S2 ─┤ ├─ S1 ─┤/├─ … ─( )─ K_4
L16	K_4 ─┤ ├─ (병렬)
L17	K_3 ─┤ ├─ … ─( )─ %QX0.1.4
설명문	6. 전진용 버튼을 터치하면 전진하며 5초간 정지 후 후진한다.
L19	%IX0.0.6 ─┤ ├─ S1 ─┤ ├─ T1.Q ─┤/├─ … ─( )─ K_5
L20	K_5 ─┤ ├─ (병렬)
L21	K_5 ─┤ ├─ S2 ─┤ ├─ IN [T1 TON] Q
L22	T#5S ─ PT [T1 TON] ET
L23	
L24	K_5 ─┤ ├─ … ─( )─ %QX0.1.5
L25	─(END)─

[실습 5.1.13] 편솔밸브_실린더의 시퀀스 제어 [A+B+B−A−]

(1) 제어조건

편 솔레노이드를 사용하는 2개의 실린더에서

① start스위치를 순간터치하면 A, B 두 개의 실린더가 A+B+B-A-의 시퀀스로 동작을 연속적으로 수행한다.

② stop스위치를 터치하면 두 실린더는 그 사이클을 완료 후 초기상태로 모두 복귀하여 동작이 정지된다.

(2) 구성요소

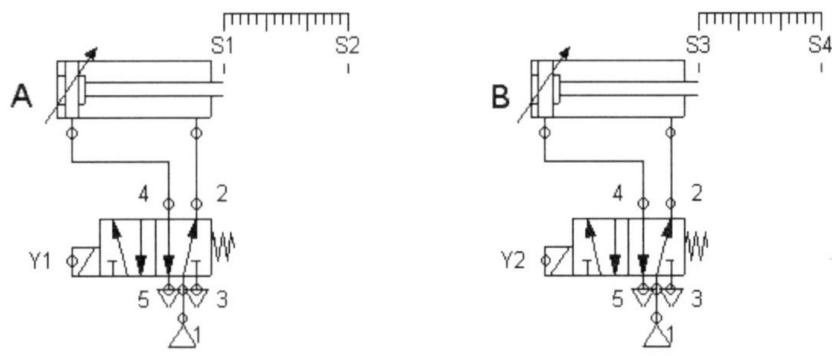

순서	품명	수량
1	푸시버튼스위치	2
2	리밋스위치	4
3	복동 실린더	2
4	5/2way 편 솔레노이드 밸브	2

(3) 입출력 변수목록

	변수 종류	변수	타입	메모리 할당	초기값	리테인	사용유무	설명문
1	VAR	K_0	BOOL	%MX0		☐	☑	
2	VAR	K_1	BOOL	%MX1		☐	☑	
3	VAR	K_2	BOOL	%MX2		☐	☑	
4	VAR	K_3	BOOL	%MX3		☐	☑	
5	VAR	K_4	BOOL	%MX4		☐	☑	
6	VAR	S1	BOOL	%IX0.0.1		☐	☑	A실린더_후진단리밋스위치

7	VAR	S2	BOOL	%IX0.0.2		☐	☑	A실린더_전진단리밋스위치
8	VAR	S3	BOOL	%IX0.0.3		☐	☑	B실린더_후진단리밋스위치
9	VAR	S4	BOOL	%IX0.0.4		☐	☑	B실린더_전진단리밋스위치
10	VAR	START	BOOL	%IX0.0.0		☐	☑	시작스위치
11	VAR	STOP	BOOL	%IX0.0.8		☐	☑	정지스위치
12	VAR	Y1	BOOL	%QX0.2.0		☐	☑	A실린더_솔레노이드
13	VAR	Y2	BOOL	%QX0.2.1		☐	☑	B실린더_솔레노이드

(4) 프로그램

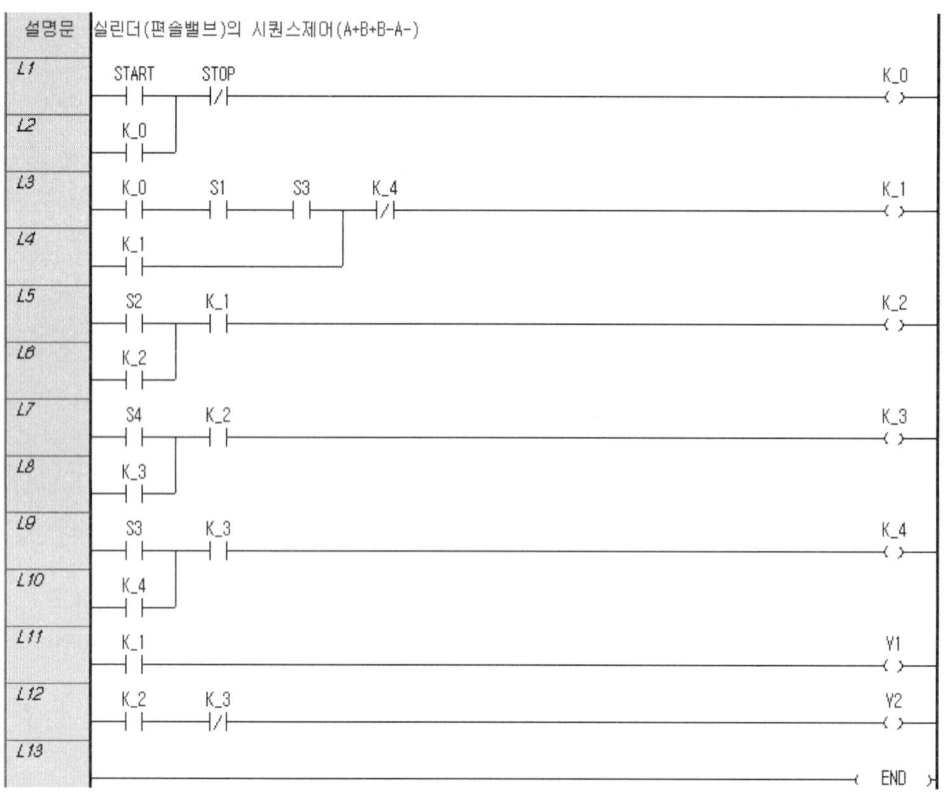

[실습 5.1.14] 양솔밸브_실린더의 시퀀스 제어 [A+B+B-A-]

(1) 제어조건

양 솔레노이드를 사용하는 2개의 실린더에서

① start스위치를 순간터치하면 A, B 두 개의 실린더가 A+B+B-A-의 시퀀스로 동작

을 연속적으로 수행한다.

② stop스위치를 터치하면 두 실린더는 그 사이클을 완료 후 초기상태로 모두 복귀하여 동작을 정지한다.

(2) 구성요소

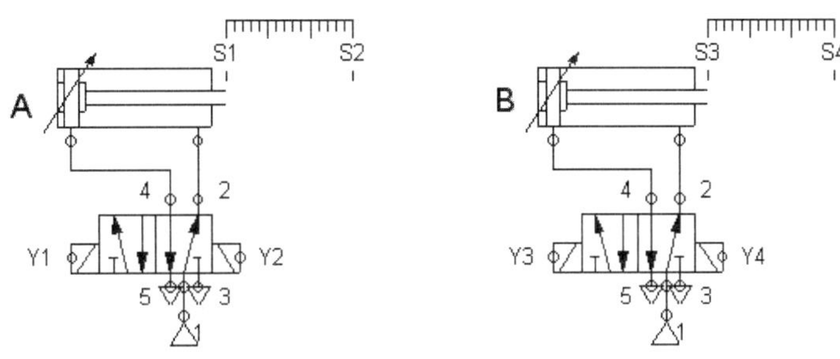

순서	품명	수량
1	푸시버튼스위치	2
2	리밋스위치	4
3	복동 실린더	2
4	5/2way 양 솔레노이드 밸브	2

(3) 입출력 변수목록

	변수 종류	변수	타입	메모리 할당	초기값	리테인	사용유무	설명문
1	VAR	K_0	BOOL	%MX0		☐	☑	
2	VAR	K_1	BOOL	%MX1		☐	☑	
3	VAR	K_2	BOOL	%MX2		☐	☑	
4	VAR	K_3	BOOL	%MX3		☐	☑	
5	VAR	K_4	BOOL	%MX4		☐	☑	
6	VAR	S1	BOOL	%IX0.0.1		☐	☑	A실린더_후진단리밋스위치
7	VAR	S2	BOOL	%IX0.0.2		☐	☑	A실린더_전진단리밋스위치
8	VAR	S3	BOOL	%IX0.0.3		☐	☑	B실린더_후진단리밋스위치
9	VAR	S4	BOOL	%IX0.0.4		☐	☑	B실린더_전진단리밋스위치
10	VAR	SATRT	BOOL	%IX0.0.0		☐	☑	시작스위치
11	VAR	STOP	BOOL	%IX0.0.8		☐	☑	정지스위치
12	VAR	Y1	BOOL	%QX0.2.0		☐	☑	A실린더_솔레노이드1
13	VAR	Y2	BOOL	%QX0.2.1		☐	☑	A실린더_솔레노이드2
14	VAR	Y3	BOOL	%QX0.2.2		☐	☑	B실린더_솔레노이드1
15	VAR	Y4	BOOL	%QX0.2.3		☐	☑	B실린더_솔레노이드2

(4) 프로그램

```
설명문 실린더(양솔밸브)의 시퀀스제어(A+B+B-A-)
L1   SATRT   STOP                              K_0
     ─┤ ├─┬─┤/├──────────────────────────────( )─
L2   K_0  │
     ─┤ ├─┘
L3   K_0     S1      S3      K_4               K_1
     ─┤ ├───┤ ├───┤ ├─┬─┤/├──────────────────( )─
L4   K_1              │
     ─┤ ├─────────────┘
L5   S2      K_1                               K_2
     ─┤ ├─┬─┤ ├──────────────────────────────( )─
L6   K_2  │
     ─┤ ├─┘
L7   S4      K_3                               K_3
     ─┤ ├─┬─┤ ├──────────────────────────────( )─
L8   K_3  │
     ─┤ ├─┘
L9   S3      K_3                               K_4
     ─┤ ├───┤ ├─┬────────────────────────────( )─
L10  K_4     S1 │
     ─┤ ├───┤/├─┘
L11  K_1     K_4                               Y1
     ─┤ ├───┤/├──────────────────────────────( )─
L12  K_2     K_3                               Y3
     ─┤ ├───┤/├──────────────────────────────( )─
L13  K_3                                       Y4
     ─┤ ├────────────────────────────────────( )─
L14  K_4                                       Y2
     ─┤ ├────────────────────────────────────( )─
L15
     ────────────────────────────────────────( END )
```

[실습 5.1.15] 편솔밸브_실린더의 시퀀스 제어 [A+A−B+B−]

(1) 제어조건

편 솔레노이드를 사용하는 2개의 실린더에서

① start스위치를 순간터치하면 A, B 두 개의 실린더가 A+A-B+B-의 시퀀스로 동작을 연속적으로 수행한다.

② stop스위치를 터치하면 두 실린더는 그 사이클을 완료 후 초기상태로 모두 복귀하여 동작을 정지한다.

(2) 구성요소

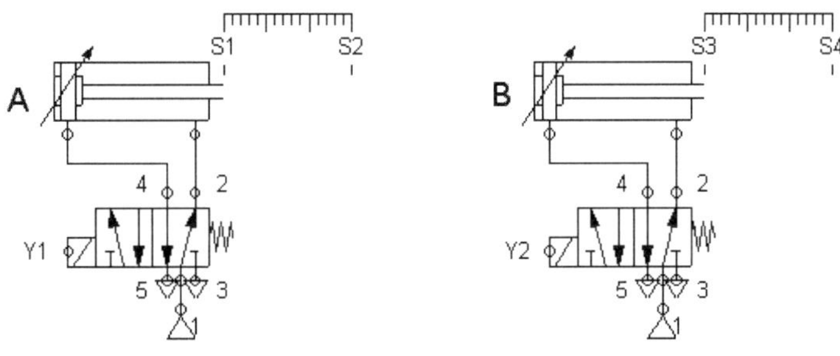

순서	품명	수량
1	푸시버튼스위치	2
2	리밋스위치	4
3	복동 실린더	2
4	5/2way 편 솔레노이드 밸브	2

(3) 입출력 변수목록

	변수 종류	변수	타입	메모리 할당	초기값	리테인	사용유무	설명문
1	VAR	K_0	BOOL	%MX0		☐	☑	
2	VAR	K_1	BOOL	%MX1		☐	☑	
3	VAR	K_2	BOOL	%MX2		☐	☑	
4	VAR	K_3	BOOL	%MX3		☐	☑	
5	VAR	K_4	BOOL	%MX4		☐	☑	
6	VAR	S1	BOOL	%IX0.0.1		☐	☑	A실린더_후진단리밋스위치
7	VAR	S2	BOOL	%IX0.0.2		☐	☑	A실린더_전진단리밋스위치
8	VAR	S3	BOOL	%IX0.0.3		☐	☑	B실린더_후진단리밋스위치
9	VAR	S4	BOOL	%IX0.0.4		☐	☑	B실린더_전진단리밋스위치
10	VAR	START	BOOL	%IX0.0.0		☐	☑	시작스위치
11	VAR	STOP	BOOL	%IX0.0.8		☐	☑	정지스위치
12	VAR	Y1	BOOL	%QX0.2.0		☐	☑	솔레노이드1
13	VAR	Y2	BOOL	%QX0.2.1		☐	☑	솔레노이드2

(4) 프로그램

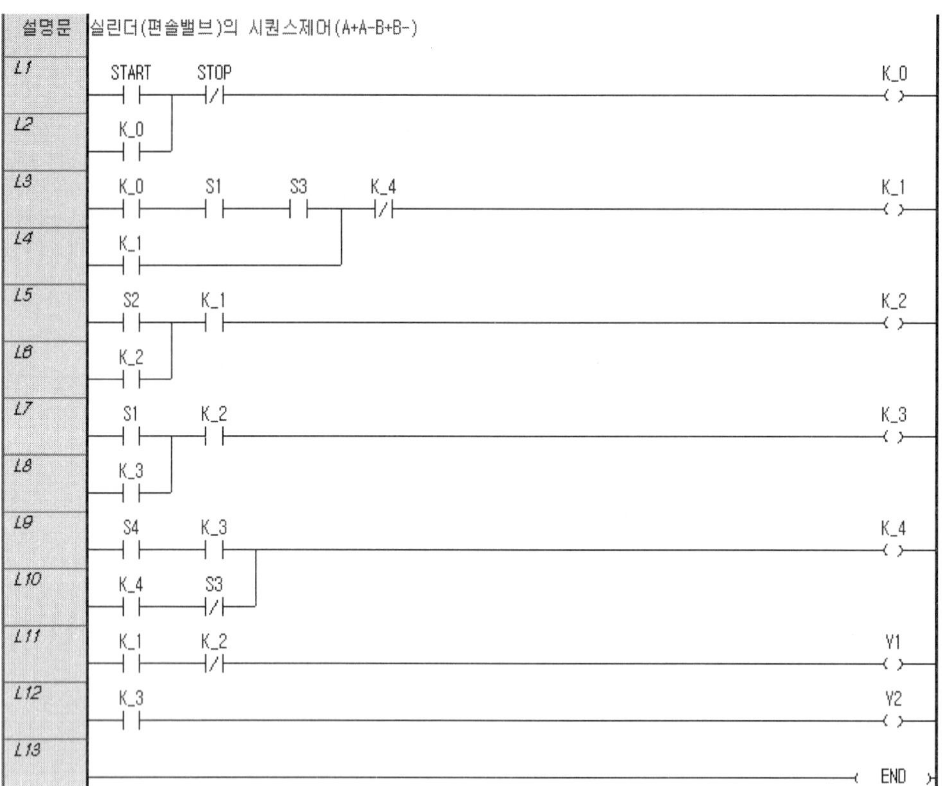

[실습 5.1.16] 양솔밸브_실린더의 시퀀스 제어 [A+A−B+B−]

(1) 제어조건

양 솔레노이드를 사용하는 2개의 실린더에서

① start스위치를 순간터치하면 A, B 두 개의 실린더가 A+A-B+B-의 시퀀스로 동작을 연속적으로 수행한다.

② stop스위치를 터치하면 두 실린더는 그 사이클을 완료 후 초기상태로 모두 복귀하여 동작을 정지한다.

(2) 구성요소

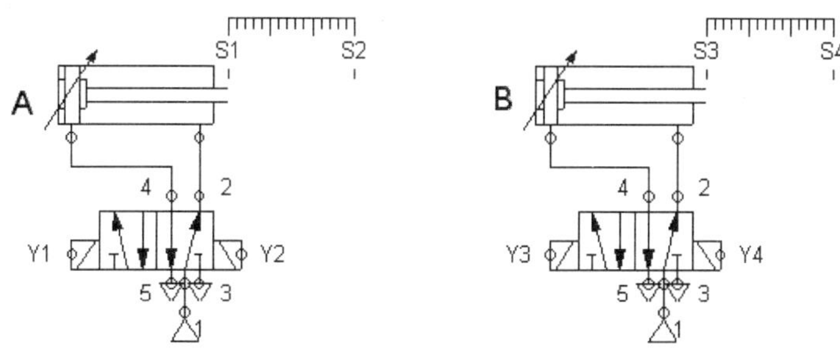

순서	품명	수량
1	푸시버튼스위치	2
2	리밋스위치	4
3	복동 실린더	2
4	5/2way 양 솔레노이드 밸브	2

(3) 입출력 변수목록

	변수 종류	변수	타입	메모리 할당	초기값	리테인	사용유무	설명문
1	VAR	K_0	BOOL	%MX0		☐	☑	
2	VAR	K_1	BOOL	%MX1		☐	☑	
3	VAR	K_2	BOOL	%MX2		☐	☑	
4	VAR	K_3	BOOL	%MX3		☐	☑	
5	VAR	K_4	BOOL	%MX4		☐	☑	
6	VAR	S1	BOOL	%IX0.0.1		☐	☑	A실린더_후진단리밋스위치
7	VAR	S2	BOOL	%IX0.0.2		☐	☑	A실린더_전진단리밋스위치
8	VAR	S3	BOOL	%IX0.0.3		☐	☑	B실린더_후진단리밋스위치
9	VAR	S4	BOOL	%IX0.0.4		☐	☑	B실린더_전진단리밋스위치
10	VAR	START	BOOL	%IX0.0.0		☐	☑	시작스위치
11	VAR	STOP	BOOL	%IX0.0.8		☐	☑	정지스위치
12	VAR	Y1	BOOL	%QX0.2.0		☐	☑	A실린더_솔레노이드1
13	VAR	Y2	BOOL	%QX0.2.1		☐	☑	A실린더_솔레노이드2
14	VAR	Y3	BOOL	%QX0.2.2		☐	☑	B실린더_솔레노이드1
15	VAR	Y4	BOOL	%QX0.2.3		☐	☑	B실린더_솔레노이드2

(4) 프로그램

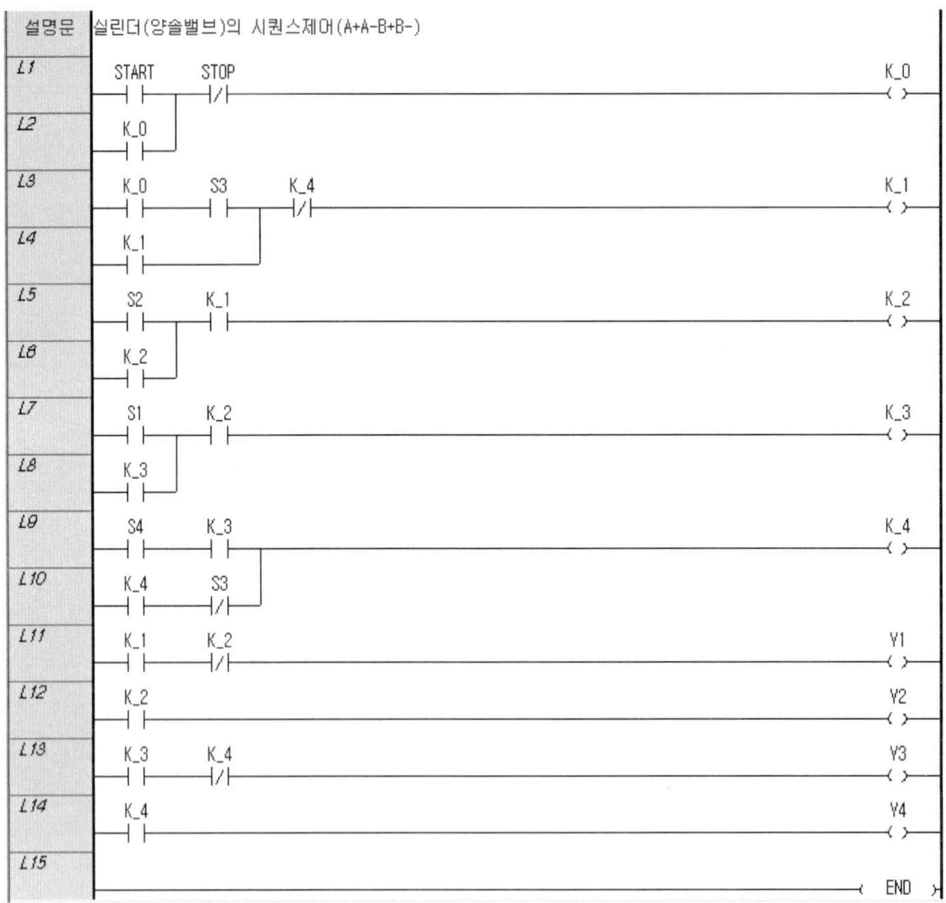

[실습 5.1.17] 편솔(A)_양솔밸브(B)_실린더의 시퀀스 제어 [A+B+B−A−]

(1) 제어조건

실린더 A는 편솔밸브, 실린더 B는 양솔밸브를 사용할 때

① start스위치를 순간터치하면 A, B 두 개의 실린더가 A+B+B-A-의 순서로 연속적으로 작동한다.

② stop스위치를 터치하면 그 사이클 완료 후 두 실린더가 초기상태로 복귀하여 동작을 정지한다.

(2) 구성요소

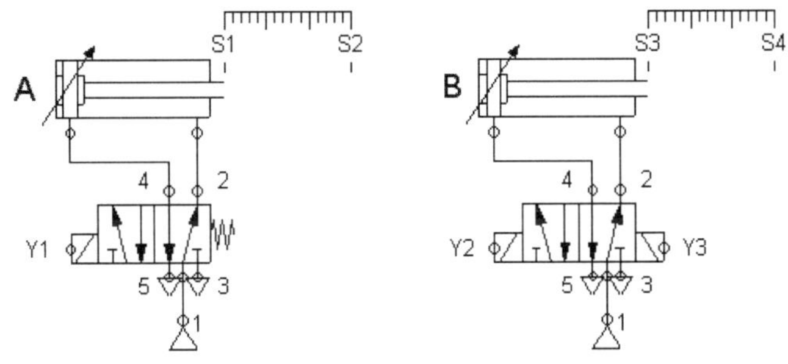

순서	품명	수량
1	푸시버튼스위치	2
2	리밋스위치	4
3	복동 실린더	2
4	5/2way 편 솔레노이드 밸브	1
5	5/2way 양 솔레노이드 밸브	1

(3) 입출력 변수목록

	변수 종류	변수	타입	메모리 할당	초기값	리테인	사용 유무	설명문
1	VAR	K_0	BOOL	%MX0		☐	☑	
2	VAR	K_1	BOOL	%MX1		☐	☑	
3	VAR	K_2	BOOL	%MX2		☐	☑	
4	VAR	K_3	BOOL	%MX3		☐	☑	
5	VAR	K_4	BOOL	%MX4		☐	☑	
6	VAR	S1	BOOL	%IX0.0.1		☐	☑	A실린더_후진단리밋스위치
7	VAR	S2	BOOL	%IX0.0.2		☐	☑	A실린더_전진단리밋스위치
8	VAR	S3	BOOL	%IX0.0.3		☐	☑	B실린더_후진단리밋스위치
9	VAR	S4	BOOL	%IX0.0.4		☐	☑	B실린더_전진단리밋스위치
10	VAR	START	BOOL	%IX0.0.0		☐	☑	시작스위치
11	VAR	STOP	BOOL	%IX0.0.8		☐	☑	정지스위치
12	VAR	Y1	BOOL	%QX0.2.0		☐	☑	A실린더_솔레노이드
13	VAR	Y2	BOOL	%QX0.2.1		☐	☑	B실린더_솔레노이드1
14	VAR	Y3	BOOL	%QX0.2.2		☐	☑	B실린더_솔레노이드2

(4) 프로그램

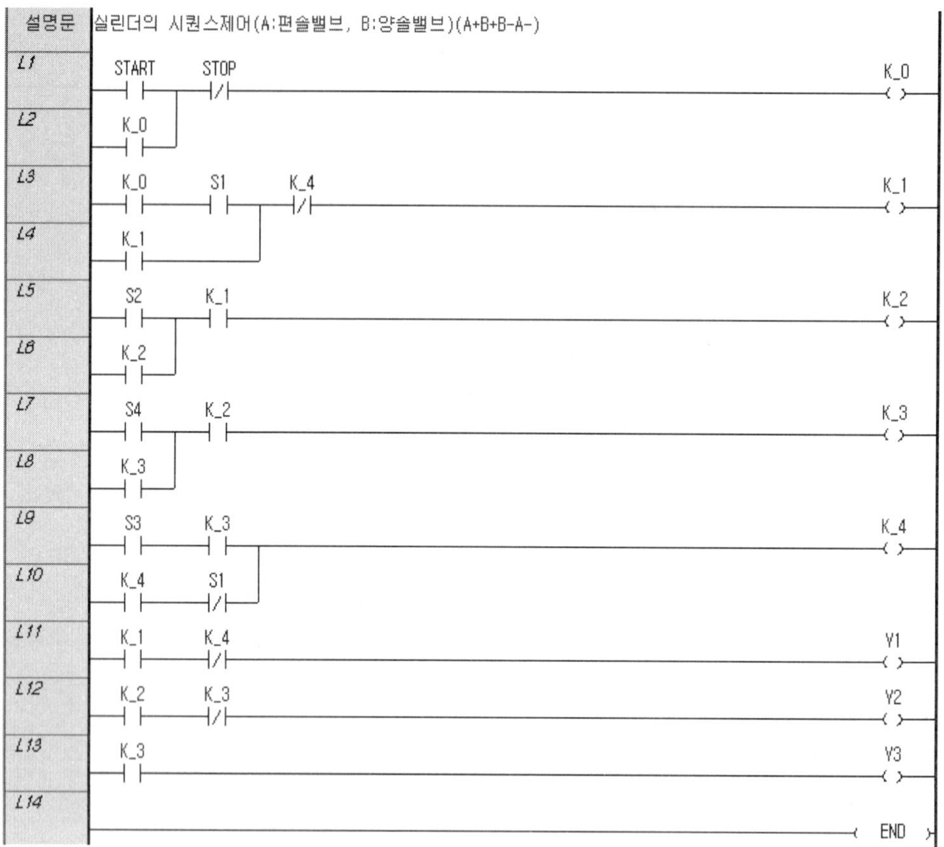

[실습 5.1.18] 편솔밸브_실린더의 시퀀스 제어 [A+B+동시(A−/B−)]

(1) 제어조건

편 솔레노이드를 사용하는 2개의 실린더에서

① start스위치를 순간터치하면 A실린더가 전진한 후 B실린더가 전진한다. 그 후 두 개의 실린더가 동시에 귀환한다. 이런 사이클이 계속 반복된다.

② stop스위치를 터치하면 그 사이클 완료 후 모든 실린더가 초기상태로 복귀하여 동작을 정지한다.

(2) 구성요소

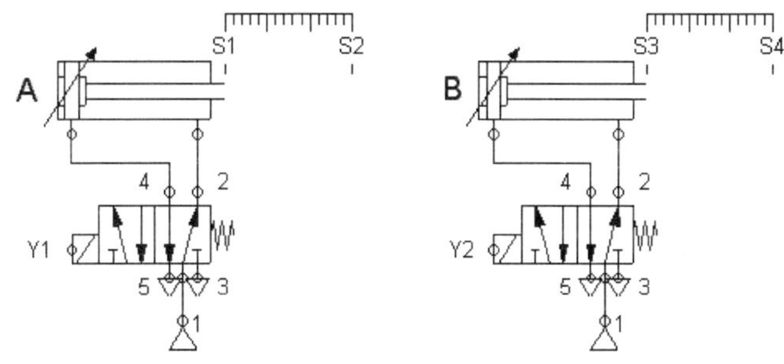

순서	품명	수량
1	푸시버튼스위치	2
2	리밋스위치	4
3	복동 실린더	2
4	5/2way 편 솔레노이드 밸브	2

(3) 입출력 변수목록

	변수 종류	변수	타입	메모리 할당	초기값	리테인	사용 유무	설명문
1	VAR	K_0	BOOL	%MX0		☐	☑	
2	VAR	K_1	BOOL	%MX1		☐	☑	
3	VAR	K_2	BOOL	%MX2		☐	☑	
4	VAR	K_3	BOOL	%MX3		☐	☑	
5	VAR	S1	BOOL	%IX0.0.1		☐	☑	A실린더_후진단리밋스위치
6	VAR	S2	BOOL	%IX0.0.2		☐	☑	A실린더_전진단리밋스위치
7	VAR	S3	BOOL	%IX0.0.3		☐	☑	B실린더_후진단리밋스위치
8	VAR	S4	BOOL	%IX0.0.4		☐	☑	B실린더_전진단리밋스위치
9	VAR	START	BOOL	%IX0.0.0		☐	☑	시작스위치
10	VAR	STOP	BOOL	%IX0.0.8		☐	☑	정지스위치
11	VAR	Y1	BOOL	%QX0.2.0		☐	☑	솔레노이드1
12	VAR	Y2	BOOL	%QX0.2.1		☐	☑	솔레노이드2

(4) 프로그램

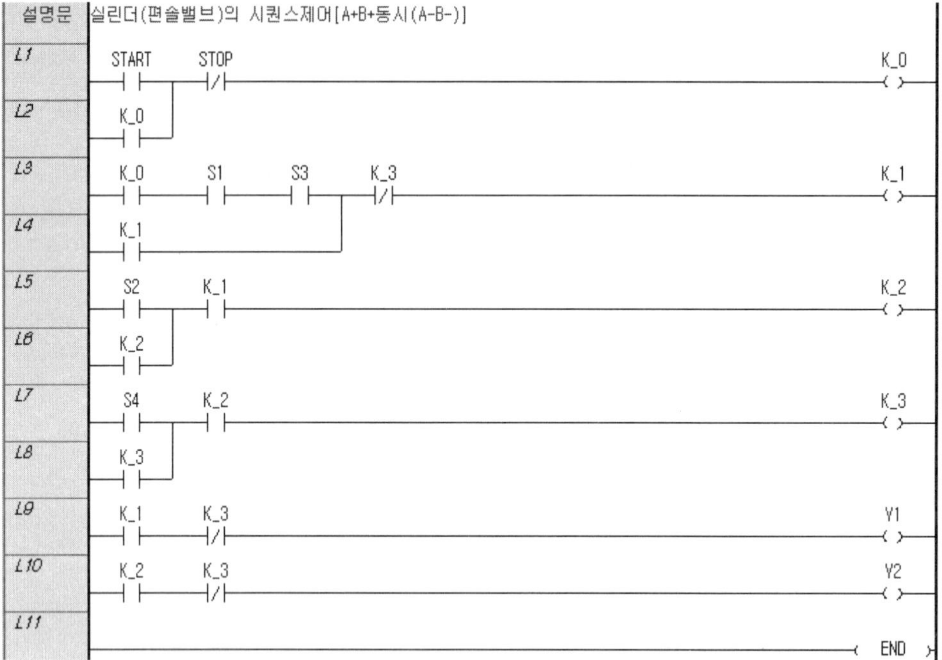

[실습 5.1.19] 편솔밸브_실린더의 시퀀스 제어 [A+B+B−C+C−A−]

(1) 제어조건

편 솔레노이드를 사용하는 3개의 실린더에서

① start스위치를 순간터치하면 A, B, C 3개의 실린더가 A+B+B-C+C-A-의 시퀀스에 의해 연속적으로 작동한다.

② stop스위치를 터치하면 그 사이클 완료 후 모든 실린더는 초기상태로 복귀하여 동작을 정지한다.

(2) 구성요소

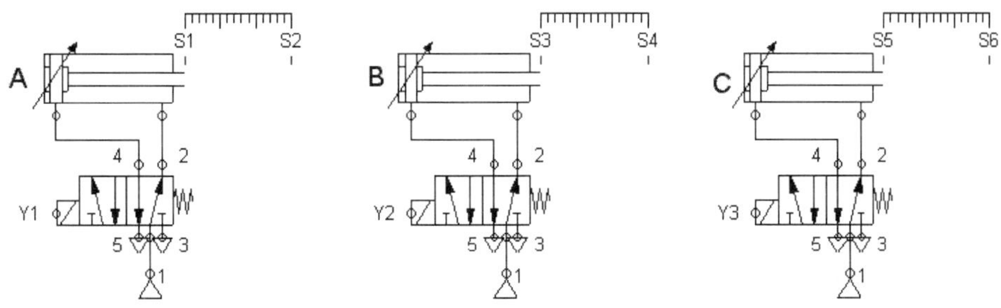

순서	품명	수량
1	푸시버튼스위치	2
2	리밋스위치	6
3	복동 실린더	3
4	5/2way 편 솔레노이드 밸브	3

(3) 입출력 변수목록

	변수 종류	변수	타입	메모리 할당	초기값	리테인	사용 유무	설명문
1	VAR	K_0	BOOL	%MX0		☐	☑	
2	VAR	K_1	BOOL	%MX1		☐	☑	
3	VAR	K_2	BOOL	%MX2		☐	☑	
4	VAR	K_3	BOOL	%MX3		☐	☑	
5	VAR	K_4	BOOL	%MX4		☐	☑	
6	VAR	K_5	BOOL	%MX5		☐	☑	
7	VAR	K_6	BOOL	%MX6		☐	☑	
8	VAR	S1	BOOL	%IX0.0.1		☐	☑	A실린더_후진단리밋스위치
9	VAR	S2	BOOL	%IX0.0.2		☐	☑	A실린더_전진단리밋스위치
10	VAR	S3	BOOL	%IX0.0.3		☐	☑	B실린더_후진단리밋스위치
11	VAR	S4	BOOL	%IX0.0.4		☐	☑	B실린더_전진단리밋스위치
12	VAR	S5	BOOL	%IX0.0.5		☐	☑	C실린더_후진단리밋스위치
13	VAR	S6	BOOL	%IX0.0.6		☐	☑	C실린더_전진단리밋스위치
14	VAR	START	BOOL	%IX0.0.0		☐	☑	시작스위치
15	VAR	STOP	BOOL	%IX0.0.8		☐	☑	정지스위치
16	VAR	Y1	BOOL	%QX0.2.0		☐	☑	솔레노이드1
17	VAR	Y2	BOOL	%QX0.2.1		☐	☑	솔레노이드2
18	VAR	Y3	BOOL	%QX0.2.2		☐	☑	솔레노이드3

(4) 프로그램

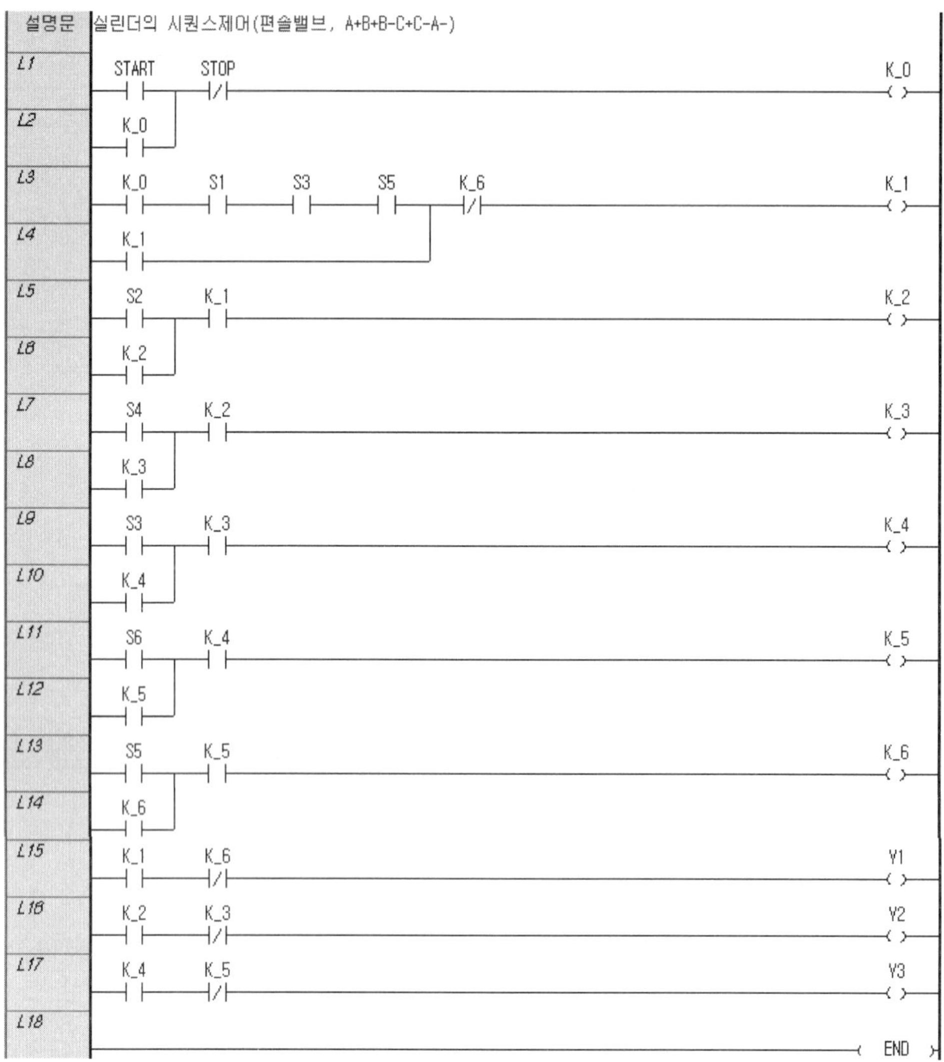

[실습 5.1.20] 양솔밸브_실린더의 시퀀스 제어 [A+A−B+A+A−B−A+A−동시(B+/C+)A+A−동시(B−/C−)]

(1) 제어조건

양 솔레노이드를 사용하는 3개의 실린더에서 start스위치를 터치하면 다음 시퀀스에 따라 작동하며, 1사이클이 종료된 후 start스위치를 터치하면 다시 사이클이 시작된다.

- 시퀀스: A+A-B+A+A-B-A+A-동시(B+/C+)A+A-동시(B-/C-)

정지스위치를 터치하면 그 사이클이 종료된 후 모든 실린더가 초기상태로 복귀하여 정지한다.

(2) 구성요소

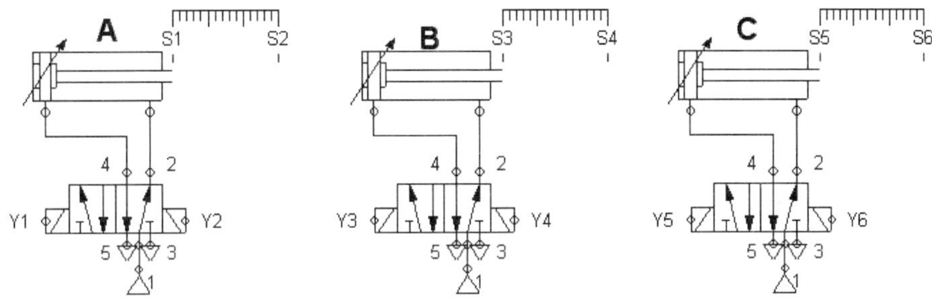

순서	품명	수량
1	푸시버튼스위치	2
2	리밋스위치	6
3	복동 실린더	3
4	5/2way 양 솔레노이드 밸브	3

(3) 입출력 변수목록

	변수 종류	변수	타입	메모리 할당	초기값	리테인	사용유무	설명문
1	VAR	K_1	BOOL	%MX1		☐	☑	
2	VAR	K_10	BOOL	%MX10		☐	☑	
3	VAR	K_11	BOOL	%MX11		☐	☑	
4	VAR	K_12	BOOL	%MX12		☐	☑	
5	VAR	K_2	BOOL	%MX2		☐	☑	
6	VAR	K_3	BOOL	%MX3		☐	☑	
7	VAR	K_4	BOOL	%MX4		☐	☑	
8	VAR	K_5	BOOL	%MX5		☐	☑	
9	VAR	K_6	BOOL	%MX6		☐	☑	
10	VAR	K_7	BOOL	%MX7		☐	☑	
11	VAR	K_8	BOOL	%MX8		☐	☑	
12	VAR	K_9	BOOL	%MX9		☐	☑	
13	VAR	S1	BOOL	%IX0.0.1		☐	☑	
14	VAR	S2	BOOL	%IX0.0.2		☐	☑	
15	VAR	S3	BOOL	%IX0.0.3		☐	☑	
16	VAR	S4	BOOL	%IX0.0.4		☐	☑	

17	VAR	S5	BOOL	%IX0.0.5		☐	☑	
18	VAR	S6	BOOL	%IX0.0.6		☐	☑	
19	VAR	START	BOOL	%IX0.0.0		☐	☑	시작스위치
20	VAR	Y1	BOOL	%QX0.2.0		☐	☑	
21	VAR	Y2	BOOL	%QX0.2.1		☐	☑	
22	VAR	Y3	BOOL	%QX0.2.2		☐	☑	
23	VAR	Y4	BOOL	%QX0.2.3		☐	☑	
24	VAR	Y5	BOOL	%QX0.2.4		☐	☑	
25	VAR	Y6	BOOL	%QX0.2.5		☐	☑	
26	VAR	정지	BOOL	%IX0.0.8		☐	☑	정지스위치

(4) 프로그램

설명문	시스템제어 : 실린더(양솔벨브) A+A-B+A+A-B-A+A-(B+C+)A+A-(B-C-)	
L1	START ─┤ ├─ S1 ─┤ ├─ S3 ─┤ ├─ S5 ─┤ ├─┬─ 정지 ─┤/├─ K_2 ─┤/├─	K_1 ─( )─
L2	K_1 ─┤ ├─┘	
L3	K_1 ─┤ ├─ S2 ─┤ ├─┬─ K_3 ─┤/├─	K_2 ─( )─
L4	K_2 ─┤ ├─┘	
L5	K_2 ─┤ ├─ S1 ─┤ ├─┬─ K_6 ─┤/├─	K_3 ─( )─
L6	K_3 ─┤ ├─┘	
L7	K_3 ─┤ ├─ S4 ─┤ ├─┬─ K_5 ─┤/├─	K_4 ─( )─
L8	K_4 ─┤ ├─┘	
L9	K_4 ─┤ ├─ S2 ─┤ ├─┬─ K_6 ─┤/├─	K_5 ─( )─
L10	K_5 ─┤ ├─┘	
L11	K_5 ─┤ ├─ S1 ─┤ ├─┬─ K_7 ─┤/├─	K_6 ─( )─
L12	K_6 ─┤ ├─┘	
L13	K_6 ─┤ ├─ S3 ─┤ ├─┬─ K_8 ─┤/├─	K_7 ─( )─
L14	K_7 ─┤ ├─┘	
L15	K_7 ─┤ ├─ S2 ─┤ ├─┬─ K_9 ─┤/├─	K_8 ─( )─
L16	K_8 ─┤ ├─┘	
L17	K_8 ─┤ ├─ S1 ─┤ ├─┬─ K_12 ─┤/├─	K_9 ─( )─
L18	K_9 ─┤ ├─┘	

Line	Contacts	Coil
L19	K_9 -| |- S4 -| |- S6 -| |- K_11 -|/|-	K_10
L20	K_10 (parallel with K_9, S4, S6)	
L21	K_10 -| |- S2 -| |- K_12 -|/|-	K_11
L22	K_11 (parallel with K_10, S2)	
L23	K_11 -| |- S1 -| |- K_1 -|/|-	K_12
L24	K_12 (parallel with K_11, S1)	
L25	K_1	Y1
L26	K_4 (parallel)	
L27	K_7 (parallel)	
L28	K_10 (parallel)	
L29	K_2	Y2
L30	K_5 (parallel)	
L31	K_8 (parallel)	
L32	K_11 (parallel)	
L33	K_3	Y3
L34	K_9 (parallel)	
L35	K_6	Y4
L36	K_12 (parallel)	
L37	K_9	Y5
L38	K_12	Y6
L39		END

[실습 5.1.21] 금속판 절단
[편솔, A+B+C+동시(A-/D+)동시(B-/D-)C-, n회]

(1) 제어조건

편솔밸브를 사용하여 4개의 실린더가 다음의 시퀀스로 작동한다.

A+B+C+동시(A-/D+)동시(B-/D-)C-, 2회

정지스위치를 터치하면 모든 실린더는 초기상태로 복귀하여 정지한다.

(2) 구성요소

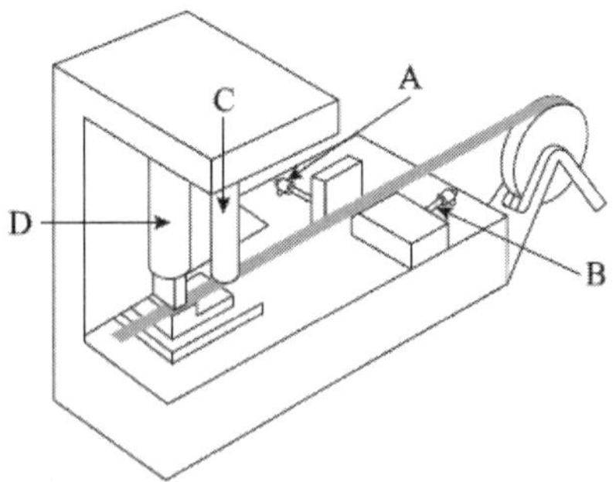

A+: 금속판 고정, B+: 판재이송, C+: 판재고정, D+: 판재절단

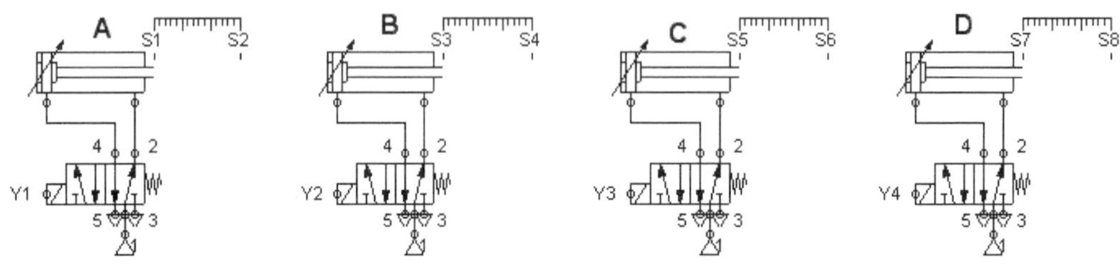

순서	품명	수량
1	푸시버튼스위치	3
2	리밋스위치	8
3	복동 실린더	4
4	5/2way 편 솔레노이드 밸브	4

(3) 입출력 변수목록

	변수 종류	변수	타입	메모리 할당	초기값	리테인	사용유무	설명문
1	VAR	C1	CTU_INT			□	☑	
2	VAR	K_0	BOOL	%MX0		□	☑	
3	VAR	K_1	BOOL	%MX1		□	☑	
4	VAR	K_10	BOOL	%MX10		□	☑	
5	VAR	K_2	BOOL	%MX2		□	☑	
6	VAR	K_3	BOOL	%MX3		□	☑	
7	VAR	K_4	BOOL	%MX4		□	☑	
8	VAR	K_5	BOOL	%MX5		□	☑	
9	VAR	S1	BOOL	%IX0.0.1		□	☑	
10	VAR	S2	BOOL	%IX0.0.2		□	☑	
11	VAR	S3	BOOL	%IX0.0.3		□	☑	
12	VAR	S4	BOOL	%IX0.0.4		□	☑	
13	VAR	S5	BOOL	%IX0.0.5		□	☑	
14	VAR	S6	BOOL	%IX0.0.6		□	☑	
15	VAR	S7	BOOL	%IX0.0.7		□	☑	
16	VAR	S8	BOOL	%IX0.0.8		□	☑	
17	VAR	Y1	BOOL	%QX0.2.0		□	☑	A실린더_솔레노이드
18	VAR	Y2	BOOL	%QX0.2.1		□	☑	B실린더_솔레노이드
19	VAR	Y3	BOOL	%QX0.2.2		□	☑	C실린더_솔레노이드
20	VAR	Y4	BOOL	%QX0.2.3		□	☑	D실린더_솔레노이드
21	VAR	단속	BOOL	%IX0.0.14		□	☑	단속스위치
22	VAR	리셋	BOOL			□	☑	리셋스위치
23	VAR	연속	BOOL	%IX0.0.0		□	☑	연속스위치
24	VAR	정지	BOOL	%IX0.0.15		□	☑	정지스위치

(4) 프로그램

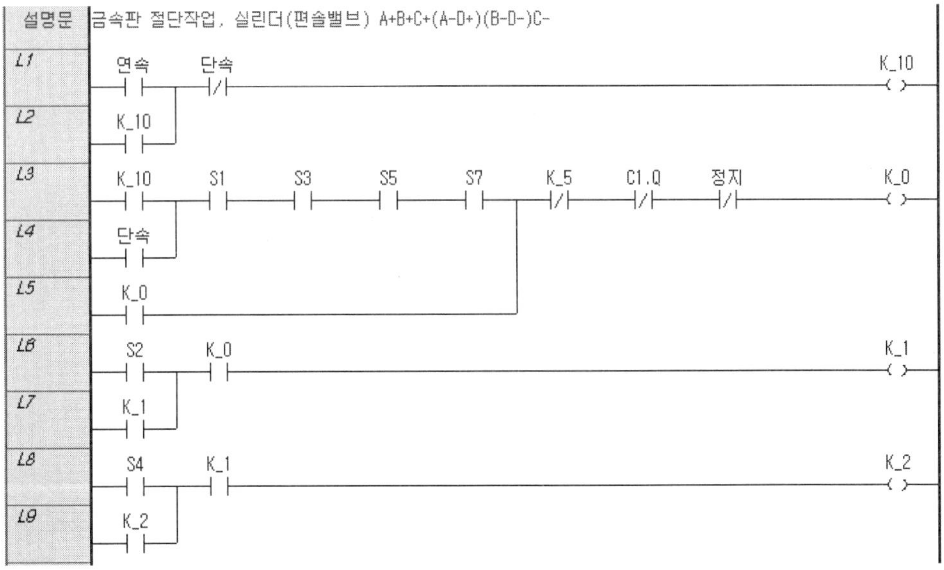

설명문 금속판 절단작업, 실린더(편솔밸브) A+B+C+(A-D+)(B-D-)C-

L1 연속 단속 K_10
L2 K_10
L3 K_10 S1 S3 S5 S7 K_5 C1.Q 정지 K_0
L4 단속
L5 K_0
L6 S2 K_0 K_1
L7 K_1
L8 S4 K_1 K_2
L9 K_2

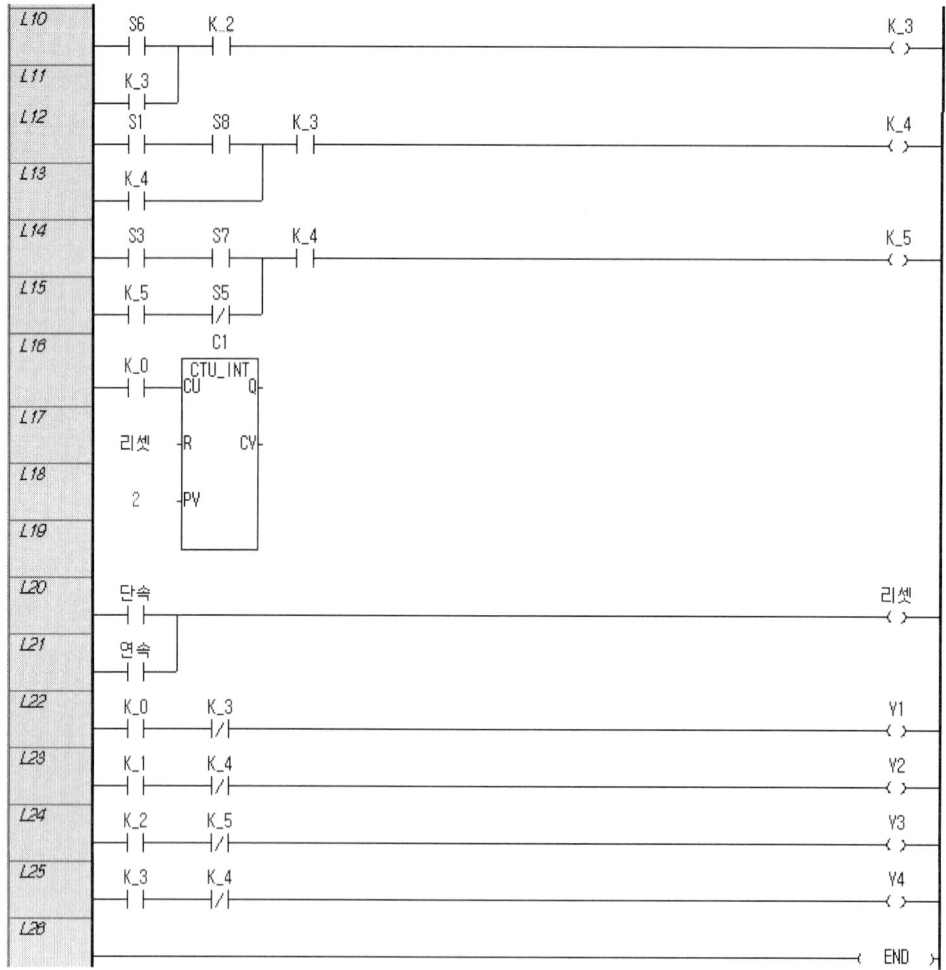

[실습 5.1.22] 편솔밸브_3실린더의 시퀀스 제어 [A+B+B−C+B+B−동시(A−/C−), 비상]

(1) 제어조건

편 솔레노이드를 사용하는 3개의 실린더에서

① 편솔밸브를 사용하여 다음의 시퀀스로 작동하며, 1 사이클 종료 후 start스위치를 터치하면 다시 사이클이 시작된다.

② 비상스위치 또는 stop스위치를 터치하면 모든 실린더는 초기위치로 돌아간다.

시퀀스: A+B+B-C+B+B-C-동시(A-/C-)

(2) 구성요소

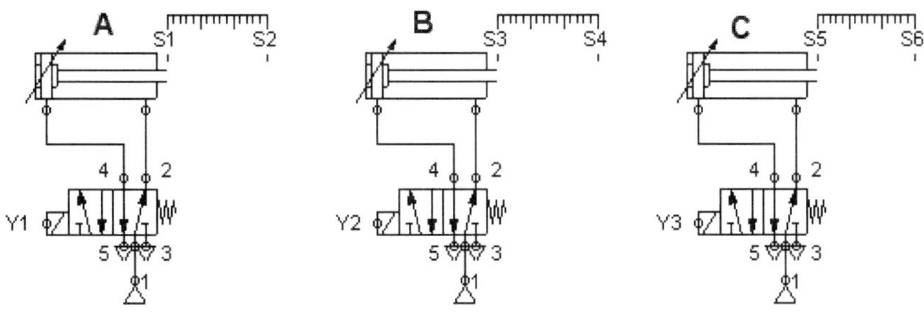

순서	품명	수량
1	푸시버튼스위치	3
2	리밋스위치	6
3	복동 실린더	3
4	5/2way 편 솔레노이드 밸브	3

(3) 입출력 변수목록

	변수 종류	변수	타입	메모리 할당	초기값	리테인	사용유무	설명문
1	VAR	K_0	BOOL	%MX0		☐	☑	
2	VAR	K_1	BOOL	%MX1		☐	☑	
3	VAR	K_2	BOOL	%MX2		☐	☑	
4	VAR	K_3	BOOL	%MX3		☐	☑	
5	VAR	K_4	BOOL	%MX4		☐	☑	
6	VAR	K_5	BOOL	%MX5		☐	☑	
7	VAR	K_6	BOOL	%MX6		☐	☑	
8	VAR	S1	BOOL	%IX0.0.1		☐	☑	
9	VAR	S2	BOOL	%IX0.0.2		☐	☑	
10	VAR	S3	BOOL	%IX0.0.3		☐	☑	
11	VAR	S4	BOOL	%IX0.0.4		☐	☑	
12	VAR	S5	BOOL	%IX0.0.5		☐	☑	
13	VAR	S6	BOOL	%IX0.0.6		☐	☑	
14	VAR	START	BOOL	%IX0.0.0		☐	☑	시작스위치
15	VAR	STOP	BOOL	%IX0.0.8		☐	☑	정지스위치
16	VAR	Y1	BOOL	%QX0.2.0		☐	☑	A실린더_솔레노이드
17	VAR	Y2	BOOL	%QX0.2.1		☐	☑	B실린더_솔레노이드
18	VAR	Y3	BOOL	%QX0.2.2		☐	☑	C실린더_솔레노이드
19	VAR	비상	BOOL	%IX0.0.15		☐	☑	비상스위치

(4) 프로그램

설명문 나무판 드릴작업 : 편솔밸브 A+B+B-C+B+B-(C-A-), 비상시 초기위치

행	접점							출력
L1	START	S1	S3	S5	STOP	K_6	비상	K_0
L2	K_0							
L3	S2	K_0	비상					K_1
L4	K_1							
L5	S4	K_1						K_2
L6	K_2							
L7	S3	K_2	비상					K_3
L8	K_3							
L9	S6	K_3	비상					K_4
L10	K_4							
L11	S4	K_4						K_5
L12	K_5							
L13	S3	K_5						K_6
L14	K_6	S1	S5					
L15	K_0	K_6						Y1
L16	K_1	K_2						Y2
L17	K_4	K_5						
L18	K_3	K_6						Y3
L19								END

[실습 5.1.23] 분기명령에 의한 제어 [A+B+B−A−, 분기: A+A−]

(1) 제어조건

편솔밸브를 사용하는 2개의 실린더에서 A+B+B-A-의 시퀀스로 연속 작동한다. A가 전진 중 분기명령이 ON되면 실린더 A만 전후진 동작해야 한다.

(2) 구성요소

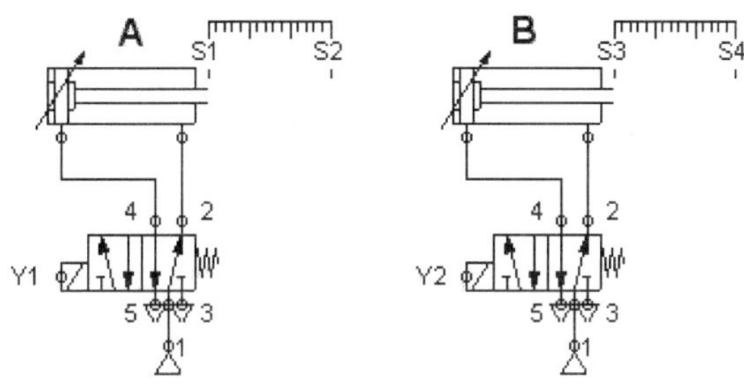

순서	품명	수량
1	푸시버튼스위치	3
2	리밋스위치	4
3	복동 실린더	2
4	5/2way 편 솔레노이드 밸브	2

(3) 입출력 변수목록

	변수 종류	변수	타입	메모리 할당	초기값	리테인	사용유무	설명문
1	VAR	K_1	BOOL	%MX1		☐	☑	
2	VAR	K_2	BOOL	%MX2		☐	☑	
3	VAR	K_3	BOOL	%MX3		☐	☑	
4	VAR	K_4	BOOL	%MX4		☐	☑	
5	VAR	K_5	BOOL	%MX5		☐	☑	
6	VAR	S1	BOOL	%IX0.0.1		☐	☑	
7	VAR	S2	BOOL	%IX0.0.2		☐	☑	
8	VAR	S3	BOOL	%IX0.0.3		☐	☑	
9	VAR	S4	BOOL	%IX0.0.4		☐	☑	
10	VAR	START	BOOL	%IX0.0.0		☐	☑	시작스위치
11	VAR	STOP	BOOL	%IX0.0.8		☐	☑	정지스위치
12	VAR	Y1	BOOL	%QX0.2.0		☐	☑	A실린더_솔레노이드
13	VAR	Y2	BOOL	%QX0.2.1		☐	☑	B실린더_솔레노이드
14	VAR	분기명령	BOOL	%IX0.0.9		☐	☑	분기명령스위치
15	VAR	분기종료	BOOL	%MX6		☐	☑	분기종료

(4) 프로그램

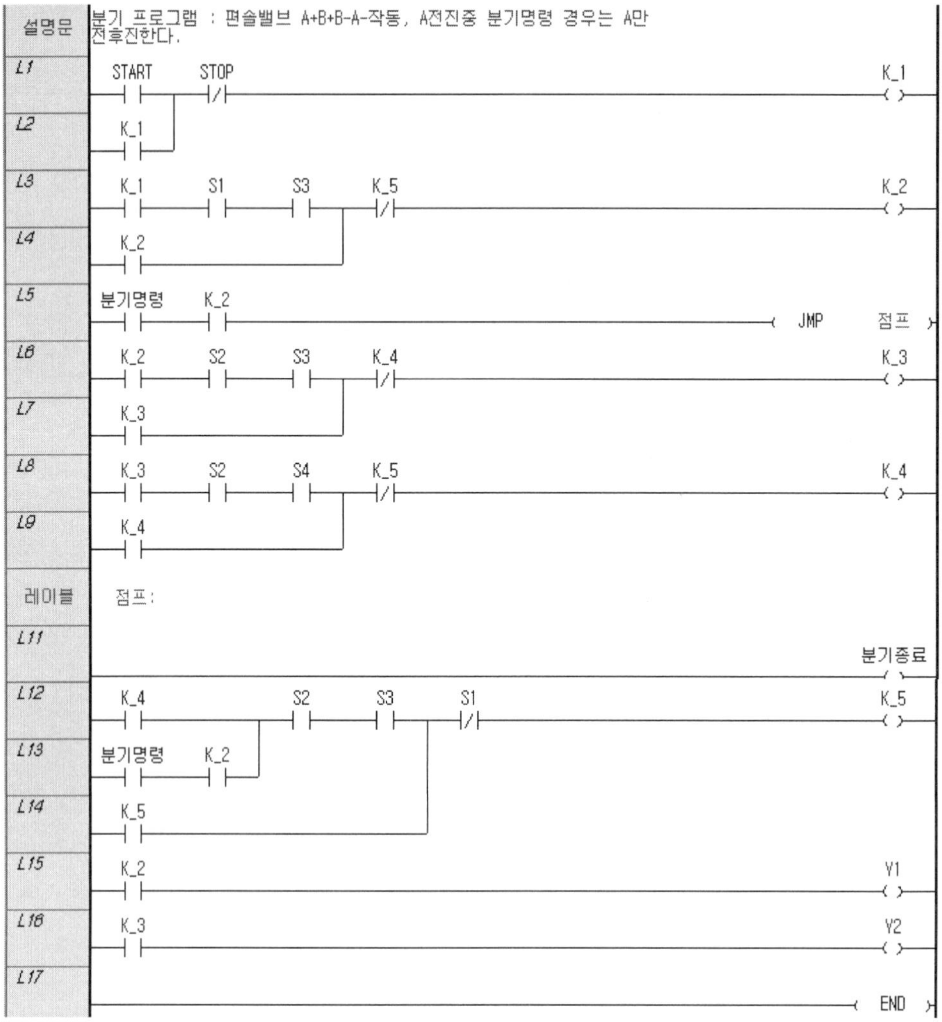

설명문	분기 프로그램 : 편솔밸브 A+B+B-A-작동, A전진중 분기명령 경우는 A만 전후진한다.
L1	START STOP K_1
L2	K_1
L3	K_1 S1 S3 K_5 K_2
L4	K_2
L5	분기명령 K_2 JMP 점프
L6	K_2 S2 S3 K_4 K_3
L7	K_3
L8	K_3 S2 S4 K_5 K_4
L9	K_4
레이블	점프:
L11	분기종료
L12	K_4 S2 S3 S1 K_5
L13	분기명령 K_2
L14	K_5
L15	K_2 Y1
L16	K_3 Y2
L17	END

(5) 작동원리

우선 분기명령이 작용하지 않는 경우, 실린더 A, B가 초기상태(S1과 S3가 ON상태)에서 start버튼을 터치하면 K_1이 ON되어 K_2가 작동하므로 솔레노이드 Y1이 작동하여 실린더 A가 전진한다. 그러면 S2가 ON되어 K_3가 ON되므로 Y2가 작동하여 실린더 B가 전진한다. 전진을 완료하면 S4가 ON되어 K_4가 ON되므로 K_3가 OFF되어 Y2가 OFF되므로 실린더B가 바로 후진한다. 그러면 다시 S3가 ON되고 K_5가 ON되어 K_2가

OFF되므로 Y1이 OFF되어 실린더 A가 후진한다. 후진을 완료하면 S1이 ON되어 K_5가 OFF되므로 3행의 K_2가 ON되어, 이 과정(A+B+B-A-)이 반복된다. stop스위치를 터치하면 그 사이클이 종료된 후 정지한다.

분기명령이 작용하는 경우, start버튼을 터치하면 K_1이 ON되어 K_2가 작동하므로 솔레노이드 Y1이 작동하여 실린더 A가 전진한다. 이때 분기명령을 작용시키면 11행으로 점프되고 K_5가 ON되어 K_2가 OFF되므로 실린더A가 후진한다. 그러면 S1이 ON되어 K_5가 OFF되므로 다시 K_2가 ON되어 실린더A가 전진하는 작동을 반복하게 된다. stop스위치를 터치하면 그 사이클 종료 후 정지한다.

[실습 5.1.24] 서브루틴을 이용하는 제어

(1) 제어조건

PB1을 터치하면 램프1이 ON되고 그로 인해 서브루틴 프로그램을 CALL하여 수행하며, PB2를 터치하면 램프1이 OFF되어 그로 인해 서브루틴 프로그램 CALL이 OFF되므로 서브루틴 프로그램이 수행되지 않는다. 서브루틴 프로그램의 내용은 PB3를 눌렀을 때 램프2가 ON되는 제어이다.

(2) 구성요소

순서	품명	수량
1	푸시버튼스위치	3
2	램프	2

(3) 입출력 변수목록

	변수 종류	변수	타입	메모리 할당	초기값	리테인	사용 유무	설명문
1	VAR	PB1	BOOL	%IX0.0.0		☐	☑	푸시버튼스위치1
2	VAR	PB2	BOOL	%IX0.0.1		☐	☑	푸시버튼스위치2
3	VAR	PB3	BOOL	%IX0.0.2		☐	☑	푸시버튼스위치3
4	VAR	램프1	BOOL	%QX0.2.0		☐	☑	
5	VAR	램프2	BOOL	%QX0.2.1		☐	☑	

(4) 프로그램

설명문	서브루틴 프로그램	
L1	PB1 PB2	램프1
L2	램프1	
L3	램프1	CALL 보조프로그램
L4		END
L5		SBRT 보조프로그램
L6	PB3	램프2
L7		RET

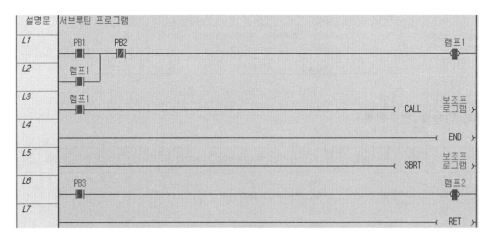

(5) 작동원리

PB1을 터치하면 램프1이 ON되어 서브루틴 프로그램을 불러 오므로, 5~7행의 프로그램이 수행될 수 있다. 즉, PB3를 누르면 램프2가 ON된다. 이때 PB2를 누르면 램프1이 OFF되며, 따라서 서브루틴 프로그램의 호출이 OFF되므로 PB3를 눌러도 램프2가 ON되지 못한다.

(6) 시뮬레이션

(a)

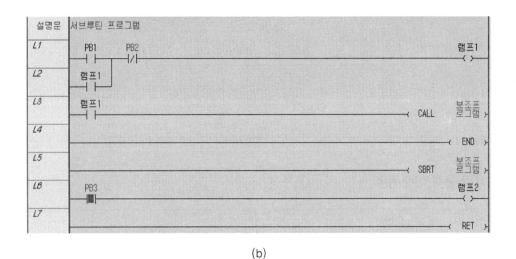

(b)

[실습 5.1.25] 편솔밸브_실린더의 TON 시퀀스 제어 [A+B+(2초)A−(1초)B−]

(1) 제어조건

편 솔레노이드를 사용하는 2개의 실린더에서

① start스위치를 순간터치하면 A실린더가 전진한 후 B실린더가 전진하며, 2초 후 A실린더 후진, 그로부터 1초 후 B실린더가 후진하는 사이클이 반복된다.

② 이 과정에서 stop스위치를 누르면 그 사이클이 완료 후 모든 실린더가 초기상태로 복귀하여 동작을 정지한다.

** TON펑션블럭을 사용하여 프로그램을 작성한다.

(2) 구성요소

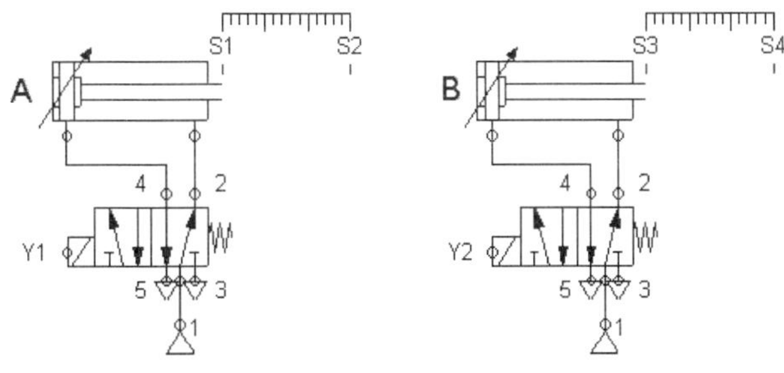

순서	품명	수량
1	푸시버튼스위치	2
2	리밋스위치	4
3	복동 실린더	2
4	5/2way 편 솔레노이드 밸브	2

(3) 입출력 변수목록

	변수 종류	변수	타입	메모리 할당	초기값	리테인	사용유무	설명문
1	VAR	K_0	BOOL	%MX0		☐	☑	
2	VAR	K_1	BOOL	%MX1		☐	☑	
3	VAR	K_2	BOOL	%MX2		☐	☑	
4	VAR	K_3	BOOL	%MX3		☐	☑	
5	VAR	K_4	BOOL	%MX4		☐	☑	
6	VAR	S1	BOOL	%IX0.0.1		☐	☑	
7	VAR	S2	BOOL	%IX0.0.2		☐	☑	
8	VAR	S3	BOOL	%IX0.0.3		☐	☑	
9	VAR	S4	BOOL	%IX0.0.4		☐	☑	
10	VAR	START	BOOL	%IX0.0.0		☐	☑	시작스위치
11	VAR	STOP	BOOL	%IX0.0.8		☐	☑	정지스위치
12	VAR	T1	TON			☐	☑	
13	VAR	T2	TON			☐	☑	
14	VAR	Y1	BOOL	%QX0.2.0		☐	☑	A실린더_솔레노이드
15	VAR	Y2	BOOL	%QX0.2.1		☐	☑	B실린더_솔레노이드

(4) 프로그램

설명문 실린더의 TON을 이용한 시퀀스제어(편솔밸브, A+B+2초A-1초B-)

L1 START —| |— STOP —|/|— ( ) K_0
L2 K_0 —| |—
L3 K_0 —| |— S1 —| |— S3 —| |— K_4 —|/|— ( ) K_1
L4 K_1 —| |—
L5 S2 —| |— K_1 —| |— ( ) K_2
L6 K_2 —| |—

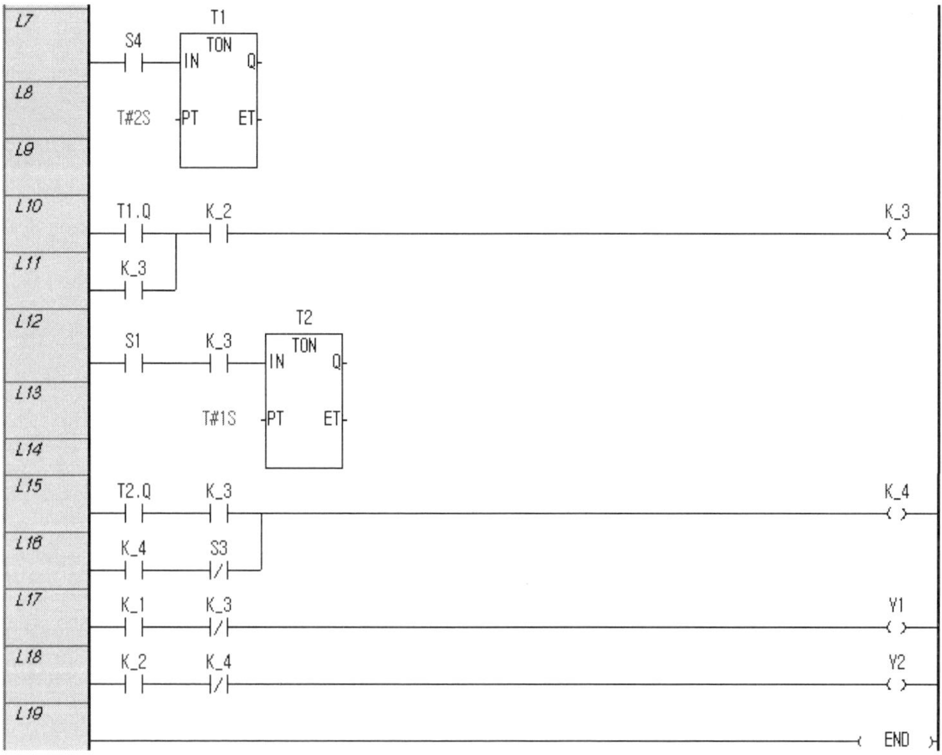

[실습 5.1.26] OFF delay timer(TOF) 제어

(1) 제어조건

푸시버튼 PB1을 터치하면 램프가 점등하고, PB2를 터치하면 곧바로 램프가 소등하지 않고 타이머에 설정된 시간 후에 소등된다.

(2) 구성요소

순서	품명	수량
1	푸시버튼스위치	2
2	램프	1

(3) 입출력 변수목록

	변수 종류	변수	타입	메모리 할당	초기값	리테인	사용유무	설명문
1	VAR	K_1	BOOL	%MX1		☐	☑	
2	VAR	K_2	BOOL	%MX2		☐	☑	
3	VAR	Lamp	BOOL	%QX0.2.0		☐	☑	램프
4	VAR	PB1	BOOL	%IX0.0.0		☐	☑	푸시버튼스위치1
5	VAR	PB2	BOOL	%IX0.0.1		☐	☑	푸시버튼스위치2
6	VAR	T1	TOF			☐	☑	

(4) 프로그램

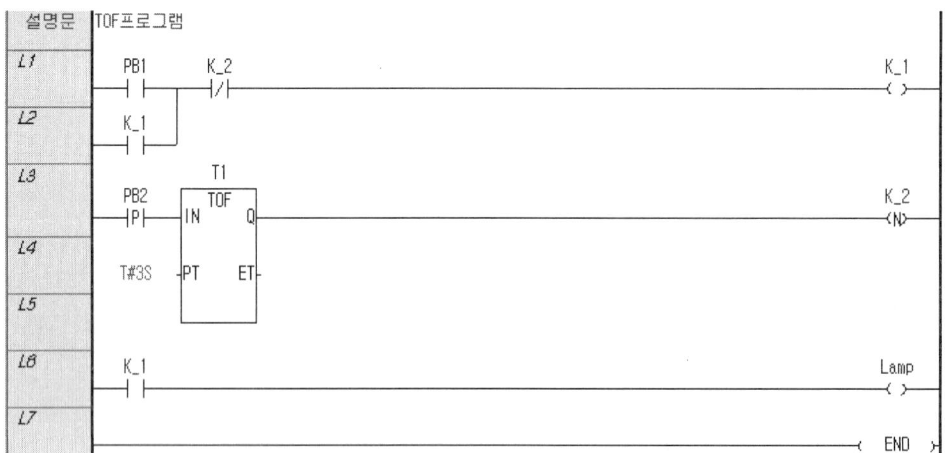

[실습 5.1.27] Pulse timer(TP) 제어

(1) 제어조건

푸시버튼 PB1을 터치하면 램프가 점등하고, 타이머에 설정된 시간이 경과하면 램프가 소등된다. 설정된 시간 내에 PB1이 ON 또는 OFF에 관계없다.

(2) 구성요소

순서	품명	수량
1	푸시버튼스위치	1
2	램프	1

(3) 입출력 변수목록

	변수 종류	변수	타입	메모리 할당	초기값	리테인	사용 유무	설명문
1	VAR	K_1	BOOL	%MX1		☐	☑	
2	VAR	K_2	BOOL	%MX2		☐	☑	
3	VAR	PB1	BOOL	%IX0.0.0		☐	☑	푸시버튼스위치
4	VAR	T1	TP			☐	☑	
5	VAR	Lamp	BOOL	%QX0.2.0		☐	☑	램프

(4) 프로그램

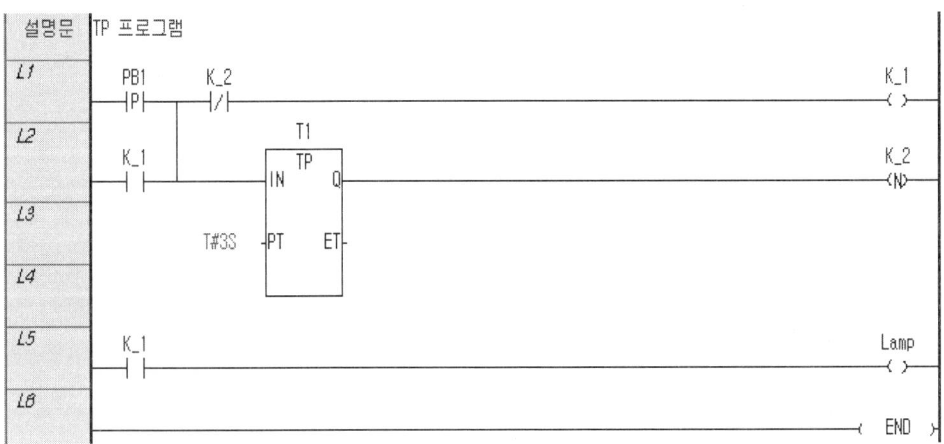

[실습 5.1.28] 편솔밸브_실린더 TON_CTU 시퀀스 제어 [A+B+(2초)A−B−, n회]

(1) 제어조건

편 솔레노이드 밸브를 사용하는 2개의 실린더에서

① start스위치를 순간터치하면 A+B+(2초)A-B-의 과정을 3회 수행 후 정지한다.

② 다시 ①항의 과정을 수행하려면 reset스위치를 터치하여 CTU펑션의 현재값 CV를 0으로 리셋한 후 start스위치를 터치하면 된다.

③ 작동진행 중 stop스위치를 ON하면 그 사이클 종료 후 모든 실린더는 초기상태로 복귀한 후 정지한다.

④ 비상스위치를 ON하면 즉시 모든 실린더는 초기상태로 복귀한다.

** CTU펑션블럭을 사용하여 프로그램을 작성한다.

(2) 구성요소

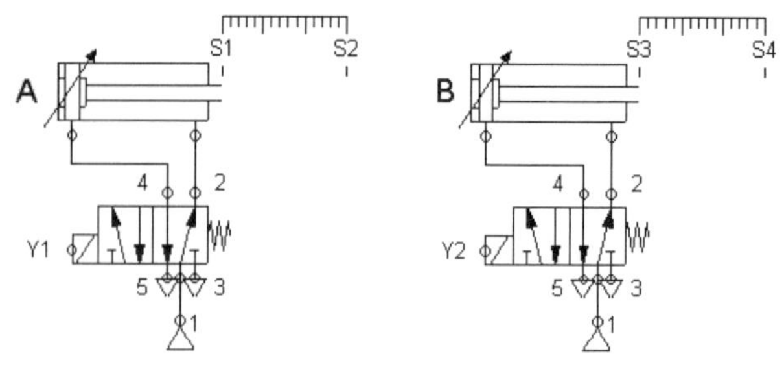

순서	품명	수량
1	푸시버튼스위치	4
2	리밋스위치	4
3	복동 실린더	2
4	5/2way 편 솔레노이드 밸브	2

(3) 입출력 변수목록

	변수 종류	변수	타입	메모리 할당	초기값	리테인	사용 유무	설명문
1	VAR	C1	CTU_INT			☐	☑	
2	VAR	K_0	BOOL	%MX0		☐	☑	
3	VAR	K_1	BOOL	%MX1		☐	☑	
4	VAR	K_2	BOOL	%MX2		☐	☑	
5	VAR	K_3	BOOL	%MX3		☐	☑	
6	VAR	K_4	BOOL	%MX4		☐	☑	
7	VAR	RESET	BOOL	%IX0.0.15		☐	☑	리셋스위치
8	VAR	S1	BOOL	%IX0.0.1		☐	☑	
9	VAR	S2	BOOL	%IX0.0.2		☐	☑	
10	VAR	S3	BOOL	%IX0.0.3		☐	☑	
11	VAR	S4	BOOL	%IX0.0.4		☐	☑	
12	VAR	START	BOOL	%IX0.0.0		☐	☑	시작스위치
13	VAR	STOP	BOOL	%IX0.0.8		☐	☑	정지스위치
14	VAR	T1	TON			☐	☑	
15	VAR	Y1	BOOL	%QX0.2.0		☐	☑	A실린더_솔레노이드
16	VAR	Y2	BOOL	%QX0.2.1		☐	☑	B실린더_솔레노이드
17	VAR	비상	BOOL	%IX0.0.9		☐	☑	비상스위치

(4) 프로그램

설명문 실린더의 CTU를 이용한 시퀀스제어(편솔밸브, A+B+(2초)A-B-, 3회)

L1 START ─┤ ├─ STOP ─┤/├─ C1.Q ─┤/├─ K_0 ─( )─
L2 K_0 ─┤ ├─
L3 K_0 ─┤ ├─ S1 ─┤ ├─ S3 ─┤ ├─ K_4 ─┤/├─ 비상 ─┤/├─ K_1 ─( )─
L4 K_1 ─┤ ├─
L5 S2 ─┤ ├─ K_1 ─┤ ├─ 비상 ─┤/├─ K_2 ─( )─
L6 K_2 ─┤ ├─
L7 S4 ─┤ ├─ K_2 ─┤ ├─ 비상 ─┤/├─ T1 TON (IN, Q) ─ K_3 ─( )─
L8 K_3 ─┤ ├─ T#2S ─ PT, ET
L9 S4 ─┤ ├─ C1 CTU_INT (CU, Q)
L10 RESET ─ R, CV
L11 3 ─ PV
L12
L13 S1 ─┤ ├─ K_3 ─┤ ├─ 비상 ─┤/├─ K_4 ─( )─
L14 K_4 ─┤ ├─ S3 ─┤/├─
L15 K_1 ─┤ ├─ K_3 ─┤/├─ Y1 ─( )─
L16 K_2 ─┤ ├─ K_4 ─┤/├─ Y2 ─( )─
L17 END

[실습 5.1.29] 편솔밸브_실린더 TON_CTU 시퀀스 제어 [A+B+C+(3초)A-동시(B-C-), n회]

(1) 제어조건

편 솔레노이드 밸브를 사용하는 3개의 실린더에서

① start스위치를 순간터치하면 실린더 A전진, B전진, C전진, 3초 후 A후진, 그 후 실린더 B, C가 동시에 후진한다.

② 이 사이클을 5회 수행 후 정지한다.

③ 위의 ①항과 ②항의 동작을 또 수행하려면 reset스위치를 ON시킨 후 start스위치를 터치한다.

④ 작동진행 중 stop스위치를 ON하면 그 사이클 종료 후 모든 실린더는 초기상태로 복귀한 후 정지한다.

⑤ 비상스위치를 ON하면 즉시 모든 실린더는 초기상태로 복귀한다.

** TON펑션블럭과 CTU펑션블럭을 사용하여 프로그램을 작성한다.

(2) 구성요소

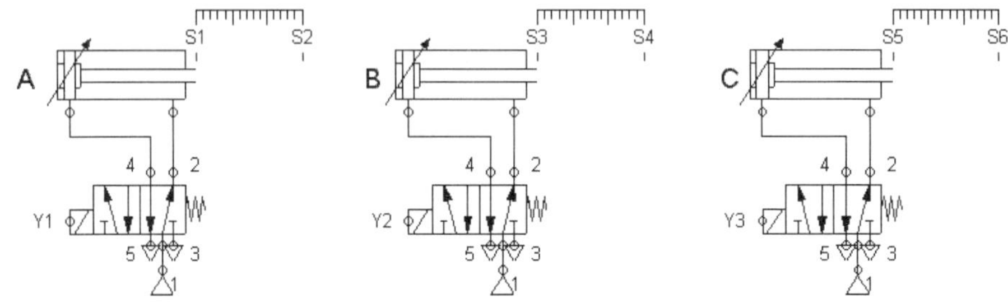

순서	품명	수량
1	푸시버튼스위치	4
2	리밋스위치	6
3	복동 실린더	3
4	5/2way 편 솔레노이드 밸브	3

(3) 입출력 변수목록

	변수 종류	변수	타입	메모리 할당	초기값	리테인	사용 유무	설명문
1	VAR	C1	CTU_INT			☐	☑	
2	VAR	K_0	BOOL	%MX0		☐	☑	
3	VAR	K_1	BOOL	%MX1		☐	☑	
4	VAR	K_2	BOOL	%MX2		☐	☑	
5	VAR	K_3	BOOL	%MX3		☐	☑	
6	VAR	K_4	BOOL	%MX4		☐	☑	
7	VAR	K_5	BOOL	%MX5		☐	☑	
8	VAR	RESET	BOOL	%IX0.0.15		☐	☑	리셋스위치
9	VAR	S1	BOOL	%IX0.0.1		☐	☑	
10	VAR	S2	BOOL	%IX0.0.2		☐	☑	
11	VAR	S3	BOOL	%IX0.0.3		☐	☑	
12	VAR	S4	BOOL	%IX0.0.4		☐	☑	
13	VAR	S5	BOOL	%IX0.0.5		☐	☑	
14	VAR	S6	BOOL	%IX0.0.6		☐	☑	
15	VAR	START	BOOL	%IX0.0.0		☐	☑	시작스위치
16	VAR	STOP	BOOL	%IX0.0.8		☐	☑	정지스위치
17	VAR	T1	TON			☐	☑	
18	VAR	Y1	BOOL	%QX0.2.0		☐	☑	A실린더_솔레노이드
19	VAR	Y2	BOOL	%QX0.2.1		☐	☑	B실린더_솔레노이드
20	VAR	Y3	BOOL	%QX0.2.2		☐	☑	C실린더_솔레노이드
21	VAR	비상	BOOL	%IX0.0.9		☐	☑	비상스위치

(4) 프로그램

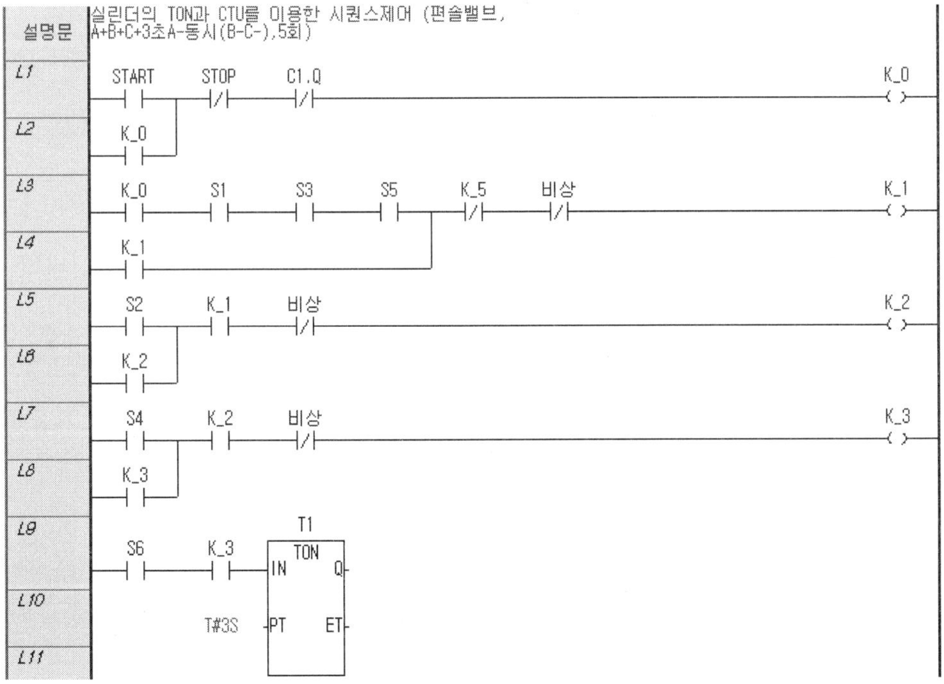

```
설명문  실린더의 TON과 CTU를 이용한 시퀀스제어 (편솔밸브,
        A+B+C+3초A-동시(B-C-),5회)

L1   START      STOP      C1.Q                                              K_0
     -| |---+---|/|-------|/|-----------------------------------------------( )-
L2   K_0    |
     -| |---+

L3   K_0       S1        S3        S5          K_5       비상                  K_1
     -| |------| |-------| |-------| |-----+----|/|-------|/|-------------------( )-
L4   K_1                                   |
     -| |----------------------------------+

L5   S2        K_1       비상                                                   K_2
     -| |---+---| |-------|/|-----------------------------------------------( )-
L6   K_2    |
     -| |---+

L7   S4        K_2       비상                                                   K_3
     -| |---+---| |-------|/|-----------------------------------------------( )-
L8   K_3    |
     -| |---+

                                T1
L9   S6        K_3          +--------+
     -| |-------| |---------|IN  TON Q|-
                            |        |
L10            T#3S        -|PT    ET|-
                            |        |
L11                         +--------+
```

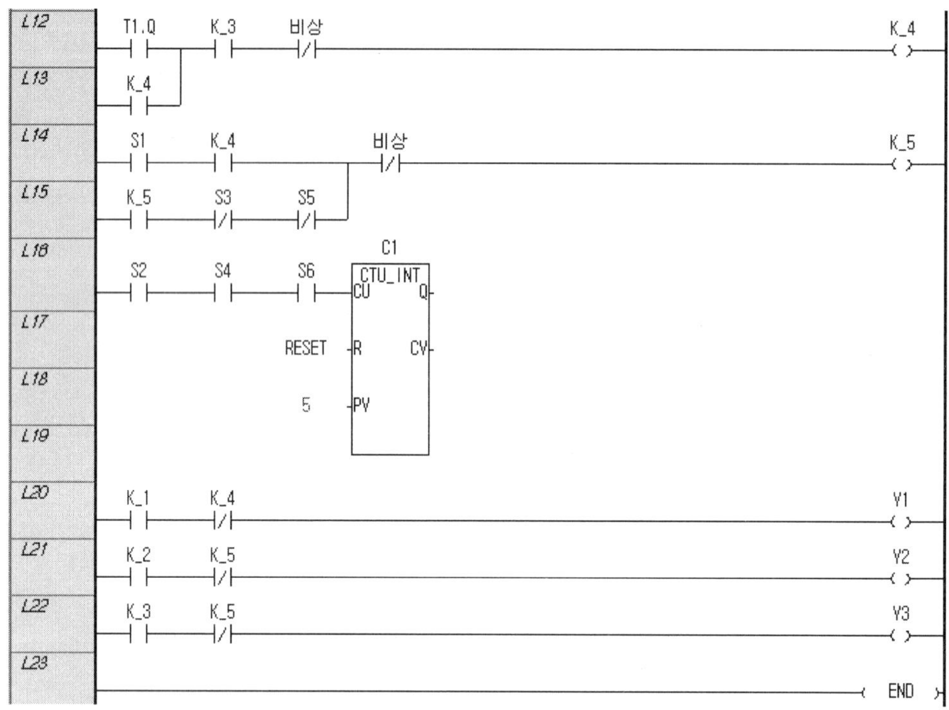

[실습 5.1.30] 양솔밸브_실린더 TON_CTU 시퀀스 제어 [A+B+C+(3초)동시(B−C−), n회]

(1) 제어조건

양 솔레노이드 밸브를 사용하는 3개의 실린더에서

① start스위치를 순간터치하면 실린더 A전진, B전진, C전진, 3초 후 실린더 B, C가 동시에 후진하고 실린더 A가 후진한다.

② 이 사이클을 5회 수행 후 정지한다.

③ 작동진행 중 stop스위치를 ON하면 그 사이클 종료 후 모든 실린더는 초기상태로 복귀하여 정지한다.

④ 비상스위치를 ON하면 즉시 모든 실린더는 초기상태로 복귀한다.

** TON, CTU의 펑션블럭을 사용하여 프로그램을 작성한다.

(2) 구성요소

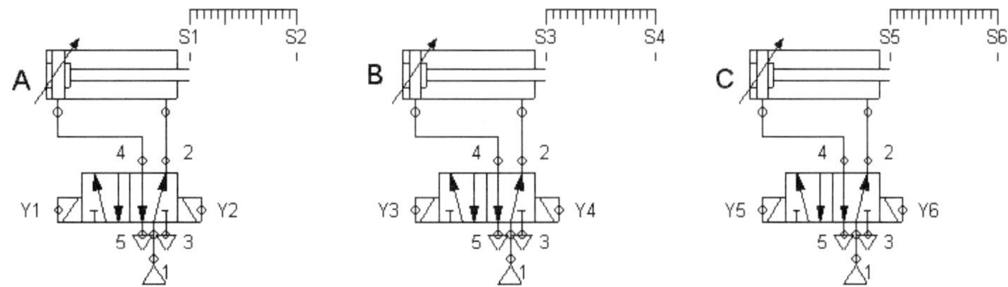

순서	품명	수량
1	푸시버튼스위치	4
2	리밋스위치	6
3	복동 실린더	3
4	5/2way 양 솔레노이드 밸브	3

(3) 입출력 변수목록

	변수 종류	변수	타입	메모리 할당	초기값	리테인	사용유무	설명문
1	VAR	C1	CTU_INT			☐	☑	
2	VAR	K_0	BOOL	%MX0		☐	☑	
3	VAR	K_1	BOOL	%MX1		☐	☑	
4	VAR	K_2	BOOL	%MX2		☐	☑	
5	VAR	K_3	BOOL	%MX3		☐	☑	
6	VAR	K_4	BOOL	%MX4		☐	☑	
7	VAR	K_5	BOOL	%MX5		☐	☑	
8	VAR	RESET	BOOL	%IX0.0.15		☐	☑	리셋스위치
9	VAR	S1	BOOL	%IX0.0.1		☐	☑	
10	VAR	S2	BOOL	%IX0.0.2		☐	☑	
11	VAR	S3	BOOL	%IX0.0.3		☐	☑	
12	VAR	S4	BOOL	%IX0.0.4		☐	☑	
13	VAR	S5	BOOL	%IX0.0.5		☐	☑	
14	VAR	S6	BOOL	%IX0.0.6		☐	☑	
15	VAR	START	BOOL	%IX0.0.0		☐	☑	시작스위치
16	VAR	STOP	BOOL	%IX0.0.8		☐	☑	정지스위치
17	VAR	T1	TON			☐	☑	
18	VAR	Y1	BOOL	%QX0.2.0		☐	☑	A실린더_솔레노이드1
19	VAR	Y2	BOOL	%QX0.2.1		☐	☑	A실린더_솔레노이드2
20	VAR	Y3	BOOL	%QX0.2.2		☐	☑	B실린더_솔레노이드1
21	VAR	Y4	BOOL	%QX0.2.3		☐	☑	B실린더_솔레노이드2
22	VAR	Y5	BOOL	%QX0.2.4		☐	☑	C실린더_솔레노이드1
23	VAR	Y6	BOOL	%QX0.2.5		☐	☑	C실린더_솔레노이드2
24	VAR	비상	BOOL	%IX0.0.9		☐	☑	비상스위치

(4) 프로그램

설명문	실린더의 TON과 CTU를 이용한 시퀀스제어(양솔밸브, A+B+C+3초동시(B-C-)A-, 5회)	
L1	START, STOP(/), C1.Q(/)	K_0
L2	K_0	
L3	K_0, S1, S3, S5, K_5(/), 비상(/)	K_1
L4	K_1	
L5	S2, K_1, 비상(/)	K_2
L6	K_2	
L7	S4, K_2, 비상(/)	K_3
L8	K_3	
L9	T1 TON: S6 → IN, Q	
L10	T#3S → PT, ET	
L11		
L12	T1.Q, K_3	K_4
L13	K_4	
L14	S3, S5, K_4	K_5
L15	K_5, S1(/)	
L16	C1 CTU_INT: S6 → CU, Q	
L17	RESET → R, CV	
L18	5 → PV	
L19		
L20	K_1	Y1
L21	K_2, K_4(/)	Y3
L22	K_3, K_4(/)	Y5
L23	K_4	Y4
L24	비상	Y6

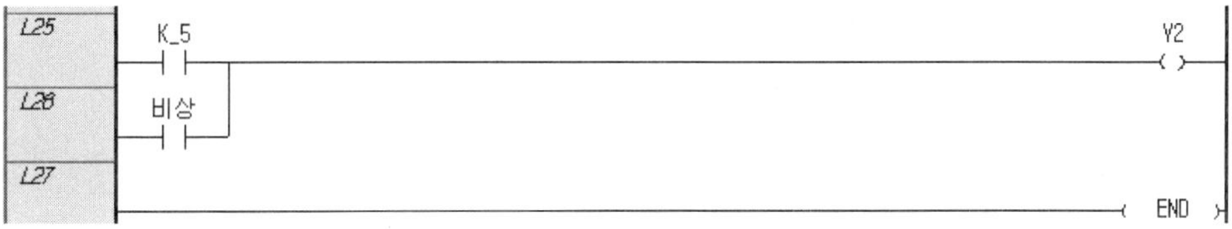

L25 K_5 Y2
L26 비상
L27 END

[실습 5.1.31] 램프의 순차점멸 제어

(1) 제어조건

① start스위치를 터치하면 5개의 램프가 차례로 1초 간격으로 ON/OFF를 반복한다.
② stop스위치를 ON하면 모든 램프가 소등한다.

** TON펑션블럭을 사용하여 프로그램을 작성한다.

(2) 구성요소

순서	품명	수량
1	푸시버튼스위치	2
2	램프	5

(3) 입출력 변수목록

	변수 종류	변수	타입	메모리 할당	초기값	리테인	사용유무	설명문
1	VAR	K_1	BOOL	%MX1		☐	☑	
2	VAR	K_2	BOOL	%MX2		☐	☑	
3	VAR	K_3	BOOL	%MX3		☐	☑	
4	VAR	K_4	BOOL	%MX4		☐	☑	
5	VAR	K_5	BOOL	%MX5		☐	☑	
6	VAR	K_6	BOOL	%MX6		☐	☑	
7	VAR	START	BOOL	%IX0.0.0		☐	☑	시작스위치
8	VAR	STOP	BOOL	%IX0.0.1		☐	☑	정지스위치
9	VAR	T1	TON			☐	☑	
10	VAR	T2	TON			☐	☑	
11	VAR	T3	TON			☐	☑	
12	VAR	T4	TON			☐	☑	
13	VAR	T5	TON			☐	☑	
14	VAR	램프1	BOOL	%QX0.2.0		☐	☑	
15	VAR	램프2	BOOL	%QX0.2.1		☐	☑	
16	VAR	램프3	BOOL	%QX0.2.2		☐	☑	
17	VAR	램프4	BOOL	%QX0.2.3		☐	☑	
18	VAR	램프5	BOOL	%QX0.2.4		☐	☑	

(4) 프로그램

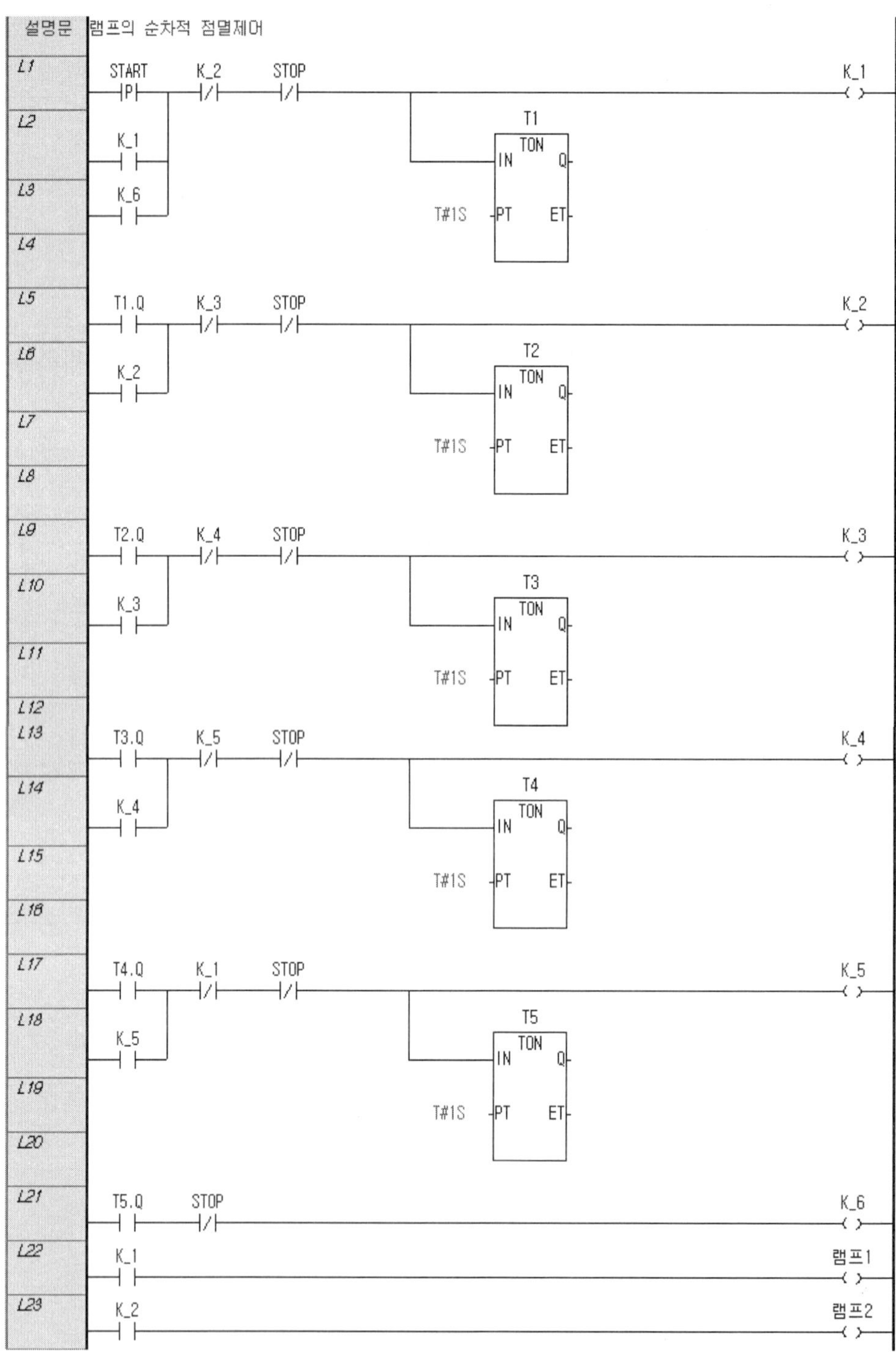

설명문
램프의 순차적 점멸제어
L1
START
K_2
STOP
K_1
L2
K_1
T1
TON
IN
Q
L3
K_6
T#1S
PT
ET
L4
L5
T1.Q
K_3
STOP
K_2
L6
K_2
T2
TON
IN
Q
L7
T#1S
PT
ET
L8
L9
T2.Q
K_4
STOP
K_3
L10
K_3
T3
TON
IN
Q
L11
T#1S
PT
ET
L12
L13
T3.Q
K_5
STOP
K_4
L14
K_4
T4
TON
IN
Q
L15
T#1S
PT
ET
L16
L17
T4.Q
K_1
STOP
K_5
L18
K_5
T5
TON
IN
Q
L19
T#1S
PT
ET
L20
L21
T5.Q
STOP
K_6
L22
K_1
램프1
L23
K_2
램프2

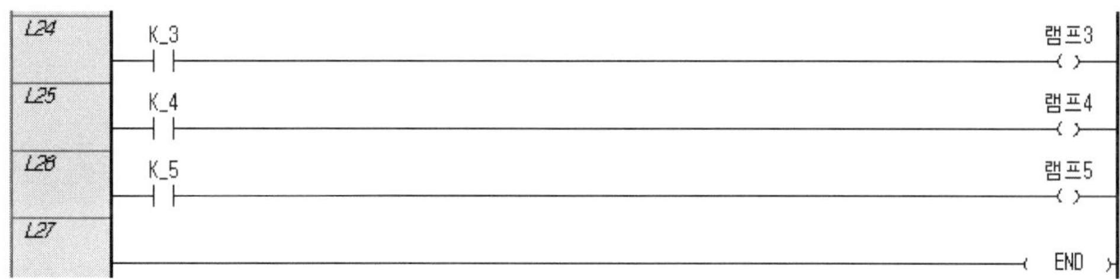

[실습 5.1.32] 공구수명 경보

(1) 제어조건

① start스위치를 순간터치하면 공구작업이 이루어진다(공구작업 표시램프의 점등으로 실험).

② 중간에 stop스위치를 ON하면 공구작업이 정지한다.

③ 작업의 총시간이 50초가 되면 수명경보가 울린다. 이때 stop스위치를 ON하면 경보가 정지한다.

(2) 구성요소

순서	품명	수량
1	푸시버튼스위치	2
2	공구작업 표시램프	1
3	수명 경보용 부저	1

(3) 입출력 변수목록

	변수 종류	변수	타입	메모리 할당	초기값	리테인	사용유무	설명문
1	VAR	C1	CTU_INT			☐	☑	
2	VAR	C2	CTU_INT			☐	☑	
3	VAR	K_1	BOOL	%MX1		☐	☑	
4	VAR	K_2	BOOL	%MX2		☐	☑	
5	VAR	START	BOOL	%IX0.0.0		☐	☑	시작스위치
6	VAR	STOP	BOOL	%IX0.0.1		☐	☑	정지스위치
7	VAR	공구작업	BOOL	%QX0.2.0		☐	☑	
8	VAR	수명경보	BOOL	%QX0.2.8		☐	☑	

(4) 프로그램

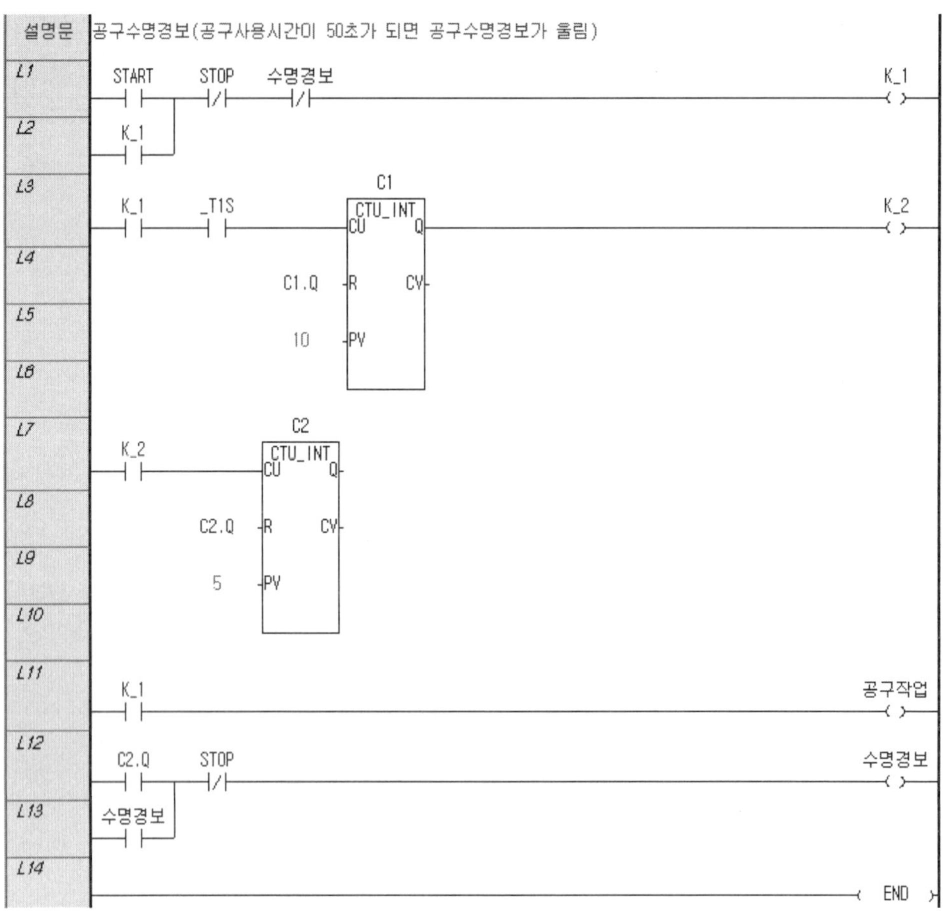

[실습 5.1.33] 밸브작동 제어

(1) 제어조건

화장실의 변기에 장착된 센서가 작동하면 1초 후에 2초간 밸브가 작동하여 물이 나온다. 센서가 OFF되면 바로 밸브가 작동하여 3초간 물이 나온다.

(2) 구성요소

순서	품명	수량
1	센서	1
2	램프(밸브 대용)	1

(3) 입출력 변수목록

	변수 종류	변수	타입	메모리 할당	초기값	리테인	사용유무	설명문
1	VAR	T1	TON			☐	☑	
2	VAR	T2	TOF			☐	☑	
3	VAR	T3	TON			☐	☑	
4	VAR	밸브	BOOL	%QX0.2.0		☐	☑	
5	VAR	센서	BOOL	%IX0.0.0		☐	☑	

(4) 프로그램

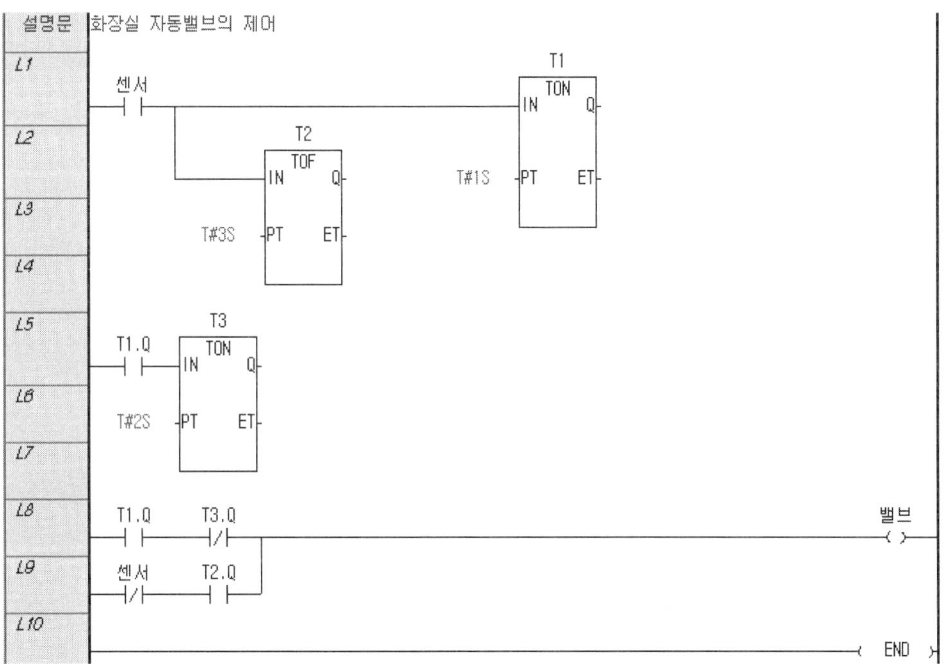

(5) 작동원리

센서가 사람을 감지하면 1초 후에 타이머 T1이 작동하여 밸브가 ON한다(타이머 T2가 작동). 그로부터 2초 후에 타이머 T3가 작동하여 밸브를 OFF시킨다. 센서가 OFF되면 타이머 T2가 작동하고 있으므로 밸브가 ON되며 3초 후에 T2가 OFF되므로 밸브가 OFF된다.

[실습 5.1.34] 3대의 컨베이어 가동_정지 제어

(1) 제어조건

① start스위치를 순간터치하면 A, B, C 세 개의 컨베이어가 순서대로 2초 간격으로 가동한다.

② stop스위치를 ON하면 위와 역순으로 3초 간격으로 정지한다.

(2) 구성요소

순서	품명	수량
1	푸시버튼스위치	2
2	컨베이어용 램프	3

(3) 입출력 변수목록

	변수 종류	변수	타입	메모리 할당	초기값	리테인	사용유무	설명문
1	VAR	K_0	BOOL	%MX0		☐	☑	
2	VAR	K_1	BOOL	%MX1		☐	☑	
3	VAR	START	BOOL	%IX0.0.0		☐	☑	시작스위치
4	VAR	STOP	BOOL	%IX0.0.1		☐	☑	정지스위치
5	VAR	T1	TON			☐	☑	
6	VAR	T2	TON			☐	☑	
7	VAR	T3	TON			☐	☑	
8	VAR	T4	TON			☐	☑	
9	VAR	컨베이어A	BOOL	%QX0.2.0		☐	☑	
10	VAR	컨베이어B	BOOL	%QX0.2.1		☐	☑	
11	VAR	컨베이어C	BOOL	%QX0.2.2		☐	☑	

(4) 프로그램

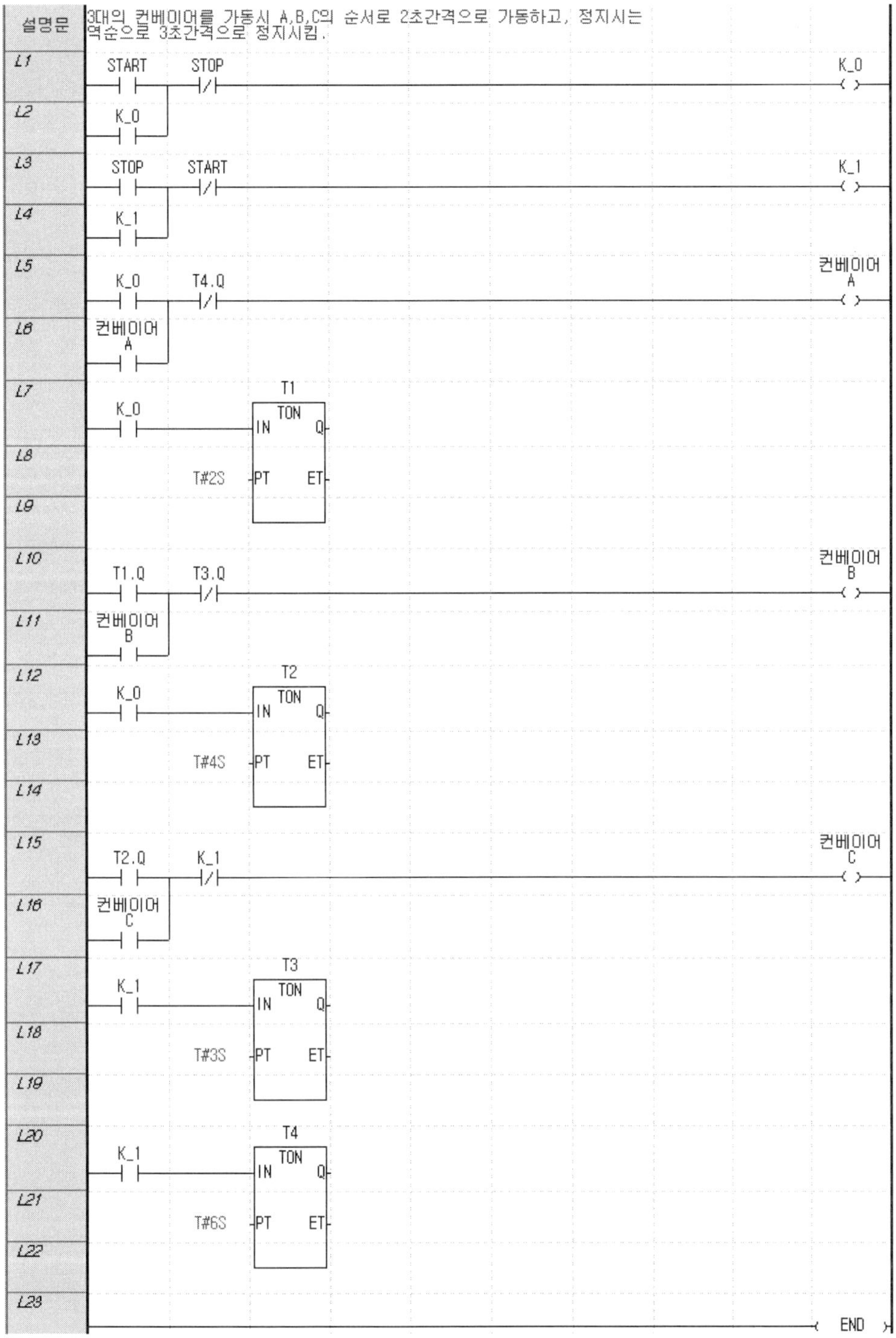

설명문	3대의 컨베이어를 가동시 A,B,C의 순서로 2초간격으로 가동하고, 정지시는 역순으로 3초간격으로 정지시킴.
L1	START ─┤ ├─ STOP ─┤/├─ ( ) K_0
L2	K_0 ─┤ ├─
L3	STOP ─┤ ├─ START ─┤/├─ ( ) K_1
L4	K_1 ─┤ ├─
L5	K_0 ─┤ ├─ T4.Q ─┤/├─ ( ) 컨베이어 A
L6	컨베이어 A ─┤ ├─
L7	K_0 ─┤ ├─ T1 TON IN Q
L8	T#2S PT ET
L9	
L10	T1.Q ─┤ ├─ T3.Q ─┤/├─ ( ) 컨베이어 B
L11	컨베이어 B ─┤ ├─
L12	K_0 ─┤ ├─ T2 TON IN Q
L13	T#4S PT ET
L14	
L15	T2.Q ─┤ ├─ K_1 ─┤/├─ ( ) 컨베이어 C
L16	컨베이어 C ─┤ ├─
L17	K_1 ─┤ ├─ T3 TON IN Q
L18	T#3S PT ET
L19	
L20	K_1 ─┤ ├─ T4 TON IN Q
L21	T#6S PT ET
L22	
L23	END

[실습 5.1.35] 입력 값 범위에 따른 램프제어

(1) 제어조건

① up-down counter를 사용하여 입력값이 일정범위 내에 들면 해당 램프가 ON되게 한다.

② 입력값이 10 미만이면 램프0, 10~19이면 램프1, 20~29이면 램프2, 30~39이면 램프3, 40 이상이면 램프4가 ON되게 한다.

③ 입력값은 BCD표시기에 출력시킨다.

** CTUD펑션블럭을 사용하여 프로그램을 작성한다.

(2) 구성요소

순서	품명	수량
1	푸시버튼스위치	4
2	램프	4
3	PLC Kit	1

(3) 입출력 변수목록

	변수 종류	변수	타입	메모리 할당	초기값	리테인	사용유무	설명문
1	VAR	BCD표시기	WORD	%QW0.3.0		☐	☑	
2	VAR	C1	CTUD_INT			☐	☑	
3	VAR	K_0	BOOL	%MX0		☐	☑	
4	VAR	K_1	BOOL	%MX1		☐	☑	
5	VAR	K_2	BOOL	%MX2		☐	☑	
6	VAR	K_3	BOOL	%MX3		☐	☑	
7	VAR	LOAD	BOOL	%IX0.0.9		☐	☑	로드스위치
8	VAR	PB1	BOOL	%IX0.0.0		☐	☑	푸시버튼스위치1
9	VAR	PB2	BOOL	%IX0.0.1		☐	☑	푸시버튼스위치2
10	VAR	RESET	BOOL	%IX0.0.8		☐	☑	리셋스위치
11	VAR	램프0	BOOL	%QX0.2.0		☐	☑	
12	VAR	램프1	BOOL	%QX0.2.1		☐	☑	
13	VAR	램프2	BOOL	%QX0.2.2		☐	☑	
14	VAR	램프3	BOOL	%QX0.2.3		☐	☑	
15	VAR	램프4	BOOL	%QX0.2.4		☐	☑	

(4) 프로그램

설명문: 입력값이 10미만이면 램프1, 10-19이면 램프2, 20-29이면 램프3, 30-39이면 램프4, 40이상이면 램프5가 ON됨. 입력수치는 BCD표시기에 출력됨.

```
L1      PB1                  C1
        ─┤ ├────────── CTUD_INT
                       CU      QU
L2      PB2 ───────── CD      QD
L3      RESET ─────── R       CV
L4      LOAD ──────── LD
L5      50 ────────── PV
L6
L7      _ON        LT                       LT
        ─┤ ├──── EN   ENO ──────────── EN   ENO
L8      C1.CV ── IN1  OUT ── K_0  C1.CV ── IN1  OUT ── K_1
L9      10 ───── IN2            20 ────── IN2
L10
L11     _ON                LT                    LT
        ─┤ ├──────── EN   ENO ────────── EN   ENO
L12     C1.CV ────── IN1  OUT ── K_2  C1.CV ── IN1  OUT ── K_3
L13     30 ───────── IN2             40 ────── IN2
L14
L15     _ON          INT_TO_B
                     CD_WORD
        ─┤ ├──────── EN   ENO
L16     C1.CV ────── IN   OUT ── BCD표시기
L17
L18     K_0                                               램프0
        ─┤ ├──────────────────────────────────────────────( )─
L19     K_1      K_0                                      램프1
        ─┤ ├─────┤/├──────────────────────────────────────( )─
L20     K_2      K_1                                      램프2
        ─┤ ├─────┤/├──────────────────────────────────────( )─
L21     K_3      K_2                                      램프3
        ─┤ ├─────┤/├──────────────────────────────────────( )─
L22     K_3                                               램프4
        ─┤/├──────────────────────────────────────────────( )─
L23
        ─────────────────────────────────────────────── END ─
```

(5) 작동원리

푸시버튼 PB1을 터치하면 CTUD의 현재값이 1씩 증가하며, 그 값이 10 미만이면 K_0 ~ K_3가 ON되어 램프0, 10 이상 20 미만이면 K_1 ~ K_3는 ON되고 K_0는 OFF되어 램프1, 20 이상 30 미만이면 K_2 ~ K_3가 ON되고 K_0와 K_1은 OFF되어 램프2, 30 이상 40 미만이면 K_3가 ON되고 K_0 ~ K_2는 OFF되어 램프3, 40 이상이면 K_0 ~ K_3가 OFF되어 램프4가 ON된다. 이때 CTUD의 현재값은 BCD표시기에 나타난다.

[실습 5.1.36] SCON(Step Controller)제어(순차제어)

(1) 제어조건

S_J가 OFF(0)이면 SET동작을 하고, S_J가 ON(1)이면 OUT동작을 한다.

① S_J가 OFF(0)인 경우, step_0, step_1, step_2, step_3은 반드시 순차적으로 1단계씩만 진행한다. step_0이 호출되면 실행중인 step조의 동작이 reset되고 step_0으로 복귀한다. 현재 step번호가 ON되면 자기유지되어 입력접점이 OFF되어도 ON상태가 유지된다.

② S_J가 ON(1)인 경우, step_0, step_1, step_2, step_3은 후입우선동작이 되고 step 전진, 후진, 및 점프 등의 동작이 가능해진다.

(2) 구성요소

순서	품명	수량
1	푸시버튼스위치	5
2	램프	4

(3) 입출력 변수목록

	변수 종류	변수	타입	메모리 할당	초기값	리테인	사용유무	설명문
1	VAR	BIT	ARRAY[0..99]		<설정>	☐	☑	
2	VAR	NUM	INT			☐	☑	
3	VAR	SC1	SCON			☐	☑	
4	VAR	STEP_0	BOOL	%IX0.0.0		☐	☑	스텝0스위치
5	VAR	STEP_1	BOOL	%IX0.0.1		☐	☑	스텝1스위치
6	VAR	STEP_2	BOOL	%IX0.0.2		☐	☑	스텝2스위치
7	VAR	STEP_3	BOOL	%IX0.0.3		☐	☑	스텝3스위치
8	VAR	S_J	BOOL	%IX0.0.15		☐	☑	스텝/점프 선택스위치
9	VAR	램프0	BOOL	%QX0.2.0		☐	☑	
10	VAR	램프1	BOOL	%QX0.2.1		☐	☑	
11	VAR	램프2	BOOL	%QX0.2.2		☐	☑	
12	VAR	램프3	BOOL	%QX0.2.3		☐	☑	

(4) 프로그램

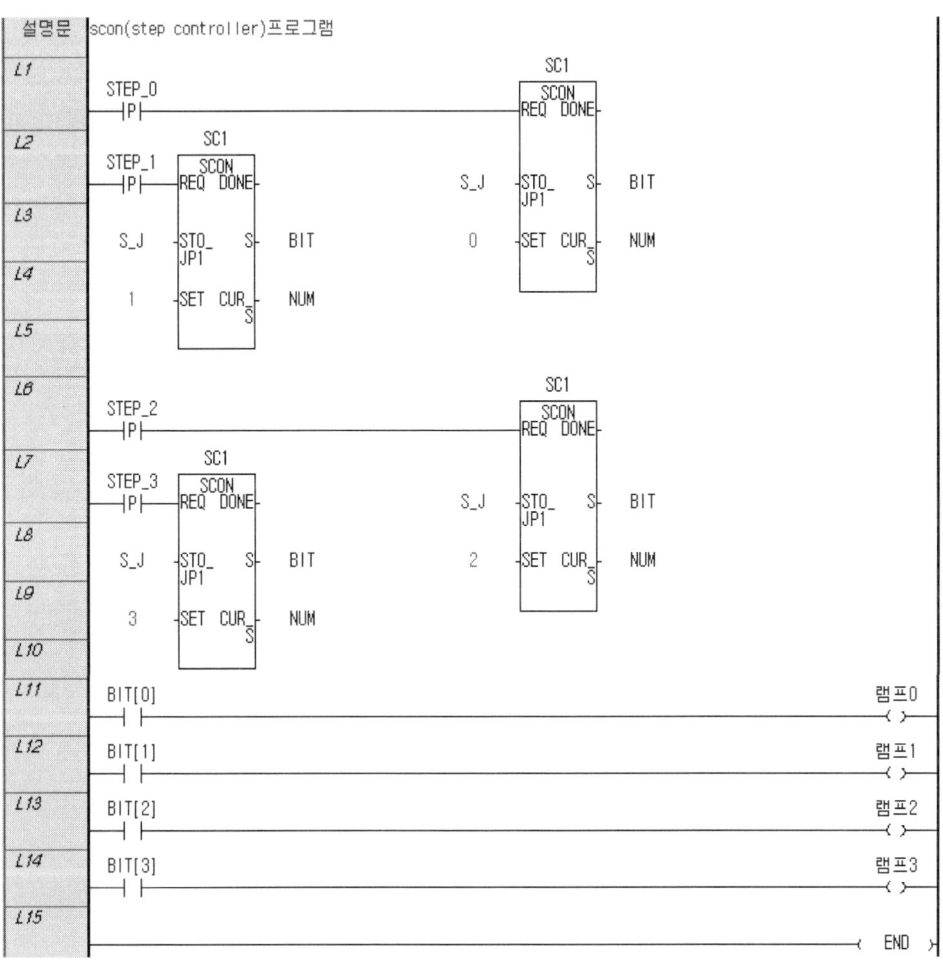

(5) 작동원리

S_J가 OFF(0)인 경우에는 step_0부터 step_3까지 차례대로 ON시키는 대로 램프0으로부터 램프3까지 한 개의 출력만 차례대로 나온다. 만일 step_0을 ON시키면 램프0이 ON되며, 다음에 step_2를 ON시키면 램프2가 ON되지 않는다. 그리고 출력은 그에 상당하는 입력을 모두 ON시켜도 한 개의 출력만 나온다.

S_J가 ON(1)인 경우에는 한 개의 출력만 나오지만 제일 나중에 ON시킨 입력에 상당하는 출력이 ON되어 출력의 순서는 입력의 순서와 같다.

[실습 5.1.37] 데이터 이동 제어

(1) 제어조건

입력데이터_BCD에 최초위치를 입력시키면 SHL의 좌로 2개 비트만큼 이동한 값, 그것을 우로 3개 비트만큼 이동한 값, 그것을 좌로 4개 비트만큼 회전한 값을 BCD_표시기에 최종적으로 나타낸다. 예로 16#0040를 입력하면 16#0200이 표시된다.

(2) 구성요소

순서	품명	수량
1	푸시버튼스위치	1
2	램프	11

(3) 입출력 변수목록

	변수 종류	변수	타입	메모리 할당	초기값	리테인	사용유무	설명문
1	VAR	BCD_출력	WORD	%QW0.2.0		☐	☑	
2	VAR	이동	BOOL	%IX0.0.0		☐	☑	
3	VAR	입력데이터_BCD	WORD	%IW0.1.0		☐	☑	
4	VAR	출력	WORD			☐	☑	
5	VAR	출력1	WORD			☐	☑	
6	VAR	출력2	WORD			☐	☑	

(4) 프로그램

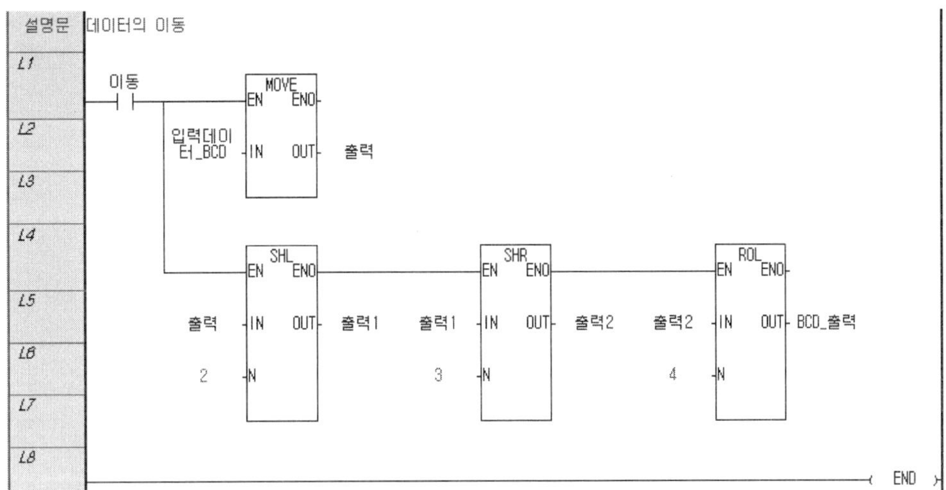

** 실험방법: 입력데이터_BCD는 %IX0.1.0~%IX0.1.11까지 bar스위치에 배선하여 BCD의 7번 비트를 ON시키고(16#0040), BCD_출력은 %QX0.2.0~ %QX0.2.11까지 램프에 배선한다.

(5) 작동원리

입력데이터_BCD에 수치를 입력시키고 이동스위치를 누르면 출력에 그 값이 전송되고 좌로 2비트, 우로 3비트만큼 이동한 후 좌로 4비트만큼 회전하게 된다. 예로 16#0040을 입력시키면 최종적으로 16#0200으로 나타난다.

[실습 5.1.38] FOR~NEXT의 루프명령

(1) 제어조건

0의 값으로부터 1씩 더하는 과정을 100회 수행시키면 100이 되어야 한다.

** 루프명령(FOR~NEXT)을 사용한다(루프를 빠져 나오려면 BREAK명령을 사용).

(2) 구성요소

순서	품명	수량
1	푸시버튼스위치	1

(3) 입출력 변수목록

	변수 종류	변수	타입	메모리 할당	초기값	리테인	사용유무	설명문
1	VAR	PB1	BOOL	%IX0.0.0		☐	☑	
2	VAR	결과	INT			☐	☑	

(4) 프로그램

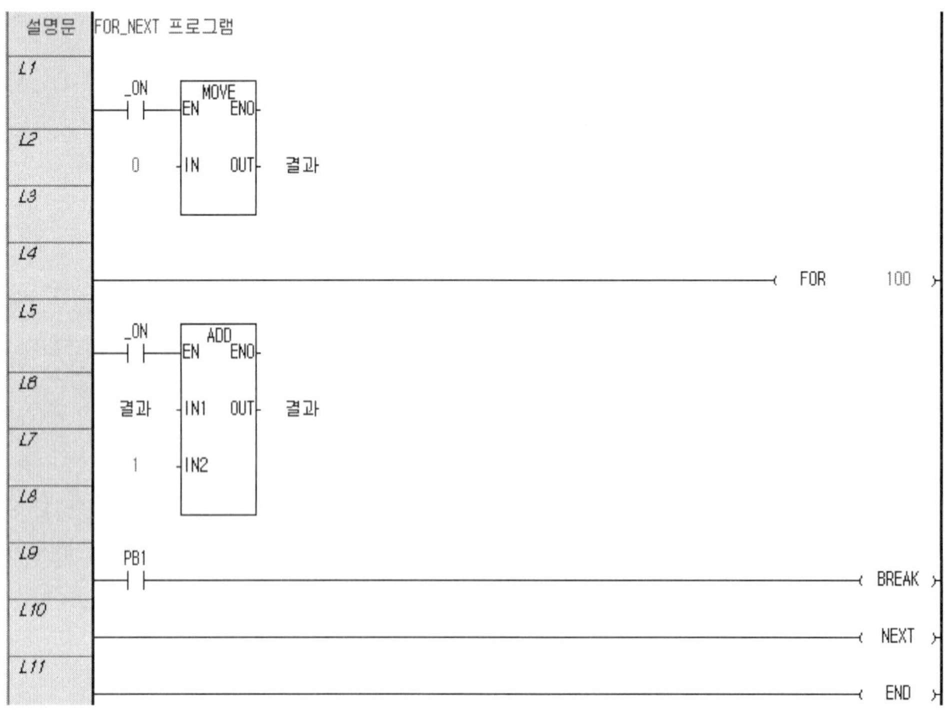

(5) 작동원리

처음에 결과에 0을 복사한다. 그리고 1씩 더하는 과정을 100회 수행하면 결과에 100이 표시된다. 푸시버튼스위치 PB1을 누르면 FOR~NEXT를 빠져 나오므로 첫 회의 루프만의 결과, 즉 1이 출력된다.

(6) 시뮬레이션

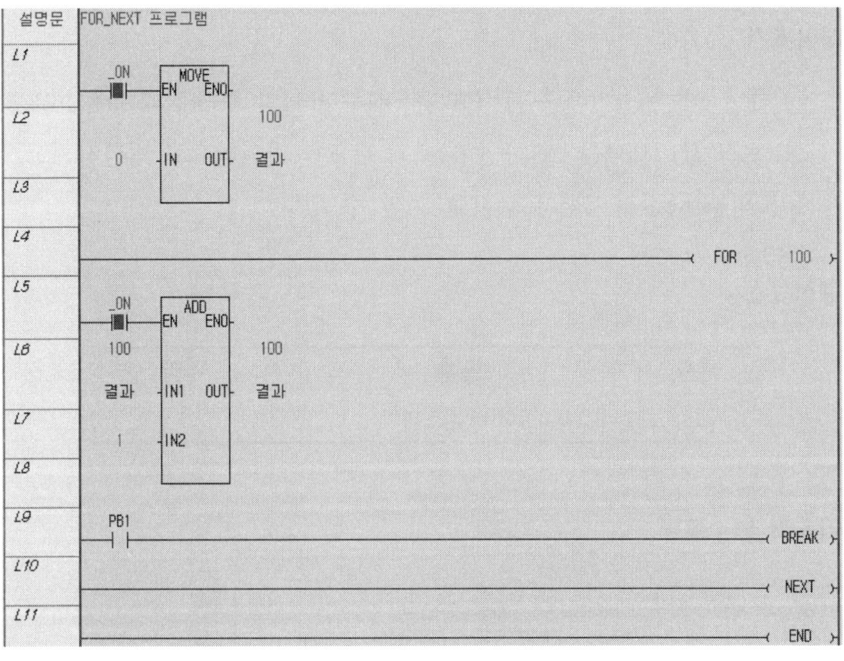

설명문
FOR_NEXT 프로그램
L1
L2
L3
L4
L5
L6
L7
L8
L9
L10
L11
_ON
MOVE
EN
ENO
100
0
IN
OUT
결과
FOR
100
_ON
ADD
EN
ENO
100
100
결과
IN1
OUT
결과
1
IN2
PB1
BREAK
NEXT
END

(a)

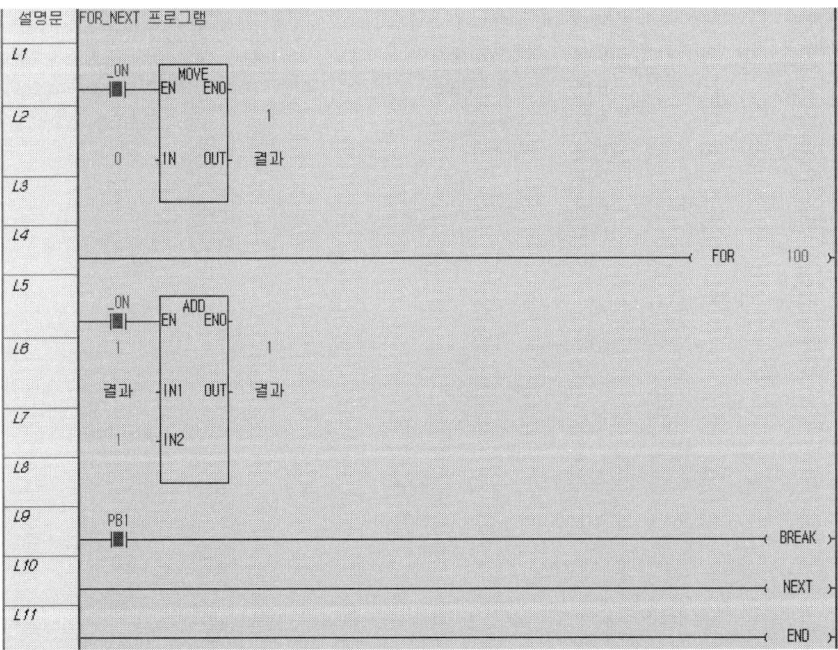

설명문
FOR_NEXT 프로그램
L1
L2
L3
L4
L5
L6
L7
L8
L9
L10
L11
_ON
MOVE
EN
ENO
1
0
IN
OUT
결과
FOR
100
_ON
ADD
EN
ENO
1
1
결과
IN1
OUT
결과
1
IN2
PB1
BREAK
NEXT
END

(b)

[실습 5.1.39] 수치연산

(1) 제어조건

PB1을 ON하면 4의 SQRT(제곱근), PB2를 ON하면 -4의 ABS(절대 값), PB3를 ON하면 2의 LOG(로그 값), PB4를 ON하면 60도의 각도를 라디안으로 변환시키고, PB5를 ON하면 60도의 Sine값과 Tangent값을 구할 수 있다.

(2) 구성요소

순서	품명	수량
1	푸시버튼스위치	5

(3) 입출력 변수목록

	변수 종류	변수	타입	메모리 할당	초기값	리테인	사용 유무	설명문
1	VAR	ABS	INT			☐	☑	
2	VAR	LOG	REAL			☐	☑	
3	VAR	PB1	BOOL	%IX0.0.0		☐	☑	푸시버튼스위치1
4	VAR	PB2	BOOL	%IX0.0.1		☐	☑	푸시버튼스위치2
5	VAR	PB3	BOOL	%IX0.0.2		☐	☑	푸시버튼스위치3
6	VAR	PB4	BOOL	%IX0.0.3		☐	☑	푸시버튼스위치4
7	VAR	PB5	BOOL	%IX0.0.4		☐	☑	푸시버튼스위치5
8	VAR	RAD	REAL			☐	☑	
9	VAR	SIN	REAL			☐	☑	
10	VAR	SQRT	REAL			☐	☑	
11	VAR	TAN	REAL			☐	☑	

(4) 프로그램

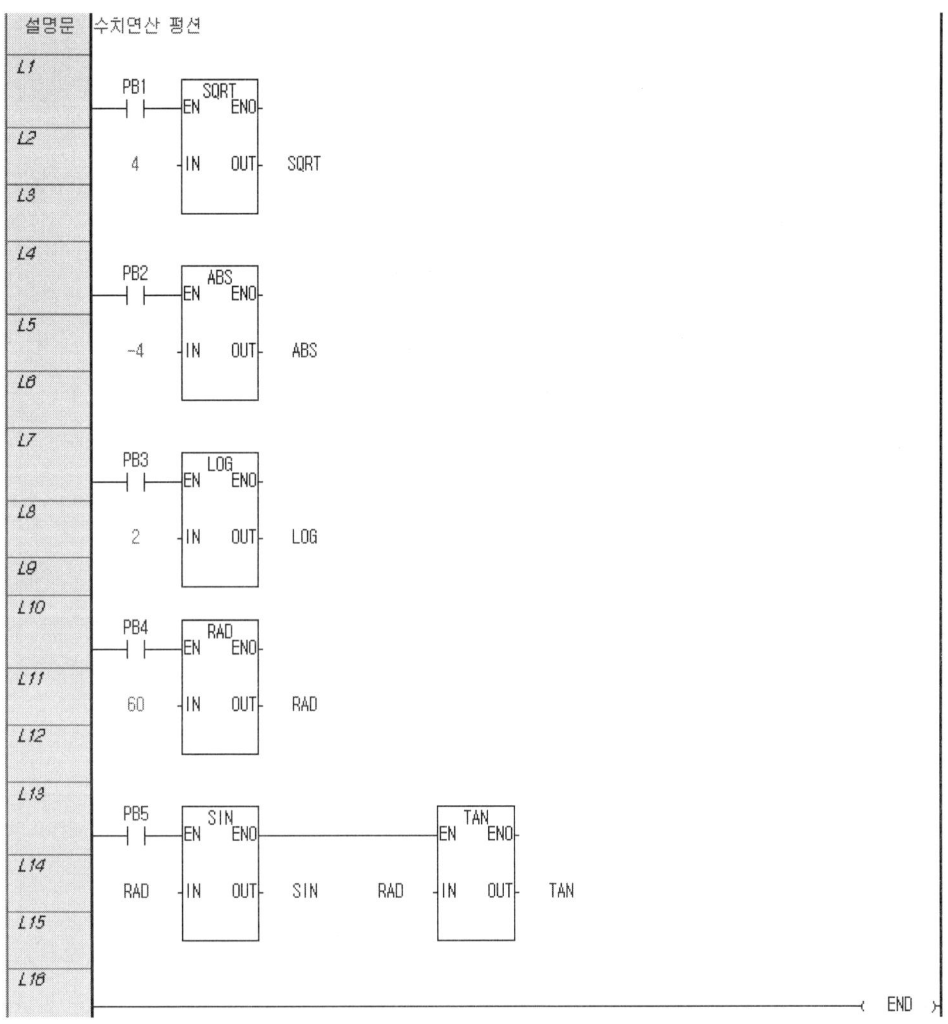

설명문
수치연산 펑션
L1
L2
L3
L4
L5
L6
L7
L8
L9
L10
L11
L12
L13
L14
L15
L16
PB1
SQRT
EN
ENO
4
IN
OUT
SQRT
PB2
ABS
EN
ENO
-4
IN
OUT
ABS
PB3
LOG
EN
ENO
2
IN
OUT
LOG
PB4
RAD
EN
ENO
60
IN
OUT
RAD
PB5
SIN
EN
ENO
RAD
IN
OUT
SIN
TAN
EN
ENO
RAD
IN
OUT
TAN
END

(5) 시뮬레이션

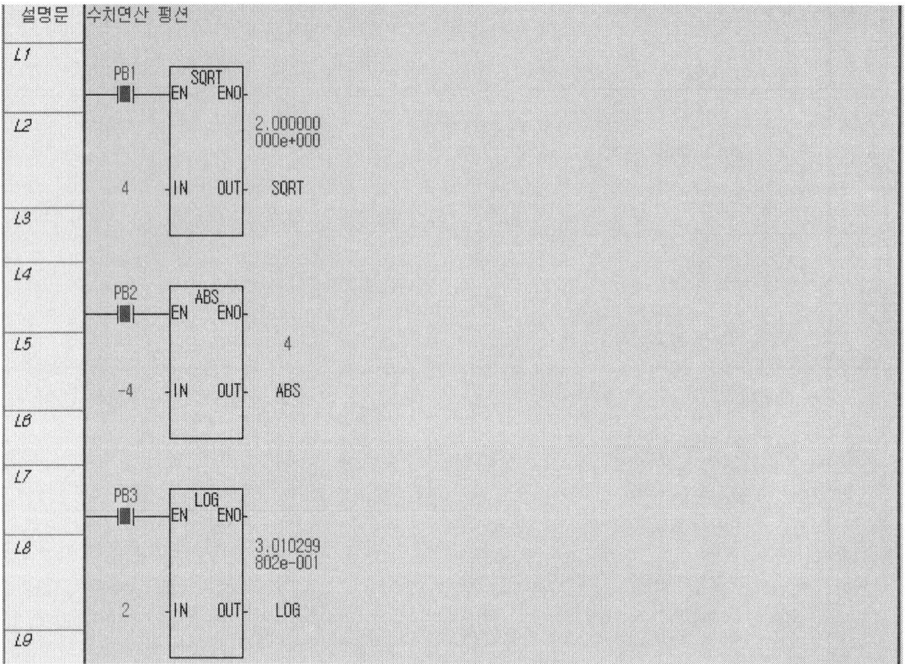

설명문
수치연산 펑션
L1
L2
L3
L4
L5
L6
L7
L8
L9
PB1
SQRT
EN ENO
2.000000
000e+000
4
IN OUT
SQRT
PB2
ABS
EN ENO
4
-4
IN OUT
ABS
PB3
LOG
EN ENO
3.010299
802e-001
2
IN OUT
LOG

(a)

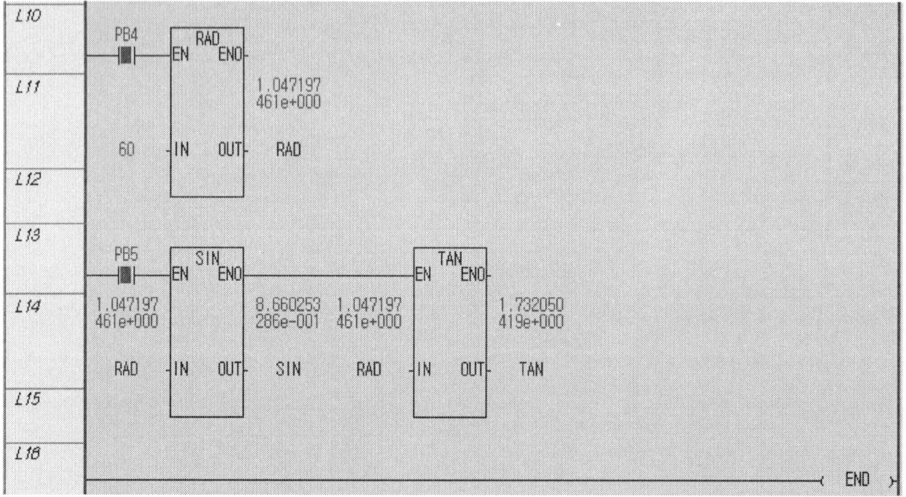

L10
L11
L12
L13
L14
L15
L16
PB4
RAD
EN ENO
1.047197
461e+000
60
IN OUT
RAD
PB5
SIN
EN ENO
1.047197
461e+000
RAD
IN OUT
8.660253
286e-001
SIN
1.047197
461e+000
RAD
TAN
EN ENO
IN OUT
1.732050
419e+000
TAN
END

(b)

[실습 5.1.40] 한쪽 자동문의 열림/닫힘 제어

(1) 제어조건

① 문 내측 센서1(푸시버튼1로 대치)과 문 외측 센서2(푸시버튼2로 대치) 중 어느 하나가 사람을 감지하면 모터가 정회전(실린더 전진)하여 문이 열린다.

② 문이 완전히 열려 문열림 검출센서 LS1(실린더 전진단에 장착한 리밋스위치1로 대치)이 동작하면 모터의 정회전이 정지한다(실린더 전진작동 정지).

③ 사람이 센서1 및 센서2의 감지영역을 벗어나면 5초 후에 모터가 역회전 하여 문이 닫힌다(실린더 후진).

④ 문이 완전히 닫혀 문닫힘 검출센서 LS2(실린더 후진단에 장착한 리밋스위치2로 대치)가 작동하면 모터의 역회전이 정지한다(실린더 후진작동 정지).

⑤ 문이 닫히는 도중에 다시 센서1 또는 센서2가 작동하면 모터역회전(실린더 후진)은 정지하고 모터정회전(실린더 전진)이 작동하여 문이 열린다.

⑥ 비상스위치를 ON하면 문이 열려야 한다.

** TON펑션블럭을 사용하여 프로그램을 작성한다.

(2) 구성요소

순서	품명	수량
1	푸시버튼스위치	1
2	리밋스위치	2
3	센서(정전용량형)	2
4	모터	1

또는

순서	품명	수량
1	푸시버튼스위치	1
2	리밋스위치	2
3	복동 실린더	1
4	센서	2
5	5/2way 양 솔레노이드 밸브	1

(3) 입출력 변수목록

	변수 종류	변수	타입	메모리 할당	초기값	리테인	사용유무	설명문
1	VAR	K_1	BOOL	%MX1		☐	☑	
2	VAR	K_2	BOOL	%MX2		☐	☑	
3	VAR	LS1	BOOL	%IX0.0.2		☐	☑	문열림_검출센서
4	VAR	LS2	BOOL	%IX0.0.3		☐	☑	문닫힘_검출센서
5	VAR	T1	TON			☐	☑	
6	VAR	모터역회전	BOOL	%QX0.2.1		☐	☑	문닫힘
7	VAR	모터정회전	BOOL	%QX0.2.0		☐	☑	문열림
8	VAR	비상	BOOL	%IX0.0.8		☐	☑	비상스위치
9	VAR	센서1	BOOL	%IX0.0.0		☐	☑	내측센서
10	VAR	센서2	BOOL	%IX0.0.1		☐	☑	외측센서

(4) 프로그램

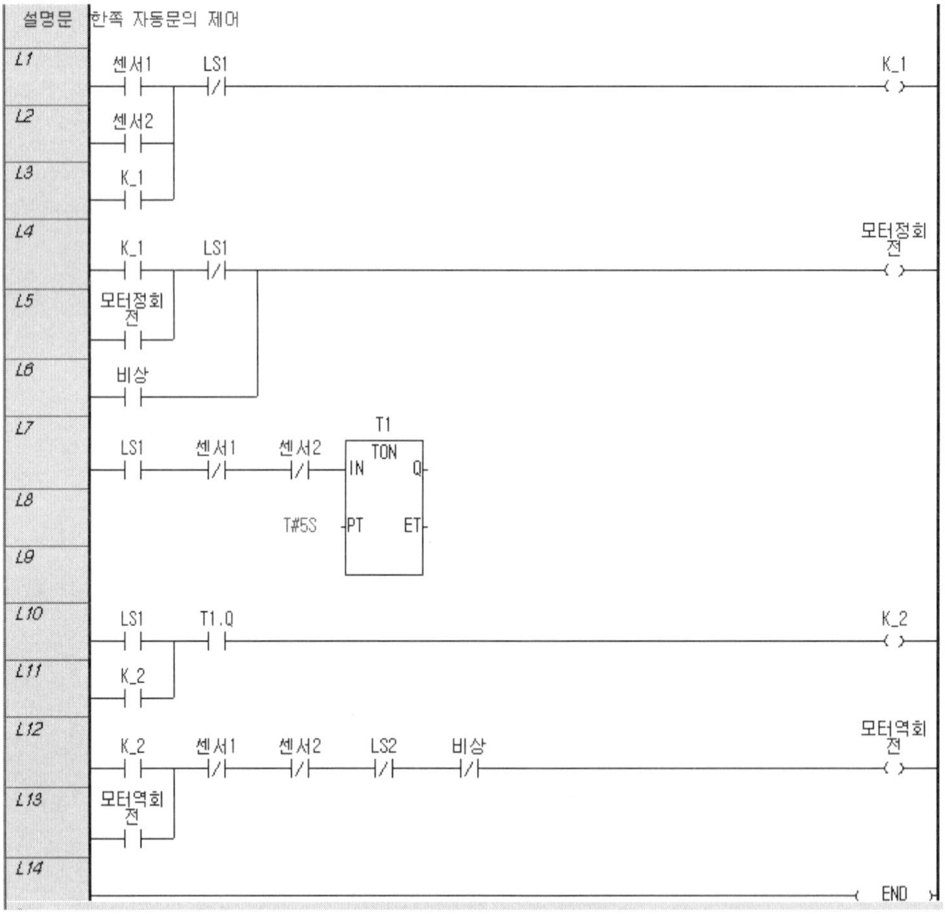

설명문 한쪽 자동문의 제어

L1 센서1 LS1 K_1
L2 센서2
L3 K_1
L4 K_1 LS1 모터정회전
L5 모터정회전
L6 비상
L7 LS1 센서1 센서2 T1 TON IN Q
L8 T#5S PT ET
L9
L10 LS1 T1.Q K_2
L11 K_2
L12 K_2 센서1 센서2 LS2 비상 모터역회전
L13 모터역회전
L14 END

** 실험방법: 푸시버튼 2개는 센서1 및 센서2의 대용으로, 푸시버튼 1개는 비상스위치로, 실린더 전진단에 열림 리밋스위치 LS1, 후진단에 닫힘 리밋스위치 LS2의 역할로 할 때 실린더가 전진하면 문이 열리는 것이며, 후진하면 닫히는 것으로 한다.

[실습 5.1.41] 창고 입출고 제어

(1) 제어조건

① 첫 스캔에 창고의 재고를 파악하여 예약변수 _1ON에 의해 전송 펑션의 출력인 C1.CV에 전송하여 창고의 현재 재고 CV를 입력한다(예로서 2개).

② 창고의 가능한 전 적재수량은 설정치로서 가감산 카운터의 설정치 PV에 입력한다(예: 8개).

③ 입고SW를 터치하면 입고컨베이어가 작동하여 제품이 창고 내로 이송될 수 있으며, 입고센서에 감지될 때마다 가감산 카운터의 현재값 CV는 증가하여 형변환 펑션의 출력인 BCD표시기(%QW0.3.0)에 표시된다. 입고컨베이어의 작동을 멈추려면 입고정지SW를 터치한다.

④ 창고 내 현재 재고량(CV값)과 총 적재수량(PV=8)이 일치하면 창고가 만제품 상태이므로 입고컨베이어가 정지하여 입고센서가 ON되어도 수량증가가 되지 않으며 결국 입고불가가 된다.

⑤ 출고SW를 터치하면 출고컨베이어가 작동하여 창고 내의 제품이 창고 밖으로 이송될 수 있으며 출고센서에 감지될 때마다 가감산 카운터의 현재값 CV는 감소하여 형변환 펑션의 출력인 BCD표시기(%QW0.3.0)에 표시된다. 출고컨베이어의 작동을 멈추려면 출고정지SW를 터치한다.

⑥ 창고 내 현재 재고량(CV)이 0이 되면 출고컨베이어가 정지한다.

⑦ 현재수량(CV)은 리셋SW에 의해 0으로, 로드SW에 의해 총 적재수량(8)으로 된다.

** 전송 펑션(MOVE), 형변환 펑션(INT_TO_BCD), 가감산 카운터(CTUD), 산술 펑션(EQ)을 사용하여 프로그램을 작성한다.

(2) 구성요소

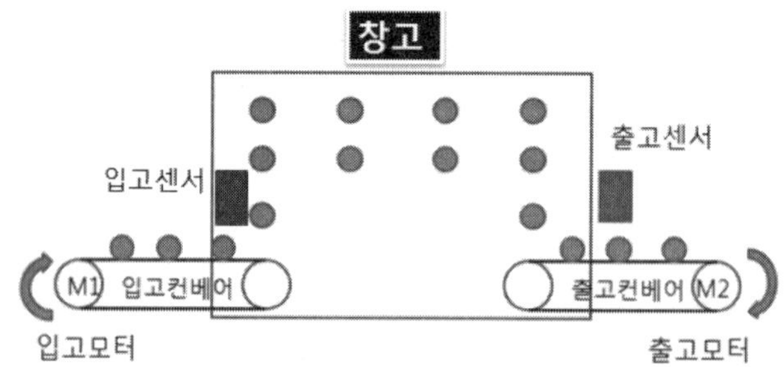

순서	품명	수량
1	푸시버튼스위치	6
2	컨베이어 모터 (또는 실린더 2개와 편솔밸브 2개)	2
3	센서 (또는 푸시버튼스위치 2개)	2
4	램프	8

(3) 입출력 변수목록

	변수 종류	변수	타입	메모리 할당	초기값	리테인	사용 유무	설명문
1	VAR	C1	CTUD_INT			☐	☑	
2	VAR	K_0	BOOL	%MX0		☐	☑	
3	VAR	로드SW	BOOL	%IX0.0.15		☐	☑	로드스위치
4	VAR	리셋SW	BOOL	%IX0.0.14		☐	☑	리셋스위치
5	VAR	입고SW	BOOL	%IX0.0.1		☐	☑	입고스위치
6	VAR	입고센서	BOOL	%IX0.0.0		☐	☑	
7	VAR	입고정지	BOOL			☐	☑	
8	VAR	입고정지SW	BOOL	%IX0.0.2		☐	☑	입고정지스위치
9	VAR	입고컨베이어	BOOL	%QX0.2.0		☐	☑	
10	VAR	출고SW	BOOL	%IX0.0.9		☐	☑	출고스위치
11	VAR	출고센서	BOOL	%IX0.0.8		☐	☑	
12	VAR	출고정지	BOOL			☐	☑	
13	VAR	출고정지SW	BOOL	%IX0.0.10		☐	☑	출고정지스위치
14	VAR	출고컨베이어	BOOL	%QX0.2.1		☐	☑	

(4) 프로그램

설명문 창고 입출고 제어

L1: _1ON ─┤ ├─ MOVE (EN ENO), L2: IN 2, OUT C1.CV

L4: 입고SW ─┤ ├─ 입고정지SW ─┤/├─ 입고정지 ─┤/├─ ( ) 입고컨베이어
L5: 입고컨베이어 ─┤ ├─ (병렬)

L6: 출고SW ─┤ ├─ 출고정지SW ─┤/├─ 출고정지 ─┤/├─ ( ) 출고컨베이어
L7: 출고컨베이어 ─┤ ├─ (병렬)

L8: 입고센서 ─┤ ├─ 입고컨베이어 ─┤ ├─ C1 CTUD_INT: CU, QU
L9: K_0 ─ CD, QD
L10: 리셋SW ─ R, CV
L11: 로드SW ─ LD
L12: 8 ─ PV

L14: 출고컨베이어 ─┤ ├─ 출고센서 ─┤ ├─ ( ) K_0
L15: K_0 ─┤ ├─ (병렬)

L16: _ON ─┤ ├─ EQ (EN ENO)
L17: 8 ─ IN1, OUT ─ ( ) 입고정지
L18: C1.CV ─ IN2

L20: _ON ─┤ ├─ EQ (EN ENO)
L21: 0 ─ IN1, OUT ─ ( ) 출고정지
L22: C1.CV ─ IN2

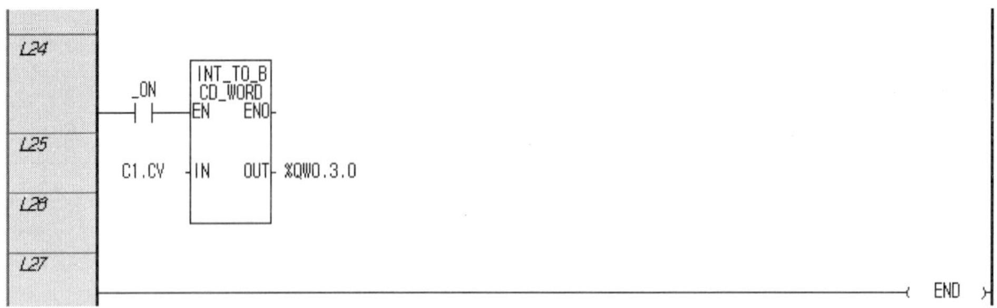

** 실험방법: %QW0.3.0은 %QX0.3.0~%QX0.3.15까지 중 처음부터 램프 8개에 배선한다.

[실습 5.1.42] 횡단보도 신호제어

(1) 제어조건

① 보행자가 횡단보도를 건너기 위해 푸시버튼 PB를 터치하면 차도의 신호가 청색등이었던 것이(그리고 횡단보도에는 적색등) 황색등으로 2초간 유지되고, 횡단보도에는 아직도 적색등이 유지된다.

② 그 2초가 지나면 차도에는 적색등, 횡단보도에는 청색등이 10초간 유지되어 보행자가 횡단보도를 건널 수 있다.

③ 10초가 지나면 초기와 같이 차도는 청색등, 횡단보도에는 적색등으로 환원된다.

** TON펑션블럭을 사용하여 프로그램을 작성한다.

(2) 구성요소

순서	품명	수량
1	푸시버튼스위치	1
2	청색 램프	2
3	황색 램프	1
4	적색 램프	2

(3) 입출력 변수목록

	변수 종류	변수	타입	메모리 할당	초기값	리테인	사용유무	설명문
1	VAR	K_1	BOOL	%MX1		☐	☑	
2	VAR	K_2	BOOL	%MX2		☐	☑	
3	VAR	K_3	BOOL	%MX3		☐	☑	
4	VAR	K_4	BOOL	%MX4		☐	☑	
5	VAR	K_5	BOOL	%MX5		☐	☑	
6	VAR	PB	BOOL	%IX0.0.0		☐	☑	푸시버튼스위치
7	VAR	T1	TON			☐	☑	
8	VAR	T2	TON			☐	☑	
9	VAR	차도적색등	BOOL	%QX0.2.2		☐	☑	
10	VAR	차도청색등	BOOL	%QX0.2.0		☐	☑	
11	VAR	차도황색등	BOOL	%QX0.2.1		☐	☑	
12	VAR	횡단적색등	BOOL	%QX0.3.2		☐	☑	
13	VAR	횡단청색등	BOOL	%QX0.3.0		☐	☑	

(4) 프로그램

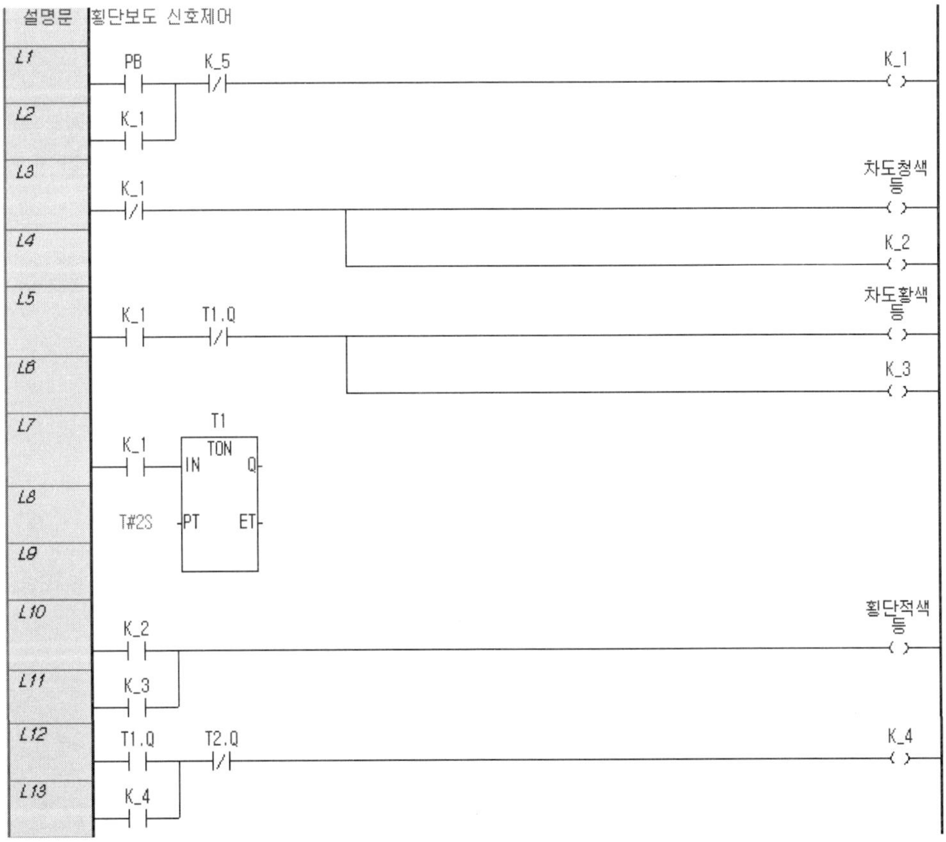

설명문 횡단보도 신호제어

L1 PB K_5 K_1
L2 K_1
L3 K_1 차도청색등
L4 K_2
L5 K_1 T1.Q 차도황색등
L6 K_3
L7 K_1 T1 TON IN Q
L8 T#2S PT ET
L9
L10 K_2 횡단적색등
L11 K_3
L12 T1.Q T2.Q K_4
L13 K_4

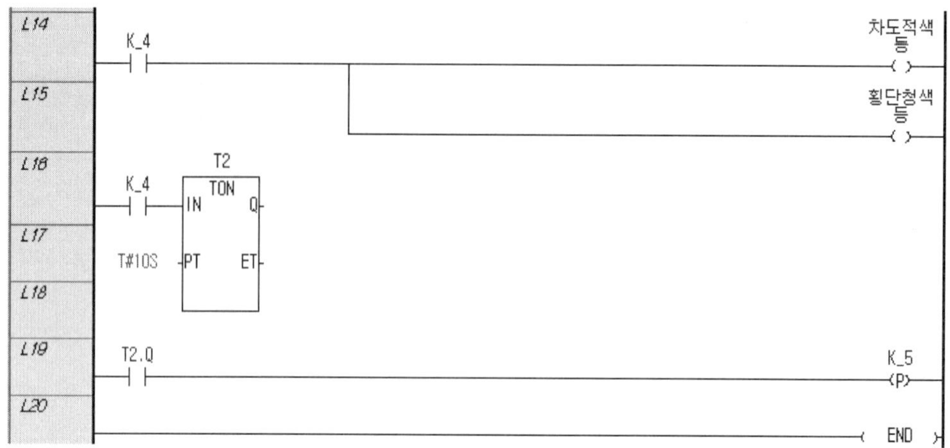

[실습 5.1.43] 광고 문자램프 제어

(1) 제어조건

① 광고판에 5개의 램프가 있으며, 램프마다 네온사인이 배선되어 있다.

② start스위치를 터치하면 광고 문자램프는 한 글자씩 순차적으로 1초 간격으로 점등한다.

③ 완전 점등 후 3초 후에 전체 문자램프가 1초 간격으로 5회 반복 점멸한다.

④ 점등상태로 2초 후 reset되어 위의 동작이 반복된다.

⑤ stop스위치를 ON하면 동작이 정지된다.

** CTU, TON의 펑션블럭을 사용하여 프로그램을 작성한다.

(2) 구성요소

순서	품명	수량
1	푸시버튼스위치	2
2	램프	5

(3) 입출력 변수목록

	변수 종류	변수	타입	메모리 할당	초기값	리테인	사용유무	설명문
1	VAR	C1	CTU_INT			☐	☑	
2	VAR	C10	CTU_INT			☐	☑	
3	VAR	C2	CTU_INT			☐	☑	
4	VAR	C3	CTU_INT			☐	☑	
5	VAR	C4	CTU_INT			☐	☑	
6	VAR	C5	CTU_INT			☐	☑	
7	VAR	K_0	BOOL	%MX0		☐	☑	
8	VAR	K_1	BOOL	%MX1		☐	☑	
9	VAR	K_10	BOOL	%MX10		☐	☑	
10	VAR	K_2	BOOL	%MX2		☐	☑	
11	VAR	K_20	BOOL	%MX20		☐	☑	
12	VAR	K_3	BOOL	%MX3		☐	☑	
13	VAR	K_30	BOOL	%MX30		☐	☑	
14	VAR	K_4	BOOL	%MX4		☐	☑	
15	VAR	K_40	BOOL	%MX40		☐	☑	
16	VAR	K_5	BOOL	%MX5		☐	☑	
17	VAR	START	BOOL	%IX0.0.0		☐	☑	시작스위치
18	VAR	STOP	BOOL	%IX0.0.1		☐	☑	정지스위치
19	VAR	T1	TON			☐	☑	
20	VAR	T2	TON			☐	☑	
21	VAR	램프1	BOOL	%QX0.2.0		☐	☑	
22	VAR	램프2	BOOL	%QX0.2.1		☐	☑	
23	VAR	램프3	BOOL	%QX0.2.2		☐	☑	
24	VAR	램프4	BOOL	%QX0.2.3		☐	☑	
25	VAR	램프5	BOOL	%QX0.2.4		☐	☑	

(4) 프로그램

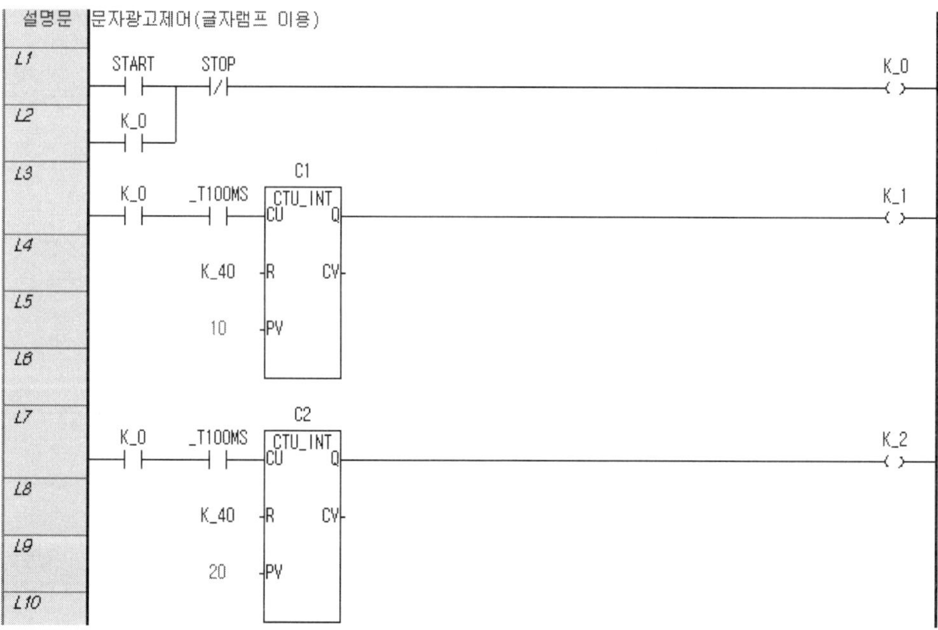

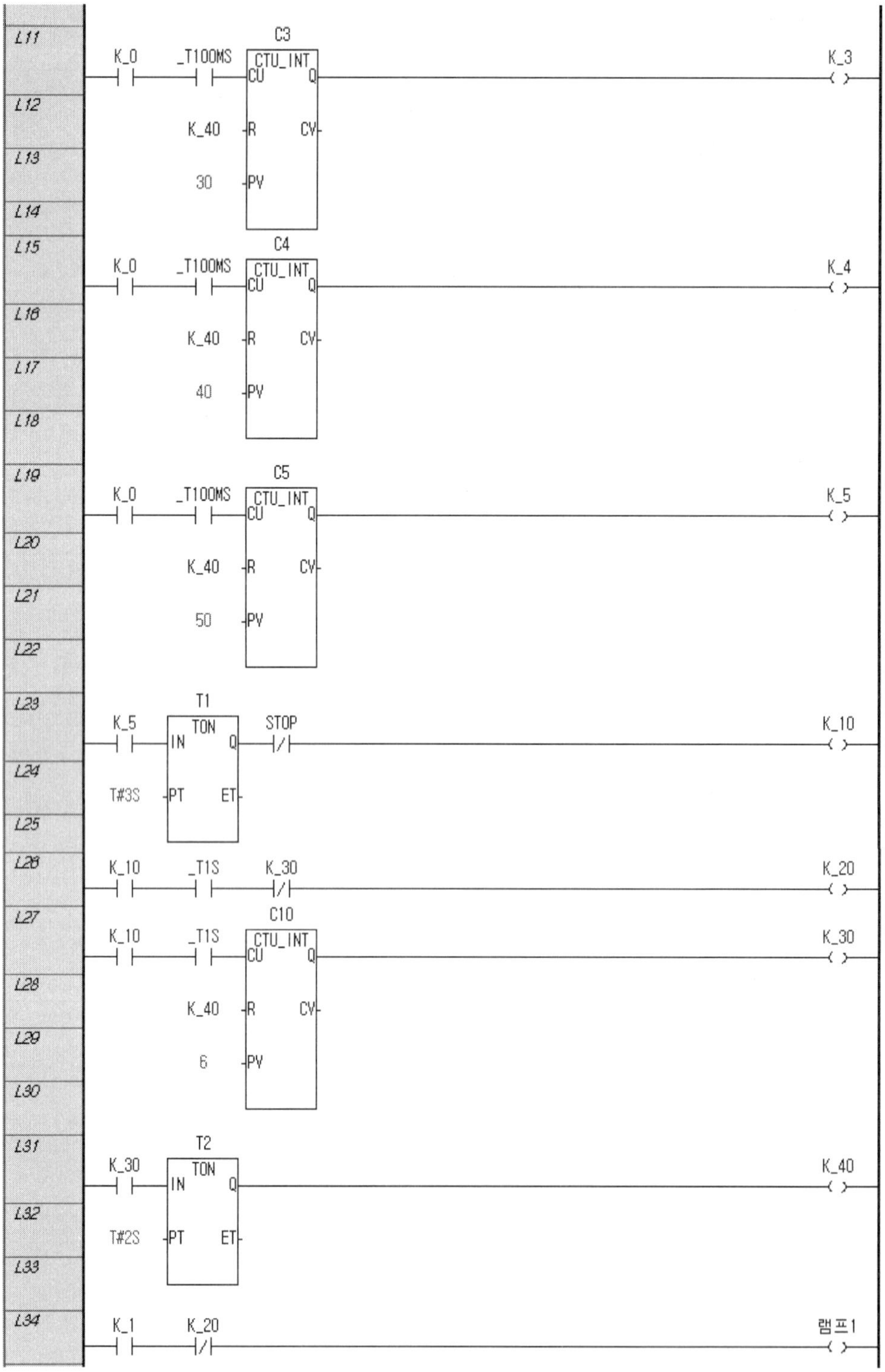

```
K_0    _T100MS   C3 [CTU_INT] CU  Q ---------------- K_3 ( )
         K_40 -R   CV-
         30   -PV

K_0    _T100MS   C4 [CTU_INT] CU  Q ---------------- K_4 ( )
         K_40 -R   CV-
         40   -PV

K_0    _T100MS   C5 [CTU_INT] CU  Q ---------------- K_5 ( )
         K_40 -R   CV-
         50   -PV

K_5    T1 [TON] IN  Q    STOP -|/|- ------------- K_10 ( )
T#3S  -PT   ET-

K_10   _T1S   K_30 -|/|- ---------------------- K_20 ( )

K_10   _T1S   C10 [CTU_INT] CU  Q ------------- K_30 ( )
         K_40 -R   CV-
         6    -PV

K_30   T2 [TON] IN  Q ------------------------ K_40 ( )
T#2S  -PT   ET-

K_1    K_20 -|/|- ----------------------------- 램프1 ( )
```

Step	Contact 1	Contact 2 (NC)	Output
L35	K_2	K_20	램프2
L36	K_3	K_20	램프3
L37	K_4	K_20	램프4
L38	K_5	K_20	램프5
L39			END

[실습 5.1.44] 주차장 주차 및 출차제어

(1) 제어조건

① 주차장 내의 주차 차량수를 체크하여 재고차량을 카운터의 현재재고에 전송한다.

② 차량이 들어오면 센서1이 감지되어 셔터1이 열리고, 차량이 통과하면 센서2가 감지되어 셔터1이 닫히며 카운터는 1이 증가한다.

③ 주차수가 10을 초과하면 셔터1은 열리지 않고 만차램프가 점등한다.

④ 차량이 나오면 센서3이 감지하여 셔터2를 열고 차량이 통과하면 센서4가 감지되어 셔터2가 닫히며 카운터는 1이 감소한다.

⑤ 주차장 내의 현재 주차 차량수는 BCD표시기에 표시된다.

(2) 구성요소

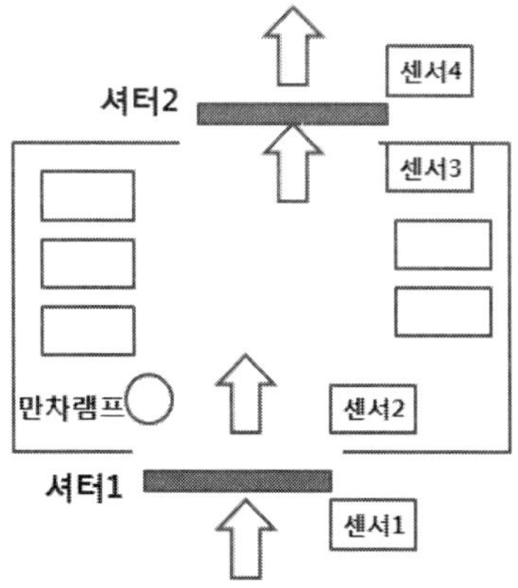

순서	품명	수량
1	푸시버튼스위치	2
2	센서(또는 스위치 4개)	4
3	셔터(또는 실린더 2개와 양솔밸브 2개)	2
4	램프	1
5	BCD표시기(%QX0.3.0~%QX0.3.7에 각각 램프)	8

(3) 입출력 변수목록

	변수 종류	변수	타입	메모리 할당	초기값	리테인	사용유무	설명문
1	VAR	BCD표시기	WORD	%QW0.3.0		☐	☑	주차대수 표시
2	VAR	C1	CTUD_INT			☐	☑	
3	VAR	LOAD	BOOL	%IX0.0.9		☐	☑	로드스위치
4	VAR	RESET	BOOL	%IX0.0.8		☐	☑	리셋스위치
5	VAR	만차램프	BOOL	%QX0.2.8		☐	☑	
6	VAR	센서1	BOOL	%IX0.0.1		☐	☑	입고차량_감지센서
7	VAR	센서2	BOOL	%IX0.0.2		☐	☑	입고차량_확인센서
8	VAR	센서3	BOOL	%IX0.0.3		☐	☑	출고차량_감지센서
9	VAR	센서4	BOOL	%IX0.0.4		☐	☑	출고차량_확인센서
10	VAR	셔터1상승	BOOL	%QX0.2.0		☐	☑	
11	VAR	셔터1하강	BOOL	%QX0.2.1		☐	☑	
12	VAR	셔터2상승	BOOL	%QX0.2.2		☐	☑	
13	VAR	셔터2하강	BOOL	%QX0.2.3		☐	☑	

(4) 프로그램

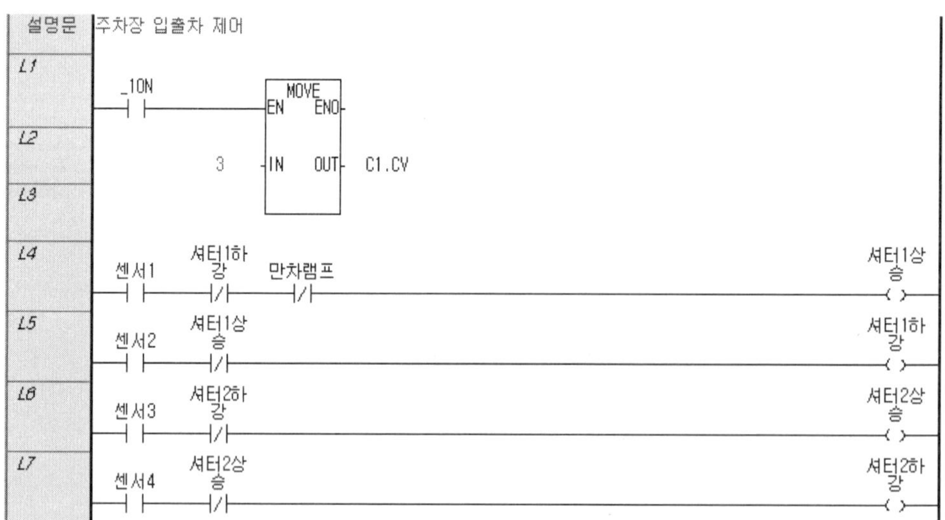

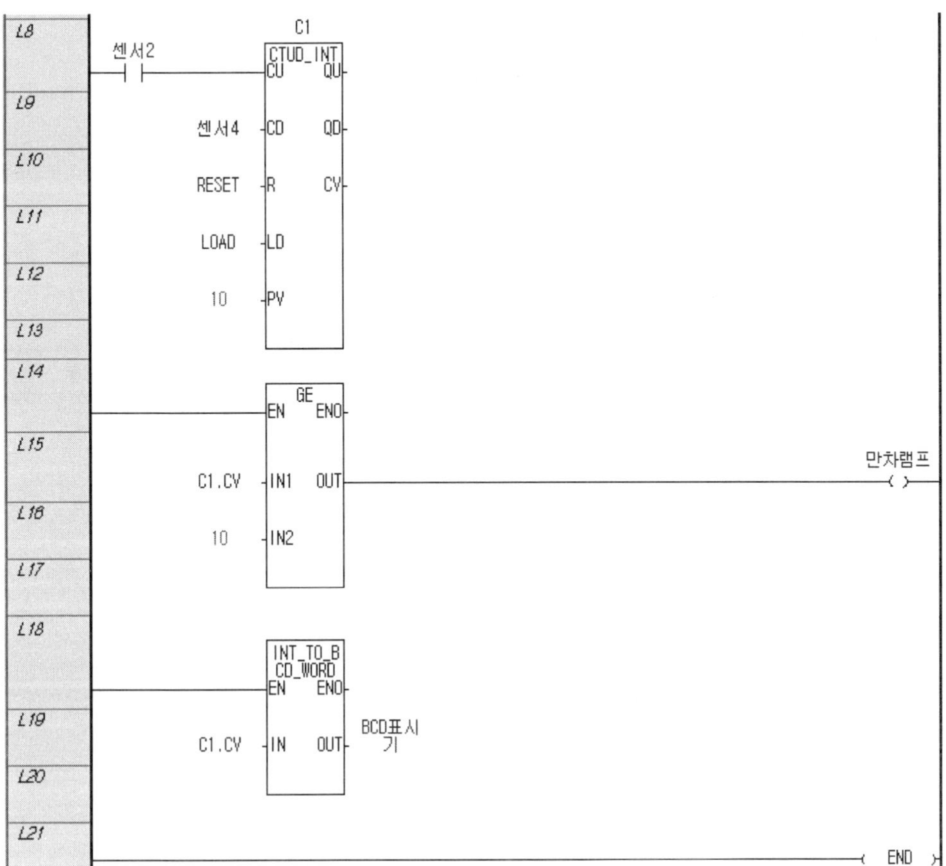

** 실험방법: BCD표시기는 %QW0.3.0(%QX0.3.0~%QX0.3.7까지 램프에 각각 배선), 셔터1의 상승 및 하강은 실린더1의 전진 및 후진, 셔터2의 상승 및 하강은 실린더2의 전진 및 후진으로 대치한다.

[실습 5.1.45] 램프의 동작전달 제어

(1) 제어조건

① 8개(0~7번)의 램프에 ON/OFF 동작을 전달한다.

② 증가스위치에 의해 현재 램프는 OFF되고 그 다음의 램프가 ON된다. 또 감소스위치에 의해 현재 램프는 OFF되고 그 전의 램프가 ON된다.

③ 7번 램프가 ON상태일 때 증가스위치를 ON하면 0번 램프가 ON되며, 0번 램프가 ON상태일 때 감소스위치를 ON하면 7번 램프가 ON된다.

(2) 구성요소

순서	품명	수량
1	푸시버튼스위치	2
2	램프	8

(3) 입출력 변수목록

	변수 종류	변수	타입	메모리 할당	초기값	리테인	사용유무	설명문
1	VAR	C1	CTUD_INT			☐	☑	
2	VAR	DECO	WORD			☐	☑	
3	VAR	LOAD	BOOL			☐	☑	
4	VAR	RESET	BOOL			☐	☑	
5	VAR	감소	BOOL			☐	☑	
6	VAR	감소1	BOOL			☐	☑	
7	VAR	감소2	BOOL			☐	☑	
8	VAR	감소스위치	BOOL	%IX0.0.1		☐	☑	
9	VAR	비교1	BOOL			☐	☑	
10	VAR	비교2	BOOL			☐	☑	
11	VAR	증가	BOOL			☐	☑	
12	VAR	증가1	BOOL			☐	☑	
13	VAR	증가2	BOOL			☐	☑	
14	VAR	증가스위치	BOOL	%IX0.0.0		☐	☑	

(4) 프로그램

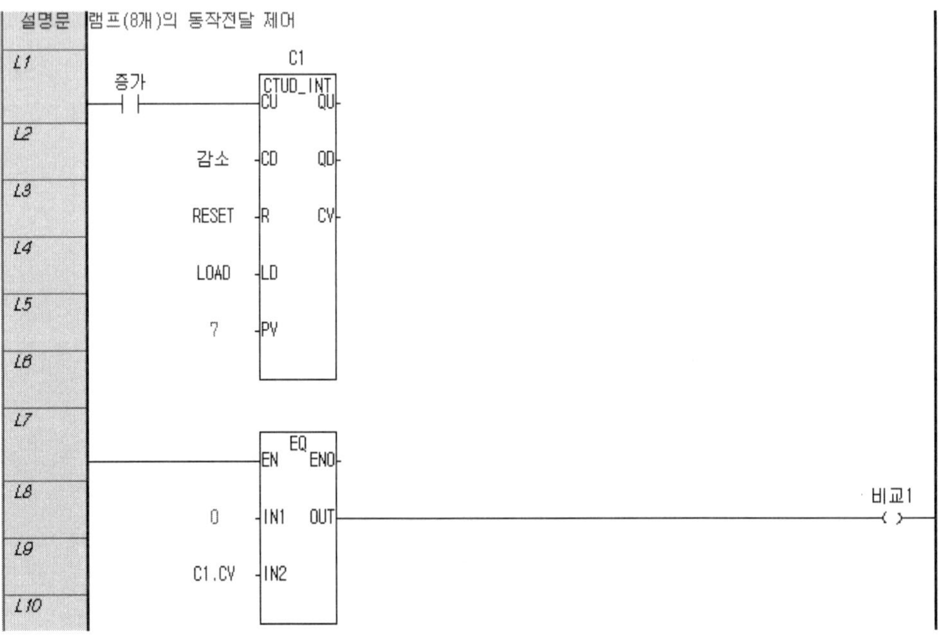

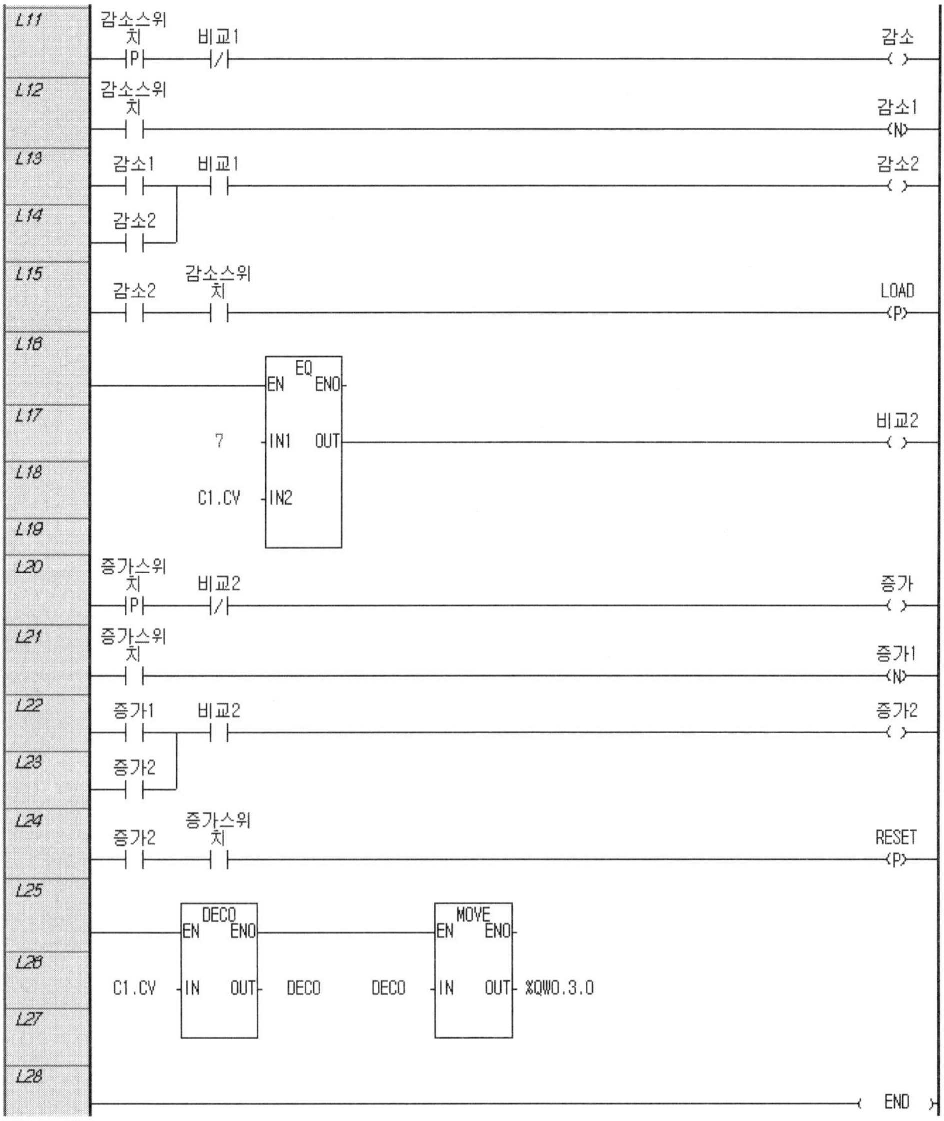

L11 감소스위치 P 비교1 / 감소 ( )

L12 감소스위치 감소1 (N)

L13 감소1 비교1 감소2 ( )

L14 감소2

L15 감소2 감소스위치 LOAD (P)

L16 EQ EN ENO

L17 7 IN1 OUT 비교2 ( )

L18 C1.CV IN2

L19

L20 증가스위치 P 비교2 / 증가 ( )

L21 증가스위치 증가1 (N)

L22 증가1 비교2 증가2 ( )

L23 증가2

L24 증가2 증가스위치 RESET (P)

L25 DECO EN ENO MOVE EN ENO

L26 C1.CV IN OUT DECO DECO IN OUT %QW0.3.0

L27

L28 END

** 실험방법: %QW0.3.0에는 램프 8개를 각각 %QX0.3.0~%QX0.3.7에 배선한다.

[실습 5.1.46] MCS_MCSCLR 회로

(1) 제어조건

마스터 콘트롤을 사용하는 프로그램에서 스위치 %IX0.1.0~0.1.5를 모두 ON시킨 상태에서 네스팅 넘버가 0인 조건의 PB0를 ON하면 램프 0, 4, 5가 점등하고, 네스팅 넘버 1인 조건의 PB1도 ON하면 램프 0, 1, 3, 4, 5가 점등하며, 네스팅 넘버 2인 조건의 PB2도 ON하면 램프 0, 1, 2, 3, 4, 5가 점등한다. PB0~PB2 모두 OFF인 상태에서도 %IX0.1.5를 ON시키면 램프5는 점등한다.

(2) 구성요소

순서	품명	수량
1	푸시버튼스위치	8
2	램프	6

(3) 입출력 변수목록

	변수 종류	변수	타입	메모리 할당	초기값	리테인	사용유무	설명문
1	VAR	PB0	BOOL	%IX0.0.0		☐	☑	푸시버튼스위치0
2	VAR	PB1	BOOL	%IX0.0.1		☐	☑	푸시버튼스위치1
3	VAR	PB2	BOOL	%IX0.0.2		☐	☑	푸시버튼스위치2
4	VAR	램프0	BOOL	%QX0.2.0		☐	☑	
5	VAR	램프1	BOOL	%QX0.2.1		☐	☑	
6	VAR	램프2	BOOL	%QX0.2.2		☐	☑	
7	VAR	램프3	BOOL	%QX0.2.3		☐	☑	
8	VAR	램프4	BOOL	%QX0.2.4		☐	☑	
9	VAR	램프5	BOOL	%QX0.2.5		☐	☑	

(4) 프로그램

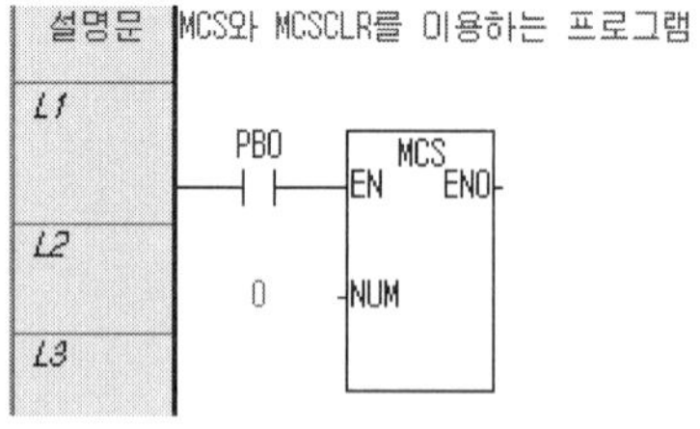

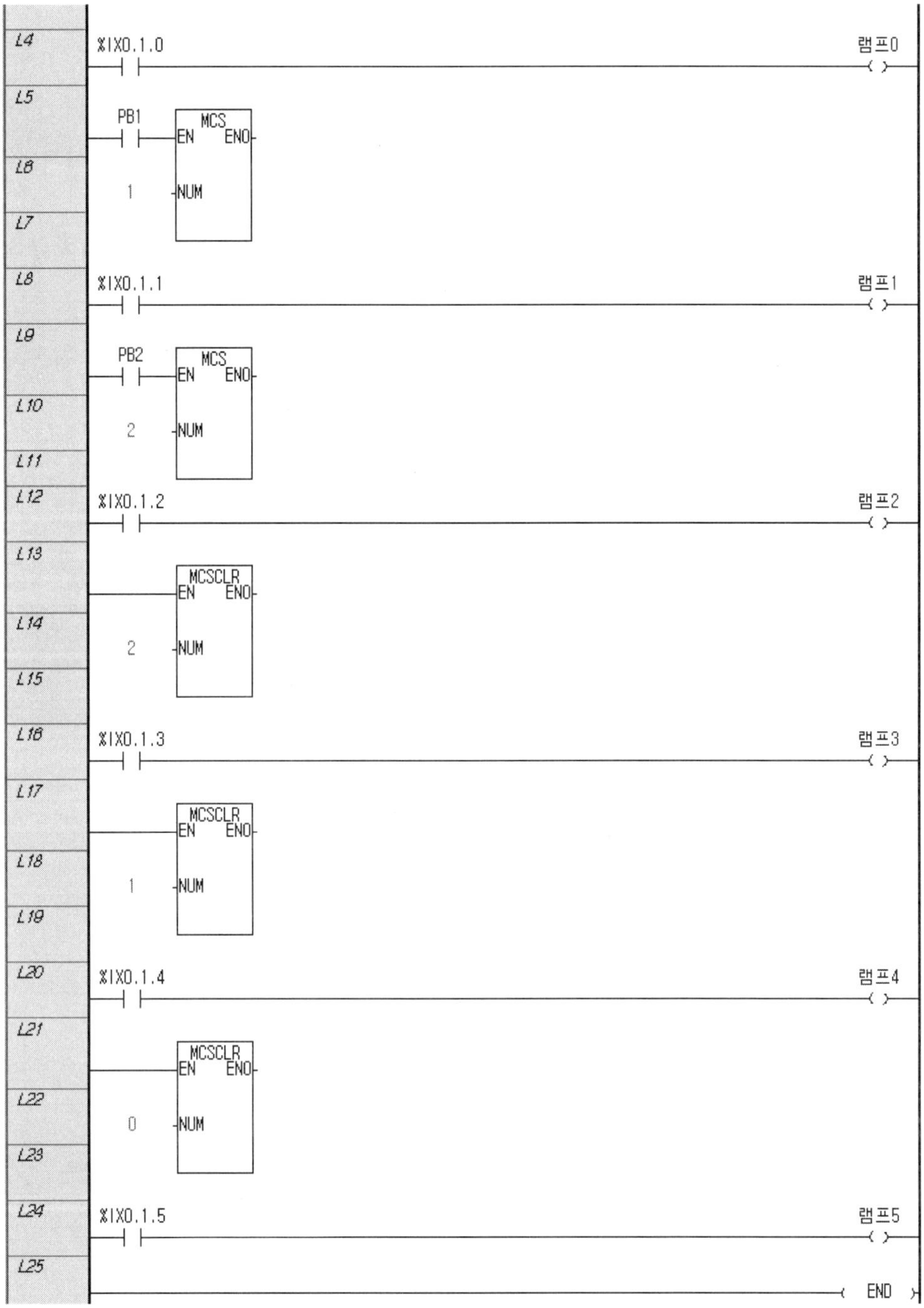

```
%IX0.1.0                                                    램프0
--| |-------------------------------------------------------( )--

  PB1      MCS
--| |-----EN    ENO-
   1  -----NUM

%IX0.1.1                                                    램프1
--| |-------------------------------------------------------( )--

  PB2      MCS
--| |-----EN    ENO-
   2  -----NUM

%IX0.1.2                                                    램프2
--| |-------------------------------------------------------( )--

          MCSCLR
----------EN    ENO-
   2  -----NUM

%IX0.1.3                                                    램프3
--| |-------------------------------------------------------( )--

          MCSCLR
----------EN    ENO-
   1  -----NUM

%IX0.1.4                                                    램프4
--| |-------------------------------------------------------( )--

          MCSCLR
----------EN    ENO-
   0  -----NUM

%IX0.1.5                                                    램프5
--| |-------------------------------------------------------( )--

------------------------------------------------------------( END )
```

[실습 5.1.47] 수조의 수위제어

(1) 제어조건

① 수조의 수위조정은 배수밸브를 작동시켜 배수하고, 급수밸브를 작동시켜 급수한다.

② 상한수위에 달하면(상한센서와 하한센서가 작동) 급수밸브를 닫고 배수밸브를 연다.

③ 수위가 하한수위에 달하거나 그 밑으로 내려가면(상한센서와 하한센서가 작동하지 않거나 하한센서만 작동) 배수밸브를 닫고 급수밸브를 연다.

(2) 구성요소

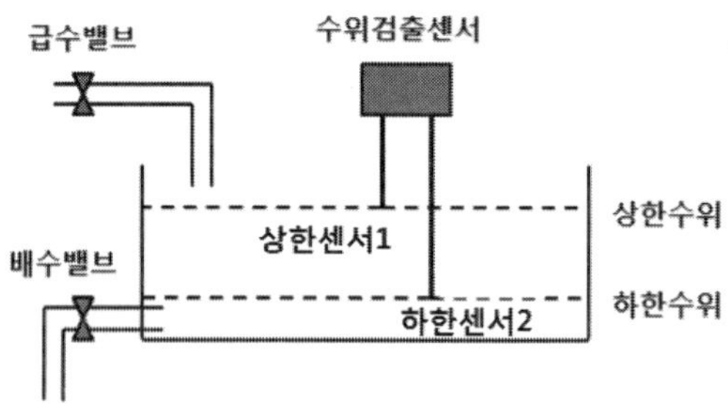

순서	품명	수량
1	푸시버튼스위치	4
2	램프(밸브 대용)	2

(3) 입출력 변수목록

	변수 종류	변수	타입	메모리 할당	초기값	리테인	사용유무	설명문
1	VAR	K_0	BOOL	%MX0		☐	☑	
2	VAR	K_1	BOOL	%MX1		☐	☑	
3	VAR	K_2	BOOL	%MX2		☐	☑	
4	VAR	START	BOOL	%IX0.0.0		☐	☑	시작스위치
5	VAR	STOP	BOOL	%IX0.0.8		☐	☑	정지스위치
6	VAR	급수밸브	BOOL	%QX0.2.0		☐	☑	
7	VAR	배수밸브	BOOL	%QX0.2.1		☐	☑	
8	VAR	상한센서	BOOL	%IX0.0.1		☐	☑	
9	VAR	하한센서	BOOL	%IX0.0.2		☐	☑	

(4) 프로그램

설명문: 수조의 수위제어 : 상한센서가 작동하면 배수밸브가 작동하고 하한센서만 작동하거나 하한센서도 작동하지 않으면 급수밸브가 작동한다.

```
L1   START  STOP                                      K_0
L2   K_0
L3   상한센서  하한센서  K_0  K_2  하한센서  STOP       K_1
L4   K_1
L5   상한센서  하한센서  K_0  K_1  상한센서  STOP       K_2
L6   상한센서  하한센서
L7   K_2
L8   K_1                                              배수밸브
L9   K_2                                              급수밸브
L10                                                   END
```

** 실험방법: 상한센서와 하한센서의 작동은 버튼스위치로 대치하여 실험한다.

(5) 작동원리

start버튼을 터치하면 K_0가 ON된다. 이때 상한센서와 하한센서가 모두 작동하면 K_1이 ON되어 배수밸브가 열려 배수된다. 상한센서와 하한센서가 모두 작동하지 않거나 하한센서만 작동하면 K_2가 ON되어 급수밸브가 열려 급수된다. stop버튼을 누르면 밸브가 작동을 멈춘다.

[실습 5.1.48] 3개의 물탱크 채우기 제어

(1) 제어조건

① 3개의 탱크에 만수신호 센서(S1, S3, S5)와 갈수신호 센서(S2, S4, S6)가 작동한다.

② 탱크는 수동으로 비운다.

③ 탱크가 갈수일 때 채우기는 다음과 같다.

Ⓐ 한 번에 한 탱크만 채우고 PLC에 의해 만수신호까지 채운다.

Ⓑ 비워진 순서 2-1-3이면 2-1-3의 순서로 채운다.

(2) 구성요소

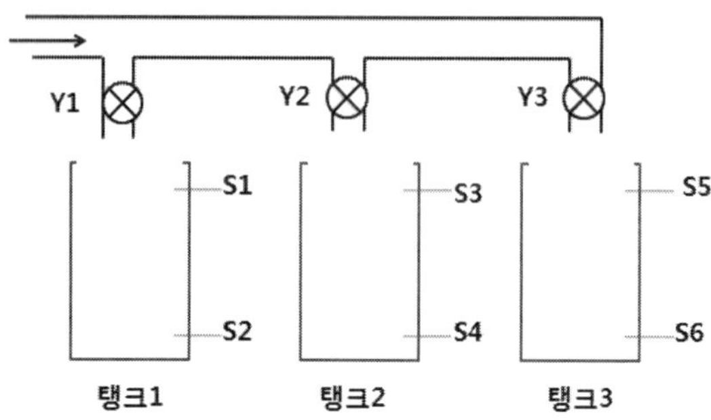

순서	품명	수량
1	푸시버튼스위치	6
2	리밋스위치(밸브 대용)	3

(3) 입출력 변수목록

	변수 종류	변수	타입	메모리 할당	초기값	리테인	사용유무	설명문
1	VAR	K_1	BOOL	%MX1		☐	☑	
2	VAR	K_2	BOOL	%MX2		☐	☑	
3	VAR	K_3	BOOL	%MX3		☐	☑	
4	VAR	S1	BOOL	%IX0.0.0		☐	☑	탱크1만수센서
5	VAR	S2	BOOL	%IX0.0.1		☐	☑	탱크1갈수센서
6	VAR	S3	BOOL	%IX0.0.2		☐	☑	탱크2만수센서
7	VAR	S4	BOOL	%IX0.0.3		☐	☑	탱크2갈수센서
8	VAR	S5	BOOL	%IX0.0.4		☐	☑	탱크3만수센서
9	VAR	S6	BOOL	%IX0.0.5		☐	☑	탱크3갈수센서
10	VAR	Y1	BOOL	%QX0.2.0		☐	☑	탱크1채움밸브
11	VAR	Y2	BOOL	%QX0.2.1		☐	☑	탱크2채움밸브
12	VAR	Y3	BOOL	%QX0.2.2		☐	☑	탱크3채움밸브

(4) 프로그램

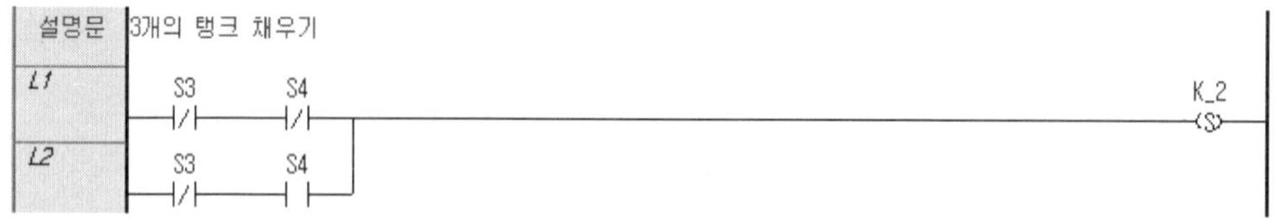

```
K_1 ─┬───────────────────────── (R) K_2
K_3 ─┤
Y2  ─┘

S1 /  S2 / ─┬────────────────── (S) K_1
S1 /  S2   ─┘

K_2 ─┬───────────────────────── (R) K_1
K_3 ─┤
Y1  ─┘

S5 /  S6 / ─┬────────────────── (S) K_3
S5 /  S6   ─┘

K_1 ─┬───────────────────────── (R) K_3
K_2 ─┤
Y3  ─┘

K_1 ─────────────────────────── (S) Y1

Y2 ─┬────────────────────────── (R) Y1
Y3 ─┤
S1 ─┘

K_2 ─────────────────────────── (S) Y2

Y1 ─┬────────────────────────── (R) Y2
Y3 ─┤
S3 ─┘

K_3 ─────────────────────────── (S) Y3

Y1 ─┬────────────────────────── (R) Y3
Y2 ─┤
S5 ─┘

─────────────────────────────── ( END )
```

(5) 작동원리

S3와 S4가 모두 작동을 하지 않거나(갈수) S4만 작동(갈수는 아니지만 아직 만수도 아님)하면 K_2가 셋되어 Y2가 셋되므로 탱크2에 물이 채워진다. 이때 K_2의 리셋은 K_1 또는 K_3 또는 Y2이며, Y2밸브를 멈추게 하는 것은 Y1 또는 Y3 또는 S3에 의해 리셋될 수 있다.

S1와 S2가 모두 작동을 하지 않거나 S2만 작동하면 K_1이 셋되어 Y1이 셋되므로 탱크1에 물이 채워진다. 이때 K_1의 리셋은 K_2 또는 K_3 또는 Y1이며, Y1밸브를 멈추게 하는 것은 Y2 또는 Y3 또는 S1에 의해 리셋될 수 있다.

S5와 S6가 모두 작동을 하지 않거나 S6만 작동하면 K_3가 셋되어 Y3가 셋되므로 탱크3에 물이 채워진다. 이때 K_3의 리셋은 K_1 또는 K_2 또는 Y3이며, Y3밸브를 멈추게 하는 것은 Y1 또는 Y2 또는 S5에 의해 리셋될 수 있다.

[실습 5.1.49] 아파트 물 공급 시스템 제어

(1) 제어조건

하나의 물탱크에서 6군데의 아파트에 물을 공급하기 위한 장치이다. PLC를 작동하면 정화조 1부터 정화조 6까지 수위센서에 의해 물의 유무를 감지하여 신호를 PLC로 보낸다. 수위센서 신호가 1~2개이면 펌프 1대가, 3~4개이면 펌프 2대가, 5~6개이면 펌프 3대가 동작한다. 물이 다 차면 수위센서 신호가 모두 OFF되므로 펌프도 모두 정지한다. 3대의 펌프를 균일하게 작동시키기 위해(수명을 동일하게 하기 위함) 3초 간격으로 모터의 기준을 변경하여 작동시킨다(이 센서는 물이 없으면 작동하고, 물이 차면 작동하지 않는 센서임).

- 모터1 기준시: 수위 센서; 1~2개 → 펌프1, 3~4개 → 펌프1, 2, 5~6개 → 펌프 1, 2, 3
- 모터2 기준시: 수위 센서; 1~2개 → 펌프2, 3~4개 → 펌프2, 3, 5~6개 → 펌프 2, 3, 1
- 모터3 기준시: 수위 센서; 1~2개 → 펌프3, 3~4개 → 펌프3, 1, 5~6개 → 펌프 3, 1, 2

(2) 구성요소

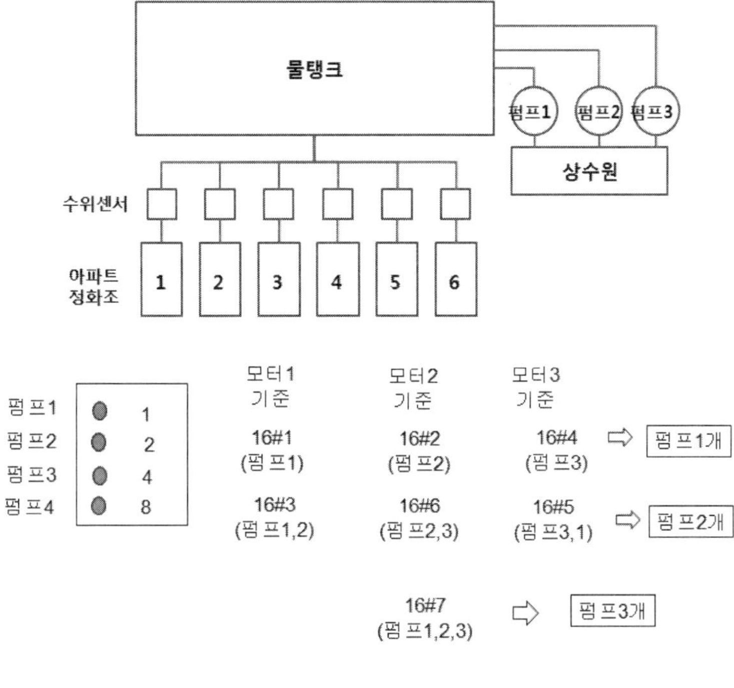

순서	품명	수량
1	램프	3

(3) 입출력 변수목록

	변수 종류	변수	타입	메모리 할당	초기값	리테인	사용유무	설명문
1	VAR	C1	CTU_INT			☐	☑	
2	VAR	T1	TON			☐	☑	
3	VAR	모터1기준	BOOL			☐	☑	
4	VAR	모터1대	BOOL			☐	☑	
5	VAR	모터2기준	BOOL			☐	☑	
6	VAR	모터2대	BOOL			☐	☑	
7	VAR	모터3기준	BOOL			☐	☑	
8	VAR	모터3대	BOOL			☐	☑	
9	VAR	센서신호갯수	INT			☐	☑	
10	VAR	최종출력	BYTE	%MB0		☐	☑	
11	VAR	펌프1	BOOL	%QX0.2.0		☐	☑	
12	VAR	펌프2	BOOL	%QX0.2.1		☐	☑	
13	VAR	펌프3	BOOL	%QX0.2.2		☐	☑	

(4) 프로그램

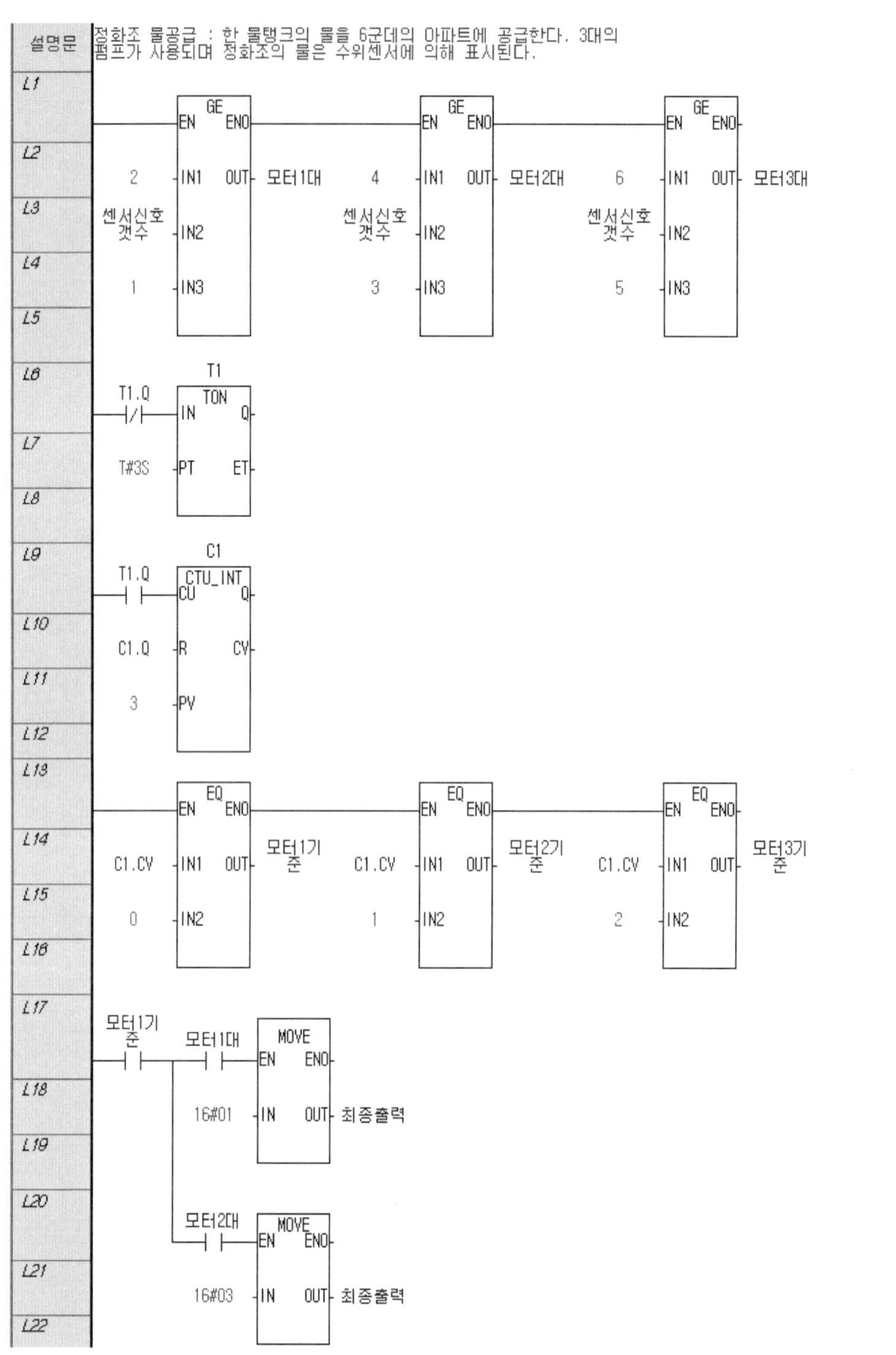

설명문
정화조 물공급 : 한 물탱크의 물을 6군데의 아파트에 공급한다. 3대의 펌프가 사용되며 정화조의 물은 수위센서에 의해 표시된다.
GE
EN ENO
IN1 OUT
IN2
IN3
2
센서신호 갯수
1
모터1대
4
3
모터2대
6
5
모터3대
T1
TON
T1.Q
IN Q
T#3S
PT ET
C1
CTU_INT
CU Q
C1.Q
R CV
3
PV
EQ
C1.CV
0
1
2
모터1기준
모터2기준
모터3기준
MOVE
16#01
16#03
최종출력

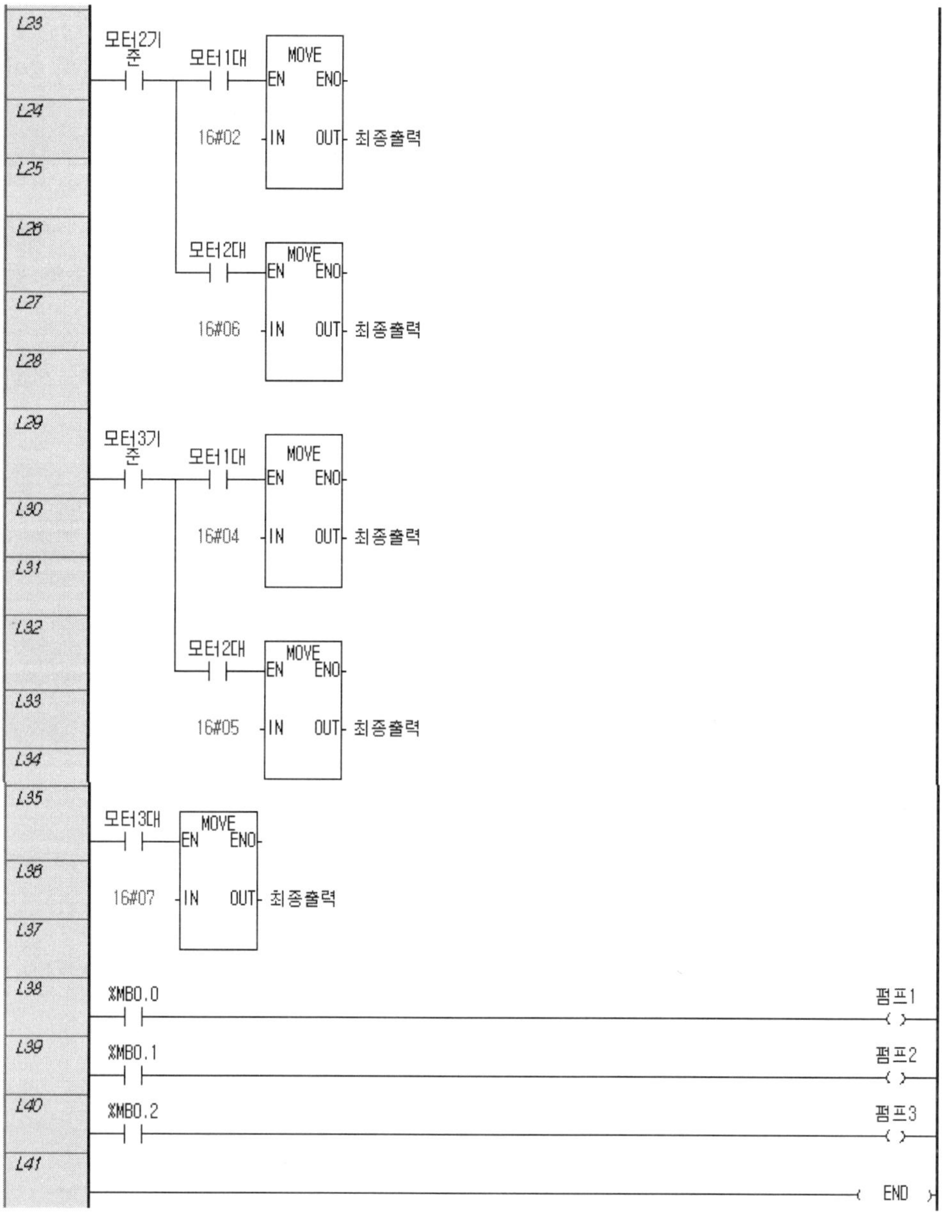

L23 모터2기준 모터1대 MOVE EN ENO
L24 16#02 IN OUT 최종출력
L25
L26 모터2대 MOVE EN ENO
L27 16#06 IN OUT 최종출력
L28
L29 모터3기준 모터1대 MOVE EN ENO
L30 16#04 IN OUT 최종출력
L31
L32 모터2대 MOVE EN ENO
L33 16#05 IN OUT 최종출력
L34
L35 모터3대 MOVE EN ENO
L36 16#07 IN OUT 최종출력
L37
L38 %MB0.0 펌프1
L39 %MB0.1 펌프2
L40 %MB0.2 펌프3
L41 END

(5) 작동원리

수위센서 신호개수를 입력시키면 필요한 모터의 대수가 결정되며(신호개수 1~2개이면 모터수 1대, 3~4개이면 2대, 5~6개이면 3대), 예로 모터가 1대이면 3초 시간이

지날 때마다 up counter의 현재값 C1.CV가 증가하여 나타나는데, 그 값이 0이면 모터1 기준의 펌프 1대(펌프1), 그 값이 1이면 모터2 기준의 펌프 1대(펌프2), 그 값이 2이면 모터3 기준의 펌프 1대(펌프3)가 번갈아가며 작동한다.

예로 모터 2대라 하면 시간이 3초 지날 때마다 up counter의 현재값 C1.CV가 증가하여 나타나는데, 그 값이 0이면 모터1 기준의 펌프 2대(펌프1, 2)가 가동하고, 그 값이 1이면 모터2 기준의 펌프 2대(펌프2, 3)가 가동, 그 값이 2이면 모터3 기준의 펌프 2대(펌프 3, 1)가 가동하여 3초마다 펌프 2대씩 번갈아 작동한다.

만일 모터의 대수가 3대로 나타나면 펌프 3대가 모두 가동하며, 수위센서 신호개수가 하나도 나타나지 않으면 모터의 대수가 0이 되므로 펌프는 모두 정지상태가 된다.

5.2 PLC 실습 (2)

[실습 5.2.1] 논리제어1 [AND(직렬), OR(병렬), NOT(반전)]

(1) 제어조건

① 푸시버튼 PB1과 PB2를 동시에 ON하면 램프1이 ON된다.

② 푸시버튼 PB1 또는 PB2를 ON하면 램프2가 ON된다.

③ 푸시버튼 PB3가 OFF이면 램프3이 ON상태, PB3가 ON이면 램프3이 OFF된다.

(2) 구성요소

순서	품명	수량
1	푸시버튼스위치	3
2	램프	3

(3) 입출력 변수목록

	변수 종류	변수	타입	메모리 할당	초기값	리테인	사용유무	설명문
1	VAR	PB1	BOOL	%IX0.0.0		☐	☑	
2	VAR	PB2	BOOL	%IX0.0.1		☐	☑	
3	VAR	PB3	BOOL	%IX0.0.2		☐	☑	
4	VAR	램프1	BOOL	%QX0.2.0		☐	☑	
5	VAR	램프2	BOOL	%QX0.2.1		☐	☑	
6	VAR	램프3	BOOL	%QX0.2.2		☐	☑	

(4) 프로그램

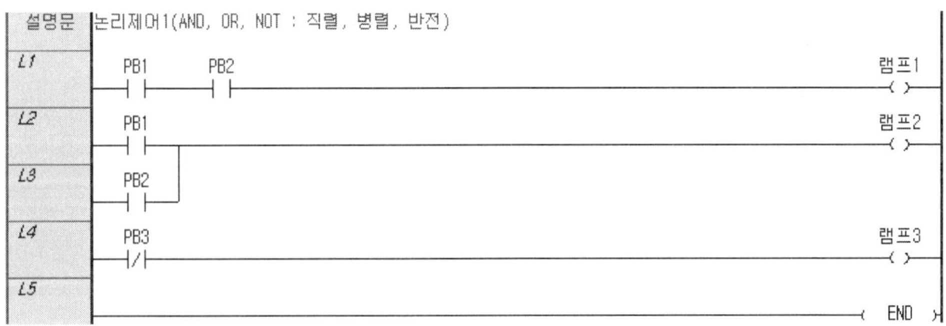

[실습 5.2.2] 논리제어2

(1) 제어조건

① 푸시버튼 PB1이 ON상태이고 PB3 혹은 PB6이 ON이면 램프가 ON된다. 이때 PB2나 PB5 중 어느 하나 또는 둘 다 OFF상태이어야 한다.

② 푸시버튼 PB4가 ON상태이고 PB3 혹은 PB6이 ON이면 램프가 ON된다. 이때 PB2나 PB5 중 어느 하나 또는 둘 다 OFF상태이어야 한다.

③ 위의 두 조건에서 PB2와 PB5가 동시에 ON상태이면 램프는 OFF된다.

(2) 구성요소

순서	품명	수량
1	푸시버튼스위치	6
2	램프	1

(3) 입출력 변수목록

	변수 종류	변수	타입	메모리 할당	초기값	리테인	사용유무	설명문
1	VAR	PB1	BOOL	%IX0.0.0		☐	☑	푸시버튼스위치1
2	VAR	PB2	BOOL	%IX0.0.1		☐	☑	푸시버튼스위치2
3	VAR	PB3	BOOL	%IX0.0.2		☐	☑	푸시버튼스위치3
4	VAR	PB4	BOOL	%IX0.0.3		☐	☑	푸시버튼스위치4
5	VAR	PB5	BOOL	%IX0.0.4		☐	☑	푸시버튼스위치5
6	VAR	PB6	BOOL	%IX0.0.5		☐	☑	푸시버튼스위치6
7	VAR	램프	BOOL	%QX0.2.0		☐	☑	

(4) 프로그램

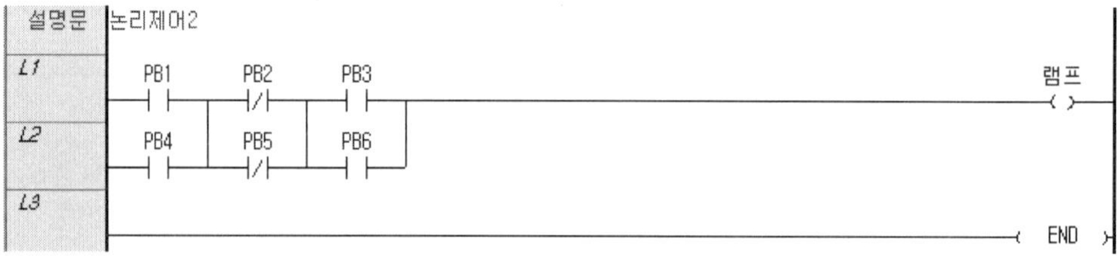

설명문 논리제어2

L1 PB1 PB2 PB3 램프

L2 PB4 PB5 PB6

L3 END

[실습 5.2.3] 양변환 및 음변환 검출접점

(1) 제어조건

① 푸시버튼 PB1을 순간터치하면 그 즉시 램프1이 점등하여 자기유지 된다. 램프1은 소등스위치1에 의해 소등된다.

② 푸시버튼 PB2를 눌렀다가 떼는 순간 램프2가 점등하여 자기유지 된다. PB2를 누르고 있는 동안에는 램프2가 점등하지 않는다. 램프2는 소등스위치2에 의해 소등된다.

(2) 구성요소

순서	품명	수량
1	푸시버튼스위치	4
2	램프	2

(3) 입출력 변수목록

	변수 종류	변수	타입	메모리 할당	초기값	리테인	사용유무	설명문
1	VAR	K_1	BOOL	%MX1		☐	☑	
2	VAR	K_2	BOOL	%MX2		☐	☑	
3	VAR	PB1	BOOL	%IX0.0.0		☐	☑	푸시버튼스위치1
4	VAR	PB2	BOOL	%IX0.0.1		☐	☑	푸시버튼스위치2
5	VAR	램프1	BOOL	%QX0.2.0		☐	☑	
6	VAR	램프2	BOOL	%QX0.2.1		☐	☑	
7	VAR	소등스위치1	BOOL	%IX0.0.8		☐	☑	
8	VAR	소등스위치2	BOOL	%IX0.0.9		☐	☑	

(4) 프로그램

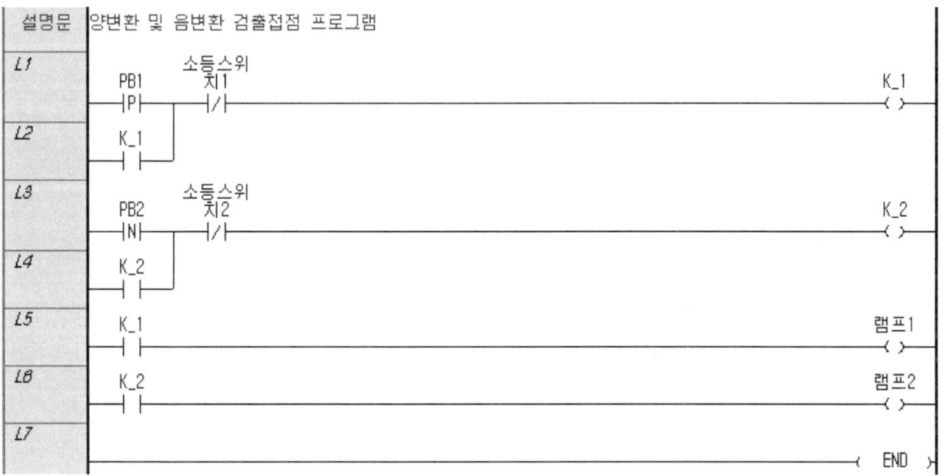

[실습 5.2.4] 입력값의 최상위 비트위치 표시

(1) 제어조건

디지털스위치에서 비트입력 시킨 값 또는 숫자입력 시킨 값에 대한 최상위 비트의 위치를 출력시킨다(예: 16#0802, 16#00A0의 비트위치는 각각 11, 7임을 확인할 수 있어야 함).

(2) 구성요소

순서	품명	수량
1	푸시버튼스위치	1
2	bar스위치	16
3	램프	4

(3) 입출력 변수목록

	변수 종류	변수	타입	메모리 할당	초기값	리테인	사용유무	설명문
1	VAR	KEY_IN	WORD			☐	☑	
2	VAR	KEY_값	INT			☐	☑	
3	VAR	PB1	BOOL	%IX0.0.0		☐	☑	
4	VAR	디지털스위치	WORD	%IW0.1.0		☐	☑	
5	VAR	출력	INT	%QW0.2.0		☐	☑	

(4) 프로그램

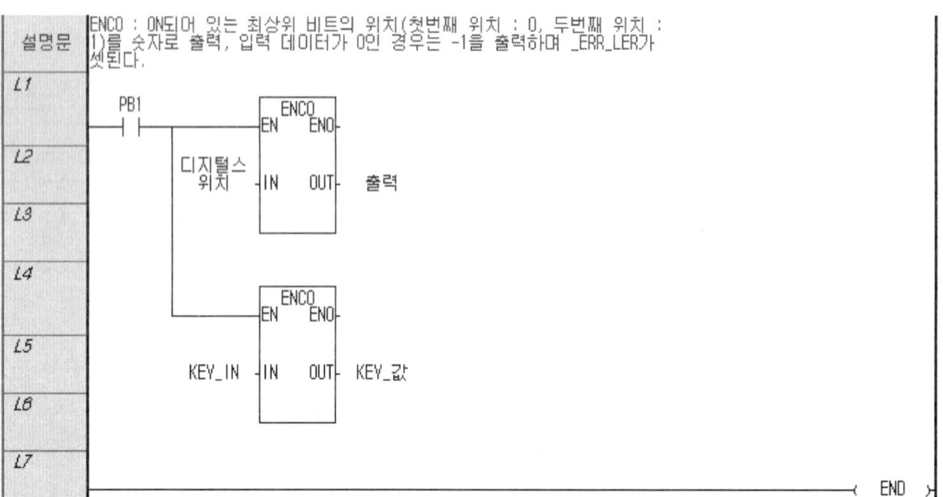

** 실험방법: 디지털스위치 %IW0.1.0에는 버튼 및 bar스위치를 16개에 배선하고, 출력 %QW0.2.0에는 램프 4개를 배선하여 실험한다. 이때 출력은 비트램프가 2진수의 값으로 출력한다.

(5) 작동원리

디지털스위치(bar스위치)에서 임의 값(예: 16#0802)을 입력하고 PB1을 누르면 16비트에서 1번 비트, 11번 비트에 해당하는 비트램프가 켜져 11의 위치를 나타낸다. KEY_IN에는 프로그램상에서 예로 16#00A0을 입력하면 최상위의 비트위치인 7의 값이 KEY_값에 출력된다.

(6) 시뮬레이션

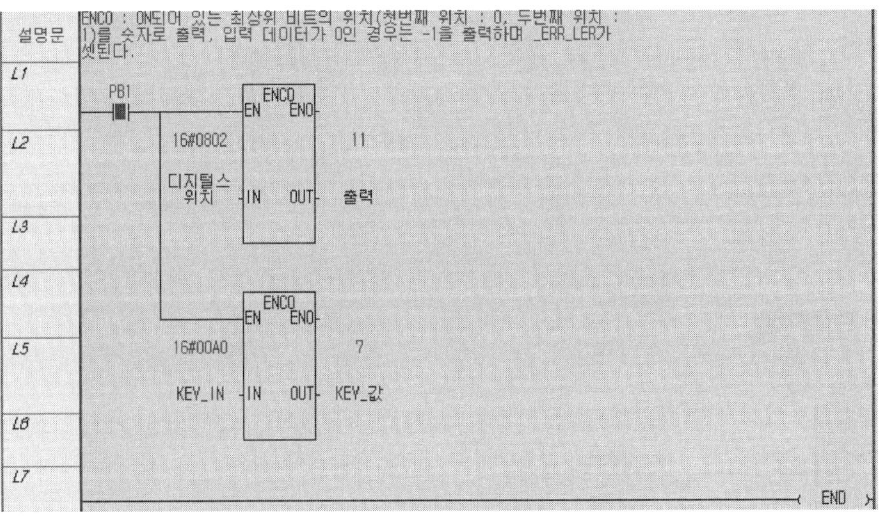

[실습 5.2.5] 데이터의 상위_하위 교환

(1) 제어조건

디지털스위치를 이용하여 WORD크기의 숫자(예: 16#12F5)를 비트 입력시키고 PB1을 터치하면 상위와 하위의 숫자가 바뀌어 %QW0.2.0에 비트 출력되고, PB2를 터치하면 초기 값을 부여한 입력 값이 상위와 하위의 값이 교환되어 출력값에 디스플레이 된다.

(2) 구성요소

순서	품명	수량
1	푸시버튼스위치	2
2	bar스위치	16
2	램프	16

(3) 입출력 변수목록

	변수 종류	변수	타입	메모리 할당	초기값	리테인	사용유무	설명문
1	VAR	PB1	BOOL	%IX0.0.0		☐	☑	푸시버튼스위치1
2	VAR	PB2	BOOL	%IX0.0.1		☐	☑	푸시버튼스위치2
3	VAR	디지털스위치	WORD	%IW0.1.0		☐	☑	
4	VAR	입력값	BYTE		16#12	☐	☑	
5	VAR	출력값	BYTE			☐	☑	
6	VAR	출력데이터_비트	WORD	%QW0.2.0		☐	☑	

(4) 프로그램

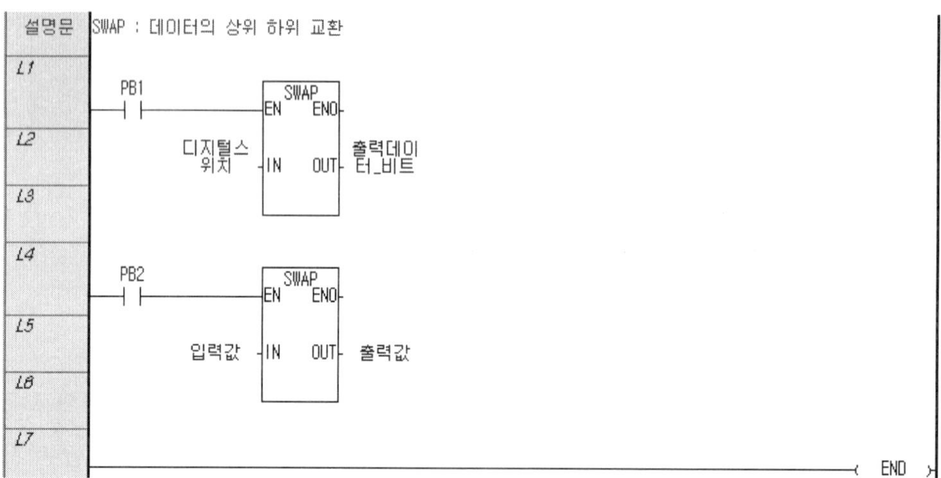

** 실험방법: 디지털스위치는 %IW0.1.0에 bar스위치를 16개 배선하고, 출력데이터_비트에는 %QW0.2.0에 램프 16개를 배선하여 실험한다.

(5) 작동원리

디지털스위치를 이용하여 숫자를 입력(예: 16#76F4)시키고 PB1을 누르면 비트램프에 16#F476이 디스플레이 된다. 입력값에는 초기값 16#12가 주어지며, PB2를 누르면 출력값에 16#21이 디스플레이 된다.

(6) 시뮬레이션

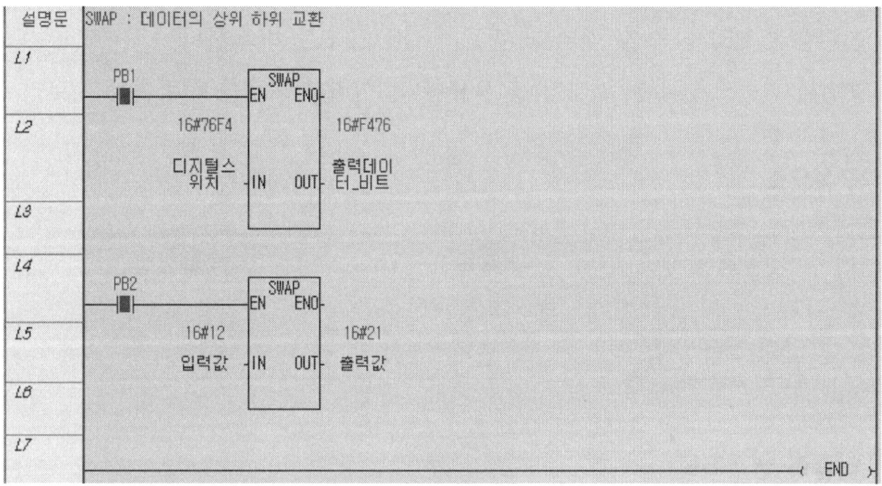

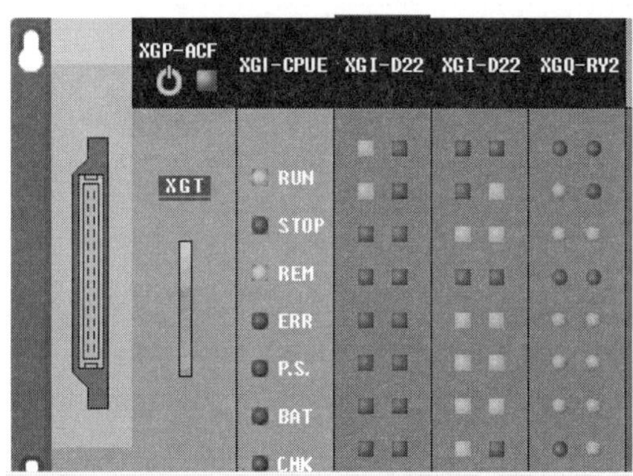

[실습 5.2.6] 플립플롭(Flip-Flop) 제어

(1) 제어조건

① 푸시버튼 PB1을 순간터치하면 내부 릴레이 코일 K_1이 1 scan 동안 ON된다. 따라서 램프가 ON되어 자기유지 된다.

② 푸시버튼 PB1을 다시 순간터치하면 다시 릴레이 코일 K_1이 1 scan 동안 ON된다. 따라서 램프가 OFF되어 자기유지 된다.

③ 이리하여 PB1을 누를 때마다 램프가 ON/OFF를 반복한다.

④ 양변환 검출코일(내부 릴레이)을 사용한다. 이러한 회로를 플립플롭 회로라 한다.

(2) 구성요소

순서	품명	수량
1	푸시버튼스위치	1
2	램프	1

(3) 입출력 변수목록

	변수 종류	변수	타입	메모리 할당	초기값	리테인	사용 유무	설명문
1	VAR	K_1	BOOL	%MX1		☐	☑	
2	VAR	PB1	BOOL	%IX0.0.0		☐	☑	푸시버튼스위치
3	VAR	램프	BOOL	%QX0.2.0		☐	☑	

(4) 프로그램

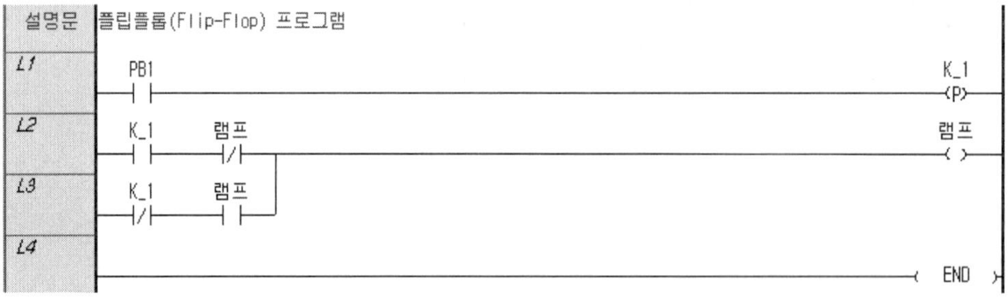

```
설명문 플립플롭(Flip-Flop) 프로그램
L1      PB1                                              K_1
     ───┤ ├──────────────────────────────────────────────(P)──
L2      K_1       램프                                     램프
     ───┤ ├───────┤/├──┬─────────────────────────────────( )──
L3      K_1       램프  │
     ───┤/├───────┤ ├──┘
L4
     ──────────────────────────────────────────────────< END >
```

[실습 5.2.7] 인터록(Inter-Lock) 제어

(1) 제어조건

① 푸시버튼 PB1과 PB2 중 어느 하나를 먼저 순간터치하면 먼저 입력된 신호가 ON되어 그에 관련된 출력만 ON되고 나중에 입력되는 신호는 동작할 수 없다.

② 즉, PB1을 먼저 ON하면 램프1만 ON되고, PB2를 먼저 ON하면 램프2만 ON된다.

③ PB3를 ON하면 초기화되어 점등된 램프가 소등된다.

** 인터록 회로는 관련 기기들을 보호하고 조작자가 안전하도록 관련기기의 동작을 제어하는 접점 또는 회로를 이용하여 관련되는 상대기기의 동작을 금지시키는 회로로서 상대 동작 금지회로라고도 한다.

(2) 구성요소

순서	품명	수량
1	푸시버튼스위치	3
2	램프	2

(3) 입출력 변수목록

	변수 종류	변수	타입	메모리 할당	초기값	리테인	사용유무	설명문
1	VAR	K_1	BOOL	%MX1		☐	☑	
2	VAR	K_2	BOOL	%MX2		☐	☑	
3	VAR	PB1	BOOL	%IX0.0.0		☐	☑	푸시버튼스위치1
4	VAR	PB2	BOOL	%IX0.0.1		☐	☑	푸시버튼스위치2
5	VAR	PB3	BOOL	%IX0.0.2		☐	☑	푸시버튼스위치3
6	VAR	램프1	BOOL	%QX0.2.0		☐	☑	
7	VAR	램프2	BOOL	%QX0.2.1		☐	☑	

(4) 프로그램

```
설명문 inter-lock 제어
L1  PB1   K_2   PB3                                  K_1
    ┤ ├─┬─┤/├───┤/├──────────────────────────────────( )─
L2  K_1 │
    ┤ ├─┘
L3  PB2   K_1   PB3                                  K_2
    ┤ ├─┬─┤/├───┤/├──────────────────────────────────( )─
L4  K_2 │
    ┤ ├─┘
L5  K_1                                              램프1
    ┤ ├──────────────────────────────────────────────( )─
L6  K_2                                              램프2
    ┤ ├──────────────────────────────────────────────( )─
L7
    ─────────────────────────────────────────────────( END )
```

[실습 5.2.8] 모터 작동수 제어

(1) 제어조건

① 푸시버튼 PB1을 순간터치하면 모터1이 ON되어 자기유지 된다.

② 푸시버튼 PB1을 또 순간터치하면 모터2가 ON되어 자기유지 된다.

③ 푸시버튼 PB1을 다시 순간터치하면 모터3이 ON되어 자기유지 된다.

④ 푸시버튼 PB1을 또 순간터치하면 모든 모터가 OFF되어 초기화된다.

⑤ 푸시버튼 PB2를 ON시키면 ON상태의 모든 모터가 OFF된다.

(2) 구성요소

순서	품명	수량
1	푸시버튼스위치	2
2	모터	3

(3) 입출력 변수목록

	변수 종류	변수	타입	메모리 할당	초기값	리테인	사용유무	설명문
1	VAR	PB1	BOOL	%IX0.0.0		☐	☑	푸시버튼스위치1
2	VAR	PB2	BOOL	%IX0.0.1		☐	☑	푸시버튼스위치2
3	VAR	모터1	BOOL	%QX0.2.0		☐	☑	
4	VAR	모터2	BOOL	%QX0.2.1		☐	☑	
5	VAR	모터3	BOOL	%QX0.2.2		☐	☑	
6	VAR	정지	BOOL			☐	☑	
7	VAR	펄스	BOOL			☐	☑	

(4) 프로그램

```
설명문  모터의 작동수 제어
L1   PB1                                                          펄스
     -|P|-----+---------------------------------------------------<P>-
L2            |    모터3                                           정지
              +----| |--------------------------------------------<P>-
L3   펄스       모터2      PB2                                      모터3
     -| |---+---| |-------|/|-------------------------------------( )-
L4   모터3  |
     -| |---+
L5   펄스       모터1      PB2                                      모터2
     -| |---+---| |-------|/|-------------------------------------( )-
L6   모터2  |
     -| |---+
L7   펄스       정지       PB2                                      모터1
     -| |---+---|/|-------|/|-------------------------------------( )-
L8   모터1  |
     -| |---+
L9
     -------------------------------------------------------------< END >
```

** 모터1, 2, 3을 각각 램프 1, 2, 3으로 대치하여 실험할 수 있다.

[실습 5.2.9] 퀴즈 프로그램

(1) 제어조건

① 사회자가 〈램프점검〉스위치를 ON시킨 후 퀴즈참가자가 각기 자기의 버튼을 누르면 해당 램프가 점등되어 점등시스템을 점검 확인할 수 있다.

② 사회자가 start스위치를 ON시키면 〈진행램프〉가 ON되면서 퀴즈시스템이 작동된다.

③ 사회자가 퀴즈문제를 설명하면 참가자 A, B, C 중 가장 먼저 버튼을 누른 사람의 램프가 점등되며 그 후 버튼을 누른 사람의 램프는 ON되지 않는다.

④ 사회자가 reset스위치를 터치하면 모든 램프가 소등되어 초기화된다.

(2) 구성요소

순서	품명	수량
1	푸시버튼스위치	6
2	램프	4

(3) 입출력 변수목록

	변수 종류	변수	타입	메모리 할당	초기값	리테인	사용유무	설명문
1	VAR	RESET	BOOL	%IX0.0.9		☐	☑	리셋스위치
2	VAR	START	BOOL	%IX0.0.8		☐	☑	시작스위치
3	VAR	램프A	BOOL	%QX0.2.0		☐	☑	
4	VAR	램프B	BOOL	%QX0.2.1		☐	☑	
5	VAR	램프C	BOOL	%QX0.2.2		☐	☑	
6	VAR	램프점검	BOOL	%IX0.0.10		☐	☑	램프점검스위치
7	VAR	사람A	BOOL	%IX0.0.0		☐	☑	사람A스위치
8	VAR	사람B	BOOL	%IX0.0.1		☐	☑	사람B스위치
9	VAR	사람C	BOOL	%IX0.0.2		☐	☑	사람C스위치
10	VAR	점검	BOOL			☐	☑	
11	VAR	진행	BOOL			☐	☑	
12	VAR	진행램프	BOOL			☐	☑	

(4) 프로그램

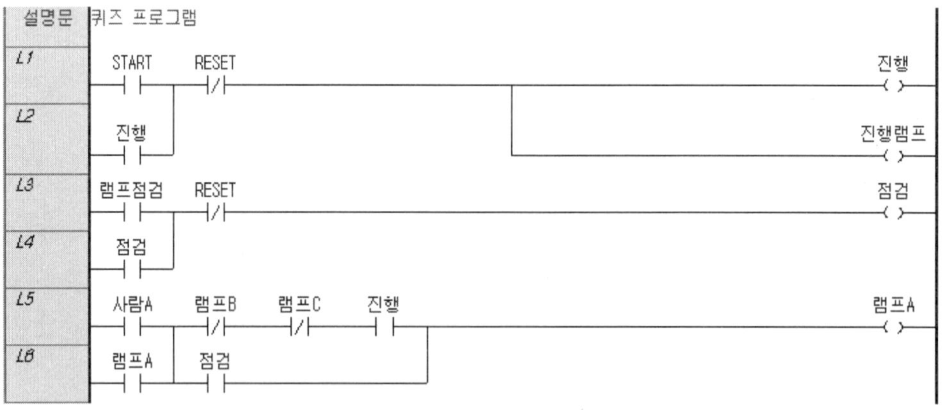

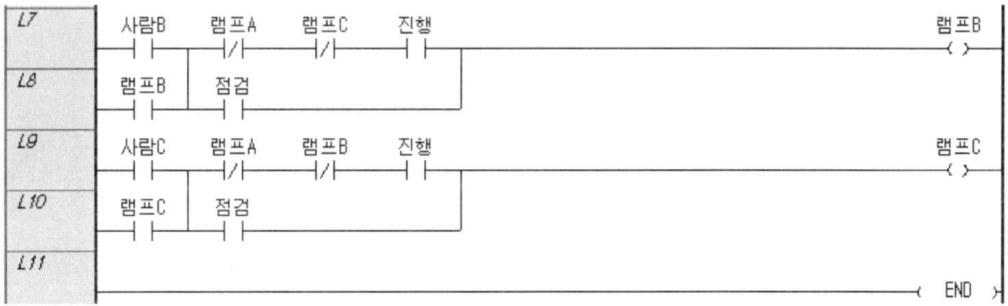

[실습 5.2.10] 논리연산 펑션(AND: 논리곱, OR: 논리합)

(1) 제어조건

① AND펑션의 입력인 IN1 및 IN2에 각각 16진수 16#CC 및 16#F0를 입력한 후 AND논리SW를 ON하면 출력인 논리곱의 결과(AND결과)가 %QB0.2.0에 표시된다.

② OR펑션에도 입력인 IN1 및 IN2에 위와 동일한 값을 입력시킨 후 OR논리SW를 ON하면 출력인 논리합의 결과(OR결과)가 %QB0.3.0에 표시된다.

(2) 구성요소

순서	품명	수량
1	푸시버튼스위치	2
2	램프	16

(3) 입출력 변수목록

	변수 종류	변수	타입	메모리 할당	초기값	리테인	사용유무	설명문
1	VAR	AND결과	BYTE	%QB0.2.0		☐	☑	
2	VAR	AND논리SW	BOOL	%IX0.0.0		☐	☑	
3	VAR	OR결과	BYTE	%QB0.3.0		☐	☑	
4	VAR	OR논리SW	BOOL	%IX0.0.1		☐	☑	

(4) 프로그램

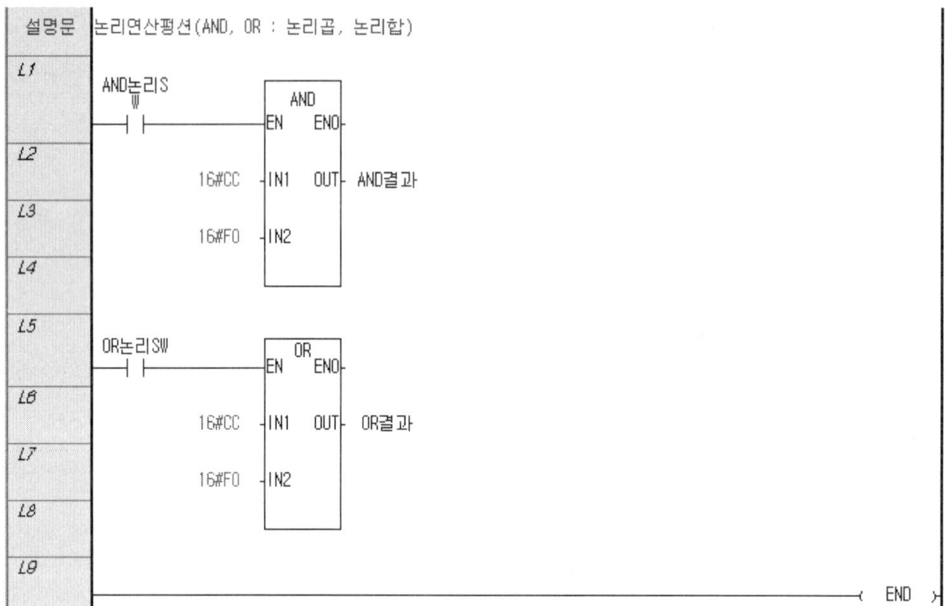

** 실험방법: AND결과의 주소를 %QB0.2.0(%QX0.2.0~%QX0.2.7)에 배선, OR결과의 주소를 %QB0.3.0(%QX0.3.0~%QX0.3.7)에 배선한다.

[실습 5.2.11] INC와 DEC명령에 의한 데이터의 증감 제어

(1) 제어조건

푸시버튼스위치1을 터치하면 입력값(16#00~16#FF)이 1 증가하고, 푸시버튼스위치2를 터치하면 1 감소한다(입력값이 주어진 상태에서 각각 1씩 증가, 감소, 단 입력값이 16#00인 경우, 푸시버튼스위치2를 터치하면 출력값이 16#FF가 되며, 입력값이 16#FF인 경우, 푸시버튼스위치1을 터치하면 출력값이 16#00이 됨).

(2) 구성요소

순서	품명	수량
1	푸시버튼스위치	2
2	램프	16

(3) 입출력 변수목록

	변수 종류	변수	타입	메모리 할당	초기값	리테인	사용 유무	설명문
1	VAR	PB1	BOOL	%IX0.0.0		☐	☑	푸시버튼스위치1
2	VAR	PB2	BOOL	%IX0.0.1		☐	☑	푸시버튼스위치2
3	VAR	입력값	BYTE	%IB0.1.0		☐	☑	
4	VAR	출력값	BYTE	%QB0.2.0		☐	☑	

(4) 프로그램

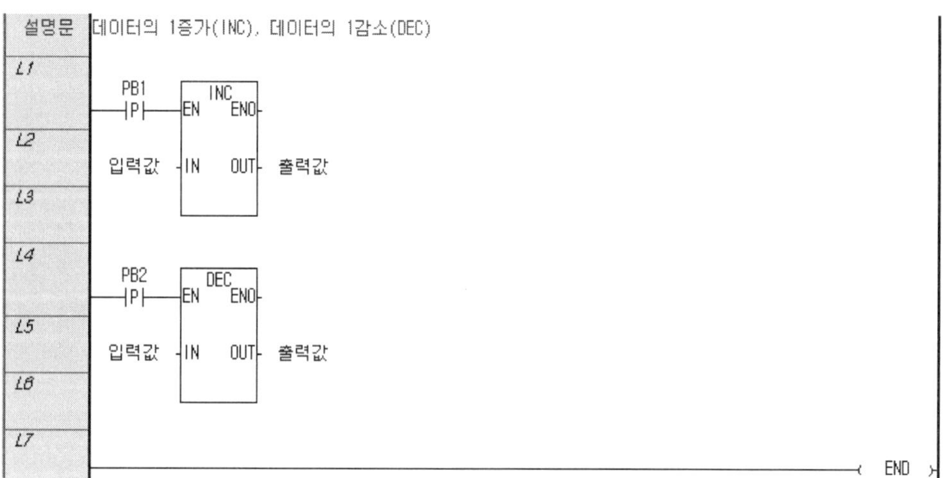

** 실험방법: 입력값에는 %IB0.1.0(%IX0.1.0~%IX0.1.7)에 bar스위치 8개, 출력값에는 QB0.2.0 (%QX0.2.0~%QX0.2.7)에 램프 8개를 배선하여 실험한다.

(5) 작동원리

입력값에는 bar스위치에 의해 16#FF 이하의 값을 입력하고 PB1을 터치하면 1 증가한 출력값이 %QB0.2.0의 램프에 표시되며, PB2를 터치하면 1 감소한 출력값이 %QB0.2.0의 램프에 표시된다. 만일 입력값이 16#FF인 경우에 PB1을 터치하면 출력값이 16#00, 입력값이 16#00인 경우에 PB2를 터치하면 출력값이 16#FF로 출력된다.

(6) 시뮬레이션

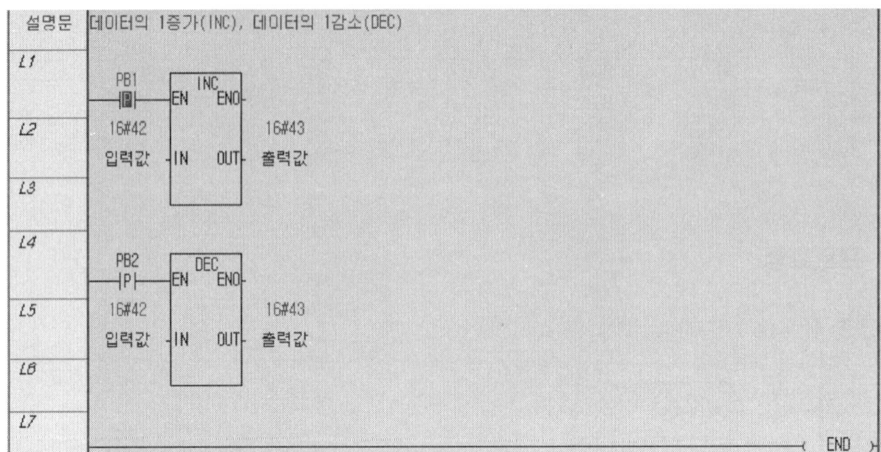

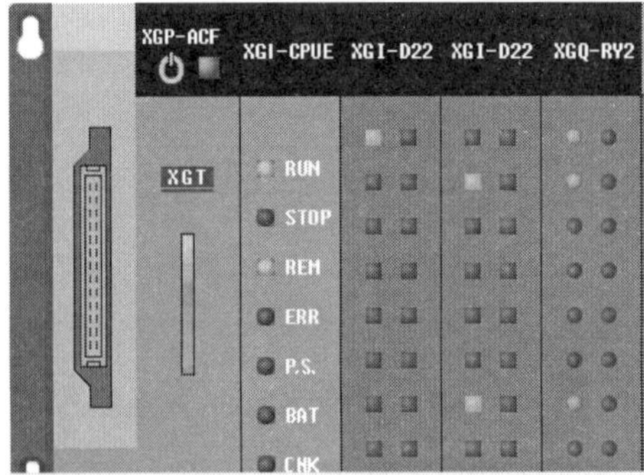

[실습 5.2.12] 입력 데이터의 선택 제어

(1) 제어조건

푸시버튼스위치 PB를 ON하면 3개의 입력 값 중 첫 번째 데이터와 세 번째 데이터를 각각 %MW10과 %MW20에 출력한다.

(2) 구성요소

순서	품명	수량
1	푸시버튼스위치	1

(3) 입출력 변수목록

	변수 종류	변수	타입	메모리 할당	초기값	리테인	사용유무	설명문
1	VAR	PB	BOOL	%IX0.0.0		☐	☑	푸시버튼스위치

(4) 프로그램

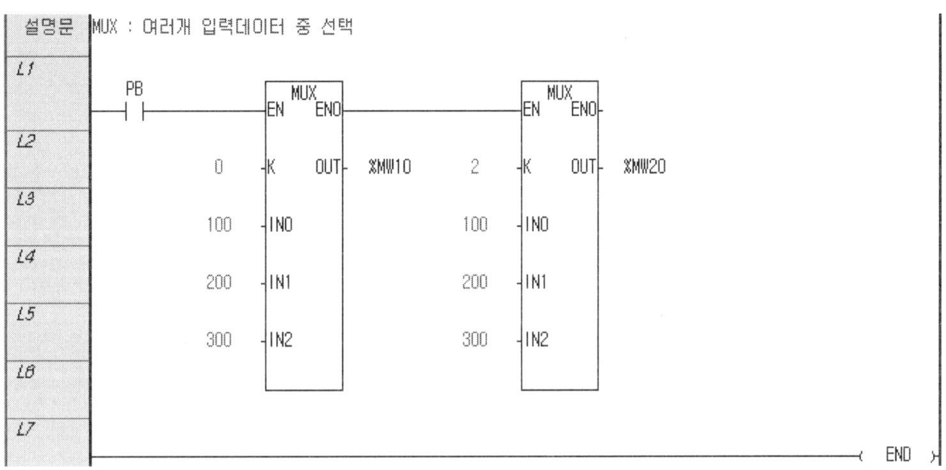

(5) 작동원리

선택 펑션 MUX의 입력 3개(IN0~IN2)에 각각 100, 200, 300을 입력하여 K단자에서 선택한 입력 값을 %MW10 또는 %MW20에 디스플레이 한다. 즉, K단자의 선택을 0으로 하면 IN0의 값 100이 선택되고, K단자의 선택을 2로 하면 IN2의 값 300이 선택된다.

(6) 시뮬레이션

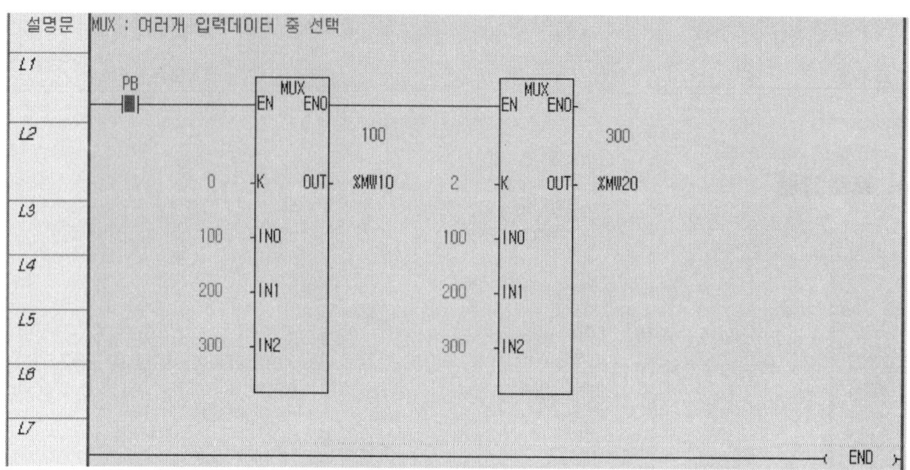

[실습 5.2.13] 최대값과 최소값

(1) 제어조건

푸시버튼스위치1을 터치하면 5개의 입력 값 중 가장 큰 값을 최대값에 출력하고, 푸시버튼스위치2를 터치하면 3개의 입력 값 중 가장 작은 값을 최소값에 출력한다.

(2) 구성요소

순서	품명	수량
1	푸시버튼스위치	2

(3) 입출력 변수목록

	변수 종류	변수	타입	메모리 할당	초기값	리테인	사용유무	설명문
1	VAR	PB1	BOOL	%IX0.0.0		☐	☑	푸시버튼스위치1
2	VAR	PB2	BOOL	%IX0.0.1		☐	☑	푸시버튼스위치2
3	VAR	최대값	WORD	%QW0.2.0		☐	☑	
4	VAR	최소값	WORD	%QW0.3.0		☐	☑	

(4) 프로그램

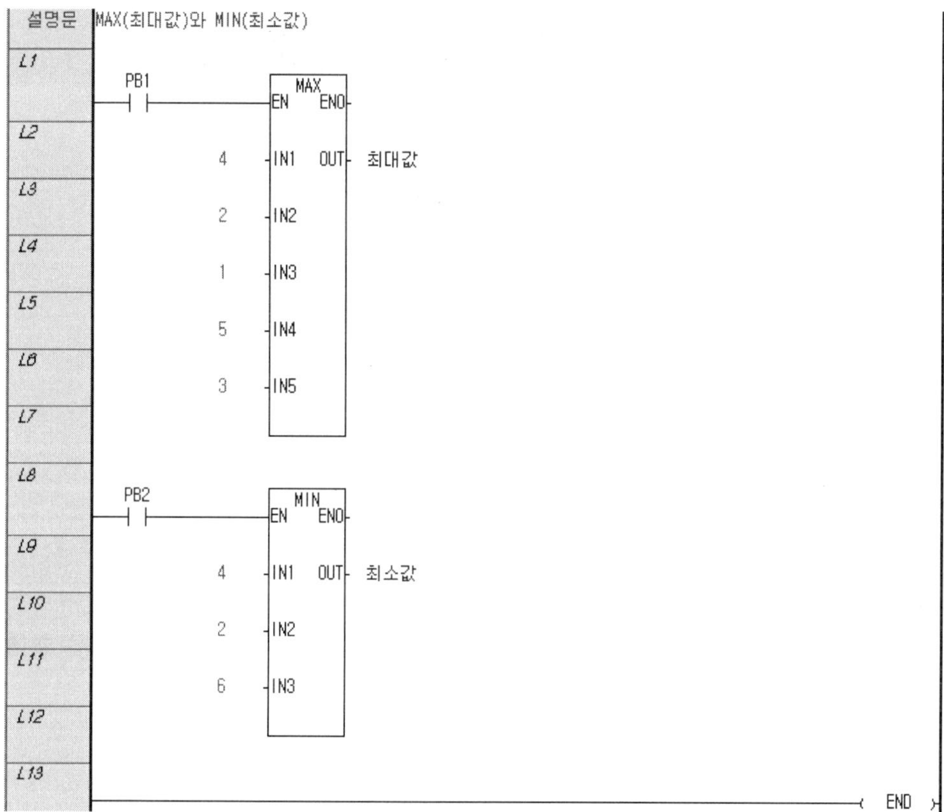

** 실험방법: 최대값에는 %QW0.2.0에 램프 8개, 최소값에는 %QW0.3.0에 램프 8개를 배선하여 실험한다.

(5) 작동원리

PB1을 누르면 5개의 입력 값 중 가장 큰 값을 최대값에 디스플레이(5) 하고, PB2를 누르면 3개의 입력 값 중 가장 작은 값을 최소값에 디스플레이(2) 한다.

(6) 시뮬레이션

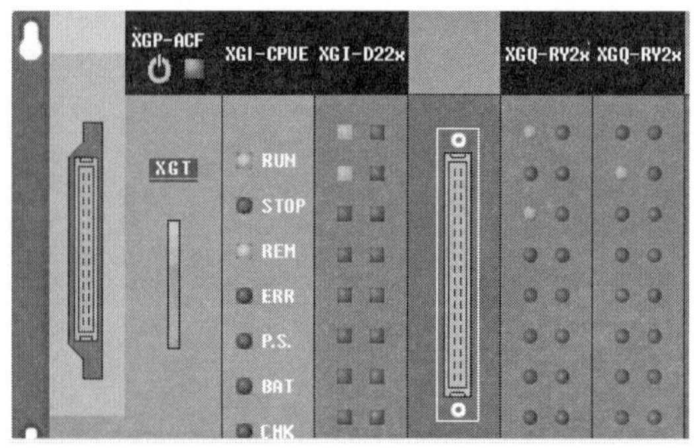

[실습 5.2.14] 3대의 펌프작동 모니터 제어

(1) 제어조건

① 3대의 펌프를 감시 제어한다.

② 2대 이상의 펌프가 작동 시 램프는 상시 ON된다. 1대의 펌프가 작동 시 램프는 2초 간격으로 점멸한다.

③ 펌프가 모두 정지 시 램프는 1초 간격으로 점멸한다.

(2) 구성요소

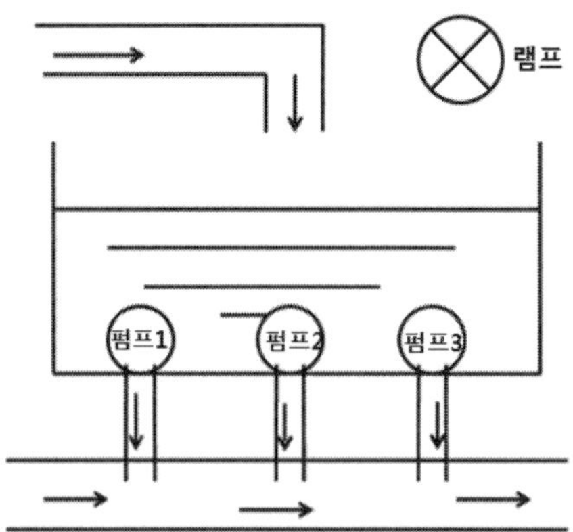

순서	품명	수량
1	푸시버튼스위치	3
2	램프(펌프 대용 3개, 램프용 1개)	4

(3) 입출력 변수목록

	변수 종류	변수	타입	메모리 할당	초기값	리테인	사용유무	설명문
1	VAR	K_1	BOOL	%MX1		☐	☑	
2	VAR	K_2	BOOL	%MX2		☐	☑	
3	VAR	K_3	BOOL	%MX3		☐	☑	
4	VAR	PB1	BOOL	%IX0.0.0		☐	☑	펌프1버튼
5	VAR	PB2	BOOL	%IX0.0.1		☐	☑	펌프2버튼
6	VAR	PB3	BOOL	%IX0.0.2		☐	☑	펌프3버튼
7	VAR	T1	TON			☐	☑	
8	VAR	T2	TON			☐	☑	
9	VAR	T3	TON			☐	☑	
10	VAR	T4	TON			☐	☑	
11	VAR	램프	BOOL	%QX0.3.0		☐	☑	
12	VAR	펌프1	BOOL	%QX0.2.0		☐	☑	
13	VAR	펌프2	BOOL	%QX0.2.1		☐	☑	
14	VAR	펌프3	BOOL	%QX0.2.2		☐	☑	

(4) 프로그램

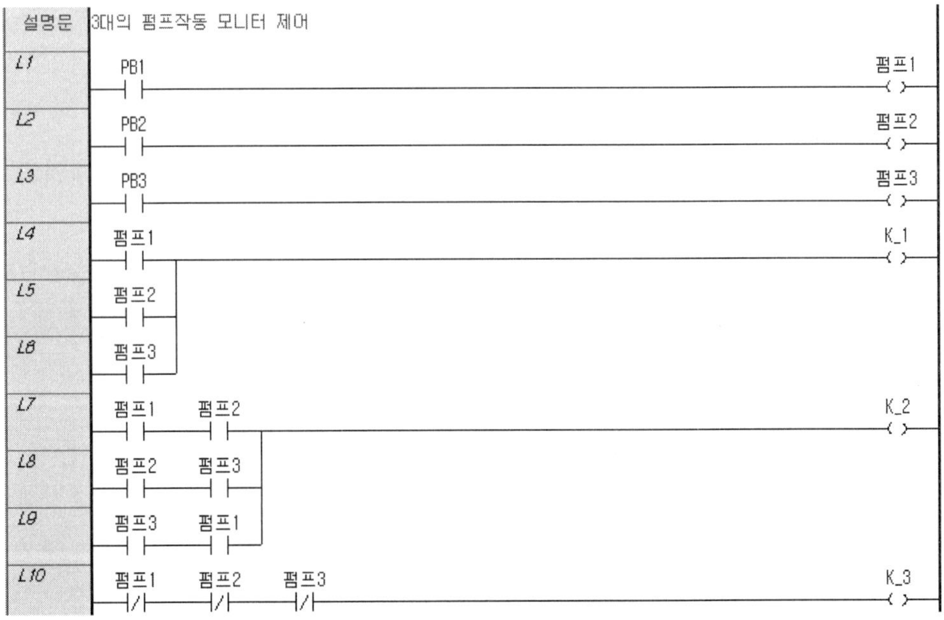

설명문: 3대의 펌프작동 모니터 제어

```
L1   PB1                                   펌프1
     -| |----------------------------------( )-
L2   PB2                                   펌프2
     -| |----------------------------------( )-
L3   PB3                                   펌프3
     -| |----------------------------------( )-
L4   펌프1                                  K_1
     -| |--+-------------------------------( )-
L5   펌프2  |
     -| |--+
L6   펌프3  |
     -| |--+
L7   펌프1      펌프2                        K_2
     -| |------| |--+----------------------( )-
L8   펌프2      펌프3  |
     -| |------| |--+
L9   펌프3      펌프1  |
     -| |------| |--+
L10  펌프1      펌프2      펌프3              K_3
     -|/|------|/|------|/|----------------( )-
```

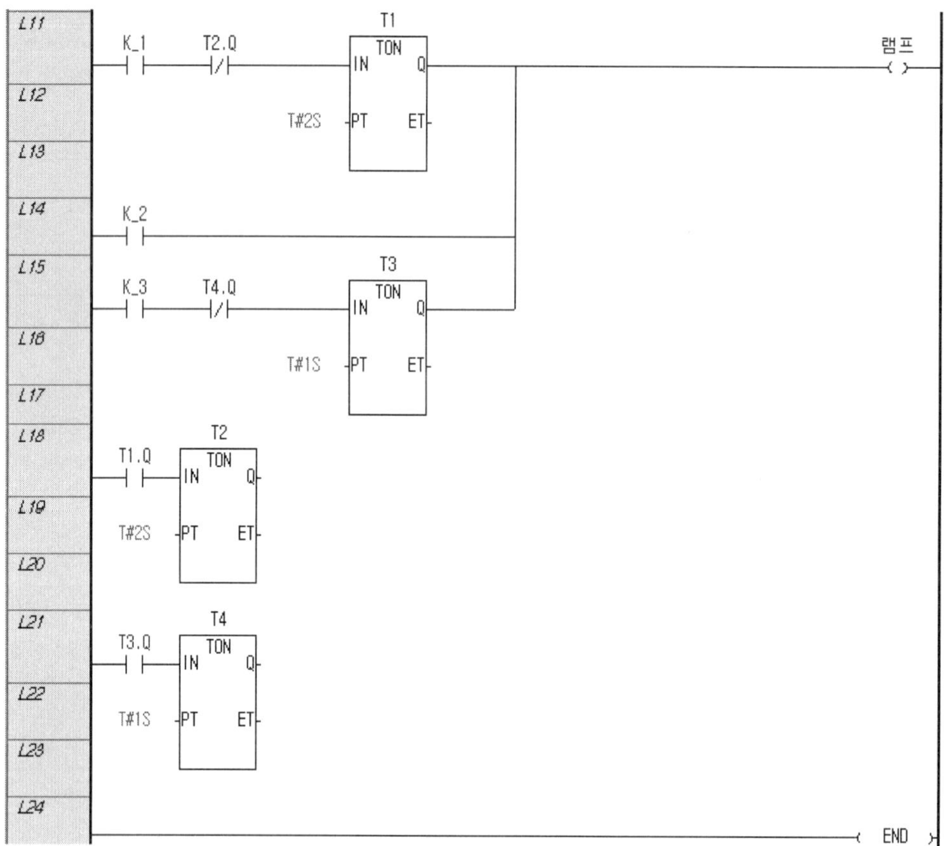

(5) 작동원리

펌프 1~3 중 어느 하나가 작동하면 K_1이 작동하여 2초 후에 램프가 켜지고 그 후 2초가 지나면 T2.Q가 작동하여 램프가 꺼지며, 그 과정이 계속된다.

3개의 펌프 중 2개 이상이 작동하면 K_2가 작동하고 따라서 램프는 계속 ON상태가 된다. 3개의 펌프가 모두 작동하지 않는 경우에는 K_3가 작동하여 1초 후에 램프가 작동하고 그 후 1초 후에 램프가 꺼지는 과정이 지속된다.

[실습 5.2.15] 시간(분, 초)의 표시

(1) 제어조건

① PB스위치(유지형)를 ON하면 1초씩 증가하여 시간(초)이 초_BCD표시기(S_BCD, %QB0.2.0)에 표시된다.

② 60초가 되면 분_BCD표시기(M_BCD, %QB0.2.1)에 1분이 표시되고 다시 1초부터 시작한다.

** CTU의 펑션블럭을 사용하여 프로그램을 작성한다.

(2) 구성요소

순서	품명	수량
1	푸시버튼스위치	1
2	초_BCD표시기용 램프	8
3	분_BCD표시기용 램프	8

(3) 입출력 변수목록

	변수 종류	변수	타입	메모리 할당	초기값	리테인	사용유무	설명문
1	VAR	MIN	CTU_INT			☐	☑	분_CTU
2	VAR	MIN수치1	INT			☐	☑	
3	VAR	MIN수치2	SINT			☐	☑	
4	VAR	M_BCD	BYTE	%QB0.3.0		☐	☑	분_BCD표시기
5	VAR	PB	BOOL	%IX0.0.0		☐	☑	푸시버튼스위치
6	VAR	SEC	CTU_INT			☐	☑	초_CTU
7	VAR	SEC수치1	INT			☐	☑	
8	VAR	SEC수치2	SINT			☐	☑	
9	VAR	S_BCD	BYTE	%QB0.2.0		☐	☑	초_BCD표시기

(4) 프로그램

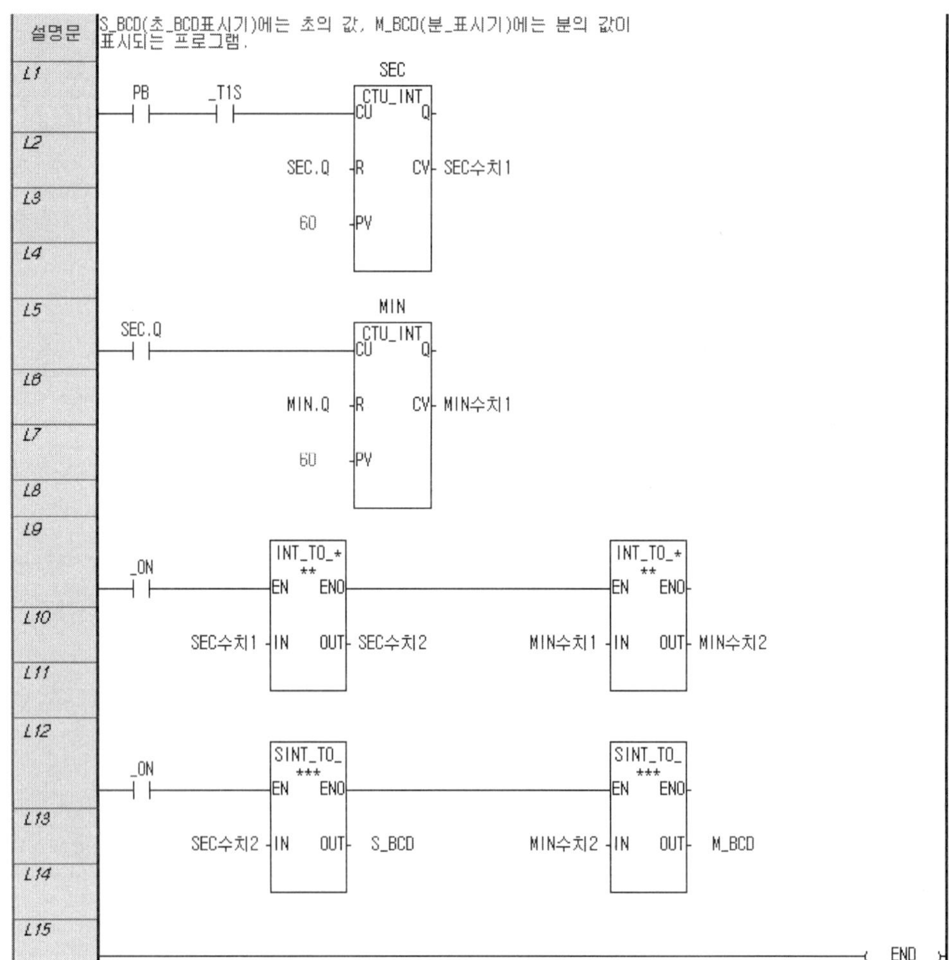

** 실험방법: M_BCD의 주소는 %QB0.3.0(%QX0.3.0~%QX0.3.7)에 각각 8개의 램프연결, S_BCD의 주소는 %QB0.2.0(%QX0.2.0~%QX0.2.7)에 각각 8개의 램프를 연결한다.

(5) 작동원리

푸시버튼 PB를 ON하면 1초마다 업카운터 SEC의 현재값 SEC수치1이 증가하여 설정치 60이 되면 업카운터 MIN의 현재값 MIN수치1이 1만큼 증가하고 업카운터 SEC는 리셋되어 다시 1초마다 현재값이 증가한다. 각각의 그 값들은 S_BCD와 M_BCD에 초와 분의 값으로 나타낸다.

분을 나타내는 램프(M_BCD)와 초를 나타내는 램프(S_BCD)의 작동을 확인한다.

[실습 5.2.16] 우선회로

(1) 제어조건

① 직렬우선회로: 컨베이어를 C1부터 순서대로 기동시키는 프로그램

② 병렬우선회로: 인터록 회로

③ 정지우선 자기유지회로: 정지버튼이 ON상태에서는 기동불가

④ 기동우선 자기유지회로: 정지버튼이 ON상태라도 기동가능

(2) 구성요소

순서	품명	수량
1	푸시버튼스위치	11
2	램프	7

(3) 입출력 변수목록

	변수 종류	변수	타입	메모리 할당	초기값	리테인	사용 유무	설명문
1	VAR	C1	BOOL	%QX0.3.0		☐	☑	컨베이어1
2	VAR	C2	BOOL	%QX0.3.1		☐	☑	컨베이어2
3	VAR	C3	BOOL	%QX0.3.2		☐	☑	
4	VAR	C4	BOOL	%QX0.3.3		☐	☑	
5	VAR	C5	BOOL	%QX0.3.4		☐	☑	
6	VAR	C6	BOOL	%QX0.3.5		☐	☑	
7	VAR	C7	BOOL	%QX0.3.6		☐	☑	컨베이어7
8	VAR	PB1	BOOL	%IX0.0.0		☐	☑	푸시버튼스위치1
9	VAR	PB2	BOOL	%IX0.0.1		☐	☑	푸시버튼스위치2
10	VAR	PB3	BOOL	%IX0.0.2		☐	☑	
11	VAR	PB4	BOOL	%IX0.0.3		☐	☑	
12	VAR	PB5	BOOL	%IX0.0.4		☐	☑	
13	VAR	PB6	BOOL	%IX0.0.5		☐	☑	
14	VAR	PB7	BOOL	%IX0.0.6		☐	☑	
15	VAR	PB8	BOOL	%IX0.0.7		☐	☑	
16	VAR	PB9	BOOL	%IX0.0.8		☐	☑	푸시버튼스위치9
17	VAR	RESET	BOOL	%IX0.0.15		☐	☑	리셋스위치
18	VAR	STOP	BOOL	%IX0.0.9		☐	☑	정지스위치
19	VAR	램프1	BOOL	%QX0.2.0		☐	☑	
20	VAR	램프2	BOOL	%QX0.2.1		☐	☑	
21	VAR	램프3	BOOL	%QX0.2.2		☐	☑	
22	VAR	램프4	BOOL	%QX0.2.3		☐	☑	
23	VAR	램프5	BOOL	%QX0.2.4		☐	☑	
24	VAR	램프6	BOOL	%QX0.2.5		☐	☑	
25	VAR	램프7	BOOL	%QX0.2.6		☐	☑	

(4) 프로그램

설명문	직렬우선회로 : 컨베어를 C1부터 순서대로 기동시키는 프로그램			
L1	PB1	STOP		C1
L2	C1			램프1
L3	PB2	C1		C2
L4	C2			램프2
L5	PB3	C2		C3
L6	C3			램프3
설명문	병렬우선회로 : 인터록회로			
L8	PB4	C5	RESET	C4
L9	C4			램프4
L10	PB5	C4	RESET	C5
L11	C5			램프5
설명문	정지우선 자기유지회로			
L13	PB6	PB7		C6
L14	C6			램프6
설명문	기동우선 자기유지회로			
L16	PB8			C7
L17	C7	PB9		램프7
L18				END

(5) 작동원리

1) 직렬우선회로

PB1을 터치하면 컨베이어 C1이 ON되며 램프1이 작동, 그 후 PB2를 터치하면 컨베이어 C2가 ON되며 램프2가 작동, 그 후 PB3를 터치하면 컨베이어 C3가 ON되며 램프3이 작동한다.

2) 병렬우선회로

PB4를 터치하면 컨베이어 C4가 ON되며 램프4가 작동, 이때 PB5를 터치해도 컨베이어 C5가 작동하지 않으며, 램프5도 작동하지 않는다. 마찬가지로 PB5를 먼저 터치하면 컨베이어 C5가 ON되며 램프5가 작동, 이때 PB4를 터치해도 컨베이어 C4가 작동하지 않고 램프4도 작동하지 않는다(인터록).

3) 정지우선 자기유지회로

PB6을 터치하면 컨베이어 C6이 ON되며 램프6이 작동한다. 그러나 PB7을 누르고 있는 상태에서는 PB6을 터치해도 컨베이어 C6 및 램프6이 작동하지 않는다(정지 우선).

4) 기동우선 자기유지회로

PB8을 터치하면 컨베이어 C7이 ON되며 램프7이 작동한다. PB9를 누르고 있는 상태에서도 PB8을 누르면 누르는 동안 컨베이어 C7이 작동하며, 램프7도 작동한다(기동우선).

[실습 5.2.17] 전송 펑션

(1) 제어조건

① 전송 펑션의 입력인 〈%IB0.1.0〉에 16#15를 키인(비트)하고 SW1스위치를 ON하여 출력인 〈BCD1값〉(%QB0.2.0)에 16#15에 해당하는 비트램프가 ON됨과 동시에 LD화면상의 〈BCD1값〉에 16#15가 display되게 한다.

② 다른 전송 펑션의 입력 〈%IW0.1.0〉에도 16#0015를 키인(비트)하고 SW2스위치를 ON하여 LD화면상에 출력인 〈BCD2값〉에 16#0015가 display되게 한다.

③ 또 다른 전송 펑션의 입력인 IN1에 16#FFFF(프로그램상에)을 입력하여 SW3를 ON하면 LD화면상에 출력인 〈BCD3값〉에 그 값이 display되게 한다.

(2) 구성요소

순서	품명	수량
1	푸시버튼스위치	3
2	램프	8
3	bar스위치	8

(3) 입출력 변수목록

	변수 종류	변수	타입	메모리 할당	초기값	리테인	사용유무	설명문
1	VAR	BCD1값	BYTE	%QB0.2.0		☐	☑	BCD1표시기
2	VAR	BCD2값	WORD			☐	☑	BCD2값 표시
3	VAR	BCD3값	WORD			☐	☑	BCD3값 표시
4	VAR	SW1	BOOL	%IX0.0.0		☐	☑	스위치1
5	VAR	SW2	BOOL	%IX0.0.1		☐	☑	스위치2
6	VAR	SW3	BOOL	%IX0.0.2		☐	☑	스위치3

(4) 프로그램

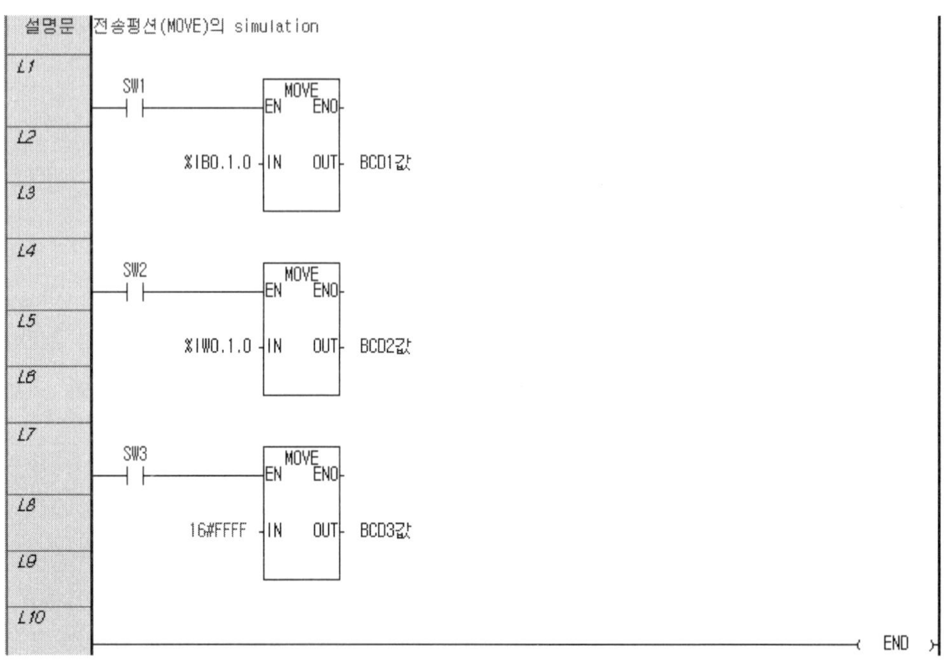

** 실험방법: 실험시 2행의 %IB0.1.0에 bar스위치 8개를 %IX0.1.0~%IX0.1.7까지 각각 배선하여 bar스위치로 수치를 입력하고(예로 16#15), %QB0.2.0에는 %QX0.2.0~%QX0.2.7까지 램프 8개를 각각 연결한다.

[실습 5.2.18] 형변환 펑션

(1) 제어조건

① BCD를 INT(정수)로 변환하기 위해 입력인 〈디지털스위치〉(%IW0.1.0)에 16진수 16#65를 입력(비트)하면 LD화면상에 출력인 〈정수값1〉에 정수 65가 display 된다.

② 상시ON 스위치에 의해 INT(정수)를 BCD로 변환시키기 위해 입력인 〈정수값1〉에 입력된 정수 65는 출력인 〈BCD표시기1〉(%QW0.2.0)에 16진수 16#0065로 display 됨과 동시에 %QW0.2.0에 비트램프로 표시된다.

③ 정수를 BCD로 형변환시키기 위해 입력인 〈정수값2〉에 56의 값을 강제 입력시키면 출력인 〈BCD표시기2〉(%QW0.3.0)에 16진수 16#0056이 display됨과 동시에 %QW0.3.0에 비트램프로 표시된다.

(2) 구성요소

순서	품명	수량
1	푸시버튼스위치	2
2	램프	16
3	bar스위치	8

(3) 입출력 변수목록

	변수 종류	변수	타입	메모리 할당	초기값	리테인	사용유무	설명문
1	VAR	BCD표시기1	WORD	%QW0.2.0		☐	☑	
2	VAR	BCD표시기2	WORD	%QW0.3.0		☐	☑	
3	VAR	디지털스위치	WORD	%IW0.1.0		☐	☑	
4	VAR	정수값1	INT			☐	☑	
5	VAR	정수값2	INT			☐	☑	변수강제입력

(4) 프로그램

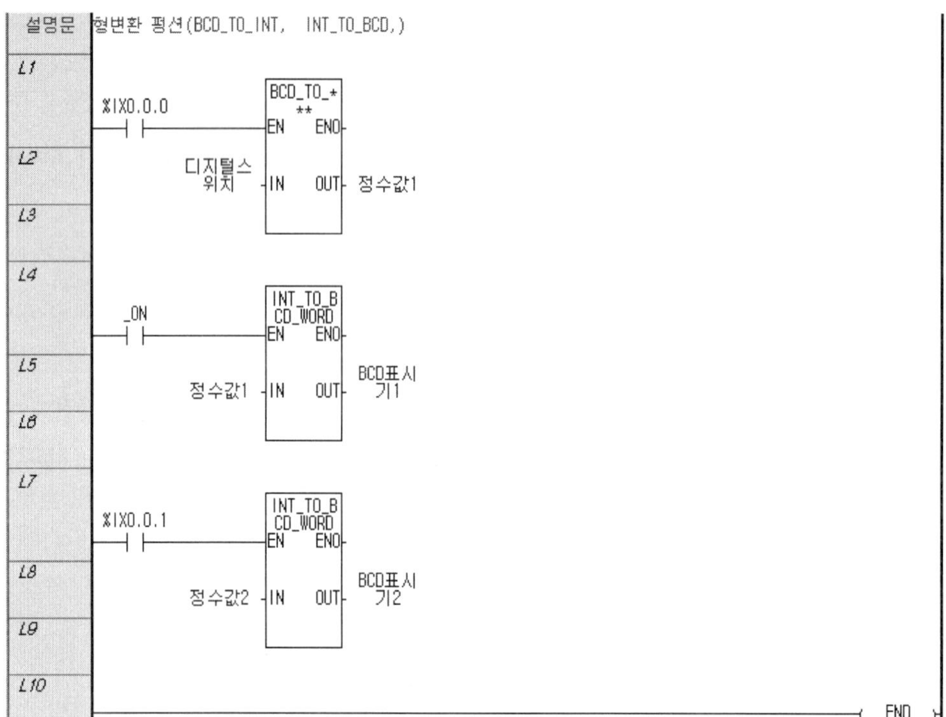

** 실험방법: 실험시 디지털스위치에는 bar스위치 8개를 %IX0.1.0~%IX0.1.7에 각각 배선, BCD표시기1과 2에는 각각 %QX0.2.0~0.2.7, %QX0.3.0~0.3.7에 각각 램프 8개씩 배선하여 실험한다. 디지털스위치에 주는 입력값은 bar스위치를 이용하여 입력하고, 그 값은 BCD표시기1에 배선한 비트램프에서 나타나고, 정수값2에는 수치를 강제입력하여 결과는 BCD표시기2에 배선한 비트램프에 나타난다.

[실습 5.2.19] 비트시프트 펑션(ROL, ROR 이용)

(1) 제어조건

① 전송 펑션의 입력 IN에 1을 입력시켜 출력인 〈ROL출력〉(%QX0.2.0)으로 전송시킨다(16#01, 제 0비트).

② ROL펑션에서 입력 IN에 〈ROL출력〉, 비트수 N에 1을 입력시켜 좌회전스위치를 ON하면 1초 간격으로 출력인 〈ROL출력〉으로 %QX0.2.0의 비트로부터 %QX0.2.7

의 8개 비트 값들이 좌측으로 이동하여 회전한다. 이 동작은 좌회전스위치를 OFF 할 때까지 계속 반복된다.

③ 전송 펑션의 입력 IN에 128(또는 16#80)을 입력시켜 출력인 〈ROR출력〉(%QX0.3.7)으로 전송시킨다(16#80, 제 7비트).

④ ROR펑션에서 입력 IN에 〈ROL출력〉, 비트수 N에 1을 입력시켜 우회전스위치를 ON하면 1초 간격으로 출력인 〈ROR출력〉으로 %QX0.3.7의 비트로부터 %QX0.3.0의 8개 비트 값들이 우측으로 이동하여 회전한다. 이 동작은 우회전스위치를 OFF할 때까지 계속 반복된다.

(2) 구성요소

순서	품명	수량
1	푸시버튼스위치	4
2	램프	16

(3) 입출력 변수목록

	변수 종류	변수	타입	메모리 할당	초기값	리테인	사용유무	설명문
1	VAR	ROL이송	BOOL	%IX0.0.0		☐	☑	
2	VAR	ROL출력	BYTE	%QB0.2.0		☐	☑	
3	VAR	ROR이송	BOOL	%IX0.0.8		☐	☑	
4	VAR	ROR출력	BYTE	%QB0.3.0		☐	☑	
5	VAR	우회전	BOOL	%IX0.0.9		☐	☑	우회전스위치
6	VAR	좌회전	BOOL	%IX0.0.1		☐	☑	좌회전스위치

(4) 프로그램

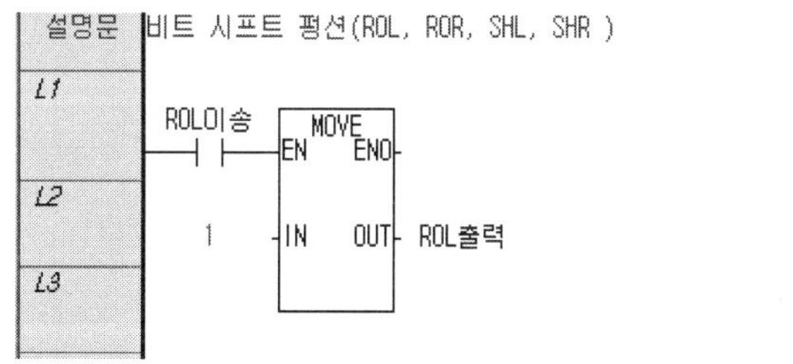

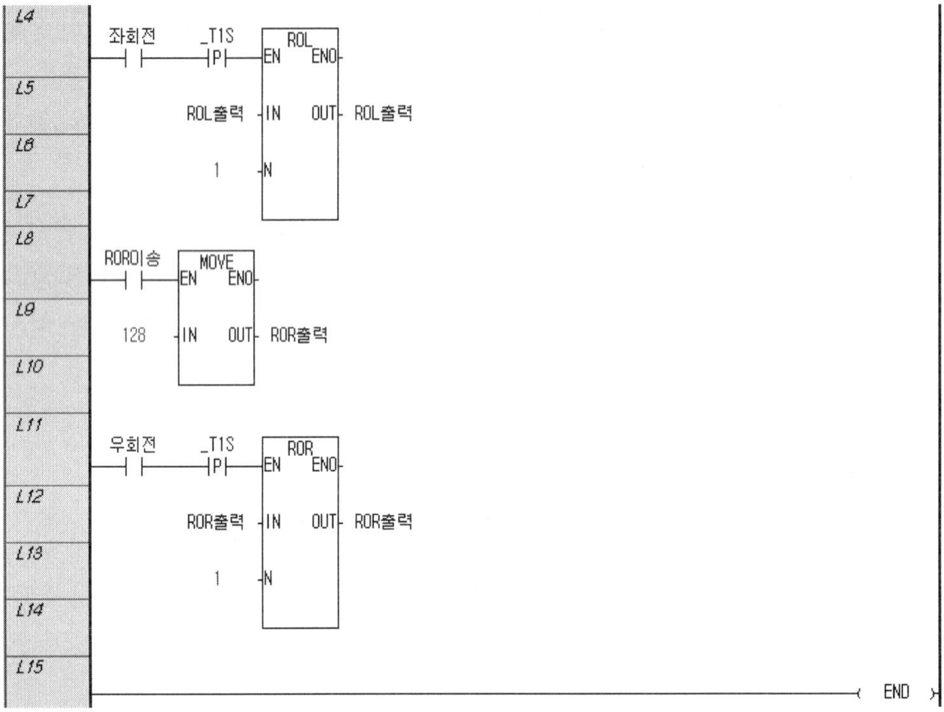

```
L4   좌회전      _T1S      ROL
     ─┤ ├──────┤P├────EN     ENO
             ROL출력 ─IN    OUT─ ROL출력
                   1 ─N
L8   ROR이송      MOVE
     ─┤ ├─────EN     ENO
         128 ─IN    OUT─ ROR출력
L11  우회전      _T1S      ROR
     ─┤ ├──────┤P├────EN     ENO
             ROR출력 ─IN    OUT─ ROR출력
                   1 ─N
L15  ──────────────────────────────( END )
```

** 실험방법: ROL출력의 주소는 %QB0.2.0(%QX0.2.0~0.2.7)에 램프 8개를 각각 배선, ROR출력의 주소는 %QB0.3.0(%QX0.3.0~0.3.7)에 램프 8개를 각각 배선한다.

[실습 5.2.20] ON Delay timer(TON) 펑션

(1) 제어조건

① PB1을 순간 터치하면 2초 간격으로 램프1, 램프2, 램프3이 순차적으로 ON된다.

② PB2를 ON하면 램프1, 램프2, 램프3이 모두 OFF된다.

③ PB3를 순간터치하면 1초 후 램프4가 점등하고, 1초 후 소등하는 과정을 반복한다(1초 간격의 점멸: 플리커 회로).

④ PB2를 ON하면 램프4가 소등된다.

** ON delay Timer를 사용하여 프로그램을 작성한다.

(2) 구성요소

순서	품명	수량
1	푸시버튼스위치	3
2	램프	4

(3) 입출력 변수목록

	변수 종류	변수	타입	메모리 할당	초기값	리테인	사용유무	설명문
1	VAR	K_1	BOOL	%MX1		☐	☑	
2	VAR	K_2	BOOL	%MX2		☐	☑	
3	VAR	PB1	BOOL	%IX0.0.0		☐	☑	푸시버튼스위치1
4	VAR	PB2	BOOL	%IX0.0.1		☐	☑	푸시버튼스위치2
5	VAR	PB3	BOOL	%IX0.0.8		☐	☑	푸시버튼스위치3
6	VAR	T1	TON			☐	☑	
7	VAR	T10	TON			☐	☑	
8	VAR	T11	TON			☐	☑	
9	VAR	T2	TON			☐	☑	
10	VAR	T3	TON			☐	☑	
11	VAR	램프1	BOOL	%QX0.2.0		☐	☑	
12	VAR	램프2	BOOL	%QX0.2.1		☐	☑	
13	VAR	램프3	BOOL	%QX0.2.2		☐	☑	
14	VAR	램프4	BOOL	%QX0.2.8		☐	☑	

(4) 프로그램

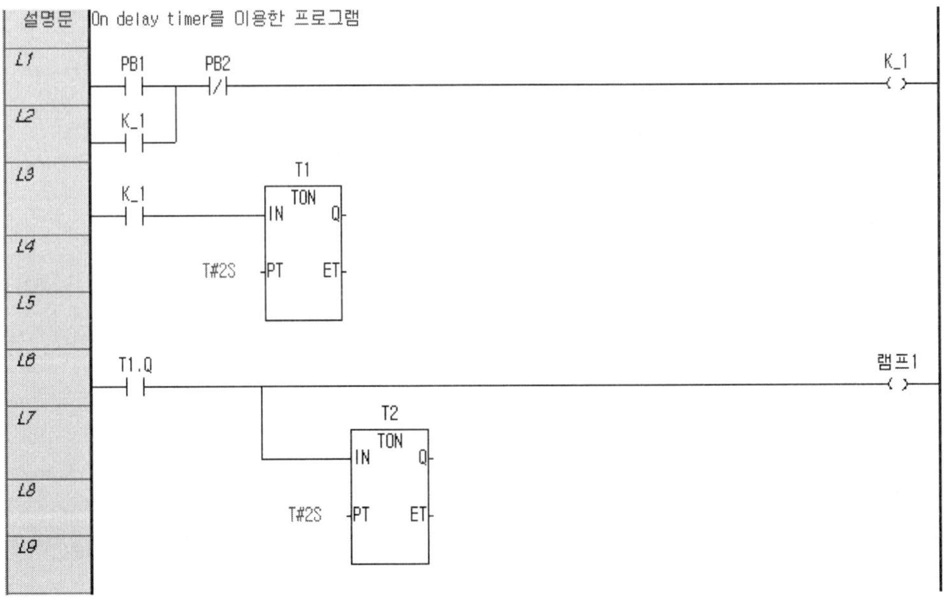

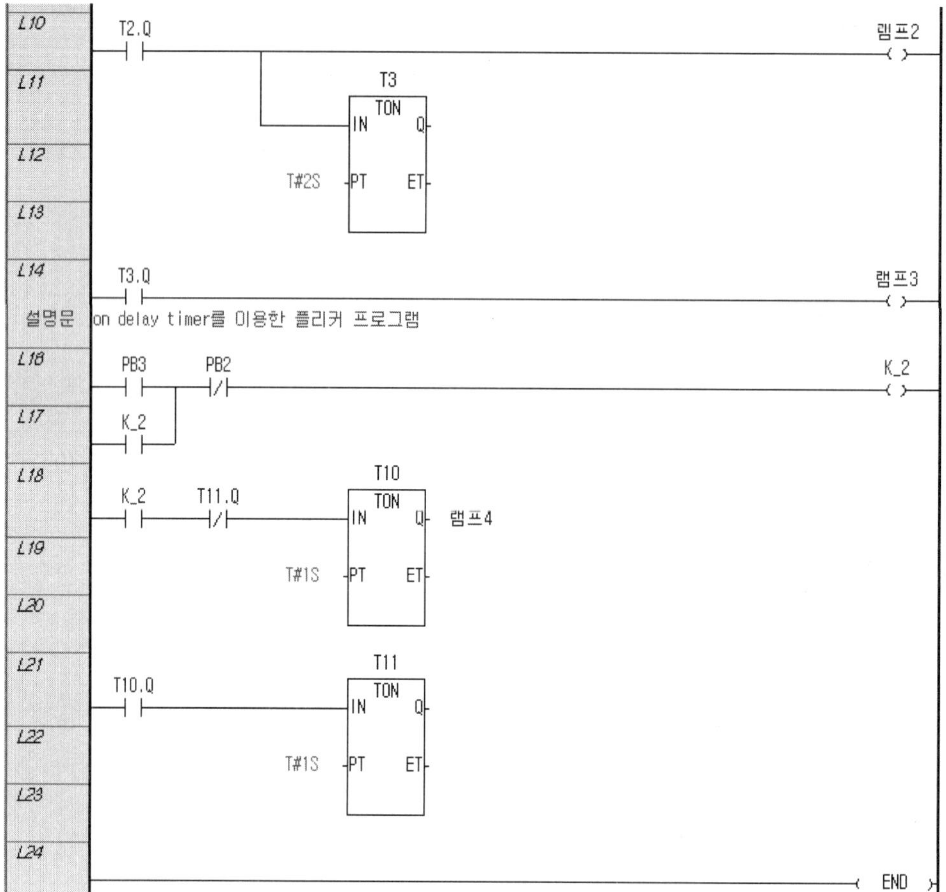

[실습 5.2.21] 3개 램프의 순차적인 점등_소등 반복

(1) 제어조건

start스위치를 터치하면 램프1이 ON 후 1초 후에 OFF되며, 바로 램프2가 ON 후 1초 후에 OFF되며 바로 램프3이 ON 후 1초 후에 OFF되는 과정을 반복한다. stop스위치를 터치하면 모든 램프가 OFF된다.

(2) 구성요소

순서	품명	수량
1	푸시버튼스위치	2
2	램프	3

(3) 입출력 변수목록

	변수 종류	변수	타입	메모리 할당	초기값	리테인	사용유무	설명문
1	VAR	K_1	BOOL	%MX1		☐	☑	
2	VAR	start	BOOL	%IX0.0.0		☐	☑	시작스위치
3	VAR	stop	BOOL	%IX0.0.1		☐	☑	정지스위치
4	VAR	T1	TON			☐	☑	
5	VAR	T2	TON			☐	☑	
6	VAR	T3	TON			☐	☑	
7	VAR	램프1	BOOL	%QX0.2.0		☐	☑	
8	VAR	램프2	BOOL	%QX0.2.1		☐	☑	
9	VAR	램프3	BOOL	%QX0.2.2		☐	☑	

(4) 프로그램

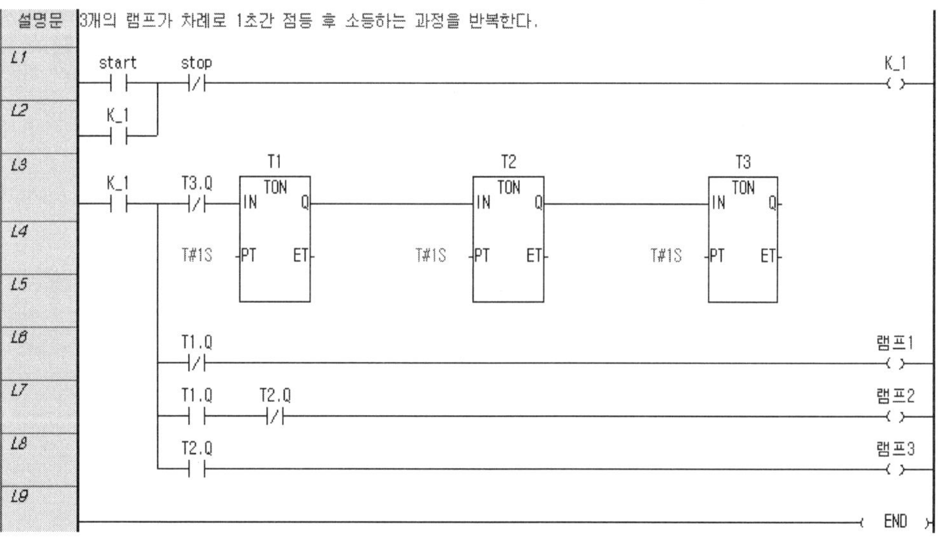

[실습 5.2.22] OFF Delay Timer(TOF) 펑션

(1) 제어조건

① 푸시버튼 PB1을 순간 터치하면 램프1, 램프2, 램프3이 동시에 점등된다.

② PB2를 ON하면 2초 후에 램프1로부터 2초 간격으로 램프2, 램프3이 차례로 소등된다.

** TOF를 사용하여 프로그램을 작성한다.

(2) 구성요소

순서	품명	수량
1	푸시버튼스위치	2
2	램프	3

(3) 입출력 변수목록

	변수 종류	변수	타입	메모리 할당	초기값	리테인	사용 유무	설명문
1	VAR	K_1	BOOL	%MX1		☐	☑	
2	VAR	PB1	BOOL	%IX0.0.0		☐	☑	푸시버튼스위치1
3	VAR	PB2	BOOL	%IX0.0.1		☐	☑	푸시버튼스위치2
4	VAR	T1	TOF			☐	☑	
5	VAR	T2	TOF			☐	☑	
6	VAR	T3	TOF			☐	☑	
7	VAR	램프1	BOOL	%QX0.2.0		☐	☑	
8	VAR	램프2	BOOL	%QX0.2.1		☐	☑	
9	VAR	램프3	BOOL	%QX0.2.2		☐	☑	

(4) 프로그램

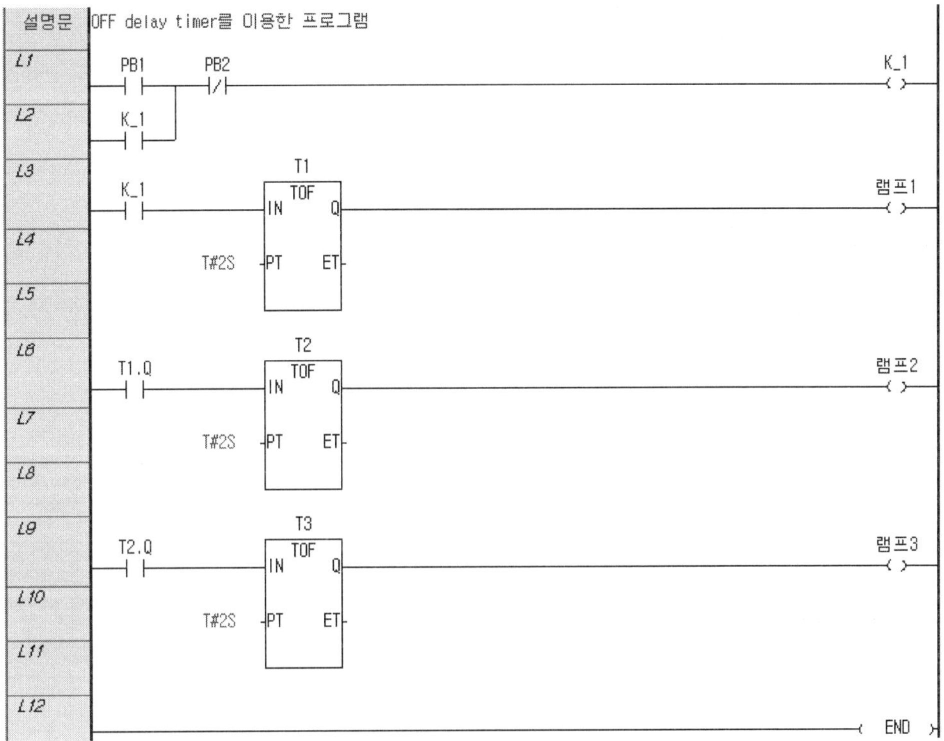

[실습 5.2.23] Pulse Timer(TP) 펑션

(1) 제어조건

① 푸시버튼스위치 PB1을 순간 터치하면 램프1은 2초간, 램프2는 5초간 점등한 후 소등된다.

② PB1을 순간터치한 후 2초 내에 PB2를 ON해도 ①항과 같은 상태가 일어난다.

** TP를 사용하여 프로그램을 작성한다.

(2) 구성요소

순서	품명	수량
1	푸시버튼스위치	2
2	램프	2

(3) 입출력 변수목록

	변수 종류	변수	타입	메모리 할당	초기값	리테인	사용유무	설명문
1	VAR	K_1	BOOL	%MX1		☐	☑	
2	VAR	PB1	BOOL	%IX0.0.0		☐	☑	푸시버튼스위치1
3	VAR	PB2	BOOL	%IX0.0.1		☐	☑	푸시버튼스위치2
4	VAR	T1	TP			☐	☑	
5	VAR	T2	TP			☐	☑	
6	VAR	램프1	BOOL	%QX0.2.0		☐	☑	
7	VAR	램프2	BOOL	%QX0.2.1		☐	☑	

(4) 프로그램

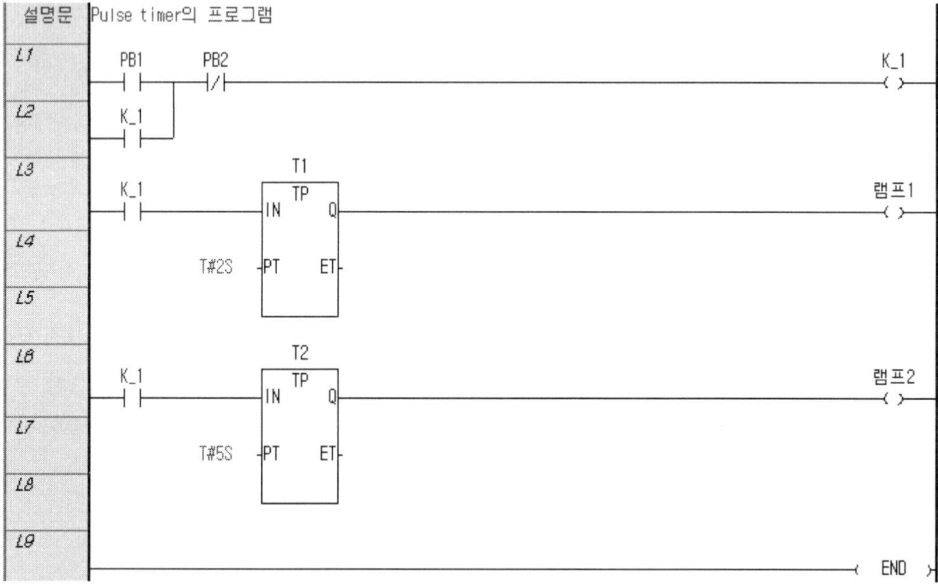

[실습 5.2.24] TMR(적산 타이머) 펑션

(1) 제어조건

푸시버튼스위치 PB를 ON, OFF를 반복하여 ON시간의 총합이 설정시간 10초가 되면 램프가 ON되고, 리셋스위치를 ON하면 설정시간이 초기화되어 램프가 OFF된다.

(2) 구성요소

순서	품명	수량
1	푸시버튼스위치	2
2	램프	1

(3) 입출력 변수목록

	변수 종류	변수	타입	메모리 할당	초기값	리테인	사용 유무	설명문
1	VAR	PB	BOOL	%IX0.0.0		☐	☑	푸시버튼스위치
2	VAR	T1	TMR			☐	☑	
3	VAR	램프	BOOL	%QX0.2.0		☐	☑	
4	VAR	리셋	BOOL	%IX0.0.1		☐	☑	리셋스위치

(4) 프로그램

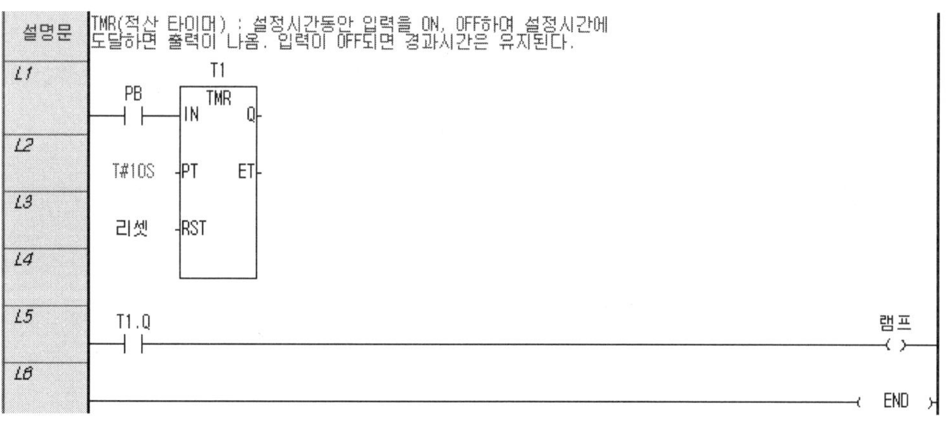

[실습 5.2.25] 산술 펑션(MUL: 곱셈, DIV: 나눗셈, MOD: 나머지)

(1) 제어조건

MUL펑션(입력 3개)의 IN1, IN2, IN3에 〈VAL1〉, 〈VAL2〉, 〈VAL3〉의 변수명을 부여하여 각각 정수값(각각 50, 30, 20)을 강제 입력시킨 후 곱셈SW를 ON하면 출력(OUT)에 〈곱셈결과〉가 display되고, DIV펑션의 IN1에 〈곱셈결과〉, 입력 IN2에 임의의 나눌 값인 변수명 〈VAL4〉의 값으로 23을 입력하여 나눗셈SW를 ON하면 출력에 〈몫〉이 display되며, MOD펑션의 입력 IN1에 〈곱셈결과〉, 입력 IN2에 〈VAL4〉를 적용하여 나머지SW를 ON하면 출력인 〈나머지〉에 계산된 나머지 값이 display된다.

** 주의: 숫자의 범위가 해당 데이터 타입의 범위를 벗어나면 에러가 발생한다. 예로서 INT의 범위는 32767이며 그 범위 내에 있어야 한다.

(2) 구성요소

순서	품명	수량
1	푸시버튼스위치	3
2	XG5000	

(3) 입출력 변수목록

	변수 종류	변수	타입	메모리 할당	초기값	리테인	사용유무	설명문
1	VAR	VAL1	INT		50	☐	☑	강제입력
2	VAR	VAL2	INT		30	☐	☑	강제입력
3	VAR	VAL3	INT		20	☐	☑	강제입력
4	VAR	VAL4	INT		23	☐	☑	강제입력
5	VAR	곱셈SW	BOOL	%IX0.0.0		☐	☑	곱셈스위치
6	VAR	곱셈결과	INT			☐	☑	
7	VAR	나눗셈SW	BOOL	%IX0.0.1		☐	☑	나눗셈스위치
8	VAR	나머지	INT			☐	☑	
9	VAR	나머지SW	BOOL	%IX0.0.2		☐	☑	나머지스위치
10	VAR	몫	INT			☐	☑	

(4) 프로그램

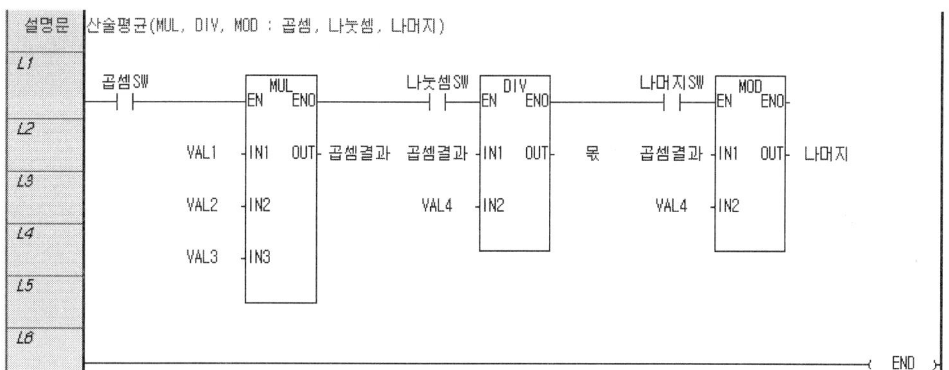

[실습 5.2.26] 비교 펑션

(1) 제어조건

① 스위치는 상시ON스위치(_ON)로 한다. BCD를 정수로 형변환하기 위해 그 펑션의 입력 IN1에 〈BCD〉(WORD, %IW0.0.0)를 부여하고 16진수의 임의의 값(16#0044)을 비트입력하면 LD화면상의 출력인 〈정수〉에 형변환된 값(44)이 display된다.

② 각 펑션의 입력1인 IN1에 그 〈정수〉(44)와 입력2인 IN2의 〈VAL1〉에 임의의 정수값(200)을 강제 입력시켜 〈VAL1〉과 비교하여 〈정수〉(44)가 〈VAL1〉보다 작으면 출력으로서 〈램프1〉, 같으면 〈램프2〉, 크면 〈램프3〉, 같지 않으면 〈램프4〉, 크거나 같으면 〈램프5〉, 작거나 같으면 〈램프6〉이 ON된다.

(2) 구성요소

순서	품명	수량
1	램프	6

(3) 입출력 변수목록

	변수 종류	변수	타입	메모리 할당	초기값	리테인	사용유무	설명문
1	VAR	BCD	WORD	%IW0.0.0		☐	☑	
2	VAR	VAL1	INT			☐	☑	강제입력
3	VAR	램프1	BOOL	%QX0.2.0		☐	☑	
4	VAR	램프2	BOOL	%QX0.2.1		☐	☑	
5	VAR	램프3	BOOL	%QX0.2.2		☐	☑	
6	VAR	램프4	BOOL	%QX0.2.3		☐	☑	
7	VAR	램프5	BOOL	%QX0.2.4		☐	☑	
8	VAR	램프6	BOOL	%QX0.2.5		☐	☑	
9	VAR	정수	INT			☐	☑	

(4) 프로그램

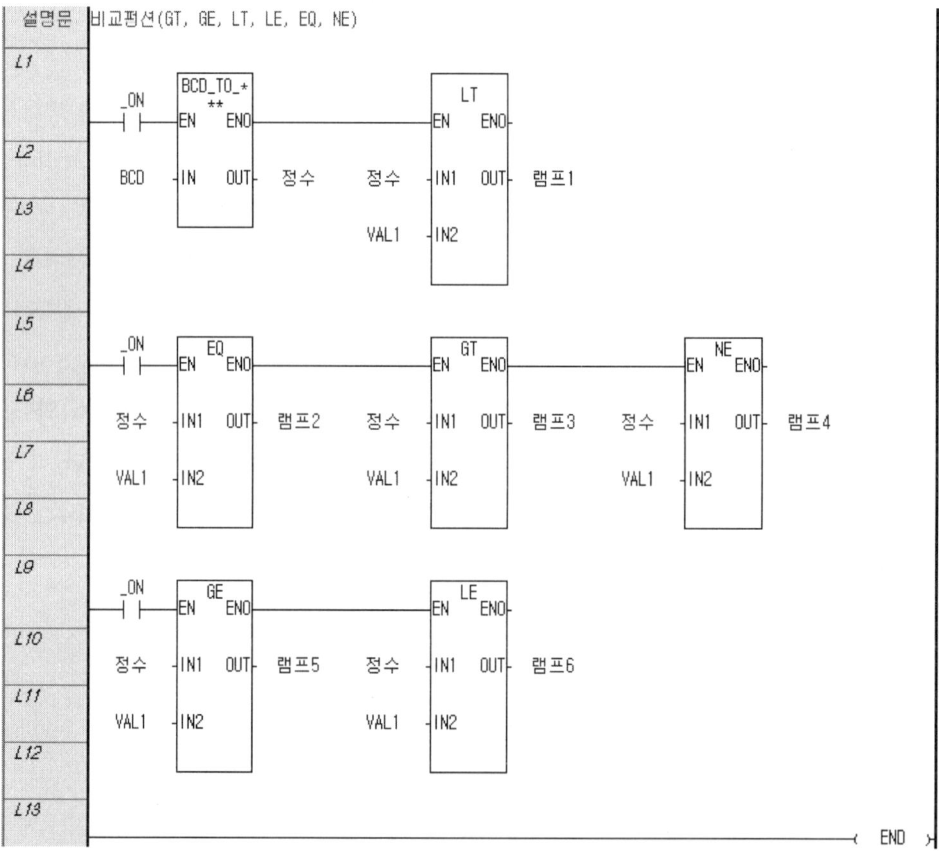

** 실험방법: BCD에는 비트입력(16#0044), VAL1에는 강제입력(200)으로 입력한다. %IW0.0.0에 bar스위치를 %IX0.0.0 ~ %IX0.0.7까지 8개를 배선하여 비트입력 시킨다.

[실습 5.2.27] 3대의 컨베이어 제어

(1) 제어조건

① A ,B, C 3대의 컨베이어를 정해진 순서에 맞게 제어한다.

② start스위치를 터치하면 컨베이어A가 기동하며, 그 후 5초 간격으로 컨베이어가 B, C의 순서로 기동한다.

③ stop스위치를 터치하면 컨베이어C가 정지되며, 그 후 5초 간격으로 컨베이어가 B, A의 순서로 정지된다.

(2) 구성요소

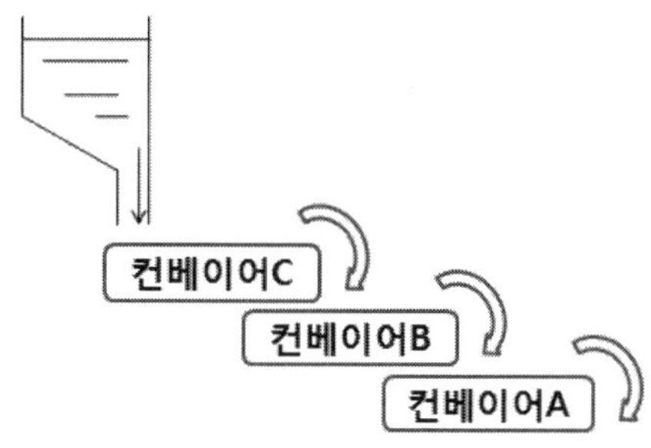

순서	품명	수량
1	푸시버튼스위치	2
2	램프(컨베이어의 대용)	4

(3) 입출력 변수목록

	변수 종류	변수	타입	메모리 할당	초기값	리테인	사용유무	설명문
1	VAR	K_1	BOOL	%MX1		☐	☑	
2	VAR	START	BOOL	%IX0.0.0		☐	☑	시작스위치
3	VAR	STOP	BOOL	%IX0.0.1		☐	☑	정지스위치
4	VAR	T1	TOF			☐	☑	
5	VAR	T2	TON			☐	☑	
6	VAR	T3	TOF			☐	☑	
7	VAR	T4	TON			☐	☑	
8	VAR	컨베이어_A	BOOL	%QX0.2.0		☐	☑	
9	VAR	컨베이어_B	BOOL	%QX0.2.1		☐	☑	
10	VAR	컨베이어_C	BOOL	%QX0.2.2		☐	☑	

(4) 프로그램

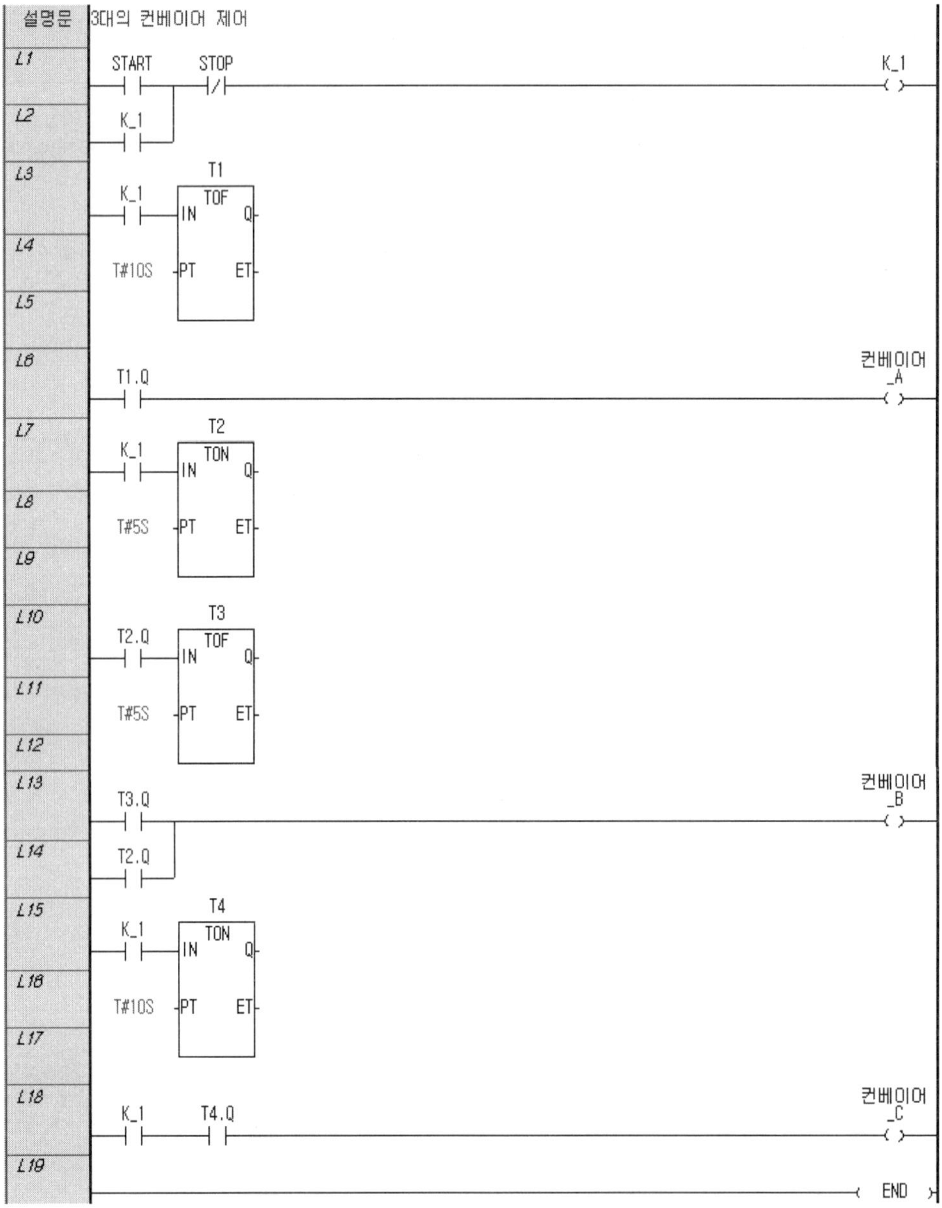

설명문 3대의 컨베이어 제어

L1 START STOP K_1
L2 K_1
L3 K_1 T1 TOF IN Q
L4 T#10S PT ET
L5
L6 T1.Q 컨베이어_A
L7 K_1 T2 TON IN Q
L8 T#5S PT ET
L9
L10 T2.Q T3 TOF IN Q
L11 T#5S PT ET
L12
L13 T3.Q 컨베이어_B
L14 T2.Q
L15 K_1 T4 TON IN Q
L16 T#10S PT ET
L17
L18 K_1 T4.Q 컨베이어_C
L19 END

(5) 작동원리

start버튼을 터치하면 K_1이 ON되고 동시에 T1.Q가 ON되어 컨베이어A가 작동한다. 그로부터 5초 후 T2.Q가 ON되어(이때 T3.Q도 ON됨) 컨베이어B가 작동하고 다시 5초 후에 T4.Q가 작동하여 컨베이어C가 작동한다.

stop버튼을 터치하면 K_1이 OFF되어 컨베이어C가 정지하고 동시에 T2.Q가 OFF되며 5초 후 T3.Q도 OFF되므로 컨베이어B가 정지한다. 그로부터 5초 후(stop이 ON 후 10초)에는 T1.Q도 OFF되므로 컨베이어A가 정지한다.

[실습 5.2.28] 히터 가동 수 및 정지제어

(1) 제어조건

푸시버튼스위치 PB를 터치하면 히터1과 램프1이 동작한다. PB를 다시 터치하면 히터2와 램프2가 동작한다. 또 PB를 터치하면 히터1 및 히터2 그리고 램프1 및 램프2 모두가 동작을 정지한다.

(2) 구성요소

순서	품명	수량
1	푸시버튼스위치	1
2	램프	2
3	히터(편솔_실린더로 대용)	2
4	PLC Kit	1

(3) 입출력 변수목록

	변수 종류	변수	타입	메모리 할당	초기값	리테인	사용유무	설명문
1	VAR	K_0	BOOL	%MX0		☐	☑	
2	VAR	PB	BOOL	%IX0.0.0		☐	☑	푸시버튼스위치
3	VAR	램프1	BOOL	%QX0.3.0		☐	☑	
4	VAR	램프2	BOOL	%QX0.3.1		☐	☑	
5	VAR	정지	BOOL			☐	☑	정지스위치
6	VAR	히터1	BOOL	%QX0.2.0		☐	☑	
7	VAR	히터2	BOOL	%QX0.2.1		☐	☑	

(4) 프로그램

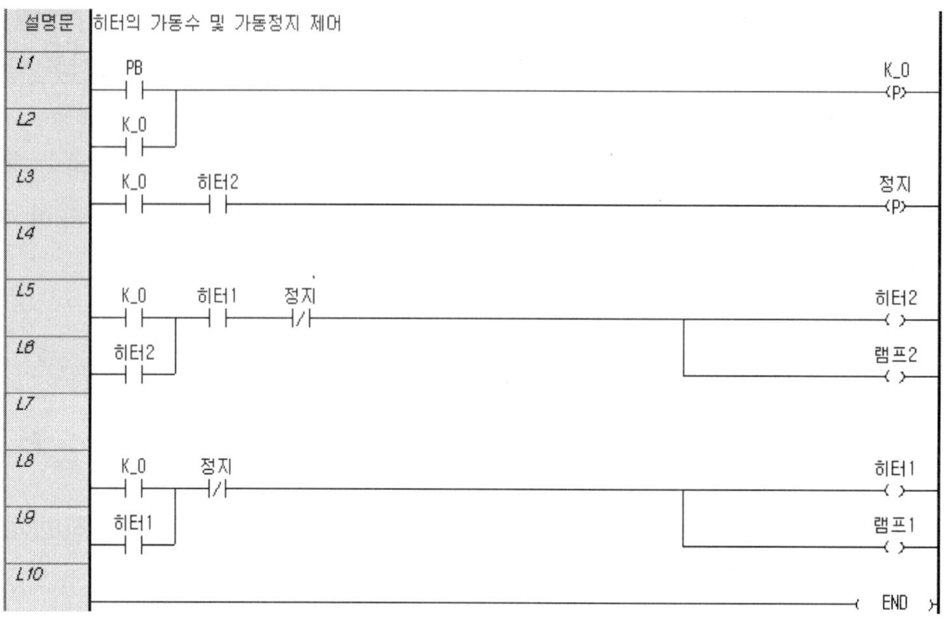

[실습 5.2.29] 자동창고 재고숫자 표시

(1) 제어조건

① 자동창고의 입고와 출고는 입고 및 출고 컨베이어에 의하고, 숫자의 카운트는 입고센서 및 출고센서에 의한다.

② 자동창고의 재고가 10개 이상이면 입고컨베이어는 정지하며(입고센서가 카운트에 입력불가), 재고가 없으면 출고컨베이어가 정지(출고센서가 카운트에 입력불가) 한다.

③ 자동창고 재고숫자는 외부에 디지털로 표시되고, 전 시스템은 시스템정지 스위치에 의해 정지할 수 있다.

(2) 구성요소

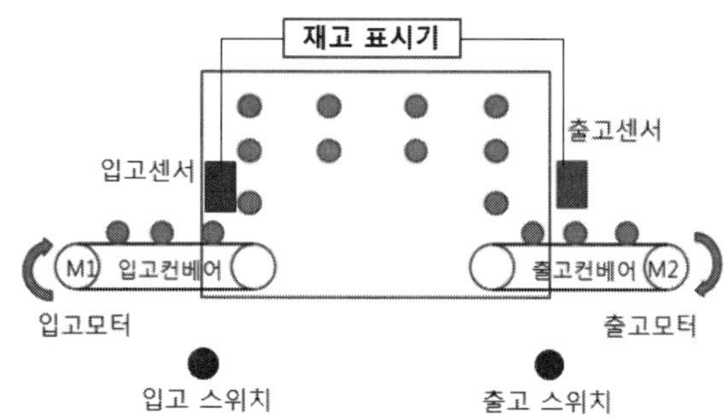

순서	품명	수량
1	푸시버튼스위치	5
2	램프	8
3	센서	2
4	컨베이어(편솔 실린더로 대용)	2

(3) 입출력 변수목록

	변수 종류	변수	타입	메모리 할당	초기값	리테인	사용유무	설명문
1	VAR	C1	CTUD_INT			☐	☑	
2	VAR	K_1	BOOL	%MX1		☐	☑	
3	VAR	K_2	BOOL	%MX2		☐	☑	
4	VAR	K_3	BOOL	%MX3		☐	☑	
5	VAR	LOAD	BOOL	%IX0.0.9		☐	☑	로드스위치
6	VAR	RESET	BOOL	%IX0.0.8		☐	☑	리셋스위치
7	VAR	시스템정지	BOOL	%IX0.0.15		☐	☑	시스템정지스위치
8	VAR	입고센서	BOOL	%IX0.0.3		☐	☑	
9	VAR	입고컨베이어	BOOL	%QX0.2.0		☐	☑	
10	VAR	입고컨베이어SW	BOOL	%IX0.0.1		☐	☑	입고컨베이어스위치
11	VAR	출고센서	BOOL	%IX0.0.4		☐	☑	
12	VAR	출고컨베이어	BOOL	%QX0.2.1		☐	☑	
13	VAR	출고컨베이어SW	BOOL	%IX0.0.2		☐	☑	출고컨베이어스위치

(4) 프로그램

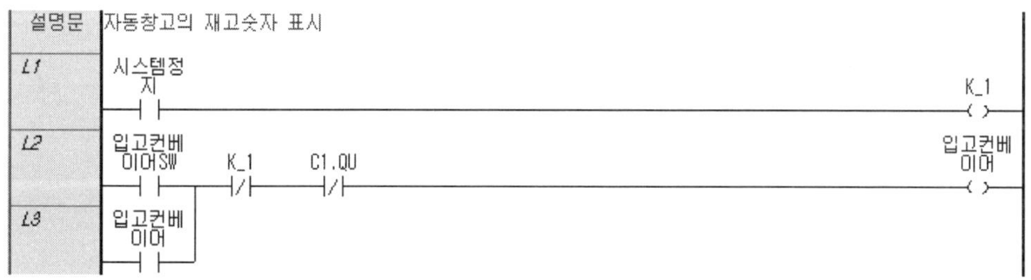

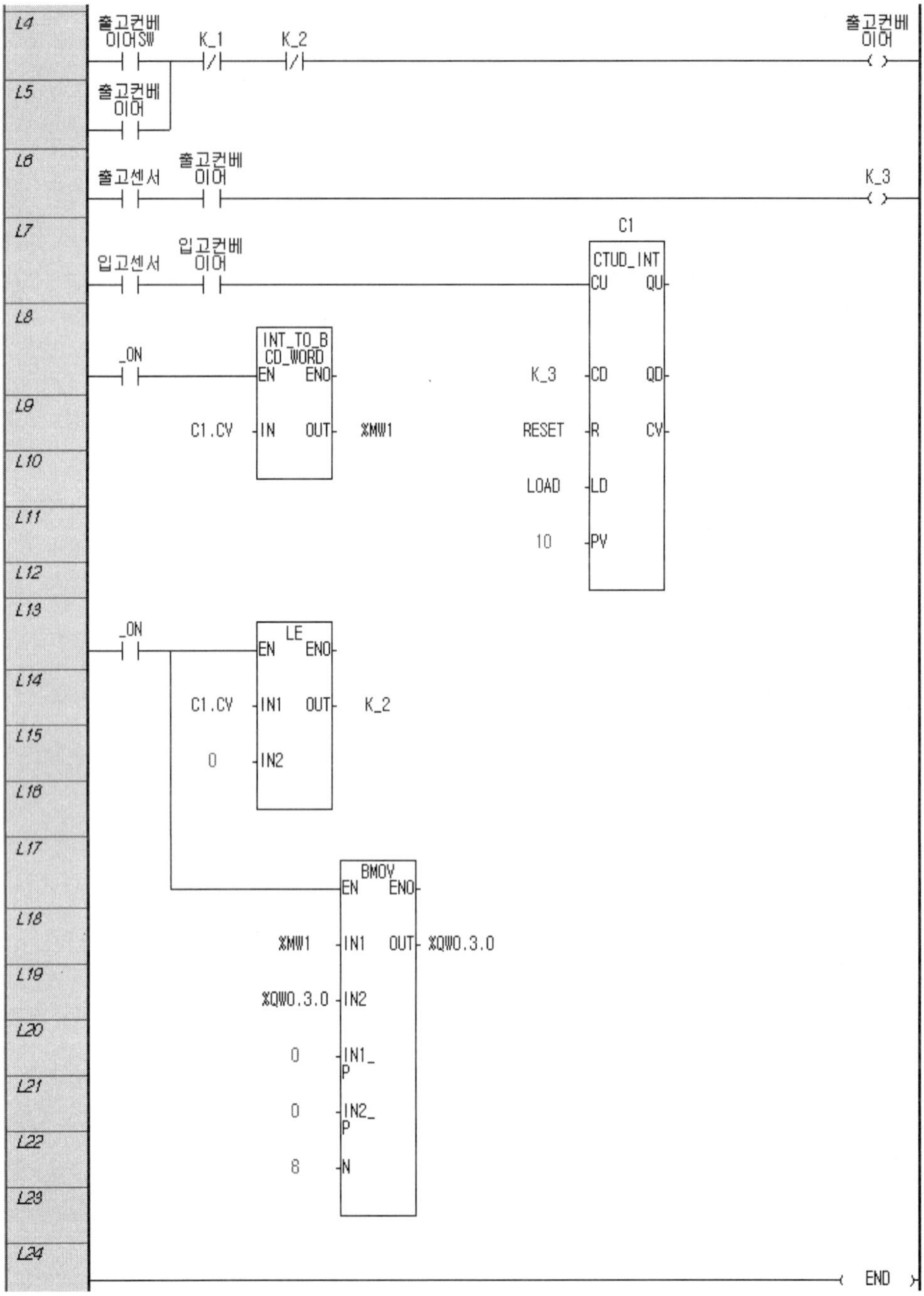

```
출고컨베이어SW   K_1   K_2                                          출고컨베이어
──┤ ├──┬──┤/├──┤/├──────────────────────────────────────( )──
출고컨베이어 │
──┤ ├──┘

출고센서   출고컨베이어                                              K_3
──┤ ├──┤ ├─────────────────────────────────────────────( )──

                                                  C1
입고센서   입고컨베이어                            CTUD_INT
──┤ ├──┤ ├─────────────────────────────────CU          QU─

 _ON              INT_TO_BCD_WORD
──┤ ├─────────────EN        ENO─          K_3 ─CD          QD─
         C1.CV ─IN        OUT─ %MW1     RESET ─R           CV─
                                          LOAD ─LD
                                            10 ─PV

 _ON                  LE
──┤ ├──┬──────────EN        ENO─
       │  C1.CV ─IN1       OUT─ K_2
       │      0 ─IN2
       │
       │                    BMOV
       └────────────────────EN        ENO─
                    %MW1 ─IN1       OUT─ %QW0.3.0
                %QW0.3.0 ─IN2
                       0 ─IN1_P
                       0 ─IN2_P
                       8 ─N

──────────────────────────────────────────────────────────( END )
```

[실습 5.2.30] Up Counter(CTU: 가산 카운터) 펑션블록

(1) 제어조건

① 푸시버튼 PB를 2번 ON/OFF하면 램프1이 점등한다.

② 푸시버튼 PB를 4번 ON/OFF하면 램프2가 점등한다.

③ reset스위치를 ON하면 현재값 CV=0으로 리셋되며 램프는 모두 소등된다.

(2) 구성요소

순서	품명	수량
1	푸시버튼스위치	2
2	램프	2

(3) 입출력 변수목록

	변수 종류	변수	타입	메모리 할당	초기값	리테인	사용유무	설명문
1	VAR	C1	CTU_INT			☐	☑	
2	VAR	C2	CTU_INT			☐	☑	
3	VAR	PB	BOOL	%IX0.0.0		☐	☑	푸시버튼스위치
4	VAR	RESET	BOOL	%IX0.0.1		☐	☑	리셋스위치
5	VAR	램프1	BOOL	%QX0.2.0		☐	☑	
6	VAR	램프2	BOOL	%QX0.2.1		☐	☑	

(4) 프로그램

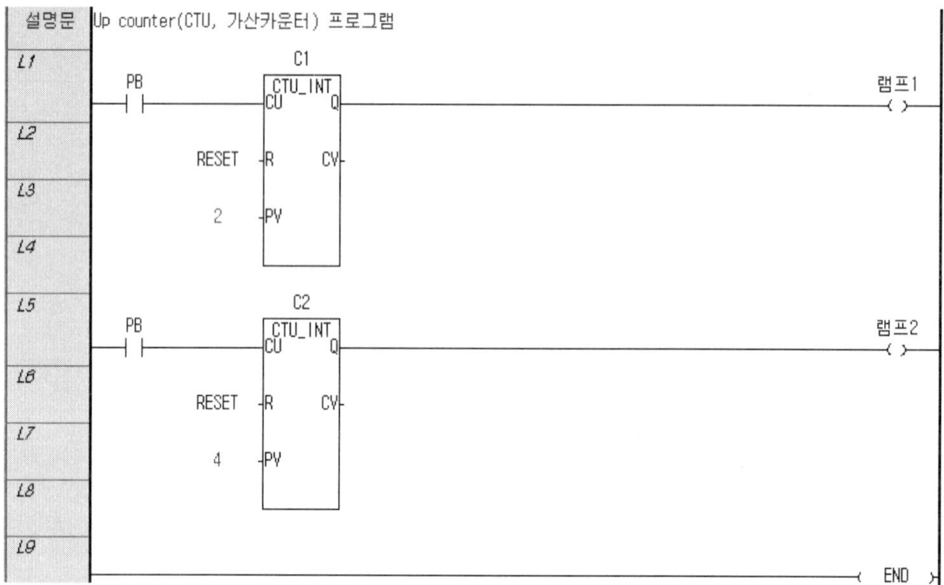

[실습 5.2.31] Up-Down Counter(CTUD: 가감산 카운터) 펑션블록

(1) 제어조건

① 초기에 전송 펑션을 이용하며 그 펑션의 입력 IN1에 3을 입력하여 _1ON(첫scan ON)에 의해 가감산 카운터의 현재값인 C1.CV에 전송시킨다.

② 가감산펑션 CTUD를 이용하면 현재값 CV는 3이 된다. 설정치(PV)는 10으로 입력한다.

③ UP스위치를 순간터치(펄스입력)하면 현재값 CV가 1씩 증가하며 DOWN스위치를 펄스입력하면 현재값 CV가 1씩 감소한다.

④ 현재값 CV가 설정치(PV) 10 이상이면 램프1이 ON된다.

⑤ 현재값 CV가 0 이하이면 램프2가 ON된다.

⑥ RESET스위치를 ON하면 현재값 CV는 0으로 리셋되며, 램프2가 ON된다.

⑦ LOAD스위치를 ON하면 현재값(CV)이 설정치 10으로 로드되며, 램프1이 ON된다.

(2) 구성요소

순서	품명	수량
1	푸시버튼스위치	4
2	램프	2

(3) 입출력 변수목록

	변수 종류	변수	타입	메모리 할당	초기값	리테인	사용 유무	설명문
1	VAR	C1	CTUD_INT			☐	☑	
2	VAR	DOWN	BOOL	%IX0.0.1		☐	☑	감산스위치
3	VAR	LOAD	BOOL	%IX0.0.3		☐	☑	로드스위치
4	VAR	RESET	BOOL	%IX0.0.2		☐	☑	리셋스위치
5	VAR	UP	BOOL	%IX0.0.0		☐	☑	가산스위치
6	VAR	램프1	BOOL	%QX0.2.0		☐	☑	
7	VAR	램프2	BOOL	%QX0.2.1		☐	☑	

(4) 프로그램

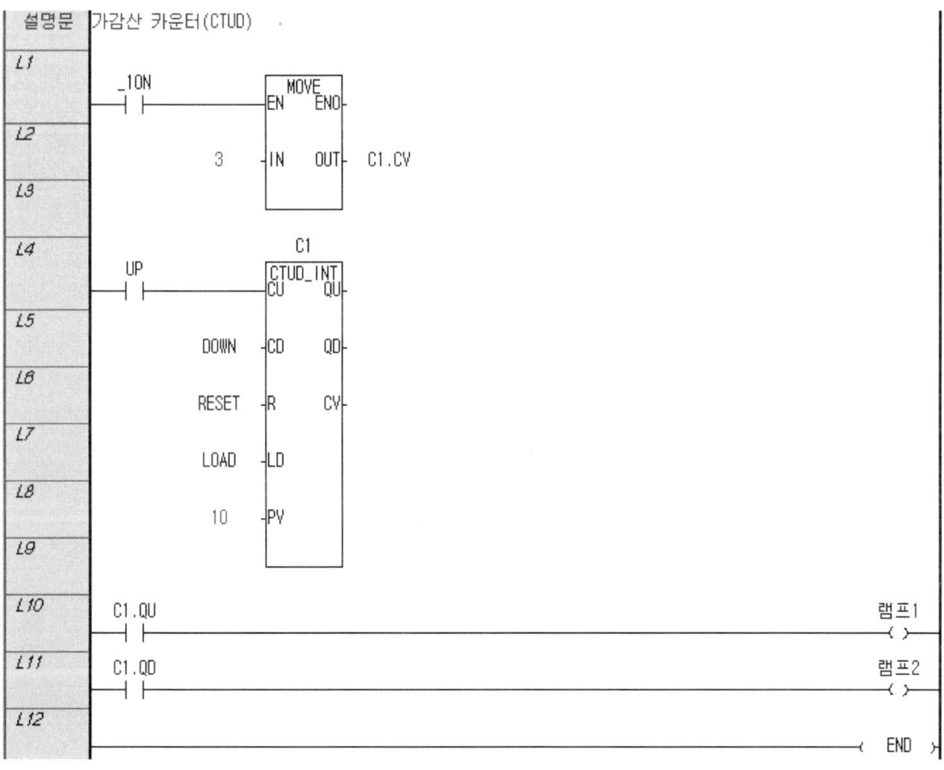

[실습 5.2.32] 플리커 회로

(1) 제어조건

start스위치를 터치하면 3초 후에 램프가 점등하고 그로부터 다시 3초가 지나면 램프가 소등한다. 이러한 동작은 stop스위치를 누를 때까지 계속된다.

(2) 구성요소

순서	품명	수량
1	푸시버튼스위치	2
2	램프	1

(3) 입출력 변수목록

	변수 종류	변수	타입	메모리 할당	초기값	리테인	사용유무	설명문
1	VAR	C1	CTU_INT			☐	☑	
2	VAR	K_1	BOOL	%MX1		☐	☑	
3	VAR	K_2	BOOL	%MX2		☐	☑	
4	VAR	reset	BOOL			☐	☑	
5	VAR	start	BOOL	%IX0.0.0		☐	☑	시작스위치
6	VAR	stop	BOOL	%IX0.0.1		☐	☑	정지스위치
7	VAR	T1	TON			☐	☑	
8	VAR	램프	BOOL	%QX0.2.0		☐	☑	

(4) 프로그램

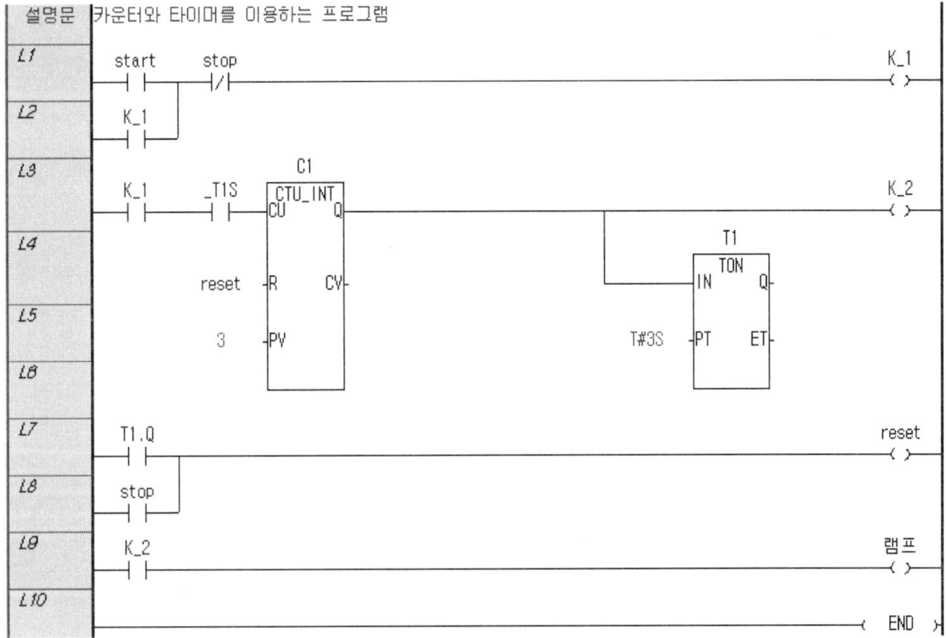

(5) 작동원리

start스위치를 터치하면 코일 K_1이 작동하여 자기유지 된다. 따라서 K_1접점이 ON되어 1초클럭이 3회 작동하면 업카운터 C1.Q가 출력하여 K_2가 작동하므로 램프가 점등한다. 그 시점에서 3초가 지나면 타이머 T1이 작동하여 reset되므로 C1.Q가 OFF되어 K_2가 OFF되므로 램프가 소등한다. 1초클럭은 또다시 초기와 같이 작동하므로 램프가 3초 ON, 3초 OFF를 반복하며 stop스위치를 ON하면 모든 동작이 정지된다.

[실습 5.2.33] 모터의 정역회전 제어(릴레이 이용)

(1) 제어조건

① 정회전스위치 SW1을 터치하면 모터가 정회전하고, 역회전스위치 SW2를 터치하면 모터가 역회전 한다.

② stop스위치를 터치하면 모터가 정지한다.

③ 스위치 상호간에는 인터록 회로를 구성하여 제어한다.

(2) 구성요소

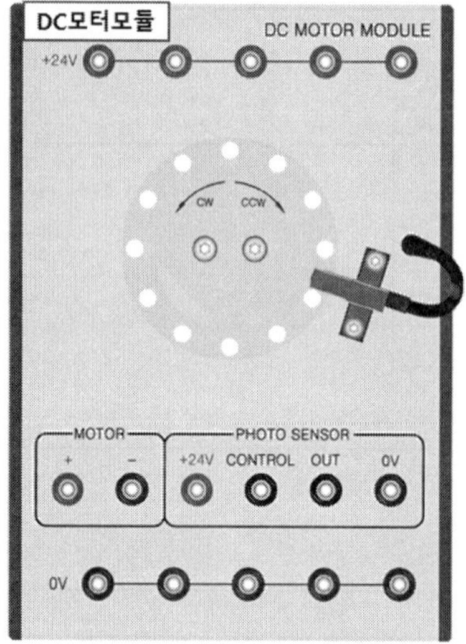

DC Motor 모듈

순서	품명	수량
1	푸시버튼스위치	3
2	DC Motor Module	1
3	3쌍 릴레이	1
4	PLC Kit	1

(3) 입출력 변수목록

	변수 종류	변수	타입	메모리 할당	초기값	리테인	사용유무	설명문
1	VAR	CCW	BOOL	%QX0.2.1		☐	☑	모터역회전
2	VAR	CW	BOOL	%QX0.2.0		☐	☑	모터정회전
3	VAR	K_1	BOOL	%MX1		☐	☑	
4	VAR	K_2	BOOL	%MX2		☐	☑	
5	VAR	STOP	BOOL	%IX0.0.2		☐	☑	정지스위치
6	VAR	SW1	BOOL	%IX0.0.0		☐	☑	정회전스위치
7	VAR	SW2	BOOL	%IX0.0.1		☐	☑	역회전스위치

(4) 프로그램

설명문	스위치를 이용한 모터의 정역회전 제어(릴레이 2개 사용)			
L1	SW1 ─┤ ├─	SW2 ─┤/├─	STOP ─┤/├─	K_1 ─( )─
L2	K_1 ─┤ ├─	K_2 ─┤/├─		
L3	SW2 ─┤ ├─	SW1 ─┤/├─	STOP ─┤/├─	K_2 ─( )─
L4	K_2 ─┤ ├─	K_1 ─┤/├─		
L5	K_1 ─┤ ├─			CW ─( )─
L6	K_2 ─┤ ├─			CCW ─( )─
L7				─[END]─

(5) 결선

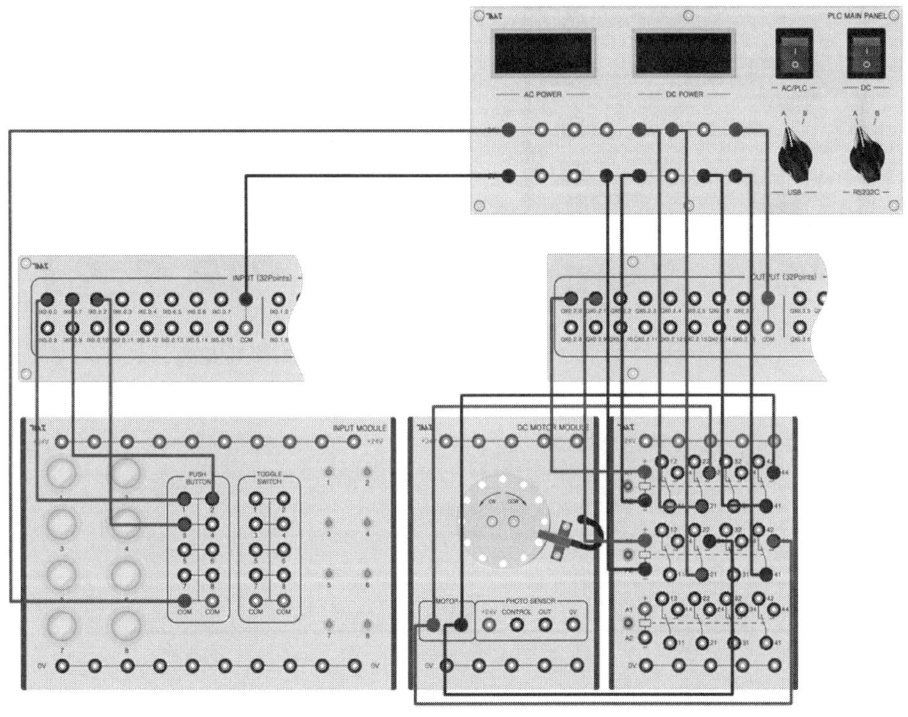

[실습 5.2.34] 센서를 이용한 램프제어

(1) 제어조건

① 유도형 센서와 정전용량형 센서를 이용하여 센서가 검출되면 램프가 점등하는 제어이다.

② 유도형 센서가 검출되면 램프1이 ON되고, 정전용량형 센서가 검출되면 램프2가 ON되어야 한다.

(2) 구성요소

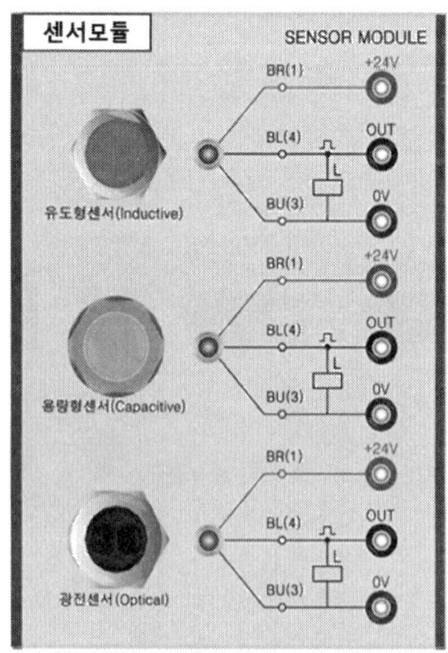

센서모듈

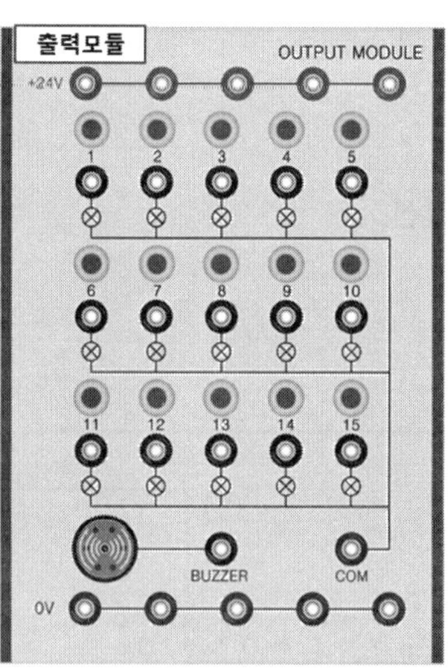

출력(램프)모듈

순서	품명	수량
1	Sensor Module	1
2	램프	2
3	PLC Kit	1

(3) 입출력 변수목록

	변수 종류	변수	타입	메모리 할당	초기값	리테인	사용 유무	설명문
1	VAR	K_1	BOOL	%MX1		☐	☑	
2	VAR	K_2	BOOL	%MX2		☐	☑	
3	VAR	램프1	BOOL	%QX0.2.0		☐	☑	유도형센서 확인램프
4	VAR	램프2	BOOL	%QX0.2.1		☐	☑	정전용량형센서 확인램프
5	VAR	유도형센서	BOOL	%IX0.0.0		☐	☑	
6	VAR	정전용량형센서	BOOL	%IX0.0.1		☐	☑	

(4) 프로그램

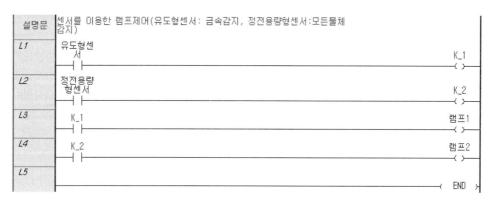

설명문	센서를 이용한 램프제어(유도형센서: 금속감지, 정전용량형센서:모든물체감지)
L1	유도형센서 ─┤ ├─ ... ─( )─ K_1
L2	정전용량형센서 ─┤ ├─ ... ─( )─ K_2
L3	K_1 ─┤ ├─ ... ─( )─ 램프1
L4	K_2 ─┤ ├─ ... ─( )─ 램프2
L5	─ ... ─(END)─

(5) 결선

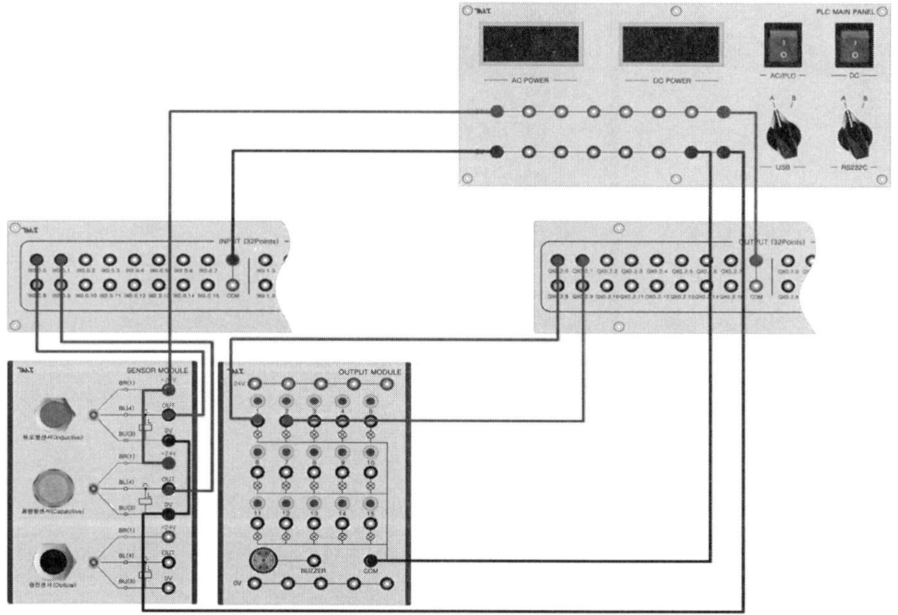

[실습 5.2.35] 스위치에 의한 FND(Flexible Numeric Display)의 숫자 표시(한 자리 수)

(1) 제어조건

① 스위치를 ON/OFF할 때마다 FND의 표시판에 숫자가 0~9까지 순서대로 표시되어야 한다.

② 9에서 스위치를 ON/OFF하면 "0"이 표시되어야 한다.

** 음변환 검출접점, 전송 펑션 MOVE, CTU펑션블럭을 사용하여 프로그램을 작성한다. 전송 펑션의 출력에는 내부메모리 %MW1을 이용하고 %MW1.0에는 출력변수명 A로 설정하여 %QX0.2.0의 비트 어드레스를 부여하고, 그것이 1의 값으로 표시되게 한다. 같은 방법으로 %MW1.1에는 출력변수명 B로서 %QX0.2.1의 비트 어드레스를 부여하여 그것이 2의값, %MW1.2에는 출력변수명 C로서 %QX0.2.2의 비트 어드레스를 부여하여 4의 값, %MW1.3에는 출력변수명 D로서 %QX0.2.3의 어드레스이며 8의 값이 표시되게 한다. 그러면 나머지 %QX0.2.4~%QX0.2.15까지의 어드레스를 더 사용할 수 있게 된다.

(2) 구성요소

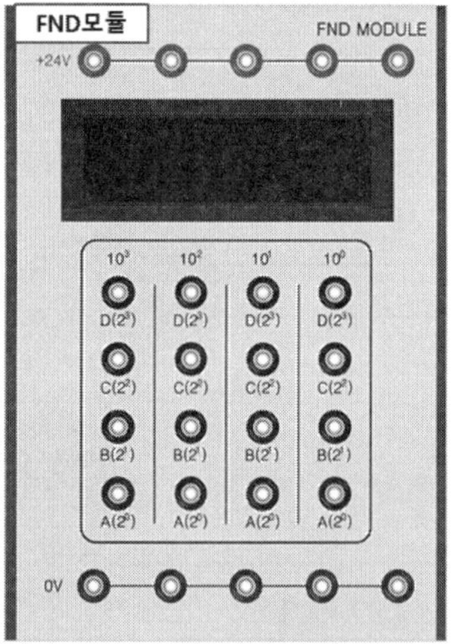

FND모듈

순서	품명	수량
1	푸시버튼스위치	1
2	FND모듈	1
3	PLC Kit	1

(3) 입출력 변수목록

	변수 종류	변수	타입	메모리 할당	초기값	리테인	사용유무	설명문
1	VAR	A	BOOL	%QX0.2.0		☐	☑	BCD A(1)출력
2	VAR	B	BOOL	%QX0.2.1		☐	☑	BCD B(2)출력
3	VAR	C	BOOL	%QX0.2.2		☐	☑	BCD C(4)출력
4	VAR	C1	CTU_INT			☐	☑	
5	VAR	D	BOOL	%QX0.2.3		☐	☑	BCD D(8)출력
6	VAR	스위치	BOOL	%IX0.0.0		☐	☑	푸시버튼스위치

(4) 프로그램

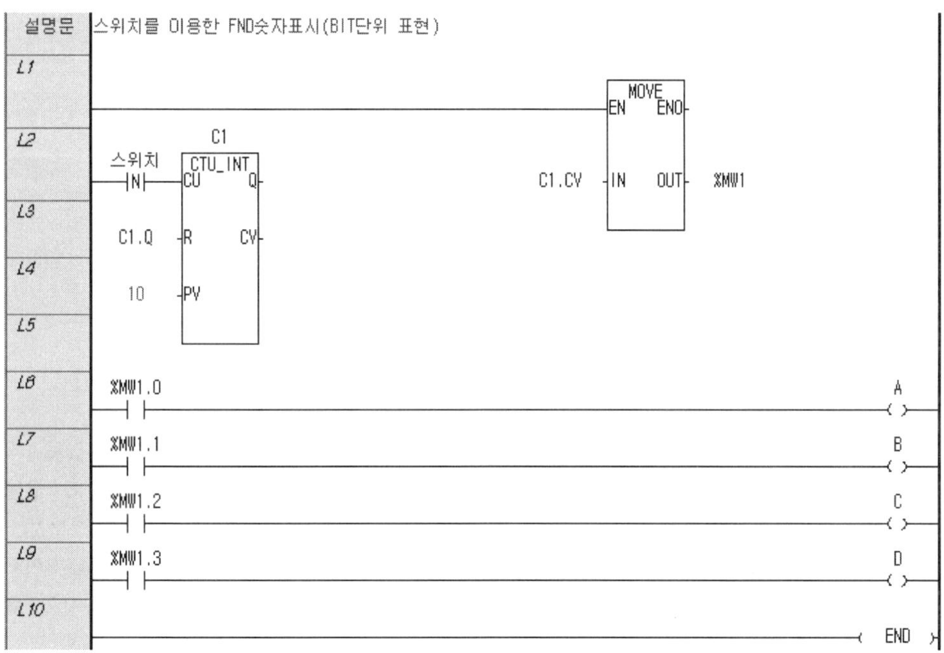

(5) 결선

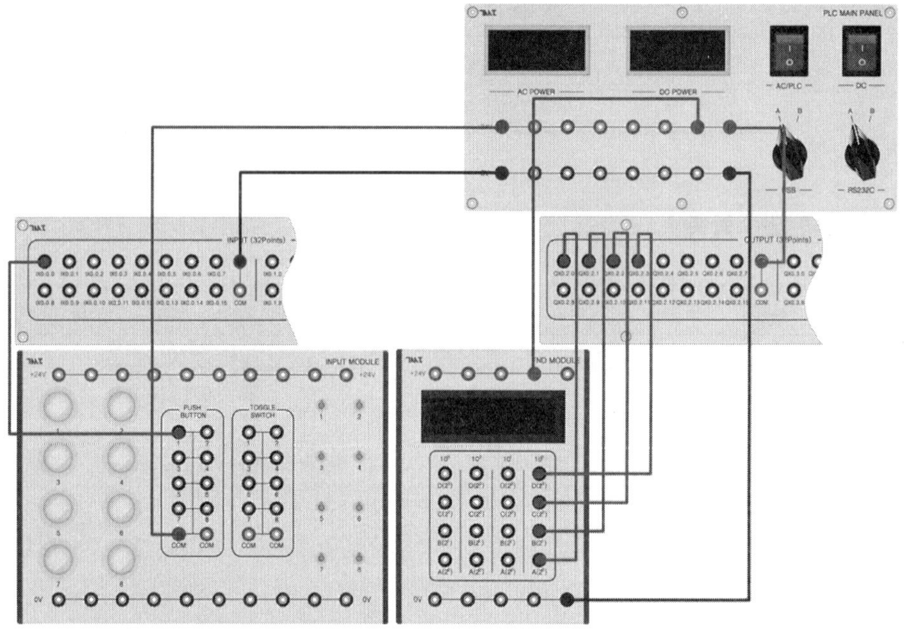

[실습 5.2.36] 스위치에 의한 FND의 숫자 표시(두 자리 수)

(1) 제어조건

스위치를 ON/OFF할 때마다 FND의 표시판에 숫자가 1씩 증가하여 표시된다(0~99까지).

** 음변환 검출접점, 전송 펑션 MOVE, CTU펑션블럭을 사용하여 프로그램을 작성한다.

** 스위치를 사용하여 ON/OFF할 때마다 CTU펑션블럭 C1(설정치 10)의 현재값인 CV값을 1씩 증가시키고, C1의 출력이 나올 때마다 또 하나의 CTU인 C2(설정치 10)의 현재값인 CV값을 증가시킨다. C1.CV는 %MW1으로 전송시키고, C2.CV는 %MW2로 전송시켜 %MW1.0~%MW1.3까지는 각각 1, 2, 4, 8의 값이 표시되도록 %QX0.2.0~%QX0.2.3으로, %MW2.0~%MW2.3까지는 각각 10자리의 1, 2, 4, 8(즉 10, 20, 40, 80)의 값이 표시되도록 %QX0.2.4~%QX0.2.7로 어드레스를 부여해서 사용한다.

(2) 구성요소

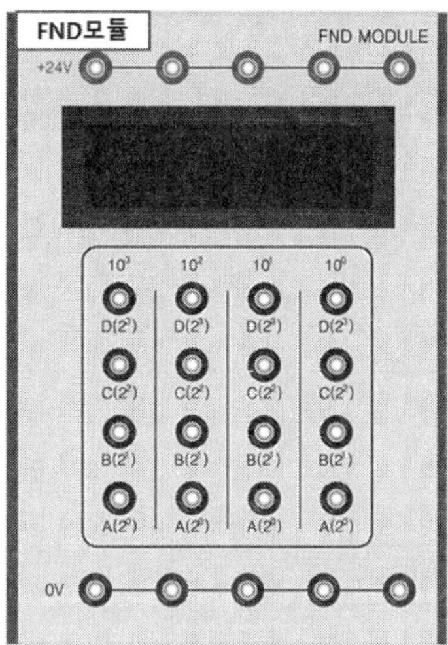

FND모듈

순서	품명	수량
1	푸시버튼스위치	2
2	FND모듈	1
3	PLC Kit	1

(3) 입출력 변수목록

	변수 종류	변수	타입	메모리 할당	초기값	리테인	사용유무	설명문
1	VAR	C1	CTU_INT			☐	☑	
2	VAR	C2	CTU_INT			☐	☑	
3	VAR	RESET	BOOL	%IX0.0.1		☐	☑	리셋스위치
4	VAR	스위치	BOOL	%IX0.0.0		☐	☑	푸시버튼스위치

(4) 프로그램

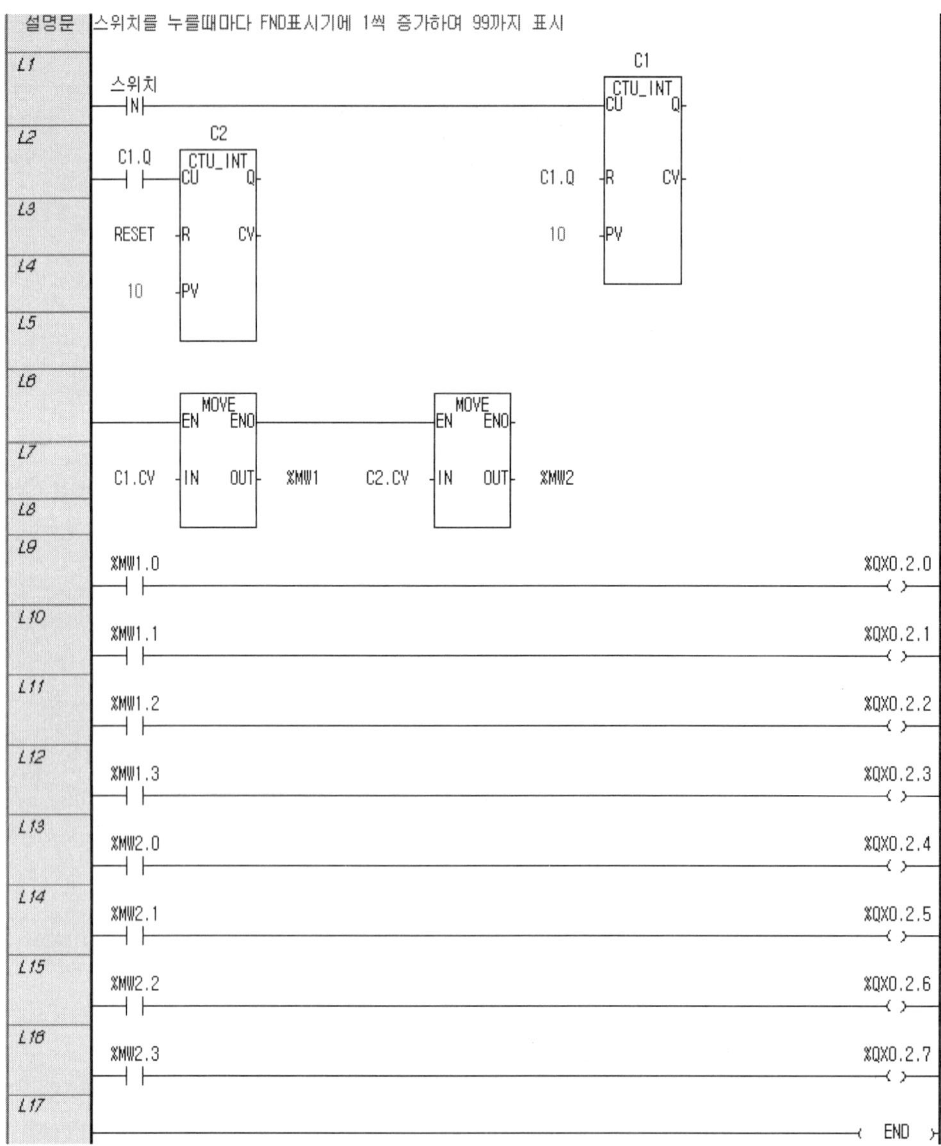

설명문
스위치를 누를때마다 FND표시기에 1씩 증가하여 99까지 표시
L1
L2
L3
L4
L5
L6
L7
L8
L9
L10
L11
L12
L13
L14
L15
L16
L17
스위치
C1
CTU_INT
CU
Q
C2
C1.Q
R
CV
RESET
PV
10
MOVE
EN
ENO
IN
OUT
C1.CV
%MW1
C2.CV
%MW2
%MW1.0
%QX0.2.0
%MW1.1
%QX0.2.1
%MW1.2
%QX0.2.2
%MW1.3
%QX0.2.3
%MW2.0
%QX0.2.4
%MW2.1
%QX0.2.5
%MW2.2
%QX0.2.6
%MW2.3
%QX0.2.7
END

(5) 결선

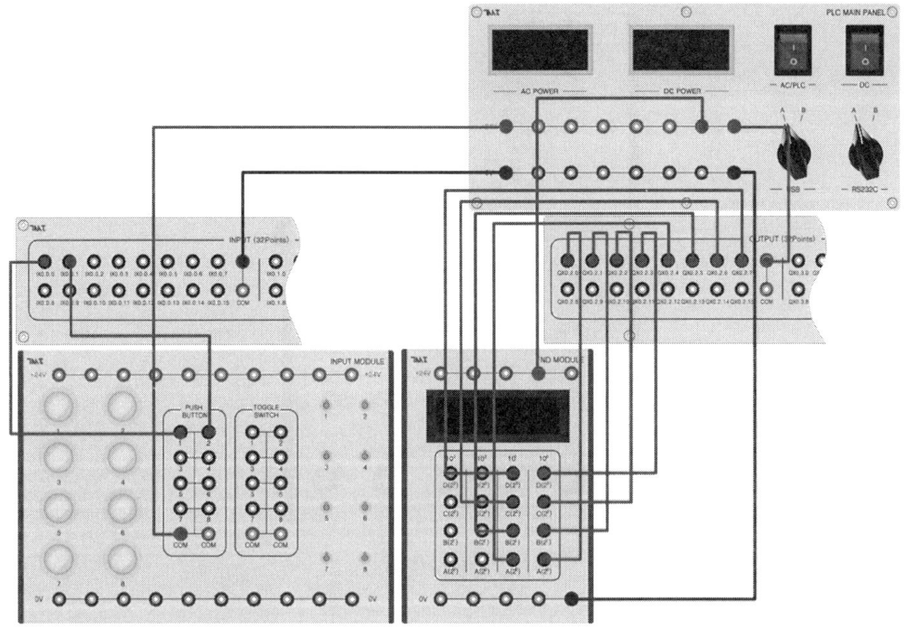

[실습 5.2.37] 모터의 정역회전 제어2

(1) 제어조건

방향스위치에 의해 모터의 정역회전 제어가 되며, 타이머에 의해 단속제어 및 연속제어가 된다. 3상 유도모터의 정역회전 회로를 이해하기 위한 주제로서, 정회전스위치를 누르면 MC1 전자접촉기가 동작되어 RST 전원이 UVW에 공급되어 정회전하고, 역회전스위치를 누르면 MC2 전자접촉기가 동작하여 RST전원 중 R, T가 W, U에 트위스트되어 공급됨으로써 역회전하게 된다. 가상시스템의 회로는 주 전원회로이며 제어회로도상에는 MC1과 MC2간의 하드와이어 로직에 인터록 관계가 구성되어 두 전자접촉기는 동시에 동작할 수 없게 되어 있다.

또한 PLC프로그램 상에서도 두 방향 간에 인터록 프로그램이 구성되어 있으며, 각 방향 회전스위치를 3초 이상 누르면 타이머에 의해 자기유지 되어 스위치를 누르지 않아도 회전 상태를 유지하게 되고 stop스위치(정지SW)를 누르면 자기유지가 해제되어 정지하게 된다.

(2) 구성요소

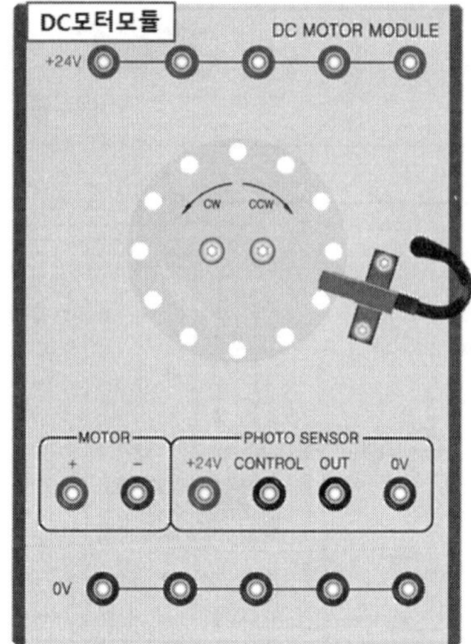

DC Motor모듈

순서	품명	수량
1	푸시버튼스위치	3
2	DC Motor모듈	1
3	3쌍 릴레이	1
4	PLC Kit	1

(3) 입출력 변수목록

	변수 종류	변수	타입	메모리 할당	초기값	리테인	사용유무	설명문
1	VAR	T1	TON			☐	☑	
2	VAR	T2	TON			☐	☑	
3	VAR	역회전MC	BOOL	%QX0.2.1		☐	☑	
4	VAR	역회전SW	BOOL	%IX0.0.1		☐	☑	역회전스위치
5	VAR	연속_역회전	BOOL			☐	☑	
6	VAR	연속_정회전	BOOL			☐	☑	
7	VAR	정지SW	BOOL	%IX0.0.2		☐	☑	정지스위치
8	VAR	정회전MC	BOOL	%QX0.2.0		☐	☑	
9	VAR	정회전SW	BOOL	%IX0.0.0		☐	☑	정회전스위치

(4) 프로그램

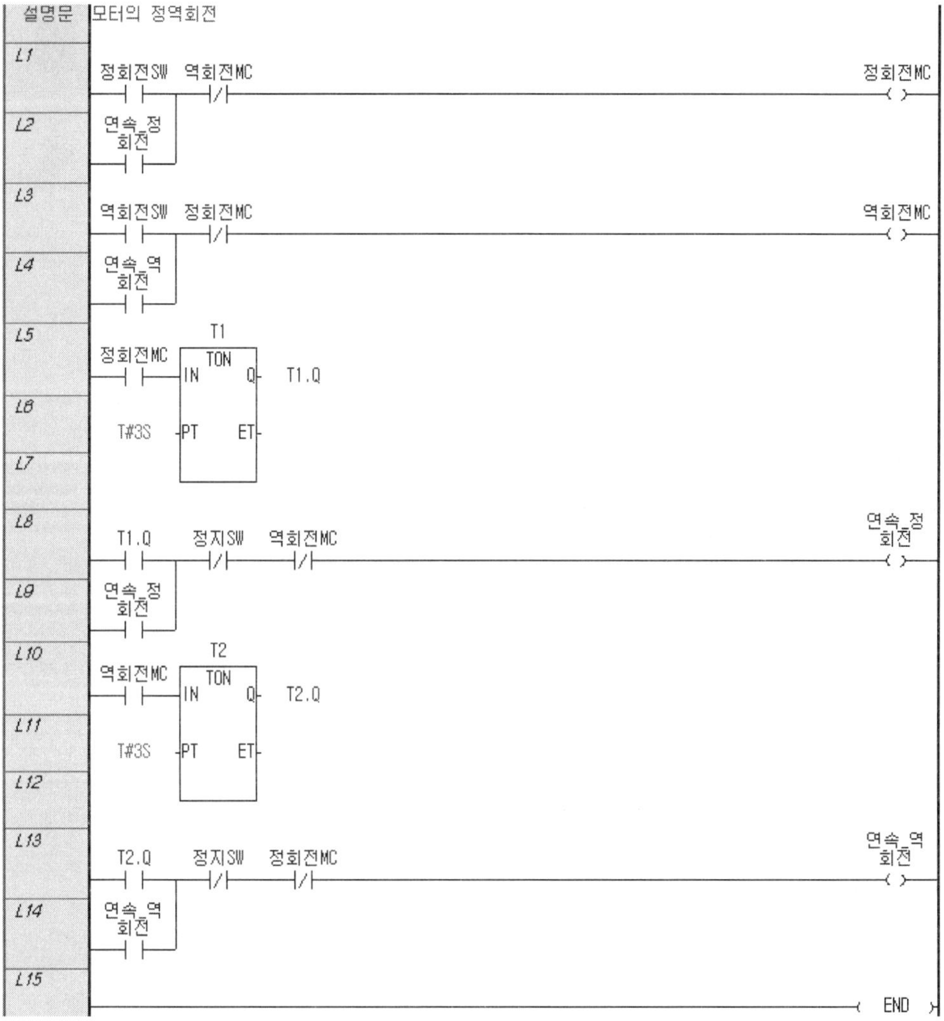

```
설명문 | 모터의 정역회전
L1  정회전SW ─┤ ├─┬─ 역회전MC ─┤/├─────────────── 정회전MC ─( )─
L2  연속_정회전 ─┤ ├─┘
L3  역회전SW ─┤ ├─┬─ 정회전MC ─┤/├─────────────── 역회전MC ─( )─
L4  연속_역회전 ─┤ ├─┘
L5  정회전MC ─┤ ├─ IN  T1 TON  Q ─ T1.Q
L6  T#3S ─ PT  ET
L7
L8  T1.Q ─┤ ├─┬─ 정지SW ─┤/├─ 역회전MC ─┤/├──────── 연속_정회전 ─( )─
L9  연속_정회전 ─┤ ├─┘
L10 역회전MC ─┤ ├─ IN  T2 TON  Q ─ T2.Q
L11 T#3S ─ PT  ET
L12
L13 T2.Q ─┤ ├─┬─ 정지SW ─┤/├─ 정회전MC ─┤/├──────── 연속_역회전 ─( )─
L14 연속_역회전 ─┤ ├─┘
L15 ─────────────────────────────────────────────── END
```

(5) 작동원리

정회전SW를 누르면 모터가 정회전 하고, 3초 이상 누르고 있으면 연속정회전 한다. 이때 정지SW를 누르면 연속정회전이 멈춘다. 역회전SW를 누르면 모터가 역회전 하고, 3초 이상 누르고 있으면 연속역회전 한다. 이때 정지SW를 누르면 연속역회전이 멈춘다.

모터의 정회전과 역회전은 서로 인터록 되어 있으므로 정회전 중에 역회전SW를 누르면 역회전 하지 않으며, 정지SW를 작동시킨 후 역회전시켜야 한다.

(6) 결선

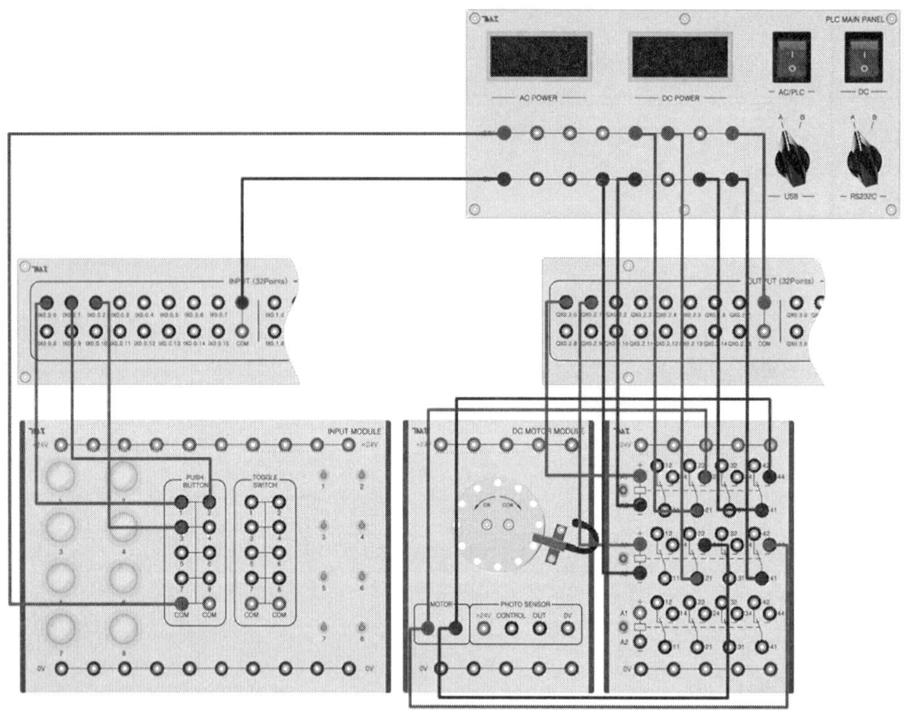

[실습 5.2.38] 센서를 이용한 램프제어2

(1) 제어조건

① 정전용량형 센서가 검출된 상태로부터 1초 내에 유도형 센서가 검출되면 램프1이 3초간 점등하고 1초간 소등의 과정을 반복한다.

② 정전용량형 센서가 검출된 상태로부터 1초 내에 유도형 센서가 검출되지 않으면 램프2가 3초간 점등하고 1초간 소등의 과정을 반복한다.

③ 정전용량형 센서가 검출된 상태로부터 1초 내에 유도형 센서가 검출되었다가 바로 OFF되면 램프1이 점등되었다가 소등되며, 그 후 램프2가 3초간 점등, 1초간 소등의 과정을 반복한다.

(2) 구성요소

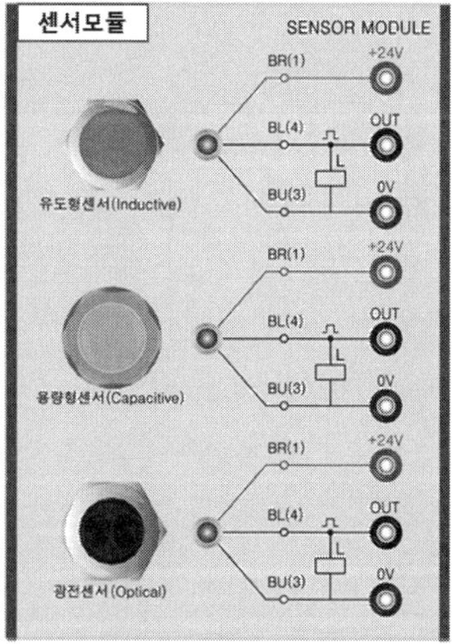

Sensor모듈

순서	품명	수량
1	Sensor모듈	1
2	램프	2
3	PLC Kit	1

(3) 입출력 변수목록

	변수 종류	변수	타입	메모리 할당	초기값	리테인	사용유무	설명문
1	VAR	K_1	BOOL	%MX1		☐	☑	
2	VAR	K_2	BOOL	%MX2		☐	☑	
3	VAR	K_3	BOOL	%MX3		☐	☑	
4	VAR	T0	TON			☐	☑	
5	VAR	T1	TON			☐	☑	
6	VAR	램프1	BOOL	%QX0.2.0		☐	☑	
7	VAR	램프2	BOOL	%QX0.2.1		☐	☑	
8	VAR	유도형센서	BOOL	%IX0.0.0		☐	☑	
9	VAR	정전용량형센서	BOOL	%IX0.0.1		☐	☑	유지형

(4) 프로그램

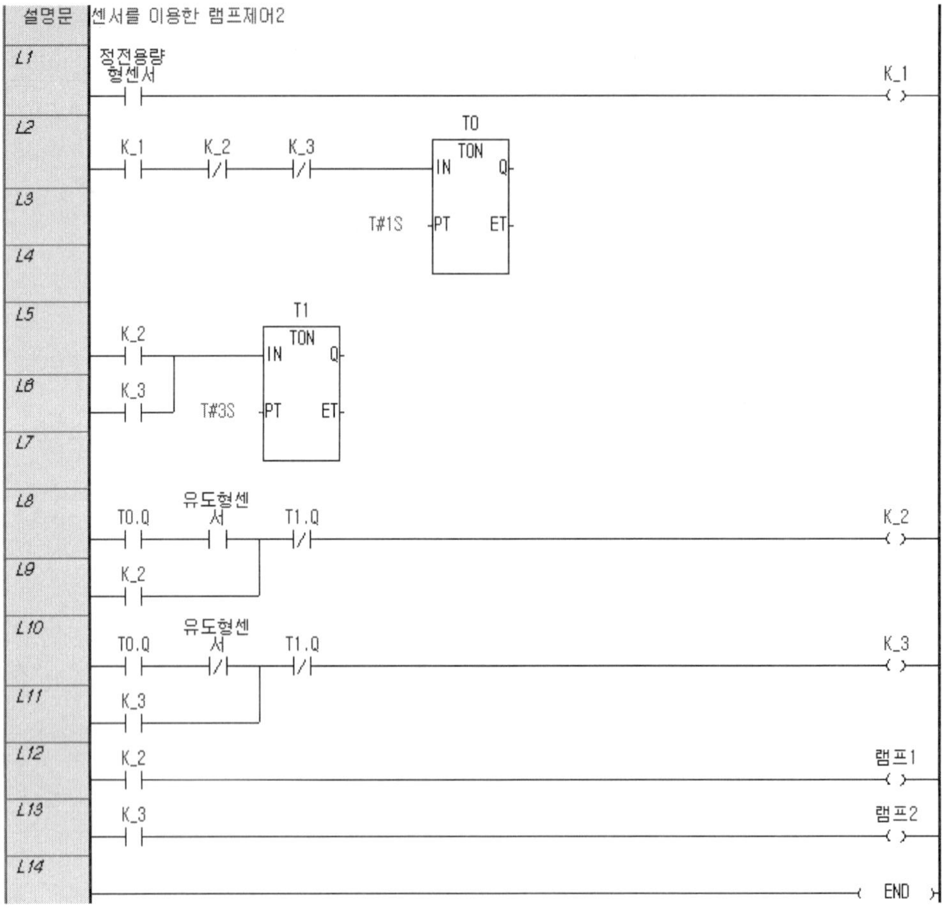

```
설명문 센서를 이용한 램프제어2
L1  정전용량형센서 -| |- ........................................ K_1 -( )-
L2  K_1 -| |- K_2 -|/|- K_3 -|/|- [T0 TON IN Q]
L3                           T#1S [PT ET]
L4
L5  K_2 -| |- ---+--- [T1 TON IN Q]
L6  K_3 -| |- ---+    T#3S [PT ET]
L7
L8  T0.Q -| |- 유도형센서 -| |- --+-- T1.Q -|/|- ............... K_2 -( )-
L9  K_2 -| |- -------------------+
L10 T0.Q -| |- 유도형센서 -|/|- --+-- T1.Q -|/|- .............. K_3 -( )-
L11 K_3 -| |- -------------------+
L12 K_2 -| |- ........................................ 램프1 -( )-
L13 K_3 -| |- ........................................ 램프2 -( )-
L14 ................................................... END
```

(5) 작동원리

정전용량형 센서가 감지되면 K_1이 ON되고 1초 내에 유도형 센서가 감지되면 K_1이 ON된 후 1초가 지나서 T0.Q가 ON되므로 K_2가 ON된다. 따라서 램프1이 3초 동안 켜지고 바로 T1.Q가 ON되므로 K_2가 OFF되어 램프1이 OFF되며, 따라서 1초 후에 T0.Q가 ON되어 다시 K_2가 ON되어 램프1이 3초간 ON되는 과정이 반복된다.

정전용량형 센서가 감지되고 나서 1초 내에 유도형 센서가 감지되지 않으면 정전용량형 센서 감지 1초 후에 K_3가 ON되어 램프2가 3초 동안 켜지고 1초간 소등의 과정을 반복한다.

정전용량형 센서가 감지되어 있는 상태에서 유도형 센서가 1초 내에 ON되었다가 OFF되면 (정전용량형 센서가 감지된 시각-유도형 센서의 OFF시각 동안) 램프1이 점등을 한 후 소등한다. 그러고나서 램프2가 3초간 점등, 1초간 소등의 과정을 반복한다.

(6) 결선

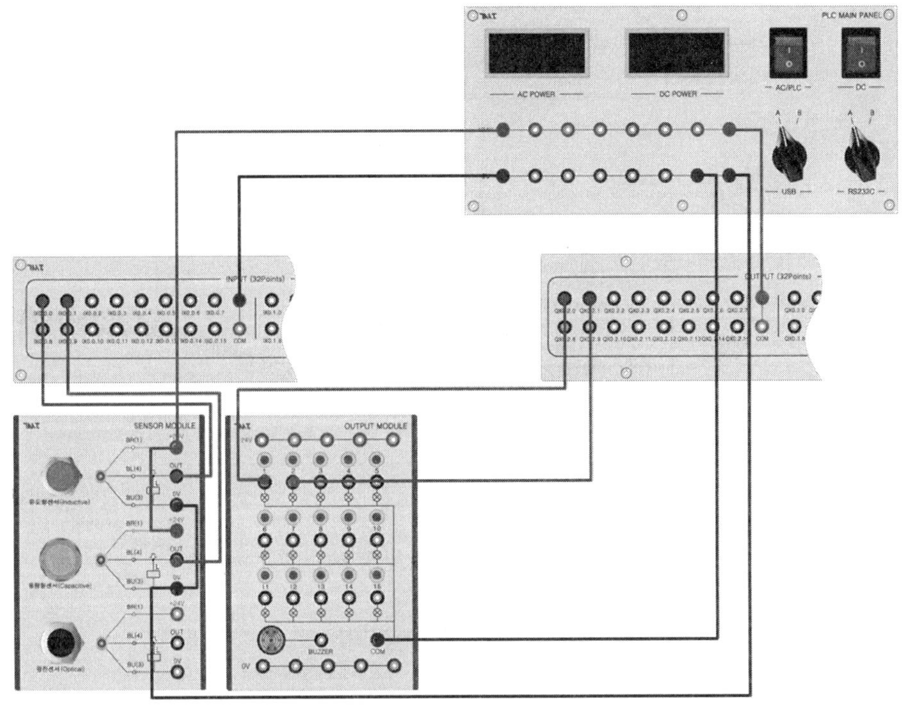

[실습 5.2.39] 자동문 제어

(1) 제어조건

① 감지센서에 물체가 감지되면 문이 자동으로 열리고, 다시 센서가 작동하지 않는 상태에서 5초가 지나면 문이 닫힌다. 그러나 문이 닫히는 과정에서도 물체가 감지되어 센서가 작동하면 문이 열린다.

② 비상상태가 발생하였을 경우 비상스위치를 누르면 문이 열려야 한다.

(2) 구성요소

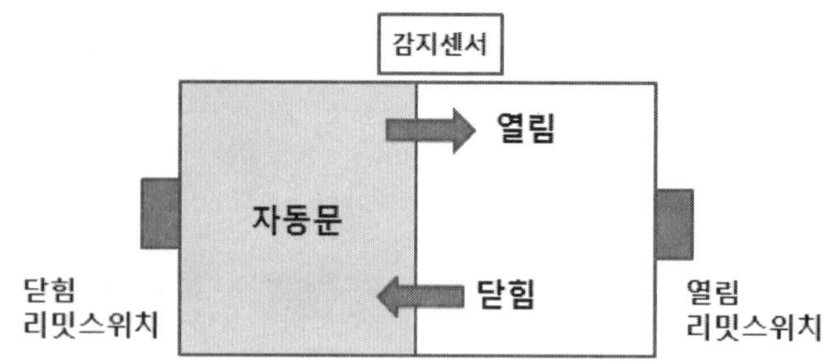

순서	품명	수량
1	센서	2
2	리밋스위치	2
3	푸시버튼스위치	1
4	양 솔레노이드 밸브	1
5	복동 실린더	1

또는

순서	품명	수량
1	푸시버튼스위치	3
2	Sensor모듈	1
3	DC Motor모듈	1

(3) 입출력 변수목록

	변수 종류	변수	타입	메모리 할당	초기값	리테인	사용유무	설명문
1	VAR	T1	TON			☐	☑	
2	VAR	닫힘리밋	BOOL	%IX0.0.9		☐	☑	닫힘_리밋스위치
3	VAR	모터역회전_닫힘	BOOL	%QX0.3.0		☐	☑	
4	VAR	모터정회전_열림	BOOL	%QX0.2.0		☐	☑	
5	VAR	비상스위치	BOOL	%IX0.0.1		☐	☑	
6	VAR	센서	BOOL	%IX0.0.0		☐	☑	
7	VAR	열림리밋	BOOL	%IX0.0.8		☐	☑	열림_리밋스위치

(4) 프로그램

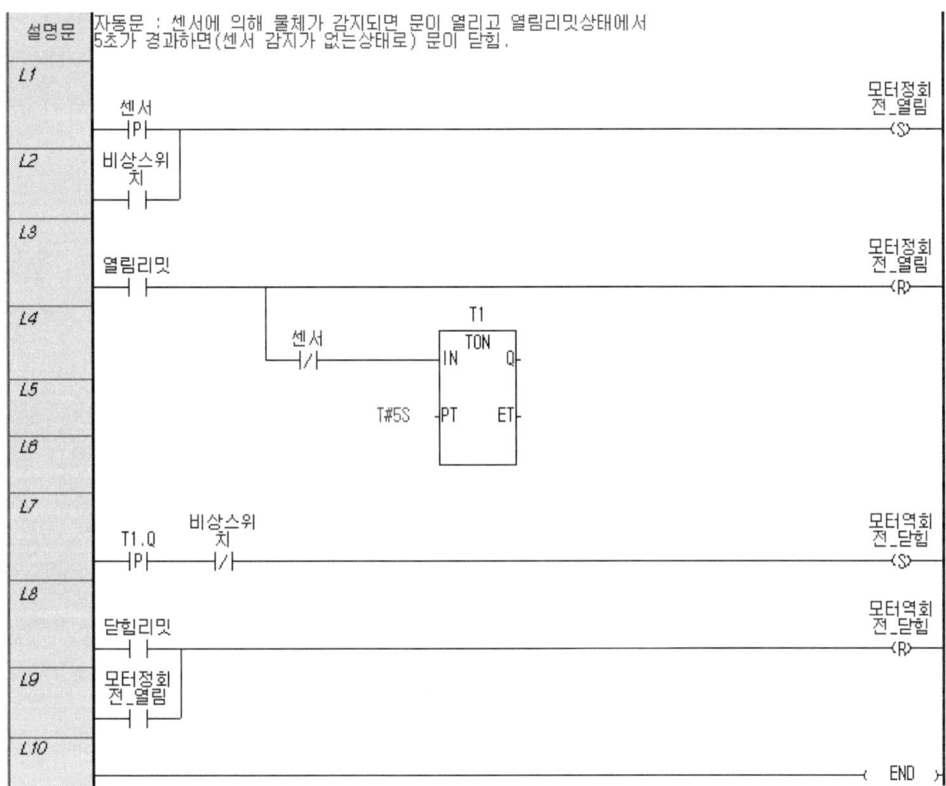

** 실험방법

1. 양솔밸브를 이용하여 실린더의 전후진단에 리밋스위치(후진단: 닫힘리밋스위치, 전진단: 열림리밋스위치)를 장착하여 실험한다. 센서는 버튼, 모터정회전 열림은 Y1 솔레노이드, 모터역회전 닫힘은 Y2솔레노이드로 한다.

또는

2. 센서는 센서모듈의 정전용량형 센서로 하고 모터의 정회전 및 역회전은 모터모듈을 사용하여 실험한다. 열림리밋과 닫힘리밋은 각각 푸시버튼을 사용하여 수동으로 작동시켜 행한다.

(5) 작동원리

센서가 물체를 감지하거나 비상스위치가 작동되면 모터정회전_열림이 셋되어 모터가 정회전함으로써 문이 열리고, 열림리밋이 작동하면 모터정회전_열림이 리셋되어 모터가 정회전을 정지하므로 문이 열린 상태로 있게 된다.

이 과정 중 센서가 감지되지 않으면 5초 후에 모터역회전_닫힘이 셋되어 모터가 역회전함으로써 문이 닫히고, 닫힘리밋이 작동하면 모터역회전_닫힘이 리셋되어 문이 닫힌 상태에 있게 된다. 모터가 역회전하여 문이 닫히는 도중에 센서가 감지되거나 비상스위치가 작동하면 모터정회전_열림이 셋되어 모터역회전_닫힘을 리셋시키고 정회전하여 문이 열리게 된다.

[실습 5.2.40] 카운터/타이머 응용 프로그램

(1) 제어조건

① start스위치를 터치하면 모터가 10초 간격으로 ON/OFF를 반복한다.

② stop스위치를 ON하면 초기화되어 모든 동작이 정지한다.

(2) 구성요소

순서	품명	수량
1	푸시버튼스위치	2
2	모터(램프로 대용)	1

(3) 입출력 변수목록

	변수 종류	변수	타입	메모리 할당	초기값	리테인	사용유무	설명문
1	VAR	C1	CTU_INT			☐	☑	
2	VAR	K_0	BOOL	%MX0		☐	☑	
3	VAR	K_1	BOOL	%MX1		☐	☑	
4	VAR	K_2	BOOL	%MX2		☐	☑	
5	VAR	START	BOOL	%IX0.0.0		☐	☑	시작스위치
6	VAR	STOP	BOOL	%IX0.0.8		☐	☑	정지스위치
7	VAR	T1	TON			☐	☑	
8	VAR	모터	BOOL	%QX0.2.0		☐	☑	

(4) 프로그램

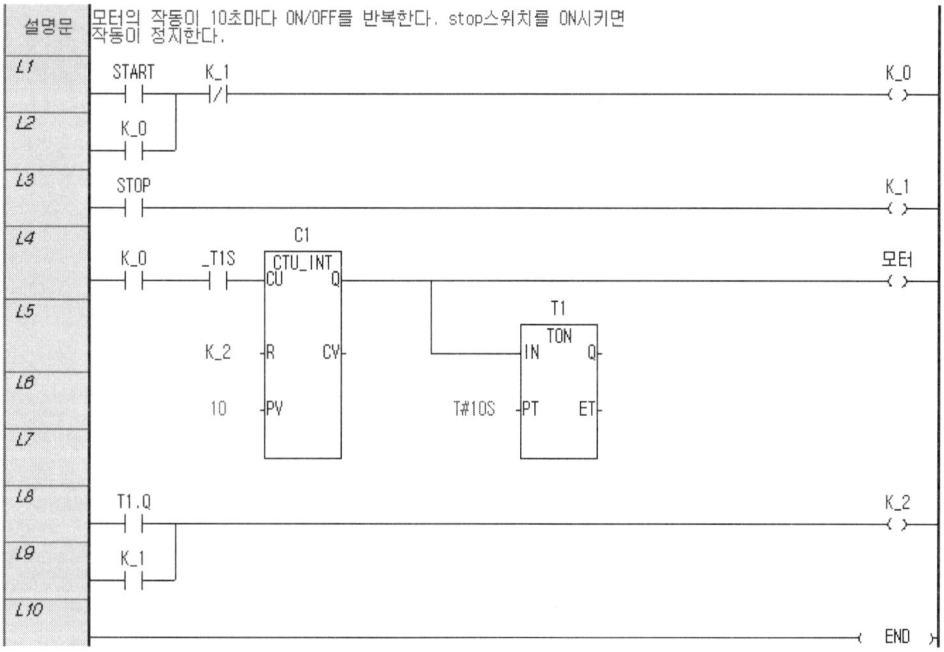

**실험방법
1. 모터 대신에 램프를 사용하여 실험한다.
또는
2. 모터모듈을 이용하여 실험한다.

(5) 작동원리

start스위치를 터치하면 K_0가 ON되어 자기유지되며, 1초 간격으로 업카운터 C1의 현재값이 증가하여 10초가 지나면 모터가 작동한다. 그 후 10초가 지나면 타이머 T1이 작동하여 K_2가 ON되므로 C1을 초기화시켜 모터가 작동을 멈춘다. 이러한 과정이 반복되는데, stop스위치를 터치하면 그 작동이 모두 정지한다.

[실습 5.2.41] 세척통의 세척제어

(1) 제어조건

① 세척통은 수동으로 장착 및 탈착한다.

② start스위치를 터치하면 세척통은 자동으로 세척조에 3회 잠겼다가 나오며, 잠기는 시간은 각 5초이다.
③ 작업이 완료되면 작업완료램프가 켜지고 작업행거는 멈춘다.
④ start스위치를 다시 터치하면 작업이 다시 시작된다.

(2) 구성요소

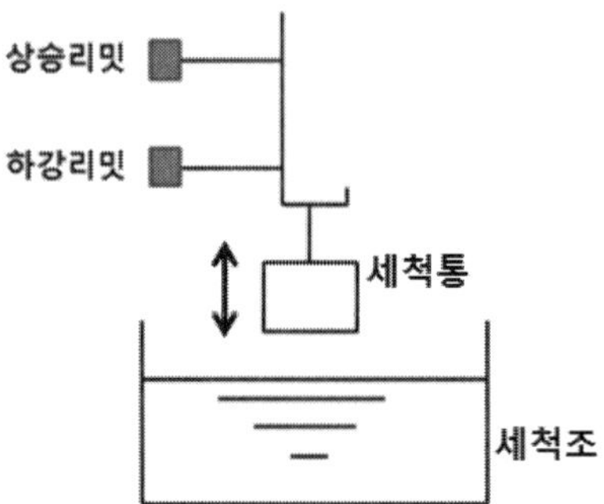

순서	품명	수량
1	푸시버튼스위치	2
2	복동 실린더	1
3	리밋스위치	2
4	Motor모듈(정회전: 하강, 역회전: 상승) (또는 실린더1과 양솔밸브1)	1
5	램프	1

(3) 입출력 변수목록

	변수 종류	변수	타입	메모리 할당	초기값	리테인	사용유무	설명문
1	VAR	C1	CTU_INT			☐	☑	
2	VAR	K_1	BOOL	%MX1		☐	☑	
3	VAR	START	BOOL	%IX0.0.0		☐	☑	시작스위치
4	VAR	STOP	BOOL	%IX0.0.8		☐	☑	정지스위치
5	VAR	T1	TON			☐	☑	
6	VAR	상부리밋	BOOL	%IX0.0.1		☐	☑	상승멈춤 리밋스위치
7	VAR	역회전	BOOL	%QX0.2.1		☐	☑	상승
8	VAR	작업완료램프	BOOL	%QX0.3.0		☐	☑	
9	VAR	정회전	BOOL	%QX0.2.0		☐	☑	하강
10	VAR	하부리밋	BOOL	%IX0.0.2		☐	☑	하강멈춤 리밋스위치

(4) 프로그램

설명문 세척통
L1 START STOP K_1
L2 K_1
L3 K_1 상부리밋 정회전 (S)
L4 하부리밋 정회전 (R)
L5 C1.Q
L6 하부리밋 T1 TON IN Q
L7 T#5S PT ET
L8
L9 T1.Q 역회전 (S)
L10 상부리밋 역회전 (R)
L11 하부리밋 C1 CTU_INT CU Q
L12 START R CV
L13 3 PV
L14
L15 C1.Q 작업완료 램프
L16 END

(5) 작동원리

초기상태(세척통이 상부에 있으므로 상부리밋이 작동 중임)에서 start버튼을 터치하면 K_1이 ON되어 모터가 정회전으로 셋되어 세척통이 하강한다. 하부리밋이 작동하면 정회전이 리셋되어 정회전이 멈춘다.

그로부터 5초가 지나면 역회전이 셋되어 모터가 역회전하므로 세척통이 상승하며 상부리밋이 작동하면 역회전이 리셋되어 상승을 멈춘다.

이런 작동을 3번 하게 되면 C1.Q가 작동하여 작업완료램프가 켜지고 정회전이 리셋되어 모터가 다시 정회전하지 않고 상부쪽에서 정지하게 된다. start버튼을 다시 터치하면 이 작업을 다시 시작한다. stop스위치를 ON하면 현 사이클(하강-상승)의 과정 종료 후 정지한다.

※ 아날로그 입력/출력모듈 운전 설정

(1) I/O 파라미터 수동 등록

① XG5000 프로젝트 창에서 I/O 파라미터를 더블 클릭한다(그림 A).

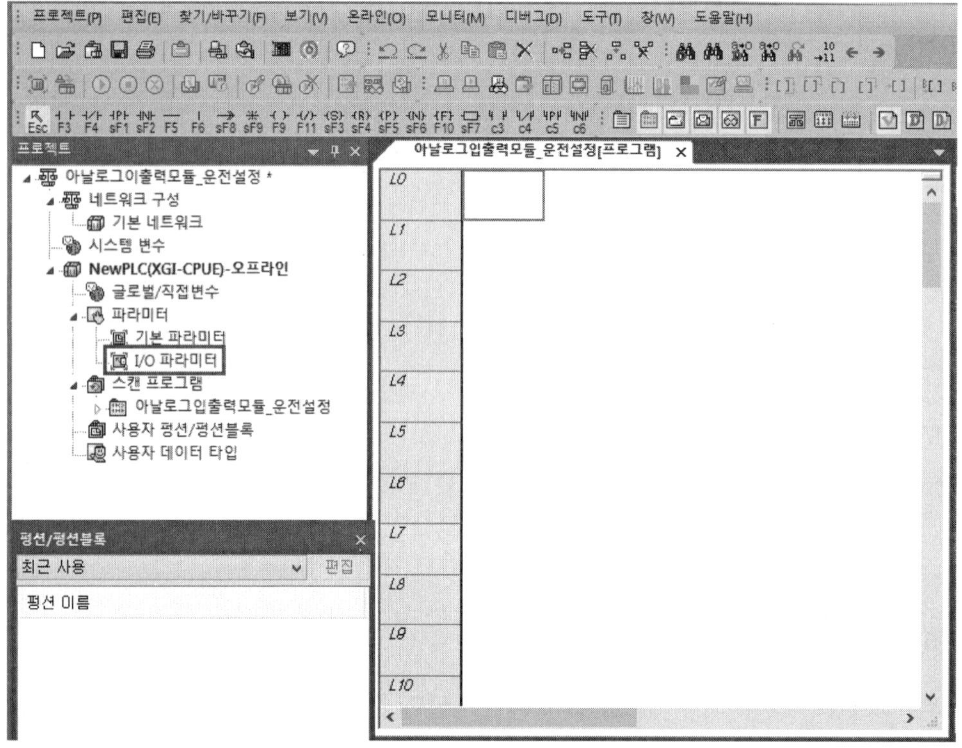

그림 A

② I/O 파라미터 설정 창에서 모듈이 장착된 슬롯의 모듈 열(4슬롯)을 선택하고, [특수 모듈 리스트]-[아날로그 입출력 모듈]을 연 후 장착된 모듈의 형명(XGF-AH6A)을 클릭한다(그림 B).

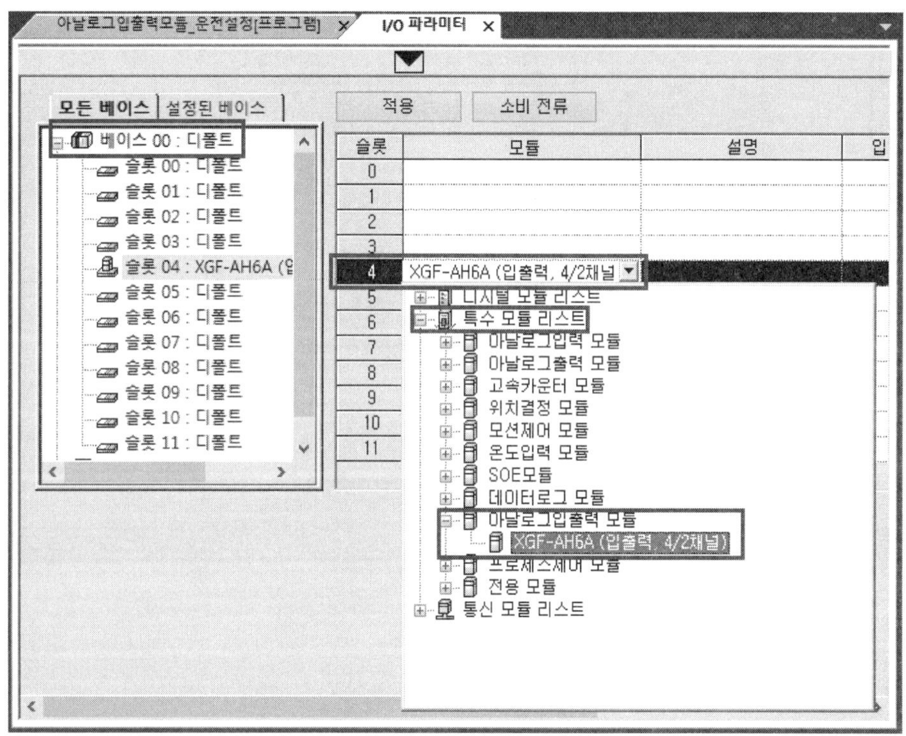

그림 B

(2) 운전 파라미터 설정

① I/O 파라미터에서 등록된 모듈을 더블 클릭하면 모듈 운전 파라미터 설정 창이 나타난다. 아래처럼 설정한 후 확인을 클릭한다(그림 C).

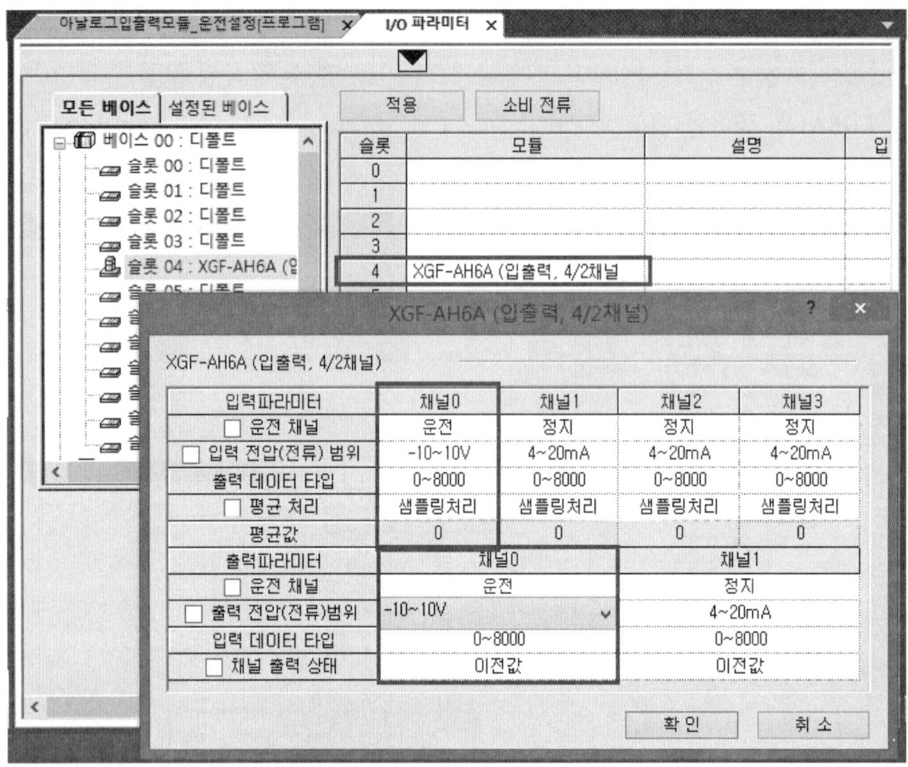

그림 C

(3) 모듈 변수 자동 등록

특수 모듈은 데이터 메모리 중 U 또는 L 영역을 이용하여 CPU와 데이터 교환이 이루어진다. 특수 모듈은 그 종류에 따라 사용하는 영역이 정해져 있으며, 동일한 특수 모듈이 여러 개 사용되더라도 특수 모듈이 장착된 베이스 번호와 슬롯 번호로 모듈이 구분된다.

① XG5000의 메뉴에서 [편집]-[모듈 변수 자동 동록]을 선택하면(그림 D) 그림 E와 같은 메시지가 나타난다. 메시지 창에서 “예(Y)”를 선택한다.

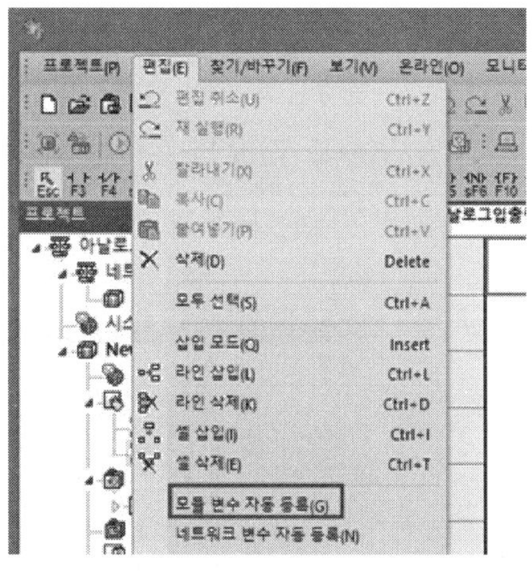

그림 D

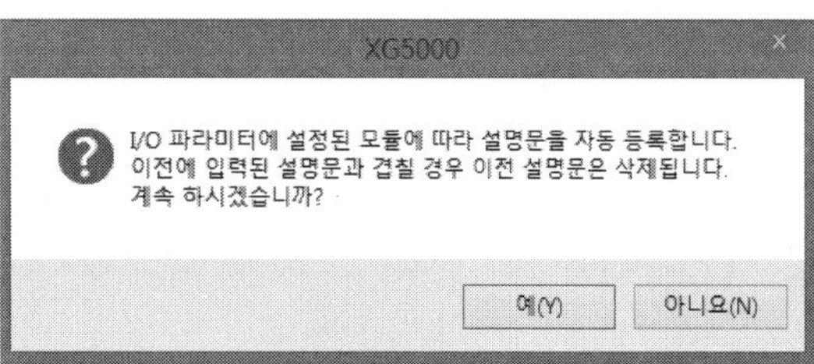

그림 E

② 변수 자동 등록 창(그림 F)이 나타나면 확인을 클릭한다. I/O 파라미터에서 등록된 특수 모듈에 따라 U 디바이스에 변수 및 설명문이 자동으로 등록된다.

변수 자동 등록

전체
베이스00, 슬롯04: XGF-AH6A (입출력, 4/2채널)

	적용	변수 종류	변수	타입	메모리 할당	초기값
1	☑	VAR_GLOBAL	_0004_AD0_ERR	BOOL	%UX0.4.0	
2	☑	VAR_GLOBAL	_0004_AD1_ERR	BOOL	%UX0.4.1	
3	☑	VAR_GLOBAL	_0004_AD2_ERR	BOOL	%UX0.4.2	
4	☑	VAR_GLOBAL	_0004_AD3_ERR	BOOL	%UX0.4.3	
5	☑	VAR_GLOBAL	_0004_DA0_ERR	BOOL	%UX0.4.4	
6	☑	VAR_GLOBAL	_0004_DA1_ERR	BOOL	%UX0.4.5	
7	☑	VAR_GLOBAL	_0004_RDY	BOOL	%UX0.4.15	
8	☑	VAR_GLOBAL	_0004_AD0_ACT	BOOL	%UX0.4.16	
9	☑	VAR_GLOBAL	_0004_AD1_ACT	BOOL	%UX0.4.17	
10	☑	VAR_GLOBAL	_0004_AD2_ACT	BOOL	%UX0.4.18	
11	☑	VAR_GLOBAL	_0004_AD3_ACT	BOOL	%UX0.4.19	
12	☑	VAR_GLOBAL	_0004_DA0_ACT	BOOL	%UX0.4.20	
13	☑	VAR_GLOBAL	_0004_DA1_ACT	BOOL	%UX0.4.21	
14	☑	VAR_GLOBAL	_0004_AD0_DATA	INT	%UW0.4.2	
15	☑	VAR_GLOBAL	_0004_AD1_DATA	INT	%UW0.4.3	
16	☑	VAR_GLOBAL	_0004_AD2_DATA	INT	%UW0.4.4	
17	☑	VAR_GLOBAL	_0004_AD3_DATA	INT	%UW0.4.5	
18	☑	VAR_GLOBAL	_0004_AD0_IDD	BOOL	%UX0.4.96	
19	☑	VAR_GLOBAL	_0004_AD1_IDD	BOOL	%UX0.4.97	
20	☑	VAR_GLOBAL	_0004_AD2_IDD	BOOL	%UX0.4.98	
21	☑	VAR_GLOBAL	_0004_AD3_IDD	BOOL	%UX0.4.99	
22	☑	VAR_GLOBAL	_0004_ERR_CLR	BOOL	%UX0.4.112	
23	☑	VAR_GLOBAL	_0004_DA0_OUTEN	BOOL	%UX0.4.128	
24	☑	VAR_GLOBAL	_0004_DA1_OUTEN	BOOL	%UX0.4.129	

확인
취소

그림 F

③ XG5000 프로젝트 창에서 "글로벌/직접변수"를 선택하고 "글로벌/직접변수" 창(그림 G)에서 글로벌 변수를 선택하면 등록된 변수 및 설명문을 확인할 수 있다. 프로그램에서 이 변수를 사용하기 위해서는 로컬 변수로 전달한 후 사용해야 한다.

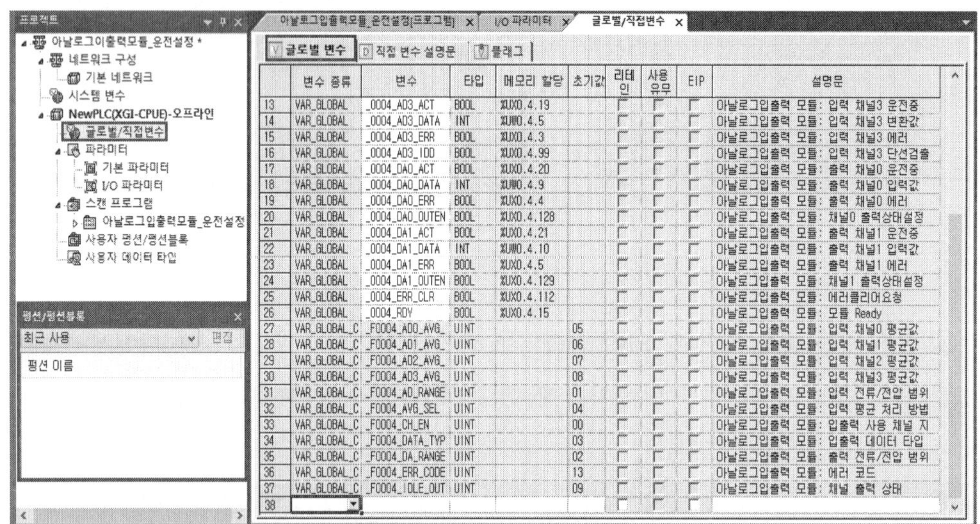

	변수 종류	변수	타입	메모리 할당	초기값	리테인	사용유무	EIP	설명문
13	VAR_GLOBAL	_0004_AD3_ACT	BOOL	%UX0.4.19					아날로그입출력 모듈: 입력 채널3 운전중
14	VAR_GLOBAL	_0004_AD3_DATA	INT	%UW0.4.5					아날로그입출력 모듈: 입력 채널3 변환값
15	VAR_GLOBAL	_0004_AD3_ERR	BOOL	%UX0.4.3					아날로그입출력 모듈: 입력 채널3 에러
16	VAR_GLOBAL	_0004_AD3_IDD	BOOL	%UX0.4.99					아날로그입출력 모듈: 입력 채널3 단선검출
17	VAR_GLOBAL	_0004_DA0_ACT	BOOL	%UX0.4.20					아날로그입출력 모듈: 출력 채널0 운전중
18	VAR_GLOBAL	_0004_DA0_DATA	INT	%UW0.4.9					아날로그입출력 모듈: 출력 채널0 입력값
19	VAR_GLOBAL	_0004_DA0_ERR	BOOL	%UX0.4.4					아날로그입출력 모듈: 출력 채널0 에러
20	VAR_GLOBAL	_0004_DA0_OUTEN	BOOL	%UX0.4.128					아날로그입출력 모듈: 채널0 출력상태설정
21	VAR_GLOBAL	_0004_DA1_ACT	BOOL	%UX0.4.21					아날로그입출력 모듈: 출력 채널1 운전중
22	VAR_GLOBAL	_0004_DA1_DATA	INT	%UW0.4.10					아날로그입출력 모듈: 출력 채널1 입력값
23	VAR_GLOBAL	_0004_DA1_ERR	BOOL	%UX0.4.5					아날로그입출력 모듈: 출력 채널1 에러
24	VAR_GLOBAL	_0004_DA1_OUTEN	BOOL	%UX0.4.129					아날로그입출력 모듈: 채널1 출력상태설정
25	VAR_GLOBAL	_0004_ERR_CLR	BOOL	%UX0.4.112					아날로그입출력 모듈: 에러클리어요청
26	VAR_GLOBAL	_0004_RDY	BOOL	%UX0.4.15					아날로그입출력 모듈: 모듈 Ready
27	VAR_GLOBAL_C	_F0004_AD0_AVG_	UINT		05				아날로그입출력 모듈: 입력 채널0 평균값
28	VAR_GLOBAL_C	_F0004_AD1_AVG_	UINT		06				아날로그입출력 모듈: 입력 채널1 평균값
29	VAR_GLOBAL_C	_F0004_AD2_AVG_	UINT		07				아날로그입출력 모듈: 입력 채널2 평균값
30	VAR_GLOBAL_C	_F0004_AD3_AVG_	UINT		08				아날로그입출력 모듈: 입력 채널3 평균값
31	VAR_GLOBAL_C	_F0004_AD_RANGE	UINT		01				아날로그입출력 모듈: 입력 전류/전압 범위
32	VAR_GLOBAL_C	_F0004_AVG_SEL	UINT		04				아날로그입출력 모듈: 입력 평균 처리 방법
33	VAR_GLOBAL_C	_F0004_CH_EN	UINT		00				아날로그입출력 모듈: 입출력 사용 채널 지
34	VAR_GLOBAL_C	_F0004_DATA_TYP	UINT		03				아날로그입출력 모듈: 입출력 데이터 타입
35	VAR_GLOBAL_C	_F0004_DA_RANGE	UINT		02				아날로그입출력 모듈: 출력 전류/전압 범위
36	VAR_GLOBAL_C	_F0004_ERR_CODE	UINT		13				아날로그입출력 모듈: 에러 코드
37	VAR_GLOBAL_C	_F0004_IDLE_OUT	UINT		09				아날로그입출력 모듈: 채널 출력 상태
38									

그림 G

※ XGI PLC의 U 디바이스 표기방법

비트 데이터	
%U X 1.2.3 ⓐ ⓑ ⓒⓓⓔ	ⓐ 메모리 영역 ⓑ 크기 접두어(비트) ⓒ 베이스 번호 ⓓ 슬롯 번호 ⓔ 비트 번호

워드 데이터	
%U W 1.2.3 ⓐ ⓑ ⓒⓓⓔ	ⓐ 메모리 영역 ⓑ 크기 접두어(워드) ⓒ 베이스 번호 ⓓ 슬롯 번호 ⓔ 워드 번호

그림 H

[실습 5.2.42] 아날로그 입력 값에 따른 프로그램 데이터의 값 확인

(1) 제어조건

A/D VOLT GENERATOR의 CH1을 PLC의 A/D CONVERT의 0번 채널과 연결하여 CH1의 노브 조절에 따른 표시기의 전압값과 이에 따른 프로그램상의 데이터값을 확인하여 기록한다.

** [아날로그 입력/출력모듈 운전 설정] 후 프로그램을 작성한다.

(2) 구성요소

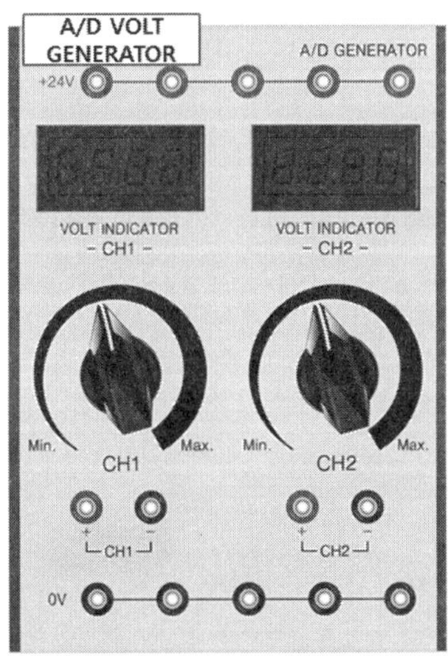

A/D VOLT Generator

순서	품명	수량
1	A/D VOLT Generator	1
2	PLC Kit(A/D Unit 사용)	1

(3) 입출력 변수목록

	변수 종류	변수	타입	메모리 할당	초기값	리테인	사용유무	설명문
1	VAR_EXTERNAL	_0004_DAO_DATA	INT	%UW0.4.9		☐	☑	아날로그입출력 모듈: 출력 채널0 입력값

(4) 프로그램

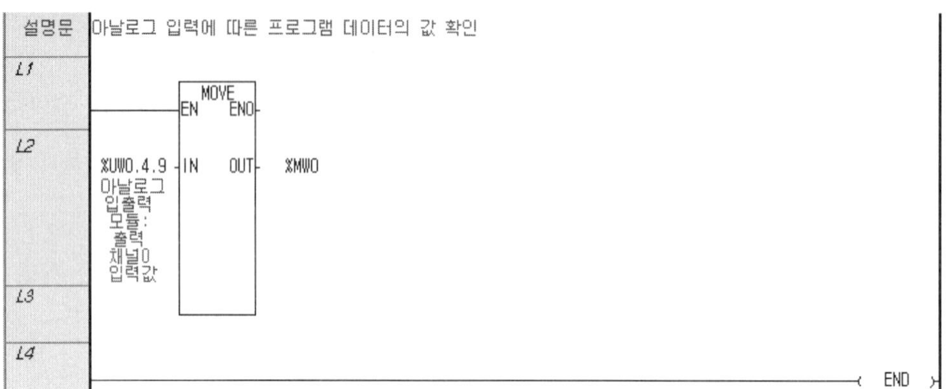

(5) 작동원리

A/D VOLT GENERATOR의 노브를 회전시키면서 입력전압을 조정한다. 이때 A/D GENERATOR의 계기판에 입력하고자 하는 전압이 표시되도록 노브를 조작한다. 원하는 전압이 조작되었을 때 프로그램 상에서 MOVE 펑션블럭의 %MW0에 나타나는 값이 측정 데이터이다.

(6) 결선

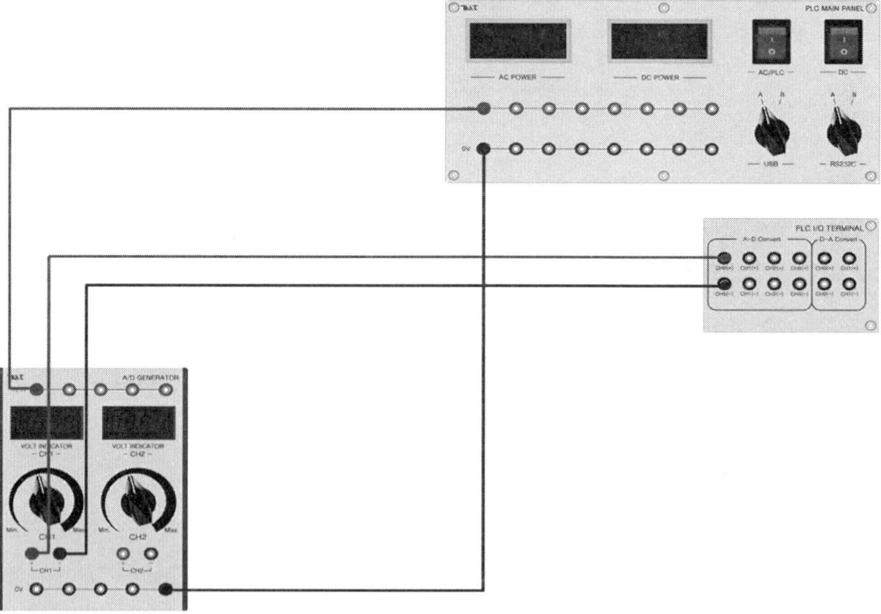

** 측정 데이터

입력전압	측정 데이터	입력전압	측정 데이터
1V		6V	
2V		7V	
3V		8V	
4V		9V	
5V		10V	

[실습 5.2.43] 아날로그 입력 값에 따른 램프제어1

(1) 제어조건

A/D VOLT GENERATOR의 CH1을 PLC의 A/D CONVERT의 0번 채널과 연결하여 CH1의 노브 조절에 따른 표시기의 전압값을 프로그램에서 비교하여 5V~8V 사이일 때 램프가 ON되는 제어를 한다.

** 아날로그 입력/출력모듈 운전 설정 후 프로그램을 작성한다.

(2) 구성요소

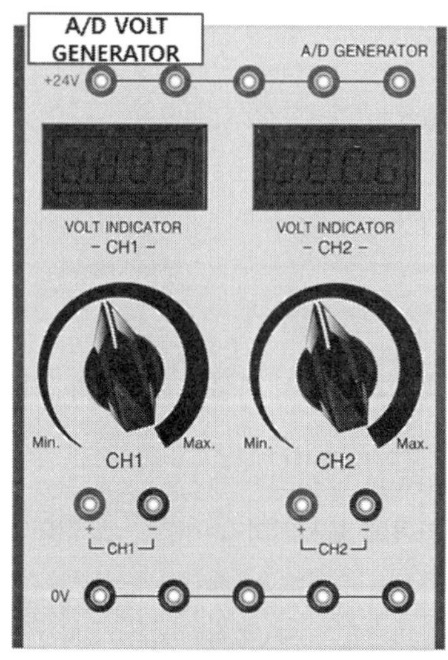

A/D VOLT GENERATOR

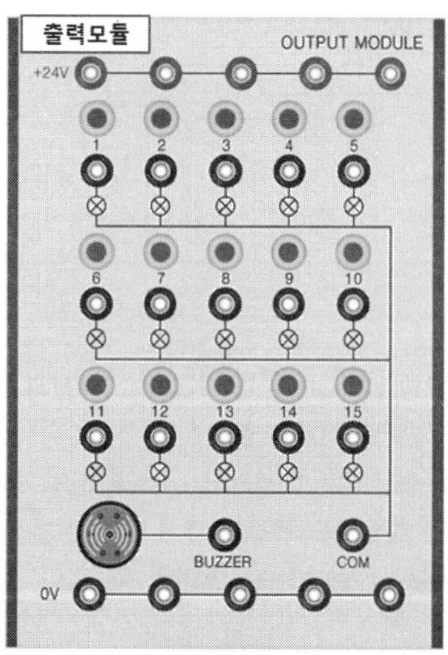

출력모듈

순서	품명	수량
1	A/D VOLT Generator	1
2	출력모듈	1
3	PLC Kit(A/D Unit 사용)	1

(3) 입출력 변수목록

	변수 종류	변수	타입	메모리 할당	초기값	리테인	사용유무	설명문
1	VAR	GE	BOOL			☐	☑	크다의 비교가 참일 경우
2	VAR_EXTERNAL	_0004_AD0_DATA	INT	%UW0.4.2		☐	☑	아날로그입출력 모듈: 입력 채널0 변환값
3	VAR_EXTERNAL	_0004_DA0_DATA	INT	%UW0.4.9		☐	☑	아날로그입출력 모듈: 출력 채널0 입력값
4	VAR	램프	BOOL	%QX0.2.0		☐	☑	램프

(4) 프로그램

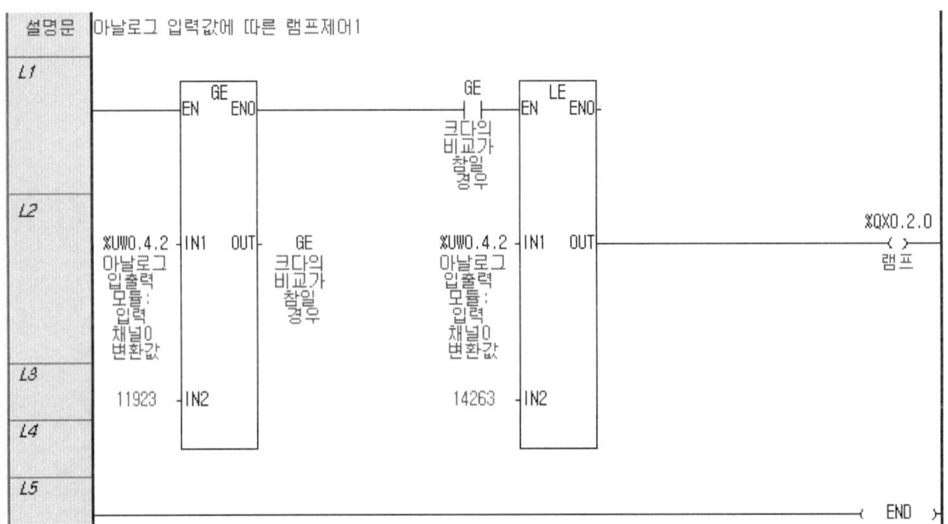

** 프로그램에서 GE펑션의 IN2와 LE펑션의 IN2에 [실습 5.2.42]에서 측정한 데이터의 값을 숫자로 직접 입력해주어야 한다.
GE펑션의 IN2: 11923(5V), LE펑션의 IN2: 14263(8V)

** 실험은 A/D GENERATOR 노브의 조절값이 그 계기판에 표시되며(0~10V), 그 값이 5~8V일 때 램프가 ON되는지 확인할 수 있다.

(5) 작동원리

A/D VOLT GENERATOR의 노브를 조작하면 그에 상당하는 볼트(전압)값의 변환값(%UW0.4.2)이 A/D입력에서 측정한 5V값, 즉 11923 이상이면 GE가 작동하고, 그 값이 A/D입력에서 측정한 8V값, 즉 14263 이하이면 램프가 ON된다.

(6) 결선

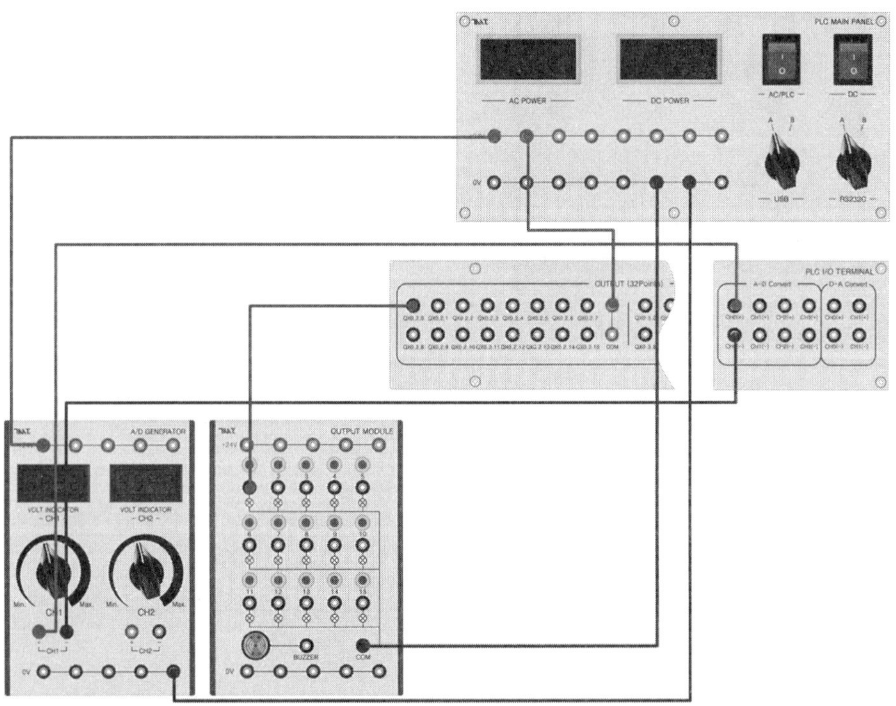

[실습 5.2.44] 아날로그 입력 값에 따른 램프제어2

(1) 제어조건

A/D VOLT GENERATOR의 CH1을 PLC의 A/D CONVERT의 0번 채널과 연결하여 CH1의 노브 조절에 따른 표시기의 전압값을 프로그램에서 비교하여 1V~4V 사이일 때 램프가 ON되고 7V~10V 사이일 때 램프가 점멸하는 제어를 한다.

** 아날로그 입력/출력모듈 운전 설정 후 프로그램을 작성한다.

(2) 구성요소

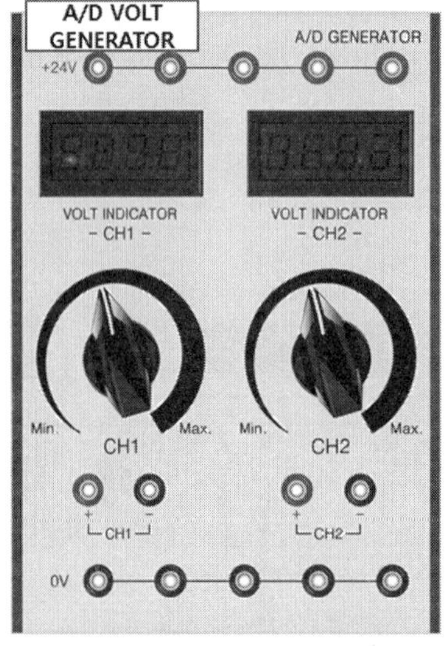

A/D VOLT GENERATOR

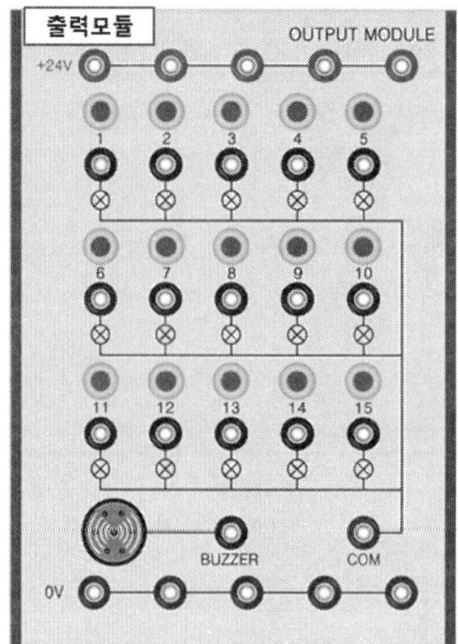

출력모듈

순서	품명	수량
1	A/D VOLT Generator	1
2	출력모듈	1
3	PLC Kit(A/D Unit 사용)	1

(3) 입출력 변수목록

	변수 종류	변수	타입	메모리 할당	초기값	리테인	사용 유무	설명문
1	VAR	GE	BOOL			☐	☑	크다의 비교가 참일 경우
2	VAR	GE2	BOOL			☐	☑	
3	VAR_EXTERNAL	_0004_AD0_DATA	INT	%UW0.4.2		☐	☑	아날로그입출력 모듈: 입력 채널0 변환값
4	VAR_EXTERNAL	_0004_DA0_DATA	INT	%UW0.4.9		☐	☑	아날로그입출력 모듈: 출력 채널0 입력값
5	VAR	램프	BOOL	%QX0.2.0		☐	☑	램프

(4) 프로그램

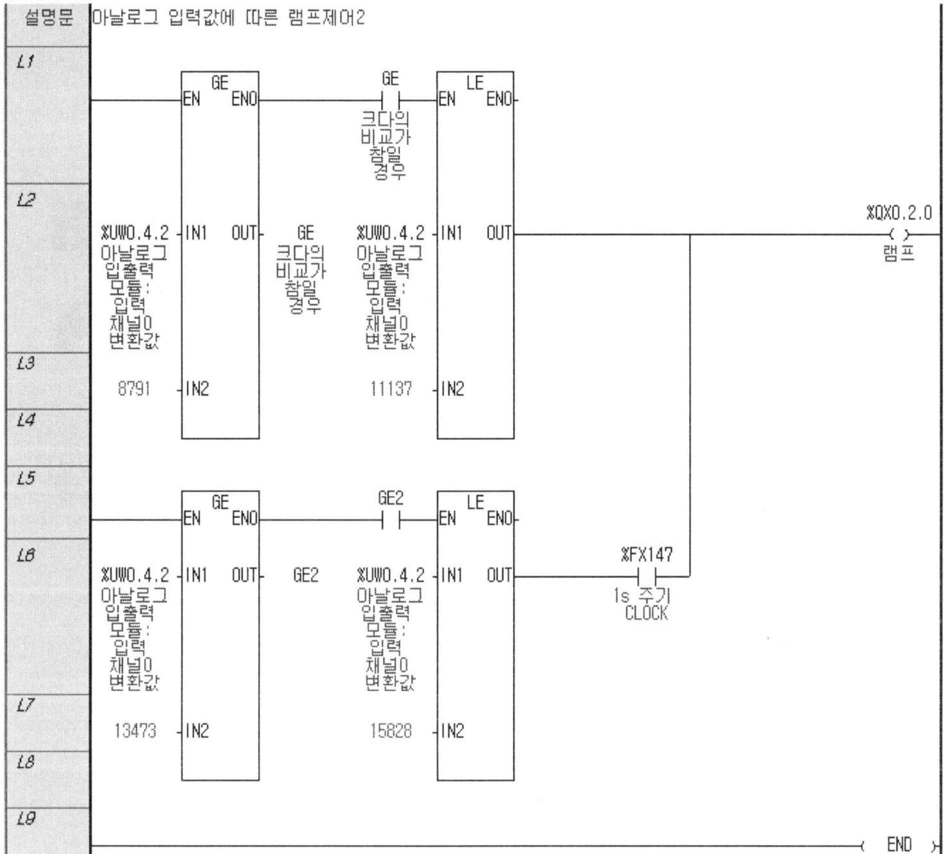

** 프로그램에서 펑션 GE와 펑션 LE의 IN2를 순서대로 A, B, C, D라 하면 [실습 5.2.42]에서 측정한 데이터의 값을 숫자로 직접 입력하여야 한다.
A=1V(8791), B=4V(11137), C=7V(13473), D=10V(15828)

** 실험은 A/D GENERATOR 노브의 조절값이 그 계기판에 표시되며(0~10V), 그 값이 1~4V일 때 램프가 ON되고 7~10V일 때 램프가 점멸되는지 확인할 수 있다.

(5) 작동원리

A/D VOLT GENERATOR의 노브를 조작하면 그에 상당하는 볼트(전압)값의 변환값(%UW0.4.2)이 A(A/D입력에서 측정한 1V값, 즉 8791) 이상이면 GE가 작동하고 다음에는 그 값이 B(A/D입력에서 측정한 4V값, 즉 11137) 이하이면 램프가 ON된다. 그러나

그 값이 C(A/D입력에서 측정한 7V값, 즉 13473) 이상이면 GE2가 작동하고 다음에는 그 값이 D(A/D입력에서 측정한 10V값, 즉 15828) 이하이면 1초 간격으로 램프가 점멸한다.

(6) 결선

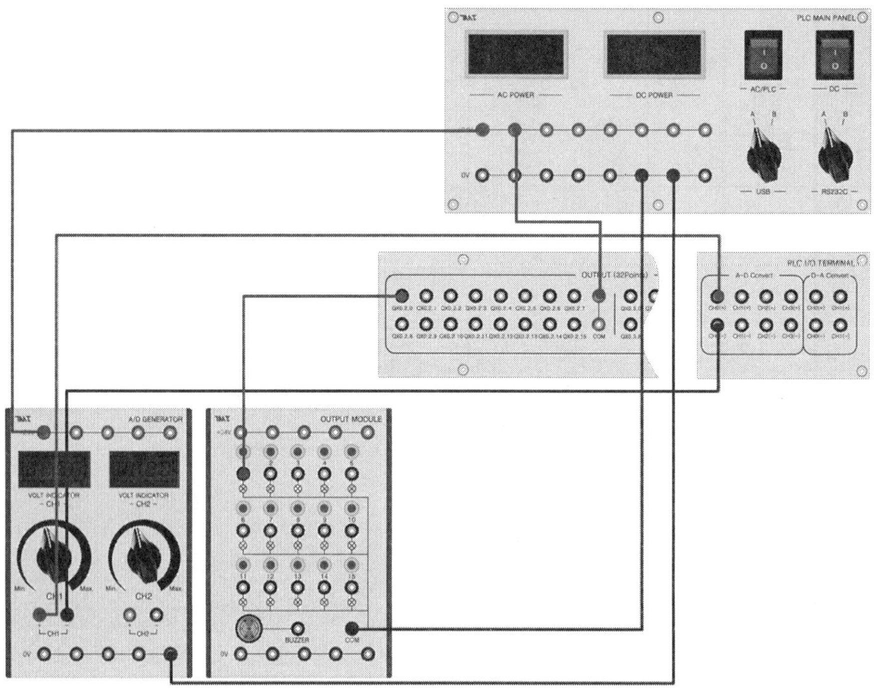

[실습 5.2.45] D/A모듈의 출력 값(아날로그 값) 제어

(1) 제어조건

D/A VOLT GENERATOR의 SOURCE를 PLC의 D/A CONVERT의 0번 채널과 연결하고 프로그램에서 D/A데이터(0~16000)를 입력하여 D/A VOLT GENERATOR의 표시기에 나타나는 측정전압의 데이터값을 표에 기록한다(예: 1V가 나타나게 하려면 프로그램의 MOVE 펑션의 %MW0[D/A 데이터]를 프로그램에서 강제 입력하는 데 9000을 입력시킴).

** 아날로그 입력/출력모듈 운전 설정 후 프로그램을 작성한다.

(2) 구성요소

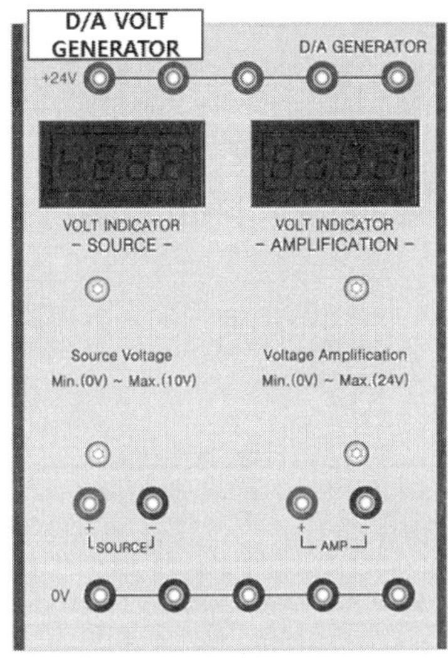

D/A VOLT GENERATOR

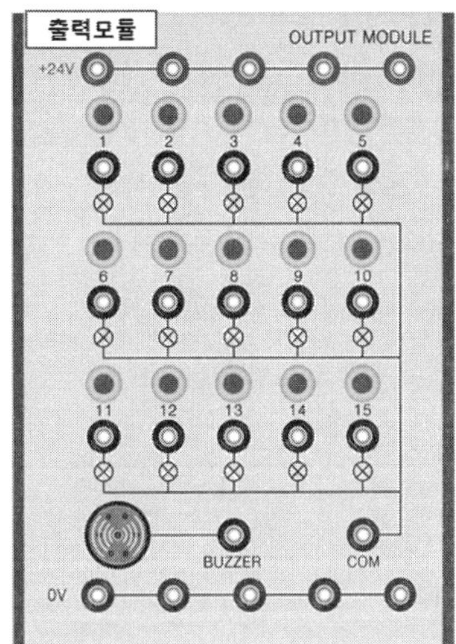

출력모듈

순서	품명	수량
1	D/A VOLT Generator	1
2	출력모듈	1
3	PLC Kit(A/D Unit 사용)	1

(3) 입출력 변수목록

	변수 종류	변수	타입	메모리 할당	초기값	리테인	사용 유무	설명문
1	VAR_EXTERNAL	_0004_DA0_DATA	INT	%UW0.4.9		☐	☑	아날로그입출력 모듈: 출력 채널0 입력값

(4) 프로그램

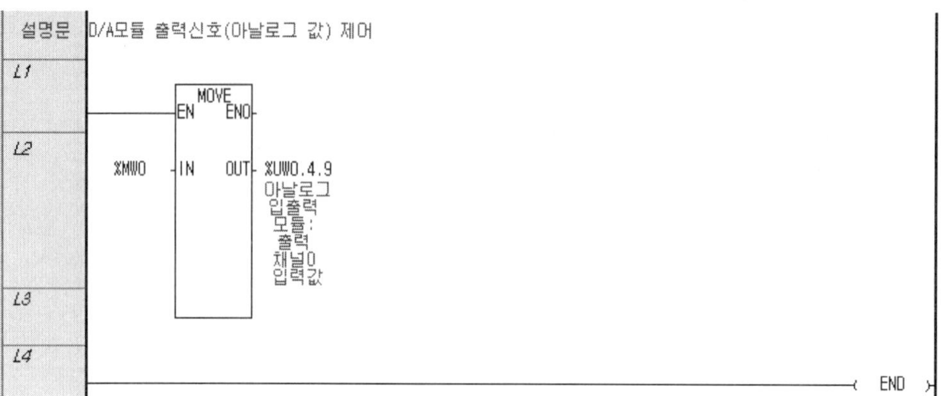
설명문
D/A모듈 출력신호(아날로그 값) 제어
L1
MOVE
EN
ENO
L2
%MW0
IN
OUT
%UW0.4.9
아날로그
입출력
모듈:
출력
채널0
입력값
L3
L4
END

(5) 결선

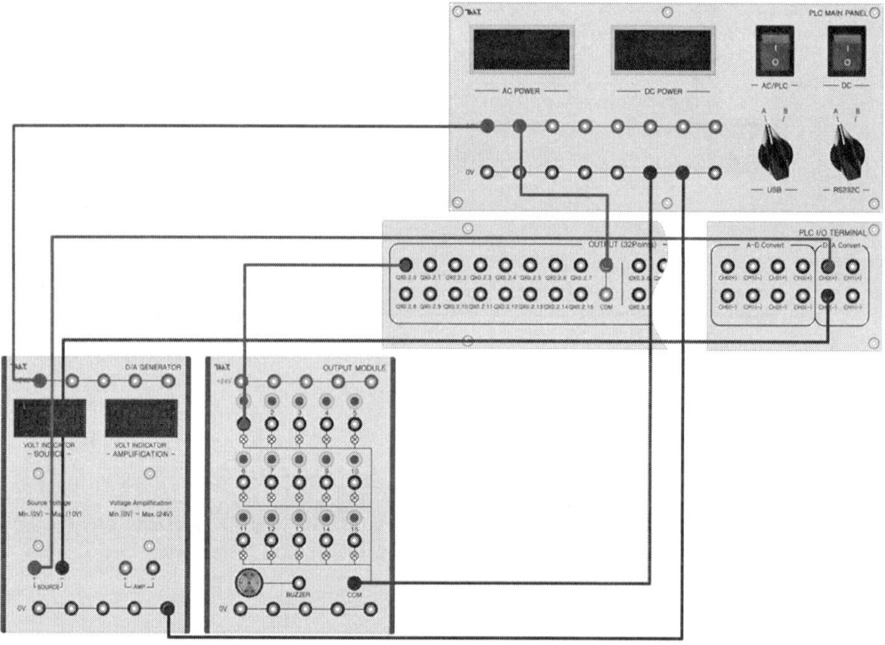
PLC MAIN PANEL
AC POWER
DC POWER
AC/PLC
DC
USB
RS232C
OUTPUT (32Points)
COM
PLC I/O TERMINAL
A-D Convert
D/A Convert
D/A GENERATOR
VOLT INDICATOR
OUTPUT MODULE
BUZZER
COM

[실습 5.2.46] A/D VOLT GENERATOR 입력 값에 따른 D/A VOLT GENERATOR 출력 값의 변화와 램프제어

(1) 제어조건

D/A VOLT GENERATOR의 SOURCE를 PLC의 D/A CONVERT의 0번 채널과 연결하고 Amplify(AMP)를 OUTPUT모듈(출력모듈)의 램프신호 단자와 COM단자에 각각 연결한다.

A/D VOLT GENERATOR의 CH1을 PLC의 A/D CONVERT의 0번 채널과 연결하여 CH1의 노브 조절에 따른 프로그램 처리와 D/A VOLT GENERATOR 출력 및 램프 밝기 제어가 가능하다.

** 아날로그 입력/출력모듈 운전 설정 후 프로그램을 작성한다.

(2) 구성요소

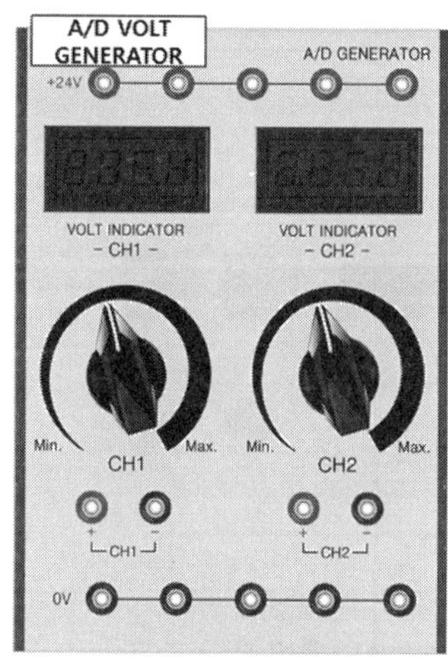

A/D VOLT GENERATOR

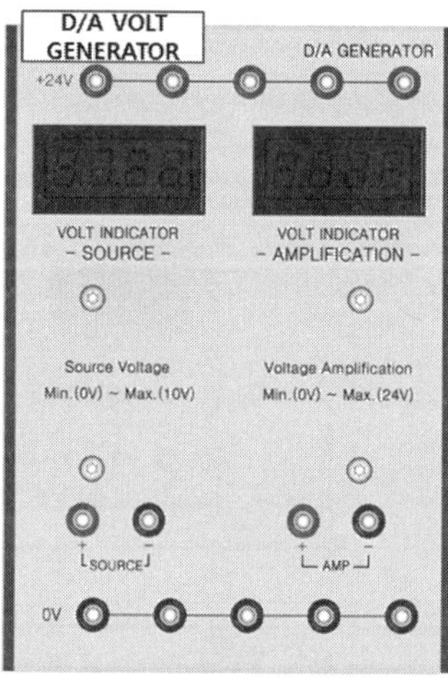

D/A VOLT GENERATOR

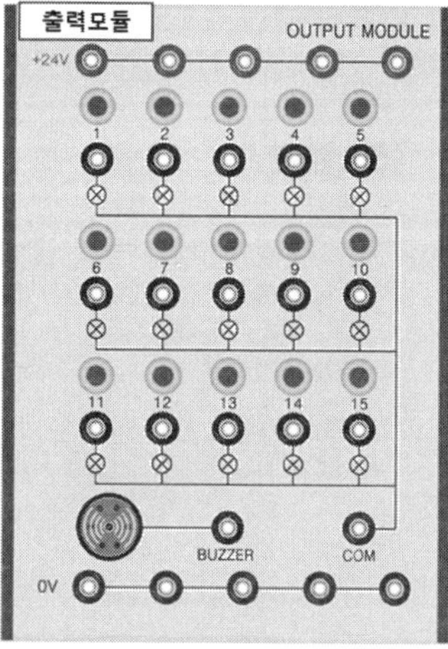

OUTPUT모듈(출력모듈)

순서	품명	수량
1	A/D VOLT GENERATOR	1
2	D/A VOLT GENERATOR	1
3	OUTPUT모듈(출력모듈)	1
4	PLC Kit(A/D Unit 사용)	1

(3) 입출력 변수목록

	변수 종류	변수	타입	메모리 할당	초기값	리테인	사용 유무	설명문
1	VAR_EXTERNAL	_0004_AD0_DATA	INT	%UW0.4.2		☐	☑	아날로그입출력 모듈: 입력 채널0 변환값
2	VAR_EXTERNAL	_0004_DA0_DATA	INT	%UW0.4.9		☐	☑	아날로그입출력 모듈: 출력 채널0 입력값

(4) 프로그램

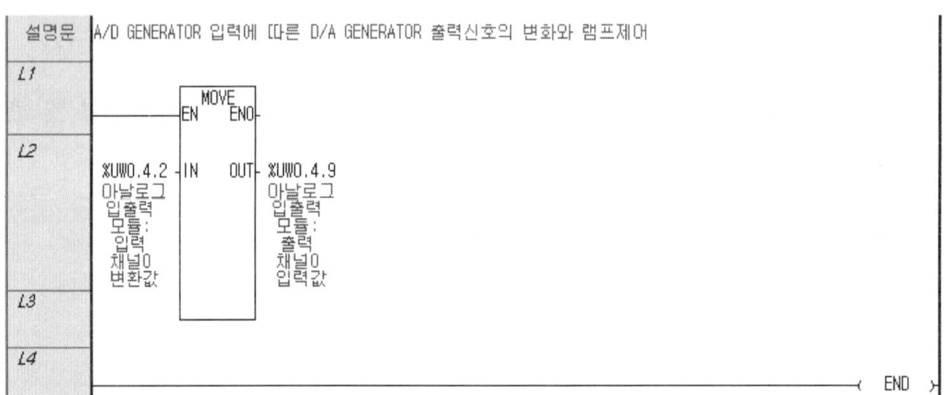

(5) 결선

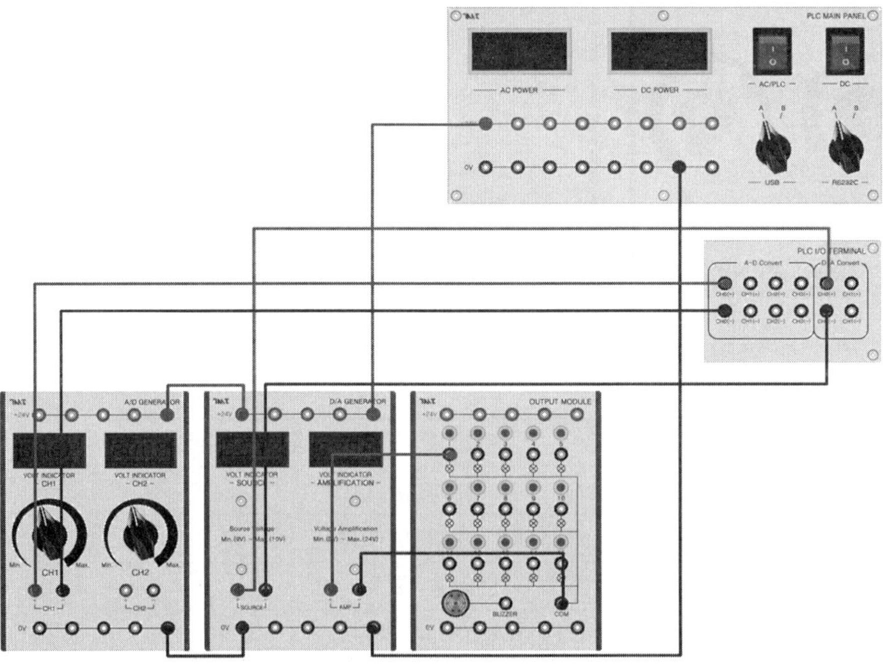

** D/A VOLT GENERATOR에서 SOURCE쪽 표시기의 전압은 D/A VOLT GENERATOR에서 출력되는 값이 표시되며, AMPLIFICATION쪽 표시기의 전압은 부하(출력)에 증폭되어 공급되는 전압의 값이다.

[실습 5.2.47] 위치제어1(모터의 정역이동 및 정지)

(1) 제어조건

① DC모터를 이용하여 스위치1을 누르면 CW(시계방향, 위치제어모듈에서는 좌측이송)방향으로 회전하여 이송모듈이 좌측으로 이송한다.

② 스위치2를 누르면 DC모터가 CCW(반시계방향, 위치제어모듈에서는 우측이송)방향으로 회전하여 이송모듈이 우측으로 이송한다.

③ 스위치3을 누르면 DC모터가 정지한다.

** 이송모듈이 좌측단 또는 우측단에 있는 리밋스위치까지 가서 리밋스위치가 ON되면 모터가 정지하도록 하드웨어가 제작되었다. 최대 이송거리는 160mm이다.

(2) 구성요소

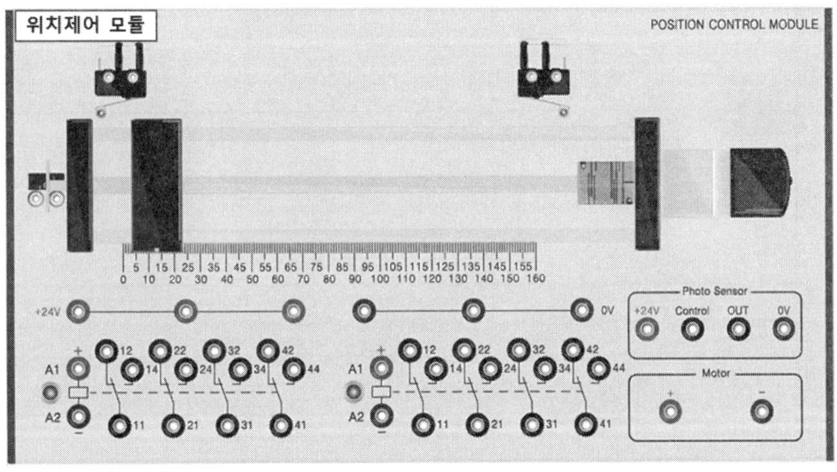

위치제어모듈

순서	품명	수량
1	푸시버튼스위치	3
2	위치제어모듈	1

(3) 입출력 변수목록

	변수 종류	변수	타입	메모리 할당	초기값	리테인	사용 유무	설명문
1	VAR	CCW_회전	BOOL	%QX0.2.1		☐	☑	DC모터 CCW회전 릴레이 동작
2	VAR	CW_회전	BOOL	%QX0.2.0		☐	☑	DC모터 CW회전 릴레이 동작
3	VAR	K_1	BOOL	%MX1		☐	☑	
4	VAR	K_2	BOOL	%MX2		☐	☑	
5	VAR	스위치1	BOOL	%IX0.0.0		☐	☑	푸시버튼 스위치1
6	VAR	스위치2	BOOL	%IX0.0.1		☐	☑	푸시버튼 스위치2
7	VAR	스위치3	BOOL	%IX0.0.2		☐	☑	푸시버튼 스위치3

(4) 프로그램

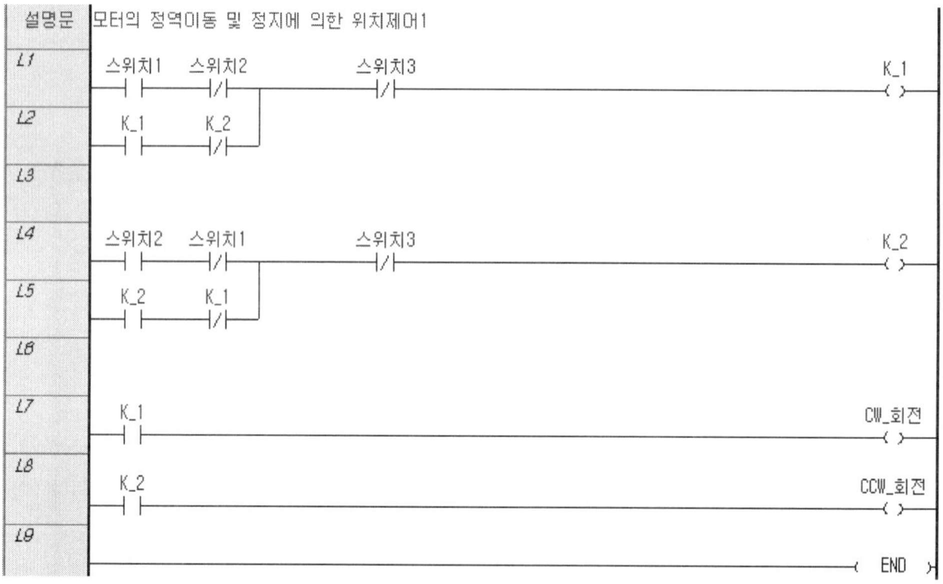

```
설명문  모터의 정역이동 및 정지에 의한 위치제어1
L1   스위치1   스위치2          스위치3                          K_1
    ─┤ ├────┤/├──┬──────────┤/├──────────────────────────( )─
L2   K_1       K_2 │
    ─┤ ├────┤/├──┘
L3
L4   스위치2   스위치1          스위치3                          K_2
    ─┤ ├────┤/├──┬──────────┤/├──────────────────────────( )─
L5   K_2       K_1 │
    ─┤ ├────┤/├──┘
L6
L7   K_1                                                    CW_회전
    ─┤ ├─────────────────────────────────────────────────( )─
L8   K_2                                                    CCW_회전
    ─┤ ├─────────────────────────────────────────────────( )─
L9  ─────────────────────────────────────────────────────( END )─
```

(5) 결선

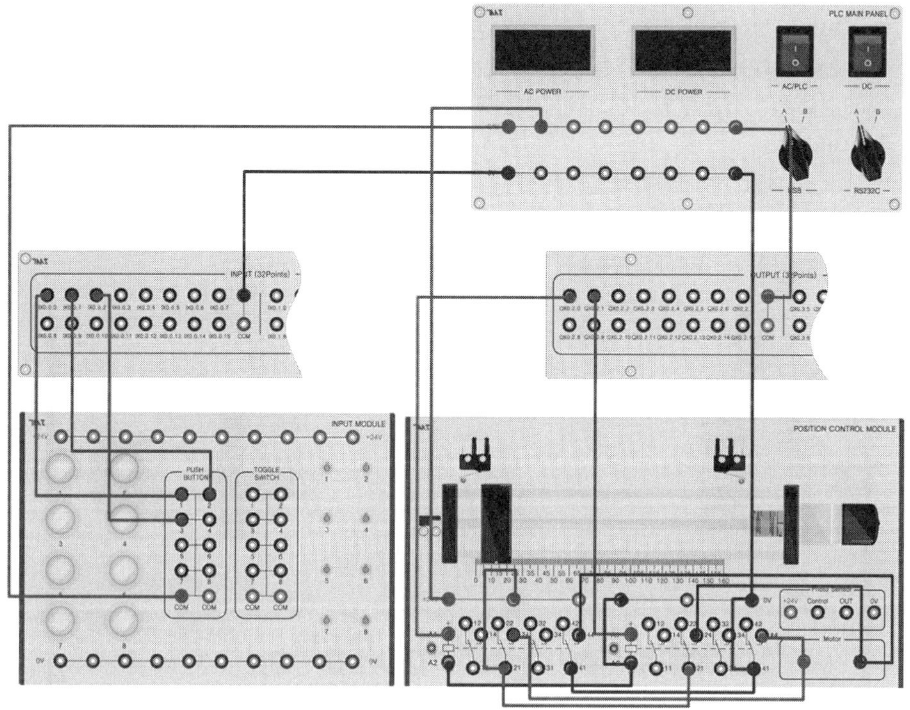

[실습 5.2.48] 위치제어2(초기위치 설정 및 임의위치로 이송)

(1) 제어조건

① 스위치1을 누르면 DC모터가 CW(시계방향, 위치제어모듈에서는 좌측이송)방향으로 회전하여 이송모듈이 좌측으로 이송되며, 좌측 끝의 리밋스위치가 검출되면 모터가 정지한다. 이때 다시 스위치1을 누르면 이송모듈이 우측으로 약간 이동하여 0점에서 정지한다(초기위치의 설정).

② 스위치2를 누르면 DC모터가 CCW(반시계방향, 위치제어모듈에서는 우측이송)방향으로 10mm 이동 후 정지한다.

③ 스위치3을 누르면 DC모터가 CW방향(좌측)으로 10mm 이동 후 정지한다. 스위치2와 스위치3은 이송모듈이 초기위치의 설정이 완료된 후에 조작이 가능하다.

** 스크류의 피치는 2mm이고, DC모터 1회전 시 포토센서 검출횟수는 8회이다. 즉, 회전자 1회전 시(검출횟수 8회) 직선운동거리는 2mm이다. 예로 10mm의 직선이동거리를 위해서는 검출횟수가 40이며, 회전자의 회전수는 5회전이 된다.

** 이송모듈이 리밋스위치를 검출하여 좌측단에 정지했을 때 그 위치는 0점으로부터 좌측으로 1mm(검출횟수 4)만큼 떨어진 위치이다. 즉 좌측단의 위치는 0점에서 좌측으로 1mm 떨어진 위치이다.

(2) 구성요소

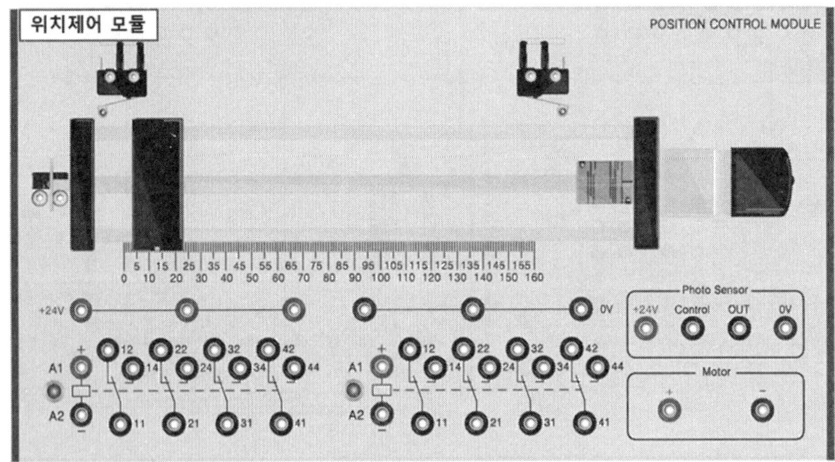

위치제어모듈

순서	품명	수량
1	푸시버튼스위치	3
2	위치제어모듈	1

(3) 입출력 변수목록

	변수 종류	변수	타입	메모리 할당	초기값	리테인	사용 유무	설명문
1	VAR	C0	CTU_INT			☐	☑	스위치 누른 회수 체크
2	VAR	C1	CTU_INT			☐	☑	초기위치 이동거리 체크 카운터
3	VAR	C2	CTU_INT			☐	☑	10mm 거리 체크 카운터
4	VAR	CCW_회전	BOOL	%QX0.2.1		☐	☑	DC모터 CCW회전 릴레이 동작
5	VAR	CW_회전	BOOL	%QX0.2.0		☐	☑	DC모터 CW회전 릴레이 동작
6	VAR	K_1	BOOL	%MX1		☐	☑	초기위치 이동 릴레이
7	VAR	K_2	BOOL	%MX2		☐	☑	이동조작 확인 릴레이
8	VAR	K_3	BOOL	%MX3		☐	☑	CCW방향 10mm 이동 릴레이
9	VAR	K_4	BOOL	%MX4		☐	☑	CW방향 10mm 이동 릴레이
10	VAR	R_1	BOOL	%MX5		☐	☑	초기위치 거리 체크 리셋
11	VAR	R_2	BOOL	%MX6		☐	☑	10mm거리 체크 리셋
12	VAR	스위치1	BOOL	%IX0.0.0		☐	☑	푸시버튼 스위치1
13	VAR	스위치2	BOOL	%IX0.0.1		☐	☑	푸시버튼 스위치2
14	VAR	스위치3	BOOL	%IX0.0.2		☐	☑	푸시버튼 스위치3
15	VAR	포토센서	BOOL	%IX0.0.3		☐	☑	홀체크 포토센서

(4) 프로그램

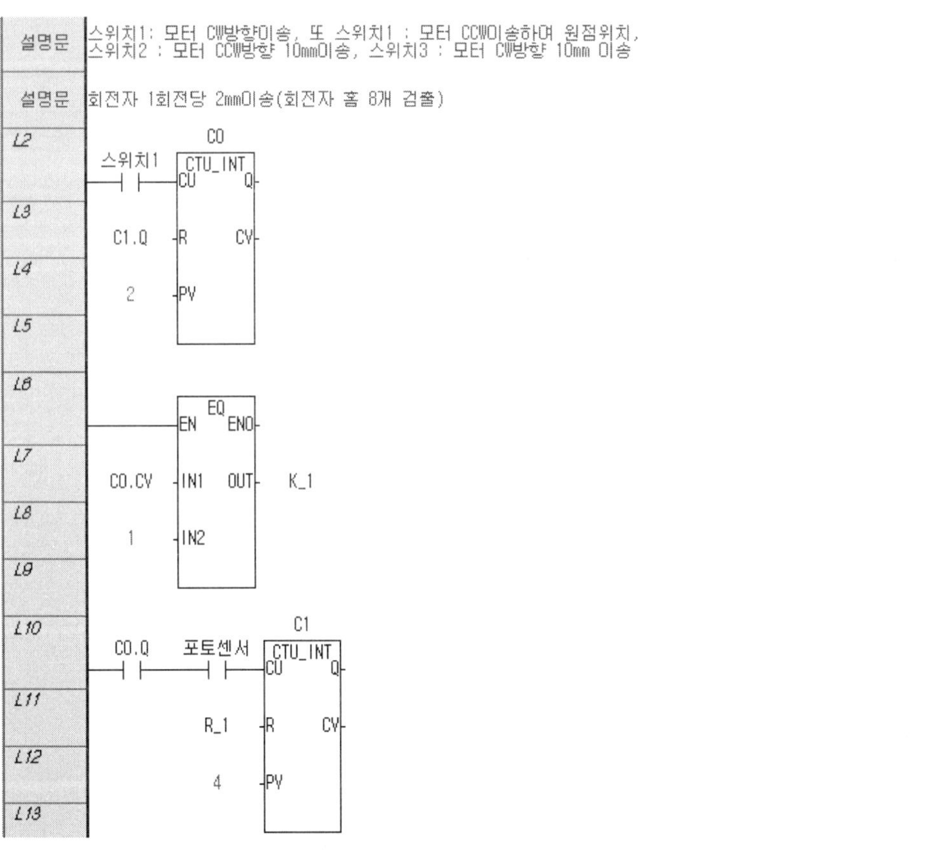

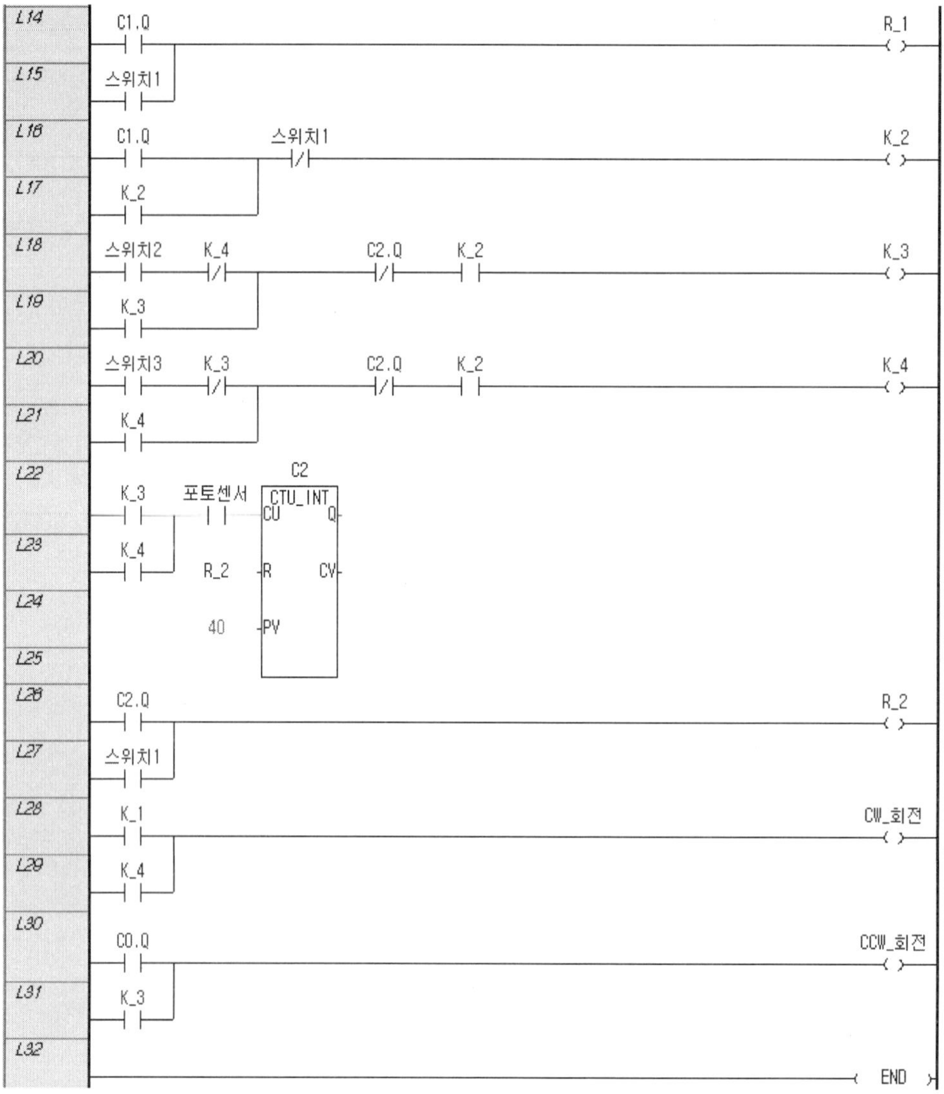

(5) 작동원리

스위치1을 터치하면 C1.Q와 C2.Q를 초기화시키며 C0.CV가 1이 되어 K_1이 ON됨으로써 CW_회전이 ON되어 이송모듈이 좌측이동(모터 정회전)하여 좌측단의 리밋스위치까지 이동하면 정지한다.

다시 스위치1을 터치하면 C0.Q가 ON되어 CCW_회전이 ON되므로 이송모듈이 우측이동(모터 역회전)하면 포토센서가 4회 검출(모터가 1/2회전)하여 1mm만큼 갔을 때

0점이 되므로 그 위치에서 C1.Q가 ON되어 C0.Q를 리셋시켜 OFF시키면 CCW_회전이 OFF되어 이송모듈이 정지한다. 동시에 K_2가 ON되어 자기유지 된다.

이때 스위치2를 터치하면 K_3이 ON되어 자기유지 되며 CCW_회전이 ON되므로 이송모듈이 우측이동하여 포토센서가 40회 검출되면(10mm 이동) C2.Q가 ON되어 K_3가 OFF되므로 CCW_회전이 OFF되어 이송모듈의 우측이동이 정지된다. 동시에 R_2가 ON되어 C2.Q를 리셋시켜 OFF시킨다.

이때 스위치3을 터치하면 K_4코일이 ON되어 CW_회전이 ON되므로 이송모듈이 좌측이동하여 포토센서가 40회 검출(10mm)되면 C2.Q가 ON되어 K_4가 OFF되므로 CW_회전이 OFF되므로서 좌측이동이 정지된다. 동시에 R_2가 ON되어 C2.Q를 리셋시켜 OFF시킨다.

(6) 결선

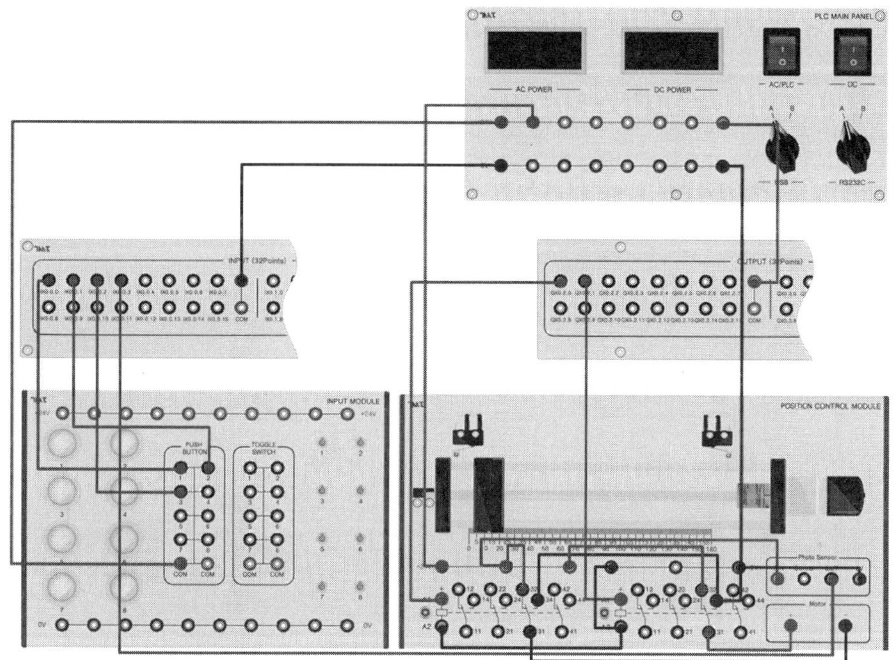

** Photo Sensor의 센서출력은 위치제어모듈에 있는 Photo Sensor의 out단자로부터 PLC Kit의 INPUT단자(%IX0.0.3에 연결)로 잭을 연결하면 된다.

** 위치제어모듈에 있는 Control단자를 아무 연결도 하지 않는 경우는 Dark on이라 하여 회전자의 날개부분을 감지하며, +24V로부터 Control단자로 잭을 연결하게 되면 Light on이라 하여 회전자의 홈부분을 감지하는 것으로 선택할 수 있다.

[실습 5.2.49] 위치제어3(이송거리 설정 및 이동방향 제어)

(1) 제어조건

① 스위치1과 스위치2로 이동거리를 설정한다. 이동거리는 스위치1을 누를 때마다 1mm씩 증가하고, 스위치2를 누를 때마다 1mm씩 감소한다(최대 160mm). (누적계산)

② 이동거리 설정이 완료되고 스위치3을 1회 누르면 CW방향(좌측방향)으로 동작방향이 설정되고 스위치3을 2회 누르면 CCW방향(우측방향)으로 동작방향이 설정된다.

③ 이동거리와 동작방향의 설정이 완료되고 스위치4를 누르면 설정한 방향과 이동거리만큼 이송모듈이 이동한다.

④ 스위치5를 누르면 DC모터가 CW방향으로 회전하여 이송모듈이 좌측의 리밋스위치까지 이동하며, 다시 스위치5를 누르면 원점(약간 우측으로 이동하여)으로 이동한다.

** 스크류의 피치는 2mm이고, DC모터 1회전시 포토센서 검출횟수는 8회이다. 즉, 회전자 1회전시 (검출회수 8회) 직선운동거리는 2mm이다. 예로 10mm의 직선이동거리를 위해서는 검출회수가 40이며, 회전자의 회전수는 5회전이 된다.

(2) 구성요소

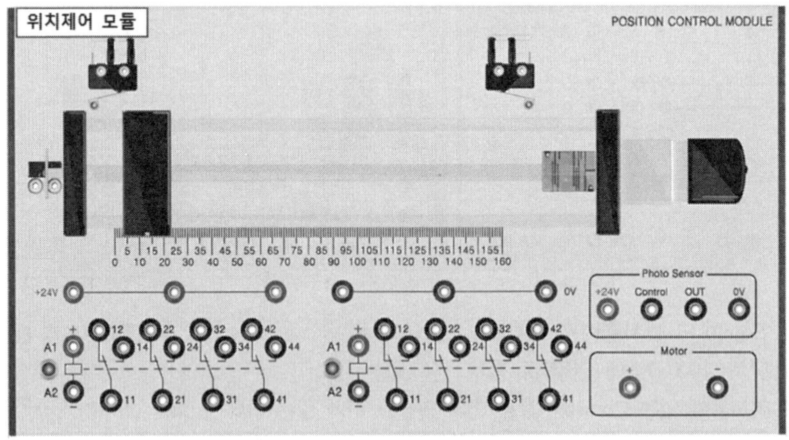

위치제어모듈

순서	품명	수량
1	푸시버튼스위치	5
2	위치제어모듈	1

(3) 입출력 변수목록

	변수 종류	변수	타입	메모리 할당	초기값	리테인	사용 유무	설명문
1	VAR	C0	CTU_INT			☐	☑	스위치5 누른회수 체크
2	VAR	C1	CTU_INT			☐	☑	초기위치 이동거리 체크 카운터
3	VAR	C2	CTUD_INT			☐	☑	이동거리 설정 카운터
4	VAR	C3	CTU_INT			☐	☑	스위치3 누른회수 카운터
5	VAR	C4	CTU_INT			☐	☑	포토센서 회수 체크 카운터
6	VAR	CCW_회전	BOOL	%QX0.2.1		☐	☑	DC모터 CCW회전 릴레이 동작
7	VAR	CD	BOOL			☐	☑	이동거리설정 감소 릴레이
8	VAR	CW_회전	BOOL	%QX0.2.0		☐	☑	DC모터 CW회전 릴레이 동작
9	VAR	K_1	BOOL	%MX1		☐	☑	초기위치 이동릴레이
10	VAR	K_2	BOOL	%MX2		☐	☑	아동조작 확인 릴레이
11	VAR	K_3	BOOL	%MX3		☐	☑	CW방향 이동 설정 릴레이
12	VAR	K_4	BOOL	%MX4		☐	☑	CCW방향 이동 설정 릴레이
13	VAR	K_5	BOOL	%MX5		☐	☑	동작 릴레이
14	VAR	R_1	BOOL	%MX6		☐	☑	초기위치 거리 체크 리셋
15	VAR	R_2	BOOL	%MX7		☐	☑	포토센서 체크 리셋
16	VAR	스위치1	BOOL	%IX0.0.0		☐	☑	푸시버튼 스위치1
17	VAR	스위치2	BOOL	%IX0.0.1		☐	☑	푸시버튼 스위치2
18	VAR	스위치3	BOOL	%IX0.0.2		☐	☑	푸시버튼 스위치3
19	VAR	스위치4	BOOL	%IX0.0.3		☐	☑	푸시버튼 스위치4
20	VAR	스위치5	BOOL	%IX0.0.4		☐	☑	푸시버튼 스위치5
21	VAR	이동거리설정	INT			☐	☑	포토센서 검출회수 설정
22	VAR	포토센서	BOOL	%IX0.0.5		☐	☑	홈체크 포토센서

(4) 프로그램

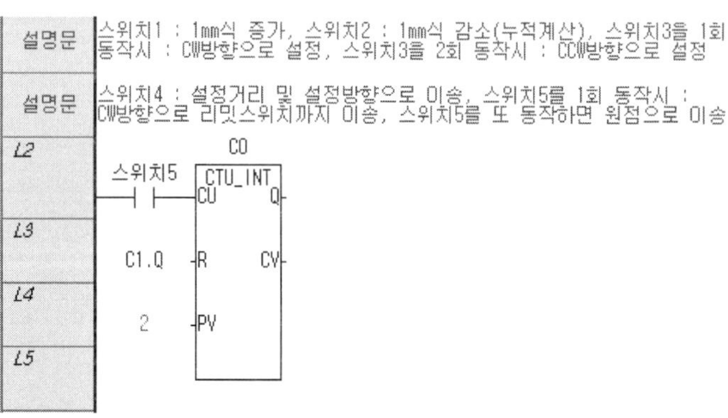
설명문
스위치1 : 1mm식 증가, 스위치2 : 1mm식 감소(누적계산), 스위치3을 1회 동작시 : CW방향으로 설정, 스위치3을 2회 동작시 : CCW방향으로 설정
설명문
스위치4 : 설정거리 및 설정방향으로 이송, 스위치5를 1회 동작시 : CW방향으로 리밋스위치까지 이송, 스위치5를 또 동작하면 원점으로 이송
L2
C0
스위치5
CTU_INT
CU
Q
L3
C1.Q
R
CV
L4
2
PV
L5

L6 | EQ: EN, ENO
L7 | C0.CV — IN1, OUT — K_1
L8 | 1 — IN2
L9 |
L10 | C1.Q — R_1 ( )
L11 | 스위치1
L12 | C0.Q, 포토센서 — C1 CTU_INT: CU, Q
L13 | R_1 — R, CV
L14 | 4 — PV
L15 |
L16 | C1.Q, 스위치5 (/) — K_2 ( )
L17 | K_2
L18 | K_2, 스위치2, C2.QD (/) — CD ( )
L19 | K_2, 스위치1, C2.QU (/) — C2 CTUD_INT: CU, QU
L20 | CD — CD, QD
L21 | 스위치5 — R, CV
L22 | 0 — LD
L23 | 180 — PV
L24 |
L25 | MUL: EN, ENO
L26 | C2.CV — IN1, OUT — 이동거리 설정
L27 | 4 — IN2
L28 |

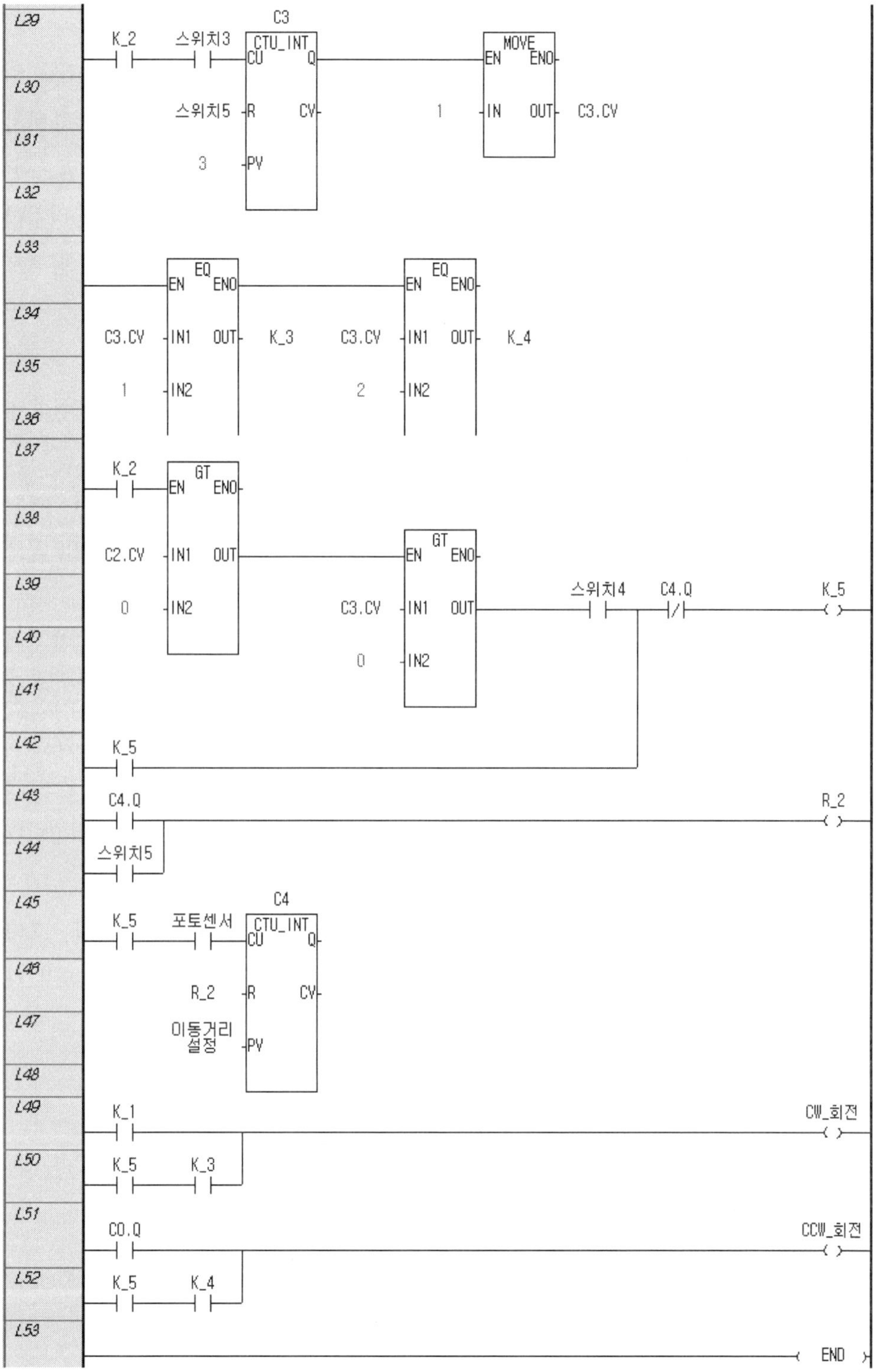

L29 K_2 스위치3 C3 CTU_INT CU Q — MOVE EN ENO
L30 스위치5 R CV — 1 IN OUT C3.CV
L31 3 PV
L32
L33 EQ EN ENO — EQ EN ENO
L34 C3.CV IN1 OUT K_3 — C3.CV IN1 OUT K_4
L35 1 IN2 — 2 IN2
L36
L37 K_2 GT EN ENO
L38 C2.CV IN1 OUT — GT EN ENO
L39 0 IN2 — C3.CV IN1 OUT — 스위치4 C4.Q K_5
L40 0 IN2
L41
L42 K_5
L43 C4.Q R_2
L44 스위치5
L45 K_5 포토센서 C4 CTU_INT CU Q
L46 R_2 R CV
L47 이동거리 설정 PV
L48
L49 K_1 CW_회전
L50 K_5 K_3
L51 C0.Q CCW_회전
L52 K_5 K_4
L53 END

(5) 작동원리

스위치5를 터치하면 K_1이 ON되어 CW_회전이 수행되므로 좌측이동하며, 좌측 리밋스위치가 ON되면 정지한다. 스위치5를 다시 터치하면 C0.Q가 ON되어 포토센서가 4회 작동하면(1mm 우측이동) C1.Q가 ON되어 C0.Q를 리셋시켜 우측이동을 멈춘다(원점). 동시에 K_2를 작동시켜 자기유지 되게 한다. 이 상태에서 스위치1을 10회 터치하면 (만일 스위치2를 중간에 터치하면 횟수가 감소) C2.CV값이 10이 되므로 MUL펑션으로부터 이동거리 설정이 40으로 된다. 이 상태에서 스위치3을 1회 터치하면 K_3, 2회 터치하면 K_4가 ON된다. 이 상태에서 스위치4를 터치하면 K_5가 ON되어 자기유지 된다. 이 K_5는 이동거리 설정위치까지 도달하면 C4.Q가 ON될 때까지 ON상태를 유지한다.

이 경우 스위치3을 2회 터치하여 K_4가 ON상태인 경우에는 CCW_회전이 ON되어 우측이동하며 설정거리(10mm)까지 도달하면 C4.Q가 ON되어 K_5가 OFF되므로 CCW_회전이 OFF되어 정지한다.

이 상태에서 스위치2를 5회 터치하여 C2.CV를 5로 한 후 스위치3을 1회 동작시키면 C3.CV가 2가 되어(처음 스위치3을 터치했을 때 C3.CV가 1이었기 때문) 동작방향이 CW_회전(좌측이동)방향으로 설정되어 K_4가 ON된다. 이때 스위치4를 터치하면 K_5가 ON되어 행 51의 CCW_회전이 작동하여 행45의 이동거리 설정위치(10으로부터 좌로 5까지, 즉 원점으로부터 우로 5의 위치임)까지 가면 C4.Q가 ON되어 K_5가 OFF되므로 정지한다.

여기서 스위치5를 터치하면 K_2가 OFF되고 C2, C3, C4를 초기화시킨다. 그리고 다시 K_1이 ON되어 CW_회전이 ON되므로 좌측이동하며, 좌측 리밋스위치까지 가서 정지한다. 이때 스위치5를 터치하면 원점까지 가서 정지한다.

(6) 결선

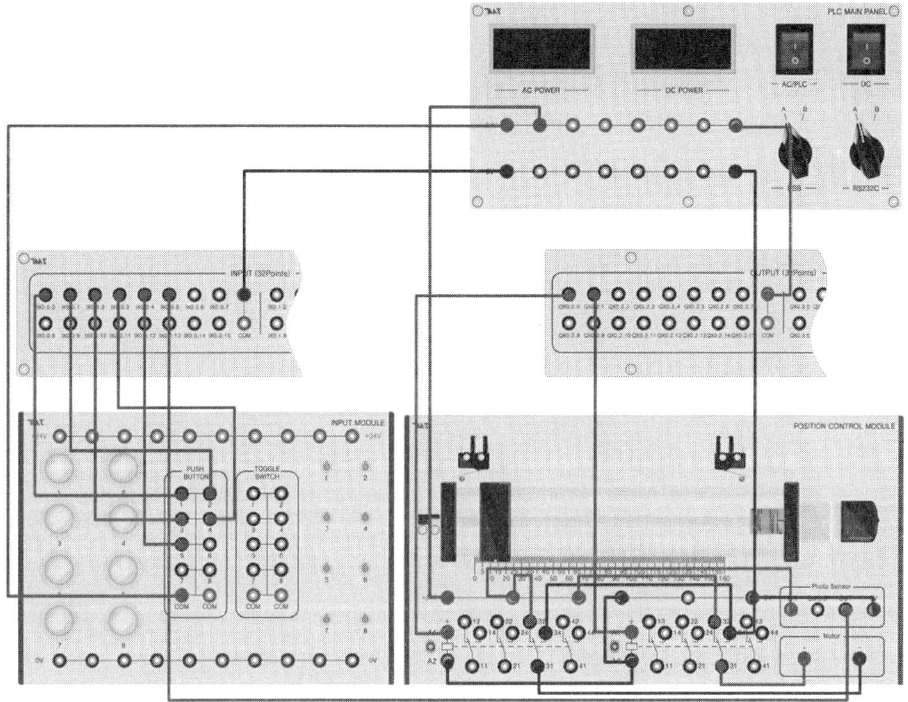

** Photo Sensor의 센서출력은 위치제어모듈에 있는 Photo Sensor의 out단자로부터 PLC Kit의 INPUT단자(%IX0.0.5에 연결)로 잭을 연결하면 된다.

** 위치제어모듈에 있는 Control단자를 아무 연결도 하지 않는 경우는 Dark on이라 하여 회전자의 날개부분을 감지하며, +24V로부터 Control단자로 잭을 연결하게 되면 Light on이라 하여 회전자의 홈부분을 감지하는 것으로 선택할 수 있다.

부 록

부록 1 XGI PLC의 사용자 플래그

플래그명	TYPE	내용	설명
_USER_F	WORD	사용자 타이머	사용자가 사용할 수 있는 타이머이다.
_T20MS	BOOL	20 ms 주기의 CLOCK	사용자 프로그램에서 사용할 수 있는 클록 신호로 반주기마다 On/Off 반전된다. 스캔종료 후에 신호반전을 처리하므로, 프로그램수행 시간에 따라 클록신호가 지연 또는 왜곡될 수 있으므로, 스캔시간보다 충분히 긴 클록을 사용하여야 한다. 클록신호는 초기화 프로그램 시작시, 스캔 프로그램 시작시에 Off에서 시작한다. _T100ms 클럭 예 50ms 50ms
_T100MS	BOOL	100 ms 주기의 CLOCK	
_T200MS	BOOL	200 ms 주기의 CLOCK	
_T1S	BOOL	1 s 주기의 CLOCK	
_T2S	BOOL	2 s 주기의 CLOCK	
_T10S	BOOL	10 s 주기의 CLOCK	
_T20S	BOOL	20 s 주기의 CLOCK	
_T60S	BOOL	60 s 주기의 CLOCK	
_On	BOOL	상시 On	사용자 프로그램 작성시 사용할 수 있는 상시 On 플래그
_Off	BOOL	상시 Off	사용자 프로그램 작성시 사용할 수 있는 상시 Off 플래그
_1On	BOOL	첫 스캔 On	운전시작 후 첫 스캔 동안만 On 되는 플래그
_1Off	BOOL	첫 스캔 Off	운전시작 후 첫 스캔 동안만 Off 되는 플래그
_STOG	BOOL	스캔 반전(scan toggle)	사용자 프로그램 수행시 매 스캔마다 On/Off 반전되는 플래그(첫 스캔 On)
_USER_CLK	BOOL	사용자 CLOCK	사용자가 설정 가능한 CLOCK이다.

부록 2 XGI PLC의 펑션 일람

[1] 전송 펑션

펑션 이름	기능
MOVE	데이터 전송(IN → OUT)
ARY_MOVE	배열 변수 부분 전송

[2] 형변환 펑션

펑션 그룹	펑션 이름	입력 데이터 타입	출력 데이터 타입	비고
BCD_TO_***	BYTE_BCD_TO_SINT 등 8종	BYTE(BCD)	SINT	–
SINT_TO_***	SINT_TO_INT 등 15종	SINT	INT	–
INT_TO_***	INT_TO_SINT 등 15종	INT	SINT	–
DINT_TO_***	DINT_TO_SINT 등 10종	DINT	SINT	–
DINT_TO_***	DINT_TO_DWORD 등 5종	DINT	DWORD	–
LINT_TO_***	LINT_TO_SINT 등 15종	LINT	SINT	–
USINT_TO_***	USINT_TO_SINT 등 15종	USINT	SINT	–
UINT_TO_***	UINT_TO_SINT 등 11종	UINT	SINT	–
UINT_TO_***	UINT_TO_LWORD 등 5종	UINT	LWORD	–
UDINT_TO_***	UDINT_TO_SINT 등 17종	UDINT	SINT	–
ULINT_TO_***	ULINT_TO_SINT 등 15종	ULINT	SINT	–
BOOL_TO_***	BOOL_TO_SINT 등 9종	BOOL	SINT	–
BOOL_TO_***	BOOL_TO_WORD 등 4종	BOOL	WORD	–
BYTE_TO_***	BYTE_TO_SINT 등 13종	BYTE	SINT	–
WORD_TO_***	WORD_TO_SINT 등 14종	WORD	SINT	–
DWORD_TO_***	DWORD_TO_SINT 등 16종	DWORD	SINT	–
LWORD_TO_***	LWORD_TO_SINT 등 15종	LWORD	SINT	–
STRING_TO_***	STRING_TO_SINT 등 19종	STRING	SINT	–
TIME_TO_***	TIME_TO_UDINT 등 3종	TIME	UDINT	–
DATE_TO_***	DATE_TO_UINT 등 3종	DATE	UINT	–
TOD_TO_***	TOD_TO_UDINT 등 3종	TOD	UDINT	–
DT_TO_***	DT_TO_LWORD 등 4종	DT	LWORD	–
***_TO_BCD	SINT_TO_BCD_BYTE 등 8종	SINT	BYTE(BCD)	–

[3] 비교 펑션

NO	펑션 이름	기능(단, n은 8까지 가능함)
1	GT	'크다' 비교 OUT ← (IN1>IN2) & (IN2>IN3) & ... & (INn－1 > INn)
2	GE	'크거나 같다' 비교 OUT ← (IN1>=IN2) & (IN2>=IN3) & ... & (INn－1 >= INn)
3	EQ	'같다' 비교 OUT ← (IN1=IN2) & (IN2=IN3) & ... & (INn－1 = INn)
4	LE	'작거나 같다' 비교 OUT ← (IN1<=IN2) & (IN2<=IN3) & ... & (INn－1 <= INn)
5	LT	'작다' 비교 OUT ← (IN1<IN2) & (IN2<IN3) & ... & (INn－1 < INn)
6	NE	'같지 않다' 비교 OUT ← (IN1<>IN2) & (IN2<>IN3) & ... & (INn－1 <> INn)

[4] 산술연산 펑션

NO	펑션 이름	기능
1	ADD	더하기(OUT ← IN1 + IN2 + ... + INn) (단, n은 8까지 가능함)
2	MUL	곱하기(OUT ← IN1 * IN2 * ... * INn) (단, n은 8까지 가능함)
3	SUB	빼기(OUT ← IN1 － IN2)
4	DIV	나누기(OUT ← IN1 / IN2)
5	MOD	나머지 구하기(OUT ← IN1 Modulo IN2)
6	EXPT	지수 연산(OUT ← $IN1^{IN2}$)

[5] 논리연산 펑션

NO	펑션 이름	기능(단, n은 8까지 가능)
1	AND	논리곱(OUT ← IN1 AND IN2 AND ... AND INn)
2	OR	논리합(OUT ← IN1 OR IN2 OR ... OR INn)
3	XOR	배타적 논리합(OUT ← IN1 XOR IN2 XOR ... XOR INn)
4	NOT	논리반전(OUT ← NOT IN1)
5	XNR	배타적 논리곱(OUT ← IN1 XNR IN2 XNR ... XNR INn)

[6] 비트시프트 펑션

NO	펑션 이름	기능
1	SHL	입력을 N비트 왼쪽으로 이동(오른쪽은 0으로 채움)
2	SHR	입력을 N비트 오른쪽으로 이동(왼쪽은 0으로 채움)
3	SHIFT_C_***	입력을 N비트만큼 지정된 방향으로 이동(Carry 발생)
4	ROL	입력을 N비트 왼쪽으로 회전
5	ROR	입력을 N비트 오른쪽으로 회전
6	ROTATE_C_***	입력을 N비트만큼 지정된 방향으로 회전(Carry 발생)

[7] 수치연산 펑션

No	펑션 이름	기능	비고
입력개수를 확장할 수 있는 연산 펑션(단, n은 8까지 가능)			
1	ADD	더하기(OUT ← IN1 + IN2 + ... + INn)	–
2	MUL	곱하기(OUT ← IN1 * IN2 * ... * INn)	–
입력개수가 일정한 연산 펑션			
3	SUB	빼기(OUT ← IN1 – IN2)	–
4	DIV	나누기(OUT ← IN1 / IN2)	–
5	MOD	나머지 구하기(OUT ← IN1 Modulo IN2)	–
6	EXPT	지수 연산(OUT ← $IN1^{IN2}$)	–
7	MOVE	데이터 복사(OUT ← IN)	–
입력 데이터 값 교환			
8	XCHG_***	입력 데이터 값을 서로 교환	–

[8] 선택 펑션

NO	펑션 이름	기능(단, n은 8까지 가능)	비고
1	SEL	입력 IN0와 IN1 중에 선택하여 출력	–
2	MAX	입력 IN1, ... INn 중에 최대값 출력	–
3	MIN	입력 IN1, ... INn 중에 최소값 출력	–
4	LIMIT	상, 하한 제한 값 출력	–
5	MUX	입력 IN0, ... INn 중 k번째 입력을 출력	–

[9] 문자열 펑션

NO	펑션 이름	기능	비고
1	LEN	입력 문자열의 길이 구하기	–
2	LEFT	입력 문자열을 왼쪽으로부터 L만큼 출력	–
3	RIGHT	입력 문자열을 오른쪽으로부터 L만큼 출력	–
4	MID	입력 문자열의 P번째부터 L만큼 출력	–
5	CONCAT	입력 문자열을 붙여 출력	–
6	INSERT	첫 번째 입력 문자열의 P번째 문자 뒤에 두 번째 입력 문자열을 삽입하여 출력	–
7	DELETE	입력 문자열의 P번째 문자부터 L개 문자를 삭제하여 출력	–
8	REPLACE	첫 번째 입력 문자열의 P번째 문자부터 L개 문자를 두 번째 입력 문자열로 대치하여 출력	–
9	FIND	첫 번째 입력 문자열 중에 두 번째 입력 문자열 패턴과 동일한 부분을 찾아 시작 문자 위치를 출력	–

[10] 데이터 교환 펑션

NO	펑션 이름	기능	비고
1	SWAP_BYTE	BYTE의 상·하위 Nibble을 교환하여 출력	–
	SWAP_WORD	WORD의 상·하위 BYTE를 교환하여 출력	–
	SWAP_DWORD	DWORD의 상·하위 WORD를 교환하여 출력	–
	SWAP_LWORD	LWORD의 상·하위 DWORD를 교환하여 출력	–
2	ARY_SWAP_BYTE	Array로 입력된 BYTE의 상·하위 Nibble을 교환하여 출력	–
	ARY_SWAP_WORD	Array로 입력된 WORD의 상·하위 BYTE를 교환하여 출력	–
	ARY_SWAP_DWORD	Array로 입력된 DWORD의 상·하위 WORD를 교환하여 출력	–
	ARY_SWAP_LWORD	Array로 입력된 LWORD의 상·하위 DWORD를 교환하여 출력	–

[11] MK(Master-K) 펑션

NO	펑션 이름	기능(단, n은 8까지 가능)	비고
1	ENCO_B, W, D, L	On된 비트 위치를 숫자로 출력	–
2	DECO_B, W, D, L	지정된 비트 위치를 On	–
3	BSUM_B, W, D, L	On된 비트 개수를 숫자로 출력	–
4	SEG_WORD	BCD 또는 HEX 값을 7세그먼트 디스플레이 코드로 변환	–
5	BMOV_B, W, D, L	비트 스트링의 일부분을 복사, 이동	–
6	INC_B, W, D, L	IN 데이터를 하나 증가	–
7	DEC_B, W, D, L	IN 데이터를 하나 감소	–

[12] 확장 펑션

NO	펑션 이름	기능(단, n은 8까지 가능)	비고
1	FOR	FOR~NEXT 구간을 n번 실행	–
2	NEXT		–
3	BREAK	FOR~NEXT 구간을 빠져나옴	–
4	CALL	SBRT 루틴 호출	–
5	SBRT	CALL에 의해 호출될 루틴 지정	–
6	RET	RETURN	–
7	JMP	LABLE 위치로 점프	–
8	INIT_DONE	초기화 태스크 종료	–
9	END	프로그램의 종료	–

부록 3 XGI PLC의 펑션블록 일람

[1] 타이머 펑션블록

NO	펑션블록 이름	기능(단, n은 8까지 가능)	비고
1	TP	펄스 타이머(Pulse Timer)	–
2	TON	On 딜레이 타이머(On-Delay Timer)	–
3	TOF	Off 딜레이 타이머(Off-Delay Timer)	–
4	TMR	적산 타이머(Integrating Timer)	–
5	TP_RST	펄스 타이머의 출력 Off가 가능한 노스테이블 타이머	–
6	TRTG	리트리거블 타이머(Retriggerable Timer)	–
7	TOF_RST	동작 중 출력 Off가 가능한 Off 딜레이 타이머(Off-Delay Timer)	–
8	TON_UINT	정수 설정 On 딜레이 타이머(On-Delay Timer)	–
9	TOF_UINT	정수 설정 Off 딜레이 타이머(Off-Delay Timer)	–
10	TP_UINT	정수 설정 펄스 타이머(Pulse Timer)	–
11	TMR_UINT	정수 설정 적산 타이머(Integrating Timer)	–
12	TMR_FLK	점멸 기능 타이머	–
13	TRTG_UINT	정수 설정 리트리거블 타이머	–

[2] 카운터 펑션블록

NO	펑션블록 이름	기능	비고
1	CTU_***	가산 카운터(Up Counter) INT, DINT, LINT, UINT, UDINT, ULINT	–
2	CTD_***	감산 카운터(Down Counter) INT, DINT, LINT, UINT, UDINT, ULINT	–
3	CTUD_***	가감산 카운터(Up Down Counter) INT, DINT, LINT, UINT, UDINT, ULINT	–
4	CTR	링 카운터(Ring Counter)	–

[3] 에지검출 펑션블록

NO	펑션블록 이름	기 능	비고
1	R_TRIG	상승 에지 검출(Rising Edge Detector)	–
2	F_TRIG	하강 에지 검출(Falling Edge Detector)	–
3	FF	입력조건 상승 시 출력 반전	–

[4] 기타 펑션블록

NO	펑션블록 이름	기능	비고
1	SCON	순차 스텝 및 스텝 점프	–
2	DUTY	지정된 Scan마다 On/Off 반복	–
3	RTC_SET	시간 데이터 쓰기	–

[5] 특수 펑션블록

NO	펑션블록 이름	기능	비고
1	GET	특수모듈 데이터 읽기	–
2	PUT	특수모듈 데이터 쓰기	–
3	ARY_GET	특수모듈 데이터 읽기(어레이)	–
4	ARY_PUT	특수모듈 데이터 쓰기(어레이)	–
5	GETE	특수모듈 데이터 읽기(상위 워드 Access 가능)	–
6	PUTE	특수모듈 데이터 쓰기(상위 워드 Access 가능)	–
7	ARY_GETE	특수모듈 데이터 읽기(어레이, 상위 워드 Access 가능)	–
8	ARY_PUTE	특수모듈 데이터 쓰기(어레이, 상위 워드 Access 가능)	–

찾아보기

1

XGI PLC 프로그래밍 및 실습

초판 발행 | 2016년 12월 10일
3판 발행 | 2022년 02월 15일

지은이 | 엄기찬 · 이호현
펴낸이 | 조승식
펴낸곳 | (주)도서출판 **북스힐**

등 록 | 1998년 7월 28일 제 22-457호
주 소 | 서울시 강북구 한천로 153길 17
전 화 | (02) 994-0071
팩 스 | (02) 994-0073

홈페이지 | www.bookshill.com
이메일 | bookshill@bookshill.com

정가 22,000원

ISBN 979-11-5971-045-2

Published by bookshill, Inc. Printed in Korea.